Automatisierung von Chargenprozessen

von
Dipl.-Ing. Reiner Uhlig
und
Priv. Doz. Prof. Dr.-Ing. habil. Michael Bruns

mit 184 Bildern und 20 Tabellen

R. Oldenbourg Verlag München Wien 1995

Die Deutsche Bibliothek - CIP-Einheitsaufnahme

Uhlig, Reiner:
Automatisierung von Chargenprozessen / von Reiner Uhlig und
Michael Bruns. - München ; Wien : Oldenbourg, 1995
ISBN 3-486-22629-0
NE: Bruns, Michael:

Gesamtherstellung: R. Oldenbourg Graphische Betriebe GmbH, München

ISBN 3-486-22629-0

Inhaltsverzeichnis

Vorwort

Mit vorliegendem Buch wollen die Verfasser in die Automatisierung von Chargenprozessen der Chemischen Industrie einführen und vor allem praktische Erfahrungen vermitteln.

Es gibt bisher im deutschsprachigen Raum noch kein Buch, das die Entwicklung in der Automatisierung von Chargenprozessen geschlossen behandelt. Im Laufe einer jahrzehntelangen Praxis entstand daher der Wunsch, die auf Teilgebieten der Steuerungs- und Regelungstechnik prinzipiell beschriebenen Methoden zur Regelung und Steuerung von Chargenprozessen in einem Buch geschlossen zusammenzufassen.

Es kam uns sozusagen die Idee, ein Buch, das es bisher zu diesem Thema nicht gab, das wir aber gerne gehabt und gelesen hätten, dieses Buch uns selber zu schreiben.

Wir haben hierbei alles niedergeschrieben, worauf wir früher Antworten gesucht haben, bzw. was uns in unserer Praxis der Automatisierung von Chargenprozessen in irgendeiner Weise weitergebracht hat.

Es ist jetzt eine günstige Gelegenheit, über die Automatisierung von Chargenprozessen zu schreiben, denn gerade in den letzten Jahren hat sich eine Idee, die seinerzeit mit dem Begriff „Grundoperationenkonzept“ und heute unter dem Begriff „Rezeptfahrweise“ umschrieben wird, weitgehend durchgesetzt. Das Ganze ist noch nicht abgeschlossen, aber wir können uns heute schon weitestgehend mit dem Thema auseinandersetzen.

Dieses Buch wendet sich zum einen an: Projektingenieure der Automatisierungstechnik. Ihnen soll das Verständnis der verfahrenstechnischen Zusammenhänge (Verfahren und Anlagen von Chargenprozessen), das Wissen über den Prozeß nahegebracht werden.

Denn aufgrund der Spezifika von Chargenprozessen (Steuerung nach flexiblen Rezeptvorgaben) sind für den Entwurf und die Projektierung einer automatischen Steuerung andere methodische Ansätze nötig, als sie von Fließprozessen her bekannt sind. Ausschließlich von der Technologie der Chargenprozesse her lassen sich die anfallenden Steuerungsaufgaben lösen, mit einer zur Lösung dieser Aufgabe geeigneten Entwurfsmethodik.

Zum anderen wendet sich dieses Buch an: Projektingenieure der Verfahrenstechnik (und der zugehörigen Chemie), Chemietechniker, aber auch an Chemiker. Ihnen soll das Verständnis der automatisierungstechnischen Zusammenhänge (Regelungs-, Sicherungs- und Steuerungskonzepte) von Chargenprozessen nahegebracht werden.

Denn wegen der Kompliziertheit der Chargenprozesse in der Chemie ist es gerade hier wichtig, daß Chemietechniker, Verfahrenstechniker u. a., die das umfangreiche Prozeßwissen besitzen, auch in der Lage sind, die von ihnen geforderten Angaben zu Regelungs-, Sicherungs- und Steuerungsproblemen zu beschreiben und zu analysieren, um so sicherzustellen, daß das entworfene Steuerungssystem die verfahrenstechnischen Anforderungen erfüllt.

Wir haben uns daher bemüht, an echten Beispielen von Chargenprozessen den formalen und abstrakten Sachverhalt der Regelung, Sicherung und Steuerung von Chargenprozessen transparent und möglichst leicht nachvollziehbar zu machen und damit eine Brücke über die Kluft zwischen Theorie und Praxis zu schlagen.

Denn es ist mit Bedauern festzustellen, daß sich eine immer schwerer überbrückbare Kluft zwischen der Sprache und dem Wissen der Experten einerseits und den Kenntnissen der Mitarbeiter vor Ort andererseits aufgetan hat. Es war uns daher ein Anliegen, die Zusammenhänge so einfach wie möglich darzustellen, daß auch EMR-Techniker, -Meister und vielleicht auch -Mechaniker und Chemikanten vertraut werden mit der Aufgabenlösung bei der Automatisierung von Chargenprozessen.

Ferner wendet sich das Buch an: Studierende der Automatisierungstechnik und Verfahrenstechnik. Ihnen soll das Verständnis der automatisierungstechnischen und verfahrenstechnischen Zusammenhänge der Chargenprozesse nahegebracht werden.

Nicht zuletzt soll das Buch als Nachschlagewerk und Kompendium allen denjenigen dienen, die sich mit der Thematik „Automatisierung von Chargenprozessen" befassen.

Deshalb ist es vom Charakter her als Zusammenfassung und Übersichtswerk angelegt. Wenn jemand die Grundlagen erst einmal verstanden hat, kann er leicht seine Kenntnisse durch exaktere Darstellung vertiefen. Denn zum Thema Steuerungs- und Regelungstechnik gibt es eine Reihe hervorragender Bücher, aber es war nicht unsere Absicht, dies hier noch einmal umfassend zu behandeln.

Kommen wir darum jetzt zum thematischen Bereich, mit dem sich dieses Buch befassen möchte. Es ist klar, daß nicht alle Aspekte der Automatisierung von Chargenprozessen hierin behandelt werden können. Im wesentlichen befaßt sich das Buch mit dem „klassischen" Fragebereich der Stabilisierungs- und Führungsregelung und der Ablauf- und Koordinierungssteuerung auf Prozeßleitebene.

Der Inhalt gliedert sich im einzelnen wie folgt:

- Im ersten Kapitel „Historische Entwicklung der Automatisierung von Chargenprozessen" wird einmal die Automatisierung im Zusammenhang mit der Entwicklung chemischer Prozesse betrachtet, und man erkennt, daß erst der Rührwerkskessel mit Einzelantrieb eine Automatisierung ermöglichte und daß ferner der Umgang mit toxischen, brennbaren und explodierbaren Stoffen eine Automatisierung aus Sicherheitsgründen erforderlich macht.
  Dann wird gezeigt, wie die historische Entwicklung der Automation im Zusammenhang mit der Entwicklung der gerätetechnischen Mittel stand, von der Automatisierung einer einzelnen Funktion wie Dosieren, Inertisieren bis zur vollständigen Steuerung eines Chargenprozesses mit sog. „Taktsteuergeräten" bis zum Prozeßrechner.
  Im dritten Unterabschnitt von Kapitel 1 werden die Arbeiten der NAMUR im Zusammenhang mit der Automatisierung von Chargenprozessen betrachtet, deren letzte Arbeit in der NAMUR-Empfehlung NE 33 „Anforderungen an Systeme zur Rezeptfahrweise" gipfelte.

- Das zweite Kapitel „Verfahren von Chargenprozessen“ gibt eine Übersicht über die Struktur von Chargenprozessen. Es vermittelt das „Wissen über den Prozeß“. Es gibt eine Übersicht über die Möglichkeiten, Prozeßwissen zu gewinnen, zu ordnen und zu systematisieren, nach kontinuierlichen, diskontinuierlichen Prozessen, Grundoperationen, Reaktionsstufen, Verfahren, Verfahrensabschnitt, Verfahrensschritt. Betrachtet werden die Entwicklung eines Produktes bis zur Dokumentation in der Rezeptur. Beschrieben wird das Grundoperationenkonzept nach NAMUR, die leittechnischen Grundoperationen und Grundfunktionen, Rezeptformen.
- Das dritte Kapitel „Anlagen, Apparate und Geräte von Chargenprozessen“ beschreibt das Architekturprinzip von Anlagen für Chargenprozesse. Es gliedert eine Anlage in Teilanlagen, Anlagenteile, Technische Einrichtungen, Nebenanlagen, Gemeinsam genutzte Teilanlagen, Gleichzeitig genutzte Teilanlagen, ausschließlich genutzte Teilanlagen, universell nutzbare Teilanlagen. Es zeigt die Besonderheit von Anlagen für die Produktion von umfangreichen Produktsortimenten, die Mehrproduktanlage und ihre Verschaltung als Einstrang- und Mehrstranganlage mit nebenläufiger und paralleler Produktion. Es wird die wohl am häufigsten verwendete Verschaltung zum Heizen und Kühlen von Rührwerkskesseln unter besonderer Berücksichtigung von exothermen Reaktionen beschrieben. In einem weiteren Unterabschnitt werden die für Chargenprozesse so besonders interessanten Apparate und Geräte zum Dosieren von Einsatz- und Abgabestoffen behandelt.
- Das vierte Kapitel dient der Einführung der Nichtautomatisierungsfachleute in die Grundlagen der Regelungstechnik und Steuerungstechnik. Die Automatisierung von Chargenprozessen ist ein Hilfsmittel zur Verbesserung der Prozeßführung. Wesentliche Ziele sind die Verbesserung der Produktqualität und Erhöhung der Produktqualitätskonstanz. Die Güte der Qualitätsverbesserung wird im wesentlichen bei Chargenprozessen durch die Qualität der Fahranweisungen (Rezepte) bestimmt. Unabhängig davon verhindert die Automatisierung Unregelmäßigkeiten bei der Produktion und erhöht so die Reproduzierbarkeit.
  Um diese Ziele erreichen zu können, werden in der Automatisierungstechnik Methoden der Steuer- und Regelungstechnik eingesetzt. Beim Entwurf eines Automatisierungssystems für einen Chargenprozeß ist die fachübergreifende Zusammenarbeit von Verfahrens-, Automatisierungstechniker und Chemiker erforderlich. Eine gedeihliche Teamarbeit setzt Mindestkenntnisse in den anderen Fachdisziplinen voraus. Das Verständnis des Chemikers und des Verfahrenstechnikers für regelungstechnische und steuerungstechnische Zusammenhänge bei Chargenprozessen zu fördern ist das Anliegen dieses Kapitels.
- Im fünften Kapitel wird auf das eigentliche Ziel einer Automatisierung von Chargenprozessen, die „Prozeßführung“, eingegangen. Die besondere Art der Prozeßführung von Chargenprozessen wird in breitem Maße durch ein Konzept beschrieben, das alle Automatisierungsfunktionen unter dem Begriff „Rezeptfahrweise“ vereint.
  Die Idee der Rezeptfahrweise besteht darin, daß aus der technologischen Zielsetzung, die in der Herstellung einer durch die Produktionsplanung vorgegebenen

Menge an Produkt in der geforderten Qualität und Zeit sich sechs allgemeine Zielstellungen einer computerintegrierten Automatisierung (CIP) von Chargenprozessen ergeben, die aus einer Kopplung von Produktions-, Betriebs- und Prozeßleitaufgaben besteht.
Das Kapitel teilt sich in vier Blöcke: in die Darstellung der Informationshierarchie und ihrer Funktionen, bei der Rezeptfahrweise, und in die Methoden und Konzepte zur Erreichung einer durchgehenden Prozeßführung, den dazu erforderlichen Regelungs-, Sicherungs- und Steuerungskonzepten. Bei dem Sicherheitskonzept wird ausführlich auf die Sicherheitsanalyse nach der PAAG-Methode eingegangen.

- Im sechsten Kapitel werden Entwurfsmethoden für die Steuerungsaufgabe in Chargenprozessen beschrieben. Es wird dabei auf die SADT-Methode [nach Geibig] (Structured Analysis and Design Technique), ihre Vor- und Nachteile als auch auf eine theoretisch fundierte und praktisch erprobte Entwurfsmethode nach [Helms u.a.] eingegangen.
- Das siebte Kapitel beschreibt in Anlehnung an einer Ausarbeitung des NAMUR AK 2.3 an einem Projektierungsbeispiel die Entwicklung vom Ur-Rezept bis zum Steuerrezept. Ausgehend von der Kurz-Beschreibung eines Verfahrens werden die Verfahrensabschnitte für die Herstellung eines Produktes im Labormaßstab beschrieben. Daraus wird ein Ur-Rezept entwickelt. Dann wird die erforderliche Anlagenstruktur ermittelt, ein Anlagenschema erstellt und die Anlage in Teilanlagen unterteilt. Eine ausgewählte Teilanlage wird dann nach ihren technischen Einrichtungen strukturiert. Nach der praktisch erprobten Entwurfsmethode von Kapitel sechs werden dann die Leittechnischen Grundoperationen ermittelt. Es wird dann das Grundrezept aus dem Ur-Rezept konkretisiert im Hinblick auf einen bestimmten Maßstab. Ein Teilgrundrezept wird als Funktionsplan dargestellt und anschließend die Verfahrensvorschrift im Steuerrezept mit Teilanlagenzuordnung beschrieben.
- Im achten Kapitel werden Konzepte zur Validierung der Software von Chargenprozessen beschrieben.

Danksagung

Wir möchten uns ganz herzlich bei den vielen Menschen bedanken, die uns durch Anregung, Ermutigung, Ideen, Vorschläge, Kommentare, Bilder und Hilfe und Beistand in vielen anderen Formen unterstützt haben. Ganz besonders möchten wir folgenden Personen danken:

- den Mitarbeitern der EMR für Begeisterung und Bereitschaft bei der Verwirklichung der Automatisierung von Chargenprozessen. Ihnen ist in besonderer Weise dieses Buch gewidmet;
- den Kollegen Betriebsleitern und Verfahrenstechnikern, die unser frühes Interesse für ein noch nicht etabliertes Gebiet gefördert haben;
- den verständnisvollen Vorgesetzten für Unterstützung und Ermutigung;
- den Kollegen der NAMUR-Arbeitskreise für konstruktive Vorschläge, Ideen und gute Zusammenarbeit. Auch ihnen mag das Buch in besonderer Weise für langjährige Zusammenarbeit gewidmet sein;

- Frau Liane Sommerfeld, die aus groben Skizzen fabelhafte Zeichnungen gemacht hat;
- Frau Petra Borgs und Frau Liane Sommerfeld für das Schreiben der Manuskripte;
- Herrn Manfred John und Frau Angelika Sperlich für ihr genaues Lektorat;
- Herrn Hanns Martin Schmidt für engagierte und organisatorische Hilfe;
- der Firma HMS Planung & Automation GmbH, Düsseldorf, für großzügige Bereitstellung von Material und Personal für die Erstellung der Manuskripte;
- schließlich den Unternehmen Eckardt AG, ABB-Kent-Taylor GmbH, Siemens AG für Überlassung von Bildmaterial.

Duisburg/Frankfurt/M., im Sommer 1995 R. Uhlig/M. Bruns

Kapitel 1: Historische Entwicklung der Automatisierung von Chargenprozessen

1.1 Die Automatisierung im Zusammenhang mit der Entwicklung chemischer Prozesse

Chargenprozesse haben eine lange Tradition. Sieht man einmal von der Zubereitung des täglichen Essens ab, wurden schon lange vor jeder Industrialisierung:

- Speiseöle aus Pflanzen
- ätherische Öle aus Baumharzen
- Arzneimittel und
- die sehr beliebten Duftwässer, wie z. B. Rosenöl, oder
- Weinbrände aus Wein durch die sogenannte Digestion
- Kornbrände aus Getreide sowie
- Farben aus Pflanzen, Mineralien und Blattläusen
- in den chinesischen Hochkulturen Schießpulver

in Chargenprozessen hergestellt.

Überliefert ist uns aus dieser Zeit, daß an Stelle der Messung von Gewicht, Volumen, Temperatur und Zeit die menschlichen Sinne traten wie Sehen, Fühlen, Schmecken, Riechen, Hören.

Da man Temperaturen noch nicht messen konnte, kamen unterschiedliche Erwärmungsarten zum Einsatz, um unterschiedliche Temperaturniveaus zu erreichen.

Der erste Grad der Erwärmung bis 40°C entspricht etwa der Handwärme und wurde erreicht, indem man das Gerät – einen Kolben – mit einem Wasserbad oder mit einer Kerze erhitzte. Weiterhin benutzte man die Sonnenwärme für mäßige Temperaturen direkt – z. B. Salzgewinnung –, für höhere Temperaturen verstärkt durch Linsen oder Brenngläser.

Für Temperaturen bis etwa 60°C wurden Zersetzungs- oder Gärungsprozesse verwendet, so die Beheizung mit gärendem Pferdemist oder Brotteig. Die Temperaturen konnten durch Einblasen von Wasserdampf erhöht werden.

Temperaturen bis etwa 70°C wurden mit Sand- oder Aschebädern erreicht. Für höhere Temperaturen benutzte man Holzkohlefeuer. Für das Schmelzen von Metallen reichten ihre Temperaturen nicht aus. Hier wurde die Glut zusätzlich mit einem Blasebalg entfacht.

Die Stärke des Feuers wurde durch die Darstellung von Flammen angezeigt (Bild 1.l). Starkes Feuer wurde z. B. durch drei Flammen verdeutlicht, ein schwächeres Feuer wurde durch zwei Flammen dargestellt, und ein noch schwächeres Feuer wurde durch nur eine Flamme angedeutet [Deibele (1991)].

Bild 1.1 Unterschiedliche Erwärmungsarten, verdeutlicht durch eine, zwei oder drei Flammen; nach [Deibele (1991)]

Mit Beginn der Industrialisierung etwa in der zweiten Hälfte des 19. Jahrhunderts wurde eine große Anzahl heute bedeutender Unternehmungen der chemischen Industrie zumeist zum Zweck der Herstellung von Farbstoffen gegründet und hier insbesondere zur Produktion von Anilinfarbstoffen aus Teer [Bayer (1988)].

Entsprechend dem damaligen Stand der Wissenschaft (die Gründer der heutigen Bayer AG, Friedrich Bayer und Friedrich Weskott, waren Kaufmann bzw. Färber gewesen) mußte die chemische Produktion in jener Zeit mit sehr einfachen Mitteln durchgeführt werden.

Die „Laboratorien" und „Produktionsstätten" der Firmengründer Bayer und Weskott waren die Familienküchen. Auf dem Herd bei Bayer oder bei Weskott rührten, kochten und schmolzen sie in Tontöpfen ihre Chemikalien. Nach einem halben Jahr hatten sie z. B. herausgefunden, wie man Fuchsin herstellt. Das entwickelte Verfahren zur Herstellung von Fuchsin, einem prächtigen roten Farbstoff, lautete:

„25 Pfund Anilinöl und rund 50 Pfund Arsensäure werden auf 200°C erhitzt. Aus der hierbei entstehenden Schmelze wird der Farbstoff durch Auskochen gewonnen" [Hinderling (1967)].

Derart wenig anspruchsvolle Betriebsverfahren gelangten in eben solchen Produktionsanlagen zur Durchführung.

Die Apparate des Betriebschemikers bestanden um die Jahrhundertwende in der Regel aus

- offenen oder geschlossenen Stahlbehältern
- Holzbottichen mit Holzrudern zum Rühren
- Steinzeugnutschen, Filterpressen
- offenen Rührschalen.

Auf gewerbehygienische Vorschriften brauchte der Unternehmer keine Rücksichten zu nehmen. In Ermangelung genauer Kenntnisse über die physiologische Wirkung vieler Chemikalien existierten in der damaligen Zeit überhaupt noch keine behördlichen Verfügungen.

Für heutige Begriffe völlig problemlos war die Bedienung dieser Produktionsapparate. In den meisten Fälllen handelte es sich um rein manuelle Arbeiten, wie das Verrühren von Reaktionsstoffen mit Hilfe eines Holzruders, das Zugeben von Sackware oder Faßware mittels Schaufeln, das Verschieben und Rollen von Fässern, das Anheben von Bottichen mit einem Kettenzug usw. Ein typisches Merkmal der damaligen Einrichtungen ist die geringe Zahl von Bedienungselementen (< 10) wie Ventilen oder Hähnen sowie von Anzeigeorganen wie etwa Thermometer, Manometer oder Niveauanzeigen auf der Basis von Schausichtgläsern oder Peilstäben. Im übrigen genügte die Erfahrung und das Gefühl des Meisters.

War in den Gründerjahren der Extraktion von Naturstoffen ein maßgeblicher Anteil an der gesamten chemischen Produktion zugekommen, so machte eine neue Klasse von Farbstoffen, z. B. die Herstellung von Azofarbstoffen, die total synthetische Herstellung dieser Produkte erforderlich.

Der enorme Zuwachs der Produktion auf dieser neuen Basis erforderte auch eine Anpassung der betrieblichen Einrichtungen: Als eigentlicher Markstein in der Entwicklung neuer Apparate darf wohl der Rührkessel oder Reaktionskessel bezeichnet werden. Anfangs noch über Transmissionen angetrieben, machte jedoch erst der Einzelantrieb den Rührkessel automatisierbar.

Die Vorteile des Rührkessels gegenüber den bis dahin verwendeten Apparaturen sind offensichtlich. Diese Konstruktion erlaubte erstmals, die Reaktionsgemische gleichzeitig zuzugeben, zu erhitzen und zu rühren, ohne daß der Chemiearbeiter sich den Dämpfen aussetzen mußte. Andererseits stellte die Bedienung des Reaktionskessels an das Betriebspersonal viel höhere Anforderungen, als dies bei den bisher erwähnten Apparaturen der Fall war.

Für eine Universal-Rührwerksapparatur gemäß Bild 1.2 beträgt die Zahl der Bedienungselemente im allgemeinen 20 (z. B. 8 Energieventile, 8 Chemieventile oder -hähne, -klappen, 3 Entlüftungs-, Begasungs- und Vakuumventile, 1 elektrischer Schalter). Diese recht respektable Zahl von Bedienungselementen stellt an die Auffassungsgabe und an das Konzentrationsvermögen des Chemiearbeiters bereits gewisse Ansprüche, soll der Rührkessel über längere Zeit fehlerlos gefahren werden.

In der ersten Hälfte des 20. Jahrhunderts wurde die Chemie durch eine enorme Summe wissenschaftlicher Erkenntnisse bereichert. Als Folge davon gelangten im Verlauf der Jahre immer wieder neue Substanzen in die Hand des Chemikers, Substanzen, deren industrielle Erzeugung sich als viel schwieriger erwies als z. B. die eingangs skizzierte Herstellung des Fuchsins. Zum Teil erfordern die modernen technischen Synthesen den Einsatz von recht gefährlichen Arbeitsstoffen, so z. B. Acetylen, Blausäure, Phosgen usw.

Sodann wurden jetzt Reaktionen im Betriebsmaßstab durchgeführt, die man sich in früheren Jahren nur getraut hätte, im Labormaßstab durchzuführen.

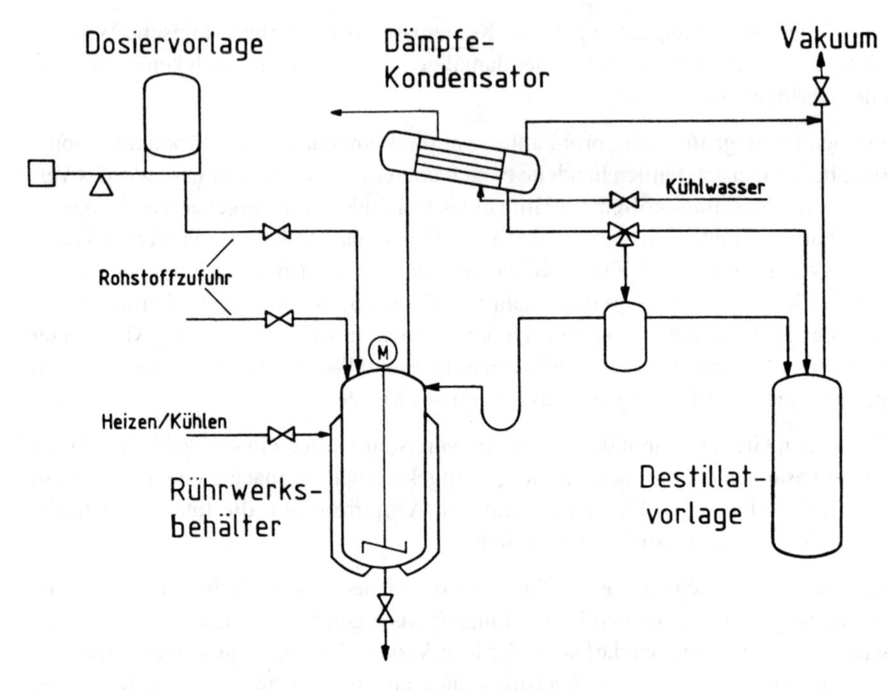

Bild 1.2 Universal-Rührwerksapparatur nach [Uhlig (1987)]

Galt schließlich früher das Arbeiten mit Lösungsmitteln im Betrieb als Ausnahme, so sind heute diejenigen Synthesen, bei denen der Betriebschemiker ohne ein Lösungsmittel auskommt, recht selten geworden.

Es herrscht daher häufig Explosionsgefahr. Die Automatisierungsmittel müssen darum explosionsgeschützt sein.

Die betriebliche Durchführung der modernen chemischen Prozesse wurde nur möglich dank stetiger Verbesserungen der Produktionsanlagen. Dies ist bei Chargenprozessen in erster Linie durch sinnvolles Zusammenfassen von Einzelapparaten zu Apparategruppen sowie durch eine angemessene Instrumentierung derselben vor sich gegangen.

Eine besonders erfolgreiche Apparategruppierung ist die Mehrzweckapparatur (Bild 1.3). Erfahrungen aus dem Bereich der pharmazeutischen Produktion zeigen, daß auf der Mehrzweckapparatur 70...80% aller organischen Synthesen bewältigt werden können, während für die restlichen 20...30% spezielle Einrichtungen notwendig sind [Hinderling (1967)].

Dank ihrer Vielseitigkeit und Wirtschaftlichkeit kommt der Mehrzweckapparatur heute in zahlreichen Unternehmen der chemischen Industrie erhebliche Bedeutung zu. Indessen hängt der Nutzeffekt jeder Produktionseinrichtung weitgehendst von deren fehlerloser Bedienung ab. Aber es dauerte bis weit ins 20. Jahrhundert, ehe

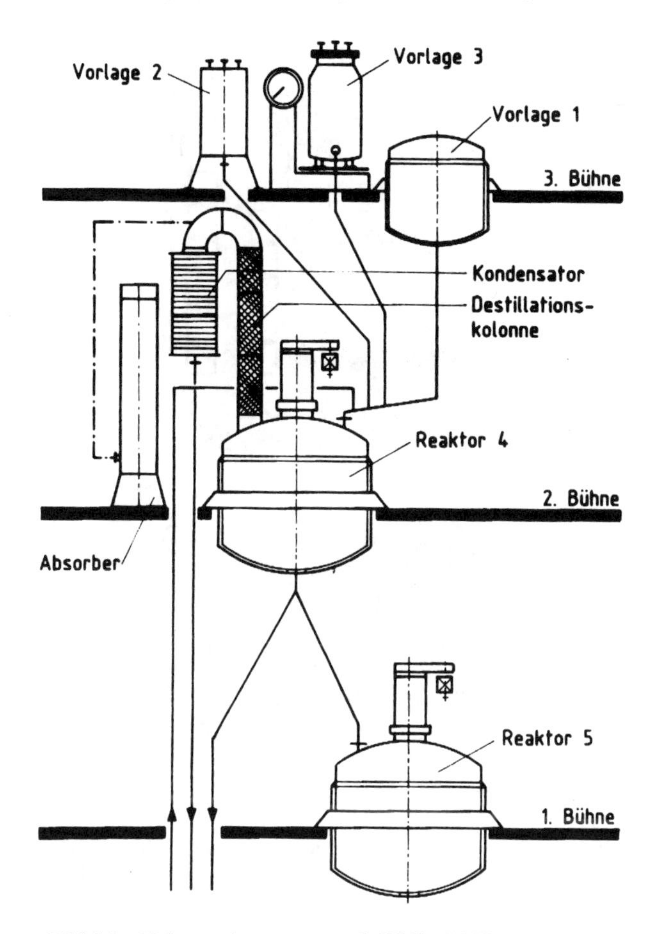

Bild 1.3 Mehrzweckapparatur nach [Uhlig (1988)]

hinreichend präzise und zuverlässige Meßgeräte zur Verfügung standen, mit denen man feststellen konnte, was sich hinter undurchsichtigen Behälterwänden und Rohrleitungen abspielte. Es waren Einzelgeräte. Der Bedienungsmann mußte deshalb ständig von einem Gerät zum anderen gehen, um die Übersicht zu behalten.

Erst in den fünfziger Jahren begann man, Meßgeräte mit Fernanzeigen und Stellgeräte mit Fernbedienung auszurüsten, so daß die Anzeige- und Leitgeräte zusammengefaßt werden konnten. Sie wurden anfänglich in der Höhe der Apparategruppen einzeln an Wänden und Pfosten montiert, später in Schaltschränken zusammengefaßt, wobei ein Fließbild zur Gedächtnishilfe beitrug (Bild 1.4).

Allein schon diese Zusammenfassung der Bedienungselemente, Zusammenfassung der Betriebszustands- und Meßwertmeldung, Verwendung von Schaltern und Leitgeräten, Einbau von Gefahrmeldern und zentrale Signalisierung von Gefahrenzu-

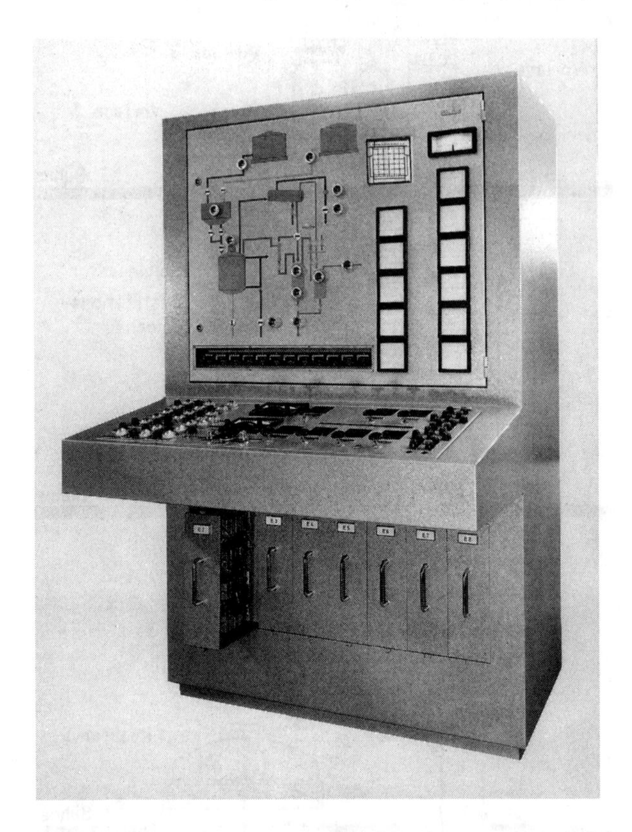

Bild 1.4 Konventionelles Steuerpult eines pneumatisch gesteuerten Chargenprozesses nach [Uhlig (1982)]

ständen, Signalverknüpfung zur Verhinderung von Fehlmanipulationen, brachte eine erhebliche Erleichterung für den Betriebsarbeiter.

Der nächste Schritt zur Entlastung des Betriebspersonals bestand sodann in der Ausklammerung gewisser Arbeitsgänge und deren Automatisierung, z. B. (Bild 1.3):

- Einbau von Überfüllsicherungen an den Vorlagen. Sobald diese mit der gewünschten Menge Einsatzmaterial beschickt sind, wird die Förderpumpe mit Hilfe eines Kontaktes ausgeschaltet und das Einlaufventil geschlossen.
- Integration von Bodenwaagen. Diese erlauben die Verwiegung einer bestimmten Menge.
- Die normalen Durchflußmesser wurden durch Meßuhren (Ringkolben-, Ovalradzähler) mit Voreinstellung ersetzt. Dies erlaubt dem Betriebsarbeiter die Vorwahl der benötigten Mengen Monomer, Katalysator, Lösungsmittel usw. Er braucht sich in der Folge weder um das Schließen der betreffenden Einlaufventile noch um das Abstellen der Förderpumpe zu kümmern.
- Des weiteren wurde eine Anzahl Temperaturregler angebracht. Dies erlaubt dem

Betriebsarbeiter, die für den benötigten Prozeß notwendigen Temperaturen vorzuwählen. Dieses Prinzip wurde nicht nur an den Reaktoren, sondern auch am Kondensator der Destillationskolonne, Absorber usw. verwirklicht, um bei Bild 1.3 zu bleiben.

- Automatisiert wurde sodann das Trennen von Phasen. Ein Trennschichtenregler gewährleistete die konstante Lage der Phasengrenzen und besorgte so das Trennen der Phasen völlig selbständig.
- Häufig ist es erforderlich, die durchzuführende Synthese unter völligem Ausschluß des Luftsauerstoffs durchzuführen, eine Bedingung, die bei Handbetrieb schwer zu erfüllen ist. Erfahrungsgemäß kommt es immer wieder vor, daß das Betriebspersonal das zeitgerechte Öffnen der Inertgasventile unterläßt, wodurch das Endprodukt zu Schaden kommen kann. Oder aber das Schließen der Ventile wird vergessen, was sich dann als hoher Verbrauch an Stickstoff recht unangenehm bemerkbar macht. Zur Lösung dieses Problems wurden die entsprechenden Apparate, z. B. Reaktoren, mit Begasungsautomaten ausgerüstet. Diese halten die Apparate unter einem geringen Inertgasüberdruck. Für die manuelle Bedienung entfallen auf diese Weise einige Ventile.
- Schließlich ist noch der Einbau eines Vakuumreglers zu erwähnen, der im System der Reaktionskessel, Destillationskolonne, Absorber des Bildes 1.3 die Vorwahl des beliebigen Druckes vom Atmosphärendruck bis zum Vakuum erlaubt. Oftmals werden es aber die Verhältnisse erfordern, nicht nur Teiloperationen, sondern die Selbststeuerung des gesamten Herstellungsprozesses, z. B. mittels eines Steuerungsautomaten, zu automatisieren. Die Durchführung einer großen Zahl moderner Synthesen ist nur durch zunehmende Automatisierung der Prozesse und Produktionsanlagen möglich geworden. In gewissen Fällen ist es im Hinblick auf allfällige Fehlmanipulationen ganz einfach nicht verantwortbar, eine Anlage während längerer Zeit von Hand zu fahren. Für einen Steuerungsautomaten hingegen stellt sich in dieser Beziehung gar kein Problem, und damit gerade vermag er entscheidend zum sicheren Ablauf eines Prozesses beizutragen.

Der Hauptgrund für die Automatisierung chemischer Prozesse und Produktionsanlagen liegt somit im Streben des Betriebsleiters nach absolut sicherer Beherrschung der ihm anvertrauten Fabrikationsprozesse.

Demgegenüber kommt dem Wunsch der chemischen Industrie, ihre Rentabilität mit Hilfe der Automation zu verbessern, nur sekundäre Bedeutung zu. Immerhin ist auch die chemische Industrie auf gewissen Gebieten zu einem unerbittlichen Preiskampf gezwungen, vor allem bei ausgesprochenen Großprodukten. In diesen Fällen kommt der Automation dann auch primär die Aufgabe zu, die Rentabilität eines Herstellungsprozesses, vor allem durch Einsparung von Arbeitskräften und Energie, zu gewährleisten.

Jedoch, Tausende verschiedener Chemieprodukte sollen stets mit gleicher Qualität wirtschaftlich und umweltgerecht hergestellt werden. Die Rezepturen für die Chemieprodukte sind seit den Firmengründungen immer komplexer und die Herstellungsverfahren immer schwieriger geworden. Je geringer die erlaubten Qualitätstoleranzen wurden, um so weniger konnten Erfahrung und Gefühl des Meisters genügen. Neue Möglichkeiten für eine weitgehende Selbststeuerung eines Produktionssystems „nach Rezeptur" ergaben sich durch die Fortschritte in der Mikroelektronik seit Mitte der siebziger Jahre.

1.2 Die Automatisierung im Zusammenhang mit der Entwicklung der gerätetechnischen Mittel

1.2.1 Anforderungen

Nach ca. 20 Jahren konventioneller Meß- und Regeltechnik gingen die Betriebe mit diskontinuierlichen Prozessen etwa Mitte der 60er Jahre daran, eine neue Phase der Automatisierung zu realisieren. In der neuen Automatisierungsstufe war daran gedacht, den gesamten Prozeß taktweise automatisch ablaufen zu lassen. Diese Taktsteuergeräte sollten frei programmierbar sein; die Aufgabe lautet nämlich, eine Vielzahl von relativ kurzlebigen Produkten in einem Minimum von Universalapparaturen herzustellen. Dies kann z. B. mit Hilfe einer pneumatischen Programmwalze, mit einer elektronischen Programmschaltung oder mit einem Prozeßrechner erfolgen.

Diese Entwicklung in Gang gebracht zu haben ist das Verdienst der Schweizer Spezialitätenchemie am Platz Basel. Darüber wurde eindrucksvoll auf der Ilmac 1966 in Basel diskutiert und in der Zeitschrift „Neue Technik, Nr. Al, 1967, S. 1–34" berichtet.

Fragt man nun nach der Technik, die für den Bau eines solchen Gerätes zweckmäßig ist, so muß man berücksichtigen, daß die Art der diskontinuierlichen Prozeßführung es mit sich bringt, daß in derselben Anlage – genannt Universalapparatur – eine Vielzahl von Produkten hergestellt werden soll. Da an der Apparatur bei Produktwechsel nichts umgebaut wird, so heißt dies, daß die Anlage durch eine fixe Anzahl Befehlsleitungen mit dem Gerät verbunden sein muß, wobei die Befehle je nach Produkt in anderer Konstellation und Reihenfolge ausgeführt werden; dasselbe gilt für die Rückmeldesignale. Was also allein am Gerät bei Produktwechsel geändert – ausgetauscht – werden muß, ist das Steuerungs-Programm, d. h. die steuerungstechnische Wiedergabe der Operationsphasen des Fabrikationsprozesses, und dies muß durch den Betriebsmann erfolgen können.

Für die steuerungstechnische Wiedergabe der Operationsphasen des Fabrikationsprozesses wie Füllen, Aufheizen, Kochen am Rückfluß, Auswaschen usw. wurde als steuerungstechnische Einheitsgröße ein Operationstakt, kurz Takt, gewählt. Daher der Ausdruck „Taktsteuergerät" für die ersten Geräte dieser Art [Wohler (1967)].

Ein Takt wurde definiert als eine bestimmte Anzahl Manipulationen, die an der Apparatur gleichzeitig auszuführen sind; man nannte sie Befehle an die Apparatur, kurz Befehle. Bei der symbolischen Darstellung des Taktes wurden diese Befehle des Gerätes an die Anlage in ein Rechteck gezeichnet. Zweitens gehören zu einem Takt eine Anzahl Signale aus der Anlage, deren Vorhandensein zur Bedingung bestimmt wird für den Übergang zum nächsten Takt. Hierzu gehören Signale, die das Erreichen einer Temperatur melden oder das Fehlen eines Druckes usw. Diese Rückmeldungen wurden in Rhomben eingezeichnet. Ein Chargenprozeß läßt sich so in eine Sequenz von Takten aufteilen, wobei jeder Takt charakterisiert ist durch eine Gruppe von Befehlen und eine Gruppe von Rückmeldungen. Ein solcher Prozeß wird also schematisch im einfachsten Fall durch Bild 1.5 dargestellt. In die Rechtecke und

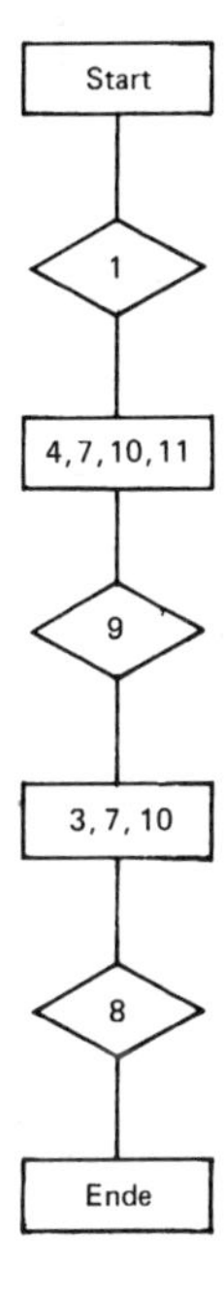

Bild 1.5 Vereinfachte Programmstruktur eines Chargenprozesses. Lineare Ablaufkette von Befehlen und Rückmeldungen. Die in den Rechtecken aufgeführten Zahlen stellen Befehle an die Anlage dar, die Zahlen in den Rhomben bedeuten Rückmeldesignale, welche die Bedingungen für das Weiterschalten zum nächsten Takt bilden; nach [Wohler (1967)]

Rhomben wurden die Signale mit Zahlen eingetragen, deren Bedeutung aus einer Signalliste hervorging. Doch in einem Chargenprozeß in der Chemie ist es nicht gleichgültig, nach welcher Zeit in einem Takt die erwarteten Rückmeldungen eintreffen. Insbesondere kann man dem Benehmen eines Betriebsarbeiters bei einer rein von Hand gefahrenen Anlage entnehmen, daß er nach Ablauf einer gewissen Wartezeit handelt, wenn ein bestimmtes Rückmeldesignal nicht eingetroffen ist. Es gibt Situationen, in denen die Anlage in solchen Fällen mit denselben Befehlen weiterlaufen und die „Störung" dem Menschen in auffälliger Weise melden muß. Es gibt jedoch ebensooft Situationen, in denen in einem solchen Falle andere Schritte ausgelöst werden müssen als im „Normalfall", d. h. irgendein Unterprogramm gefahren werden muß, das entweder nach einigen Takten die Anlage abstellt oder in einem vorhergehenden Takt wieder in das Hauptprogramm einmünden läßt.

Diese Verhältnisse sind in symbolischer Schreibweise in Bild 1.6 dargestellt. Wann immer ein Nebenweg beschritten wird, der in einen Stoppbefehl mündet, muß eine

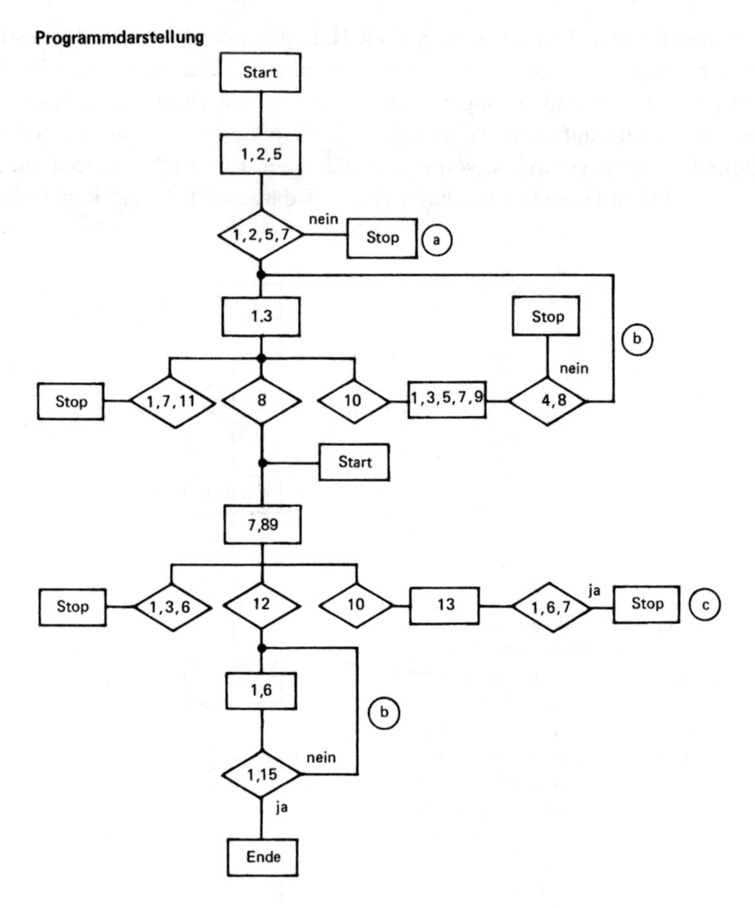

Bild 1.6 Programm einer Phase eines Chargenprozesses. Die Programmstruktur enthält Verzweigungen und Schleifen; nach [Wohler (1967)]

Signallampe anzeigen, welches Rückmeldesignal die Ursache davon ist, damit der an die Anlage gerufene Bedienungsmann sofort sieht, welche Störung vorliegt. Ihre Behebung wird normalerweise einen Handeingriff benötigen. Das Steuergerät muß deshalb mit einem Hand-/Automatikschalter ausgerüstet sein. Auch will der Betriebsarbeiter wissen, bei welchem Takt die Anlage das Hauptprogramm verlassen hat, damit er den Prozeß beim richtigen Takt wieder starten kann. Es muß auch ohne weiteres möglich sein, einige Takte von Hand zu fahren und an einer späteren, frei wählbaren Stelle wieder auf automatischen Betrieb überzugehen.

In den meisten Chargenprozessen treten Stellen auf, wo der Eingriff des Betriebsmannes unbedingt nötig ist. Wird z. B. nach einem Takt eine Produktanalyse verlangt, so soll das Steuergerät wie bei einer Störung die entsprechende Lampe „Probenahme“ aufleuchten lassen und nicht weiterlaufen, bis von Hand das dazu vorgesehene Rückmeldesignal eingegeben wird.

1.2.2 Das Taktsteuergerät

Die so ermittelten Taktfolgen mußten nun als ein Programm dargestellt werden, wobei ein Programm für ein herzustellendes Produkt stand. Als Programmträger kamen in den Anfängen

- Programmwalzen und
- Programmkarten aus 0,5 mm starkem Aluminiumblech in Frage, bei deren Ablauf eine Reihe von Schaltern durch eine mechanische Vorrichtung betätigt wurde (Bild 1.7).

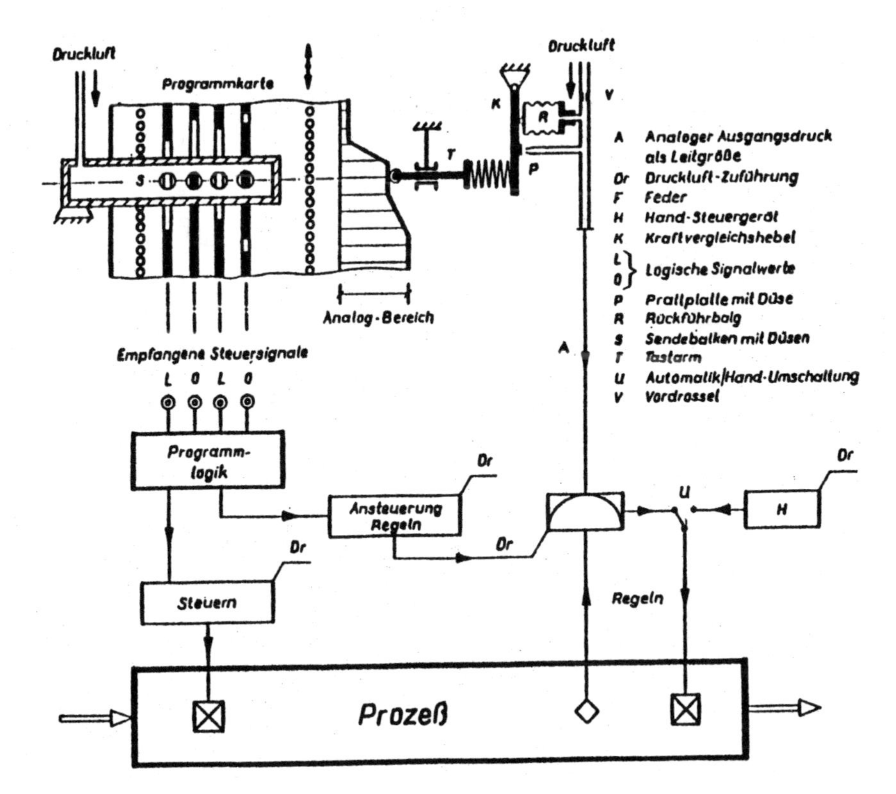

Bild 1.7 Schema für das pneumatische Steuern und Regeln nach einer Programmkarte; nach [Kewitz (1967)]

Durch Verändern dieser bewegten Vorrichtung konnte der Programmablauf verändert werden. Ähnlich den bewegten Programmkarten arbeiteten Lochstreifen als Programmträger.

Ein Nachteil dieser Programmträger war, daß sie nur für gerade, lineare Taktketten, wie in Bild 1.5 gezeigt, eingesetzt werden konnten. Um auch Programme mit Verzweigungen, Schleifen und Rücksprüngen zu realisieren (Bild 1.6), wurden steckbare Programm-Matrizen verwendet, auf denen mit Hilfe eingelöteter Dioden die Verknüpfungen zwischen Bedingungseingängen, Ablaufschritten, Befehlsausgängen usw. und damit der Programmablauf hergestellt werden konnte (Bild 1.8). Bild 1.9 zeigt die Gliederung einer Steueranlage mit dem SIMATIC-Steuersystem M von Siemens.

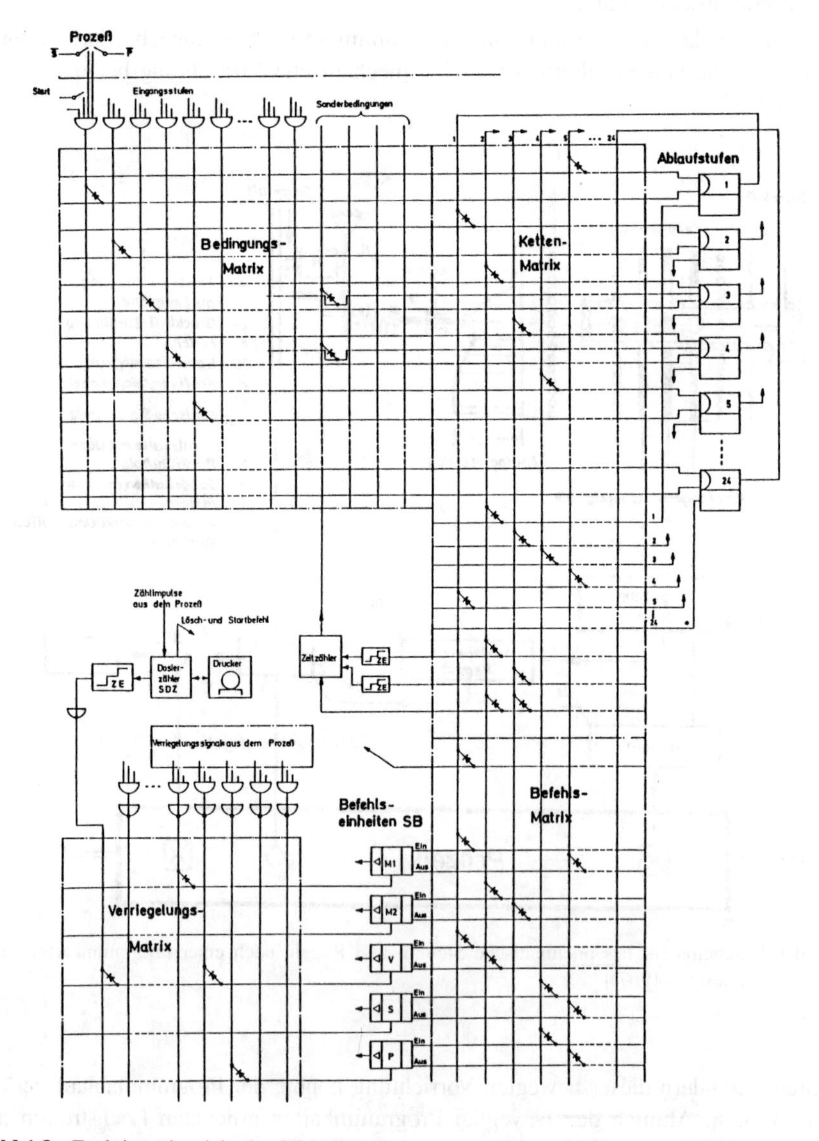

Bild 1.8 Funktionsübersicht des SIMATIC-Steuersystems M; nach [Siemens (1968)]

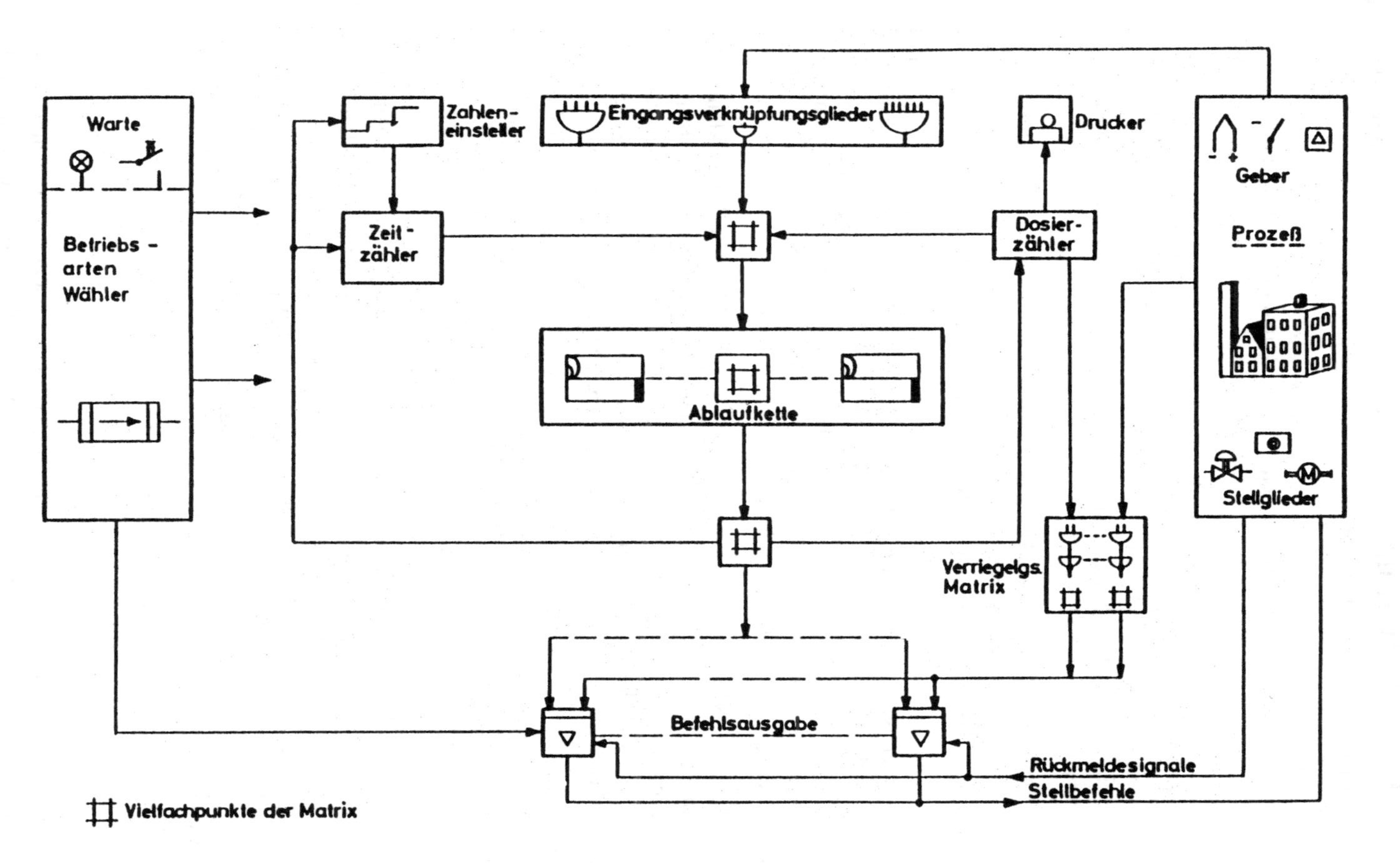

Bild 1.9 Gliederung einer Steueranlage mit dem SIMATIC-Steuersystem M; nach [Siemens (1968)]

1.3 Die NAMUR und die Entwicklung der Automatisierung von Chargenprozessen

Die NAMUR „Normenarbeitsgemeinschaft für Meß- und Regelungstechnik" wurde 1949 gegründet als Arbeitsgemeinschaft der Meß- und Regelungstechnik-Abteilungen in der chemischen Industrie.

Die Entstehung der NAMUR gründet sich auf der Notwendigkeit zum Erfahrungsaustausch. Es bestand hierzu geradezu ein wirtschaftlicher Zwang. Die Methode der erfolgreichen NAMUR-Arbeit besteht darum in der kollegialen Zusammenarbeit der Fachleute aus den Mitgliedsfirmen.

Ziel, Aufgabe und Zweck der NAMUR lassen sich mit den Worten des Altmeisters der NAMUR, Dr. B. Sturm, wie folgt formulieren [Sturm u. a. (1987)]: „Mehr Wirtschaftlichkeit in und durch Meß- und Regeltechnik in der chemischen Industrie".

Ein Weg dahin ist die aktive Mitarbeit bei der Normung, wobei die NAMUR nicht selbst normen will und dies auch nicht kann, obwohl es der Name „Normenarbeitsgemeinschaft" eigentlich anders vermuten läßt. Bei der Normungsarbeit vertritt die NAMUR Interessen der Chemie auf dem Gebiet der Meß- und Regelungstechnik in einem Umfang, wie dies ihrer Bedeutung als einem Meßgeräteverbraucher entspricht, der spezielle Anforderungen stellen muß.

Die Arbeit der NAMUR war stets geprägt von der technischen Entwicklung der Meß- und Regelungstechnik. Eine ihrer wesentlichen Aufgaben ist die Behandlung von Neuentwicklungen mit dem Ziel, gegenüber Hersteller und Normungsgremien eine einheitliche Meinung zu vertreten und durch Einflußnahme auf Neuentwicklungen und Ausführungsformen einen wirtschaftlichen Nutzen zu erreichen.

Mit dem Instrument der Bildung einer NAMUR-Meinung ist es der NAMUR gelungen, auf vielfältige Weise auf die Entwicklung von Geräten und Systemen Einfluß zu nehmen. Es waren Anregungen, die von den Herstellern meist dankbar aufgenommen wurden, da sie die besonderen Erfahrungen und Erfordernisse der Chemie widerspiegelten.

Es war darum nicht verwunderlich, daß auf Initiative von Schweizer NAMUR-Mitarbeitern ein Arbeitskreis „Regelung und Steuerung diskontinuierlicher Betriebe" auf der 29. NAMUR-Hauptsitzung am 3./4. November 1966 in Bad Nauheim ins Leben gerufen wurde. Da im Bereich der diskontinuierlichen Prozesse offenbar eine Anzahl Automatikprobleme vorlagen, die mehreren Mitgliedern gemeinsam waren. Wohler von Sandoz, Schweiz, wies darauf hin, wie groß die Arbeit war, die in der Schweiz bereits in das Gebiet gesteckt wurde.

Unter der Leitung von Wohler begann nun die NAMUR über ihren berühmten AK 6 im o. a. Sinne Einfluß auf die Entwicklung der Geräte und Systeme zur Automatisierung diskontinuierlicher Prozesse zu nehmen.

Der Arbeitskreis wurde organisatorisch ein Glied des Ausschusses Regelungstechnik. Auf der Gründungsveranstaltung hatte sich der Arbeitskreis, zusammen mit dem Leiter des übergeordneten NAMUR-Ausschusses Regelungstechnik, Will, der die Arbeit des AK immer wohlwollend – wie später auch Ankel – begleitet hat, folgendes erstes Arbeitsziel gesetzt:

> Zusammentragen der Erfahrungen mit Bausteinen der Automatik für diskontinuierliche Prozesse und Erstellen einer Übersicht, die allen NAMUR-Mitgliedern zur Verfügung gestellt werden soll.

Schon bald nach Aufnahme der Zusammenarbeit hatte sich eine weitere Aufgabe herauskristallisiert. Man hatte nämlich durch die Zusammenarbeit festgestellt, daß ziemlich alle Mitgliedsfirmen an der nächsten Stufe der Automatisierung diskontinuierlicher Prozesse arbeiteten und alle diesen Schritt mit frei programmierbaren Taktsteuerungen zu realisieren versuchten.

Auf der Herstellerseite waren bereits allerhand Leistungen vollbracht worden, wobei als Hilfsenergie sowohl die elektrische Energie als auch die Pneumatik eingesetzt wurde.

Es lag daher für den Arbeitskreis auf der Hand, ein gemeinsames Pflichtenheft für frei programmierbare Taktsteuergeräte zu entwerfen. Dieses Pflichtenheft sollte allen potentiellen Herstellern wie auch natürlich allen NAMUR-Mitgliedern zur Verfügung stehen. Es wurde nämlich bereits als bedauerlich vermerkt, daß BBC ihre zweite Generation Zentras-Geräte nach eigenen Gesichtspunkten entwickelt hatte und die Baseler Chemieindustrie angesichts des Resultates feststellen mußte, daß das Gerät gar nicht in ihre Anlagen hineinpaßte.

Dieses Pflichtenheft wurde später als NAMUR-Empfehlung für „matrix-programmierbare Steuerungen“ veröffentlicht.

Dank der Tätigkeit des AK 6 und der Herausgabe der NAMUR-Empfehlung war jetzt eine klare Gliederung bei den Steuergeräten zu erkennen hinsichtlich: der Programmbehandlung nach linearer Taktkette, verzweigter Taktkette und den Einheiten, die dazu verwendet wurden, wie Befehlseinheiten, mit und ohne Stellgliedüberwachung, Eingabeeinheiten, Takteinheiten, Betriebsartenwähler, Verknüpfungsmatrizen usw.

Wie so oft sind es aber die erkennbaren Mängel einer Technik, welche zu einer weiteren Entwicklungsstufe führen [Wohler (1973)]1, denn die bis dahin verwendeten matrix-programmierten Taktsteuergeräte hatten zwei gewichtige Mängel, die ihre Eignung sehr stark einschränkten.

1. Ein Produktwechsel in einer Mehrproduktanlage bedeutete das Austauschen sämtlicher Diodenmatrizen im Taktsteuergerät. Damit waren Kontaktprobleme verbunden, die sehr unbeliebt waren.
2. In Chemieprozessen muß in jeder Prozeßphase für jede erkennbare Störung ein Störprogramm vorhanden sein. Der Aufwand für diese Störprogramme kann, wie die Erfahrung zeigt, bis zehnmal so groß sein wie für das Normalprogramm. Damit sind Steuergeräte mit Matrixprogrammierung aufwandsmäßig überfordert.

Diese beiden Mängel führten ab 1969 in der Schweizer chemischen Industrie dazu, die Taktsteuerungen durch Prozeßrechner zu ersetzen.

Ein Hauptproblem bei der Automatisierung von Neuanlagen mit Prozeßrechnern aber ist, daß der Rechner zusammen mit der Anlage in Betrieb gehen muß, wenn man nicht ein meist unvertretbar komfortables Back-up vorsehen will, mit dem die Anlage auch ohne Prozeßrechner genügend sicher betrieben werden kann. Die große Unbekannte bei einer Prozeßrechnerplanung ist aber die erforderliche Programmierzeit, da der meist recht erhebliche Umfang der Programmierarbeiten oft erst relativ spät übersehen werden kann. Entsprechend unsicher ist auch die Abschätzung der Programmierkosten, die leicht in der Größenordnung von einigen hunderttausend DM liegen können. Es war daher dringend geboten, daß durch geeignete, von den Rechnerfirmen beigestellte Grundsoftwarepakete der Programmieraufwand einmal reduziert und zum anderen überschaubar gemacht wird. Dabei sollten die Anwenderprogramme in einer möglichst leicht verständlichen Sprache geschrieben werden können, damit sich später bei notwendigen Änderungen auch noch jemand im Programm zurechtfindet, der sie selbst nicht geschrieben hat. Ein weiterer Vorteil einer wirksamen Grundsoftware ist, daß die Zahl der Programmfehler erheblich reduziert werden dürfte, so daß man mit kürzeren Inbetriebnahmezeiten rechnen kann.

Der NAMUR AK 6 „Automatisierung von Chargenprozessen“ hatte sich, jetzt unter der Obmannschaft von Herrn Dr. Pfeffer [Pfeffer (1972)], mit diesem Thema befaßt. Tatsächlich wurden bereits von einer Reihe von Rechner-Herstellern Grundsoftwarepakete für die Automatisierung von Chargenprozessen angeboten. Der AK 6 hat sich deshalb von sechs Herstellerfirmen über ihre Grundsoftware berichten lassen, und zwar von:

Siemens	über ABSYS,	von
Foxboro	über BATCH,	von
Ferranti	über CONSUL S,	von
BBC	über PAS1,	von
Kent	über PROSEL	und von
Honeywell	über SEQUEL.	

Aus den genannten Grundsoftware-Paketen hat der AK die ihm interessant erscheinenden Eigenschaften gesammelt und in einem Pflichtenheft über „Anforderungen an die Systemsoftware bei der Automatisierung von Poly-Fabrikationen“ veröffentlicht, ein Thema, welches heute unter dem Stichwort „Rezeptfahrweise“ immer noch aktuell ist.

Der AK 6 hat sich zur gleichen Zeit mit einer symbolischen Darstellungsweise für Ablaufsteuerungen (damals noch als Taktsteuerung bezeichnet) beschäftigt, die für folgenden Anwendungsbereich geeignet ist [Pfeffer (1973)]:

- für die Durchsprache der Steueraufgabe mit dem Verfahrenstechniker
- für die Anfrage und Bestellung der Steuerung
- für den Betriebsmann, der die Anlage fährt
- für die Wartung (als Ergänzung zu den Schaltplänen).

Denn die Nachteile der bis dahin vorhandenen Normen und Richtlinien hatten dazu geführt, daß die meisten Hersteller und Anwender von Steuerungen für die Darstellung von Ablaufsteuerungen (Taktsteuerungsaufgaben) ihre eigene Symbolik verwendeten. Über Vor- und Nachteile der heutigen Darstellungsarten siehe Weidlich [Weidlich (1985)]. Die vom AK 6 vorgeschlagene Darstellungsform war im wesentlichen eine erweiterte Variante der Hausnorm von Siemens. Der Vorschlag wurde dem Ausschuß „Programmsteuergeräte" in der VDI/VDE-Fachgruppe Regelungstechnik zugeleitet. Die endgültige Darstellung der Symbole führte zur DIN 40719, Teil 6, Funktionsplan für Ablaufsteuerungen.

In den siebziger Jahren waren es preisgünstige Minirechner, deren erfolgreiche Anwendung bei diskontinuierlichen Prozessen vor der NAMUR vorgestellt werden konnten [Fink (1975)], [Scherz u. a. (1975)].

In der Folgezeit wurden immer kompaktere, leistungsfähigere und flexiblere Minicomputer auf den Markt gebracht, die in wachsendem Umfang auch für kleinere Anwendungen eine Chance zu fortschrittlichen und zugleich wirtschaftlichen Problemlösungen boten (Uhlig (1977)].

Es war den Mitgliedern des AK 6 jederzeit bewußt gewesen, daß mit den damaligen lieferbaren Automatiksystemen, Steuergeräten bzw. Prozeßrechnern jedes beliebige diskontinuierliche Verfahren, das in den Chemieapparaten automatisiert werden sollte, auch automatisiert werden konnte. Bei den Sitzungen des Arbeitskreises unter ihrem neuen Obmann, Stäheli, hatte sich aber herausgestellt, daß die typischen Besonderheiten der Mehr-Produktherstellung:

- häufiger Produktwechsel
- laufende Verfahrensverbesserungen
- flexible Verschaltung von Apparaten

– auf die Wohler schon vor zehn Jahren hingewiesen hattte – bei der Anwendung dieser vorhandenen Automatiksysteme nicht genügend berücksichtigt worden sind. Bei der Automatisierung der Mehr-Produktherstellung mit den vorhandenen Automatisierungssystemen spürte man bald, daß:

- der Aufwand für die Erstellung der vielen produktspezifischen Programme zu groß ist,
- die Flexibilität der Programme, besonders für die häufigen Produktwechsel und laufenden Verfahrensverbesserungen, zu kompliziert ist und nicht ohne Programmierhilfe im eigenen Betrieb durchgeführt werden kann.

Um Vielzweckanlagen besser automatisieren zu können, muß eine gezielte Weiterentwicklung der Automatiksysteme und vor allem der dafür geeigneten Software in den obigen Punkten Abhilfe schaffen, war die Meinung des Arbeitskreises „Steuerung von Chargenprozessen", vorgetragen von Prins (Prins (1978)] und Stäheli [Stäheli (1978)] auf der NAMUR/VDI/VDE-GMR-Ausschuß-Tagung am 1. und 2. Juni 1978.

Der NAMUR-Arbeitskreis „Steuerung von Chargenprozessen" schlug daher die Verwendung bestimmter verfahrenstechnischer „Grundoperationen" nicht nur als Bausteine für die Verfahrensbeschreibung, sondern auch als Bausteine für die Automatisierung vor. Die Verknüpfung derartiger Programmbausteine ergäbe dann Programme, die weitgehend den Verfahrensbeschreibungen entsprechen. Das Bedienungspersonal könnte damit Umstellungen und Änderungen ohne betriebsfremde Hilfe durchführen.

In dem Beitrag von [Prins u. a. (1978)] legte der Arbeitskreis diese Probleme dar, um eine Diskussion mit den in Frage kommenden System- und Softwarelieferanten anzuregen.

Es soll hier aber darauf hingewiesen werden, daß bei der Präsentation des Arbeitskreises vor dem NAMUR/VDI/VDE-GMR-Ausschuß Prins [Prins u. a. (1978)1 aus betrieblicher Sicht von „Grundoperationen“ spricht, jedoch Stäheli [Stäheli (1978)] aus der Sicht des Automatiksystems von „Grundfunktionen der Apparatur“ oder einfach von „Grundfunktionen“, obwohl beide exakt das gleiche meinten.

Die Grundoperationen von Prins dürfen nicht verwechselt werden mit den „industriellen Grundoperationen“, wie sie bei Vauck u. a. [Vauck u. a. (1992)] als mechanische, elektrische und magnetische Grundoperationen wie Fördern, Zerteilen, Trennen, Vereinigen oder als thermische Grundoperationen wie Beheizen, Kühlen, Trennen, Vereinen beschrieben sind. Darüber jedoch mehr in Kapitel 2.

Das Konzept der Einheitsoperationen bzw. Grundoperationen als Strukturierungsmittel zum Aufbau von Produktprogrammen geht auf eine Arbeit von Burton (1975) zurück und wurde als überarbeitete Fassung von T. Trueb, Basel, übersetzt und ist in der Regelungstechnischen Praxis 1977 [Burton (1977)] erschienen.

Burton war zu dieser Zeit Software Support Manager bei der Kent Automation Systems Limited, England. Uhlig hatte daher die Gelegenheit, zusammen mit der Kent Automation GmbH, Düsseldorf, zeitgleich mit der Diskussion im NAMUR-Arbeitskreis, ein Konzept nach der Arbeit von Burton und nach den diskutierten Ideen im AK 6 als sogenanntes „Unit-Operations-Konzept“ auf einem KENT-Rechner (K90) zu entwickeln und auf der ILMAC ’81 in Basel vorzustellen bzw. 1982 in der Regelungstechnischen Praxis zu veröffentlichen [Uhlig (1982)].

1981 übernahm Uhlig die Obmannschaft im Arbeitskreis „Steuerung von Chargenprozessen“. Die nachfolgenden Arbeiten im Arbeitskreis unter dem Titel: „Konfigurierbare und parametrierbare Software für rezepturgesteuerte Chargenprozesse“ waren von den praktischen Erfahrungen durch Uhlig mit dem „Unit-Operations-Konzept“ geprägt. Im Berichtsjahr 1984 wurde dem AS-Prozeßleitsysteme die Arbeit des AK als NAMUR-Empfehlung vorgelegt.

Der Titel lautete jetzt: „Das Grundoperationenkonzept, eine Methode zur Konfigurierung und Parametrierung von Chargensteuerungen“. Der Inhalt der Arbeit wurde mehr und mehr in der Öffentlichkeit bekannt. Interessierte Systemhersteller baten um Übersendung dieses NAMUR-Konzeptes. Auf der Dechema-Jahrestagung 1984 wurde dann von Mitgliedern des Arbeitskreises zum erstenmal einem Kreis außerhalb der NAMUR das „Grundoperationen-Konzept“ vorgestellt.

Im NAMUR-Statusbericht ’87 und in der Automatisierungstechnischen Praxis 1987 wurde dann durch die Veröffentlichung der Arbeit des Arbeitskreises erstmals systematisch, umfassend und vollständig das Begriffsgebäude, die Struktur und Festlegung der Inhalte von Ablaufsteuerungen mit wechselnden Rezepturen dargelegt. Damit war dem Arbeitskreis in guter NAMUR-Tradition ein großer Wurf gelungen, der von den Systemherstellern dankbar aufgenommen wurde. Denn kaum war dieses Konzept veröffentlicht, haben auch schon die Hersteller mit entsprechenden Ankündigungen reagiert. [Hofmann W. (1989)]. Hofmann berichtet weiter, daß einem auf den wichtigen Ausstellungen der Automatisierungstechnik bei Neuentwicklungen immer wieder der Hinweis „nach NAMUR" begegnet. Litz u. a. in [Litz u. a. (1988)] berichtet von der Achema '88, daß der Begriff „Rezepturfahrweisen mittels Grundoperationen" nach [Uhlig (1987)] zum Zauberwort hochstilisiert wurde. Litz weiter, fast alle Hersteller von Prozeßleitsystemen hatten Software-Pakete zu diesem Thema entwickelt und auf der Messe präsentiert. Bei den meisten fehlte auch der Hinweis nicht, diese Software-Pakete seien in Anlehnung an [Uhlig (1987)] bzw. an „NAMUR" entwickelt worden.

Die Arbeit des Arbeitskreises, die mit der Veröffentlichung 1987 beendet wurde – was insbesondere von Herstellern bedauert wurde – verfehlte nicht ihre Wirkung auch auf die ausländische Fachwelt und Normungsgremien. So stellt Carlo-Stella in [Carlo-Stella, G. (1985)] fest, daß dem NAMUR-Arbeitskreis, resultierend in der: „NAMUR-Empfehlung für eine konfigurierbare Software zur Erstellung von Chargensteuerungen", wahrscheinlich das bedeutendste Beispiel für die Organisation und Struktur einer modularen Batch-Software in einem weltweiten Rahmen gelungen sei.

Mergen, R., berichtet im SP88-Report [ISA, S&P News (1990)], daß die Arbeit des NAMUR-Arbeitskreises, veröffentlicht von Uhlig, die meistzitierte Arbeit zur Zeit weltweit auf dem Gebiet der Batch-Steuerung ist. Und Fischer schreibt in [Fischer, Thomas G. (1990)] seinem Buch „Batch Control Systems", daß die Arbeit des ISA's SP88 Batch Control Systems Standards Committees sehr stark von Purdue TC 4 und der NAMUR geprägt wird.

Die Arbeit der NAMUR auf dem Gebiet der Automatisierung von Chargenprozessen ruhte für einige Jahre. Sie wurde, wiederbelebt durch Geibig, als Ad-hoc-AK 2.3.1 im AK 2.3 „Funktionen der Betriebs- und Produktionsleitebene" unter dem Titel „Anforderungen an Systeme zur Rezepturfahrweise" und als NAMUR-Empfehlung NE33 noch in 1992 veröffentlicht.

Tabelle 1.1: Die NAMUR und die Automatisierung von Chargenprozessen

Dr. Wohler ab 1966	1966	Gründung des AK 6 Automatisierung diskontinuierlicher Prozesse
	1970	NAMUR-Empfehlung für ein matrix-programmiertes Steuergerät
Dr. Pfeffer ab 1970	1972	Abschluß des Papiers „Merkmale der Grundsoftware zur Steuerung von Chargenprozessen“
bis 1973	1972/75	Der Entwurf über symbolische Darstellung von Steuerungsaufgaben ist in dem Gelbdruck der Norm 40719 T. 6 „Regeln für Funktionspläne“ eingeflossen
Dr. Wohler ab 1973 bis 1975	1975	38. NAMUR-Hauptsitzung in Basel, Behandlung des Themas „Automation diskontinuierlicher Prozesse mit Prozeßrechner“
Stäheli ab 1973	1978	Zum Problem der Automatisierung von Mehrprodukt-Vielzweckanlagen schlägt der AK die Verwendung von bestimmten verfahrenstechnischen Grundoperationen vor
bis 1980	1978	Veröffentlicht von Prins, Stäheli „Zu Automatisierung von diskontinuierlichen Vielzweckanlagen in Chemiebetrieben“ in rtp 9, 1978, S. 256–261
Uhlig ab 1981	1984	1. vollständige systematische Begriffsbildung, Strukturierung und Festlegung der Inhalte von Ablaufsteuerungen mit wechselnden Rezepturen
bis 1986	1987	Veröffentlicht als NAMUR-Statusbericht: Uhlig: Erstellen von Ablaufsteuerungen mit wechselnden Rezepturen
Dr. Kersting ab 1990	1992	NAMUR-ad-hoc-AK 2.3.1 im NAMUR-AK 2.3 „Funktionen der Betriebe und Produktionsleitebene“ Erstausgabe 19. 05. 92 der Empfehlung NE33 „Anforderungen an Systeme zur Rezeptfahrweise“

Literatur zu Kapitel 1

[Bayer (1988)]: Bayer AG: Meilensteine. Konzernverwaltung, Öffentlichkeitsarbeit

[Burton (1975)]: Burton, P. I.: Computer Controlled Sequencing. Chemische Rundschau, 28. Jahrgang, Nummer 37, 10. September 1975

[Burton (1977)]; Burton, P. I.: Rechnergesteuerte sequentielle Abläufe. Regelungstechnische Praxis 1977, Heft 3, S. 77–81

[Carlo-Stella (1985)]: Carlo-Stella, G.: Modular hierarchical approach for distributed batch Systems. Jornal A, volume 26, no. 3, 1985, S. 137–145

[Deibele (1991)]: Deibele, L.: Die Entwicklung der Destillationstechnik von ihren Anfängen bis zum Jahre 1800. Chem.-Ing.-Tech. 63 (1991) Nr. 5, 5. 458–470

[Fink (1975)]: Fink, P. A.: Automatikkonzept für eine rechnergesteuerte Farbstoff-Fabrik. 38. NAMUR-Hauptsitzung, Basel 1975

[Fischer (1990)]: Fisher, Thomas G.: Batch Control Systems: Design, Application and Implementation. Instrument Society of America 1990

[Hinderling (1967)]: Hinderling, R.: Die Automatisierung im Zusammenhang mit der Entwicklung chemischer Prozesse. Neue Technik A11/1967, S. 1–5

[Hofmann (1989)]: Hofmann, W.: Rezepturfahrweisen mit Prozeßleitsystemen, Einführung in: Forst, H. J.: Rezepturfahrweisen mit Prozeßleitsystemen, Berlin und Offenbach: vde-Verlag 1989

[ISA (1990)]: ISA, S & P News, Volume 20, Number 2, Summer 1990

[Kewitz (1967)]: Kewitz, W.: Die pneumatisch automatisierte Anlage mit Reaktionskessel. Neue Technik A1/1967, S. 20

[Litz u. a. (1988)]: Litz, L. und Valentin, H.-W.: Prozeßleitsysteme 1988 - eine ACHEMA-Nachlese. Automatisierungstechnische Praxis, 30. Jahrgang, Heft 10/1988

[Pfeffer (1967)]: Pfeffer, W.: Steuerung von Chargenprozessen in Technikumsanlagen. NAMUR-Hauptsitzung, Baden-Baden 1967

[Pfeffer (1972)]: Pfeffer, W.: Tätigkeit des AK 6 NAMUR/VDI/ VDE-Ausschuß, Sitzung 1972

[Prins (1978)]: Prins, L.: Zur Automatisierung von diskontinuierlichen Vielzweckanlagen, 1. Teil: Vielzweckanlagen und Mehrproduktfabrikation, betriebliche Gesichtspunkte. NAMUR/VDI/ VDE-GMR-Ausschuß, Sitzung 1978

[Prins u. a. (1978)]: Prins, L., Stäheli, J.: Zur Automatisierung von diskontinuierlichen Vielzweckanlagen in Chemiebetrieben. Regelungstechnische Praxis 1978, Heft 9, S. 256–261

[Scherz u. a. (1975)]: Scherz, H. Trueb, T.: Automatikkonzept für eine rechnergesteuerte Farbstoff-Fabrik. NAMUR-Hauptsitzung, Basel 1975

[Siemens (1968)]: Siemens: SIMATIC-Steuersystem, M. Systembeschreibung AN 22003/1, August 1968

[Siemens (1969)]: Siemens: SIMATIC-Steuersystem LE, Druckschrift MP 7A 155/2d, Ausgabe August 1969

[Stäheli (1978)]: Stäheli, J.: Zur Automatisierung von diskontinuierlichen Vielzweckanlagen, 2. Teil: Anforderungen an das Automatiksystem, NAMUR/VDI/VDE-GMR-Ausschuß, Sitzung 1978

[Sturm u. a. (1987)]: Sturm, B., Will, B., Polke, M.: Die NAMUR gestern, heute und morgen. Sonderheft NAMUR-Statusbericht, 1987, S. 3–21

[Uhlig u. a. (1973)]: Uhlig, R. J., Marburger, K. H.: Lochstreifenprogrammierte Steuerung eines Chargenprozesses zur Herstellung von Kunstharz. Siemens-Zeitschrift 47 (1973) Heft 5, S. 340–344

[Uhlig (1977)]: Uhlig, R. J.: Steuerung der Kunstharzproduktion mittels Prozeßrechner. Regelungstechnische Praxis 1977, Heft 1, S. 17–25

[Uhlig (1982)]: Uhlig, R. J.: Anforderungen an die Mensch-Maschine-Kommunikation bei Chargenprozessen. Regelungstechnische Praxis 1982, Heft 7, S. 231–236

[Uhlig (1987)]: Uhlig, R. J.: Erstellen von Ablaufsteuerungen für Chargenprozesse mit wechselnden Rezepturen. atp Sonderheft NAMUR-Statusbericht 1987, S. 84-90 und Automatisierungstechnische Praxis 1987, Heft 1, S. 17–23

[Uhlig (1988)]: Uhlig, R. J.: Das Grundoperationen-Konzept, ein Verfahren zur einfachen Herstellung von Ablaufsteuerungen für Chargenprozesse mit wechselnden Rezepturen.
In: Forst, H. J.: Gehobene Funktionen der Prozeßleittechnik. Berlin und Offenbach: vde-Verlag, 1988

[Weidlich (1985)]: Weidlich, S.: Überlegungen zu einem System für bildschirmgestützte Programmentwicklung und Dokumentation von Verknüpfungs- und Ablaufsteuerungen. Automatisierungstechnische Praxis 1985, Heft 5

[Wohler (1967)]: Wohler, V.: Ein Programmierbares Taktsteuergerät; sein Einsatz in einem Chargenprozeß. Neue Technik A1/1967, S. 23–29

[Wohler (1973)]: Wohler, V.: Die Automatisierung diskontinuierlicher Prozesse. Chemische Rundschau, Nummer 7, 14. Februar 1973, 26. Jahrgang

Kapitel 2: Verfahren von Chargenprozessen

2.1 Das Wissen über den Prozeß

„Zuerst muß man wissen, dann kann man handeln“ [Wozny u. a. (1991)]

Mit einem gut geplanten Automatisierungssystem kann für eine lange Zeit ein Chargenprozeß zuverlässig, sicher und einfach handhabbar betrieben werden. Er erlaubt eine reproduzierbare Menge an Produkten zu erzeugen und bietet die Flexibilität, eine Vielzahl unterschiedlicher Produkte herzustellen. Er hilft, die Anlage wirtschaftlich zu betreiben. Auf der anderen Seite kann ein schlecht geplantes System finanziell ein Faß ohne Boden sein.

Der Unterschied zwischen Erfolg und Mißerfolg liegt in der Wahl der richtigen Hardware und Software und ihrer vielfältigen Anwendung. Alle Prozeßleitsystem-Hersteller bieten heute Standard-Hardware und -Software auch für rezeptgestützte Ablaufsteuerungen an. Beim Vergleich der angebotenen Funktionen geht es nicht mehr um „ob“, sondern um das „Wie“ [Litz u. a. (1991)]. Die Wahl der richtigen Kombination an Hardware und Software für eine Anwendung erfordert eine überlegene Einsicht in die Funktionen des Prozeßleitsystems, zusammen mit detaillierten Prozeßkenntnissen.

Die Planung der Automatisierungsstruktur eines Chargenprozesses im besonderen, aber auch ganz allgemeinen einer verfahrenstechnischen Anlage kann nur durch nähere Betrachtung der zu automatisierenden Anlage verstanden werden.

Beim Entwurf eines Automatisierungssystems für einen Chargenprozeß ist die fachübergreifende Zusammenarbeit von Verfahrens-, Automatisierungstechniker und Chemiker erforderlich. Die Zusammenarbeit ist aber mit Schwierigkeiten belastet, da die drei Gruppen – bedingt durch die unterschiedlichen Fachgebiete – in der Regel unterschiedliche Denkweisen haben und unterschiedliche Fachsprachen sprechen. Auch wenn nach Scheiding in [Scheiding (1992)] sich alle Beteiligten an einen „Tisch“ zusammensetzen [Bild 2.1], setzt eine gedeihliche Teamarbeit Mindestkenntnisse in den anderen Fachdisziplinen voraus. Das Verständnis des Regelungstechnikers für die verfahrenstechnischen Zusammenhänge bei Chargenprozessen zu fördern ist das Anliegen dieses Abschnittes. Denn, um es noch einmal zu wiederholen: Eine wesentliche Voraussetzung für einen gelungenen und erfolgreichen Einsatz von Prozeßleittechnik ist die Kenntnis (das Wissen über) des Prozesses.

Definition von Prozessen

Begriffe wie Prozeß, chemischer Prozeß, Chargenprozeß werden in der Literatur wie folgt definiert:

Unter einem Prozeß wird die Gesamtheit von aufeinander wirkenden Vorgängen in einem System verstanden, durch die Materie, Energie oder Informationen umgeformt, transportiert oder gespeichert werden [DIN 19222] (Bild 2.2).

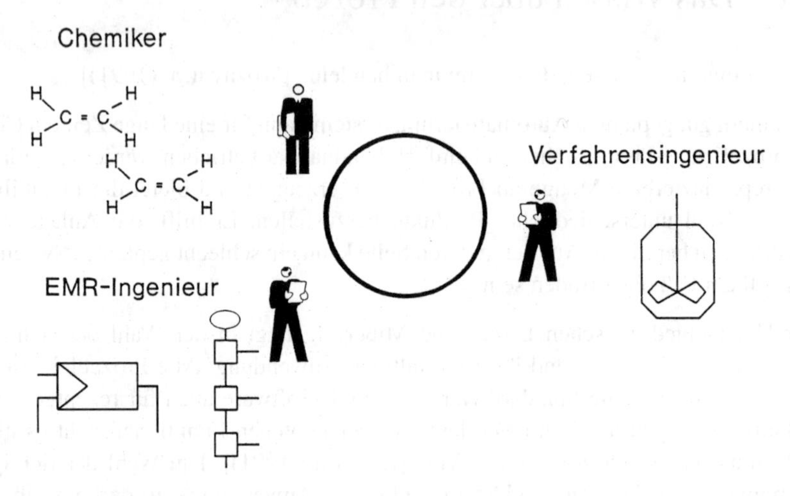

Bild 2.1 Der runde Tisch als Symbol der fachübergreifenden Zusammenarbeit zwischen Chemiker, Verfahrensingenieur und EMR-Ingenieur [Scheiding (1992)]

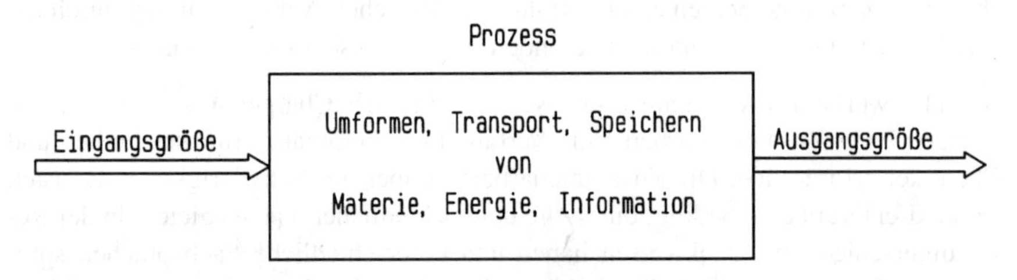

Bild 2.2 Struktur eines Prozesses nach (Merz u. a. (1992)]

Neben dieser ganz allgemeinen Definition für einen Prozeß steht hier jedoch der *chemische Prozeß* im Vordergrund, bei dem Stoffe unter Einwirkung von Informationen bei Energieumsetzung ihre Eigenschaften ändern:

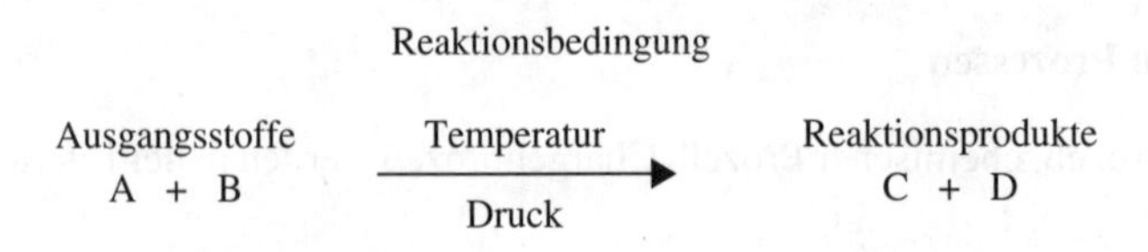

Bild 2.3: Chemische Reaktionsgleichung nach [Ignatowitz (1992)]

Nach [DIN 28004 Teil 1 (1988)] ist ein Prozeß eine Folge von chemischen, physikalischen oder biologischen Vorgängen zur Gewinnung, Herstellung oder Beseitigung von Stoffen oder Produkten.

Oder nach [DIN 19227, Blatt 1] ist der in der Chemie interessierende technische Prozeß ein solcher Prozeß, dessen physikalische Größen mit technischen Mitteln erfaßt und beeinflußt werden können.

Dies kann in eindrucksvoller Weise am Phasenmodell der Produktion gezeigt werden (Bild 2.4). In Bild 2.4 stellen die rechteckigen Kästchen jeweils Prozeßabschnitte dar, in denen durch Operationen die eingesetzten Stoffe in erzeugte Produkte umgeformt werden. Die Kreise oder Knoten symbolisieren jeweils Produkte mit definierten Produkteigenschaften.

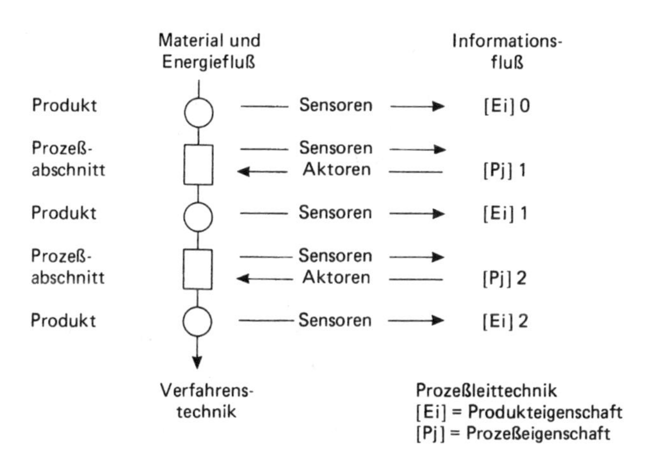

Bild 2.4 Phasenmodell der Produktion nach [Polke (1985)]

Die physikalischen Größen des Prozesses werden durch Sensoren erfaßt und durch Aktoren beeinflußt. Der Herstellungsvorgang, nach dem der Prozeß beeinflußt bzw. die Operationen ausgeführt werden, um aus Einsatzstoffen das gewünschte Produkt zu erzeugen (umzuformen), wird in einer Herstellvorschrift beschrieben, die zusammen mit einer Vorschrift über die einzusetzenden Stoffe und die zu verwendenden Apparate als *Rezeptur* bezeichnet wird.

Nach dem NAMUR-AS Digitale Systeme in „Erstellen von Ablaufsteuerungen für Chargenprozesse mit wechselnden Anordnungen von Grundoperationen aus vorgefertigten Funktionsbausteinen“ wird der Chargenprozeß definiert als diskontinuierlich ablaufender Prozeß, bei dem nach einer vorgegebenen Vorschrift (Rezeptur) das Produkt portionsweise (in Chargen) erzeugt wird.

Betriebsweise von Prozessen

Verfahrenstechnische Prozesse können diskontinuierlich oder kontinuierlich betrieben werden. Diese *Prozeßführungen* unterscheiden sich nach [Vauck u.a. (1992)] wie folgt:

Diskontinuierliche Anlage, Chargenprozeß

- Chargenbetrieb im Zyklus Füllen, Bearbeiten (Verweilen), Entleeren, mit unproduktiven Totzeiten, schubweisem Stofffluß, Zufuhr und Abfuhr zu diskreten Zeitpunkten;
- bei idealer Durchmischung sind die charakteristischen Größen Druck, Temperatur und Konzentration im Apparateraum allerorts gleich, aber während der Bearbeitung (Verweilzeit) veränderlich (z.B. Heizen, Kühlen): Der Prozeß verläuft *instationär.*

Kontinuierliche Anlage, Fließprozeß

- Steter Betrieb ohne Totzeiten durch ununterbrochene Stoff- und Energieströme. Die theoretische mittlere Verweilzeit (τ) der Stoffe gleicht dem Verhältnis Apparatevolumen (V) zu Volumenstrom (F).

$$\tau = \frac{V}{F};$$

- bei Idealbetrieb sind alle charakteristischen Größen Druck, Temperatur und Konzentration entlang des Strömungsweges im Apparat örtlich verschieden, aber zeitlich konstant: Der Prozeß verläuft *stationär.*

Diese Unterschiede seien am Beispiel einer diskontinuierlichen und einer kontinuierlichen Gegenstromdestillation von Mehrstoffgemischen etwas ausführlicher dargestellt.

Diskontinuierliche Gegenstromdestillation

Das Prinzip einer diskontinuierlich arbeitenden Gegenstromdestillationsanlage zeigt Bild 2.5.

Nach *füllen* der Destillierblase (1) mit dem Einsatzgemisch (2) *erhitzt* Heizdampf das Gemisch indirekt zum Sieden, und die Dämpfe strömen in die Bodenkolonne (3) ein. Auf jedem der Böden kommt es zum Wärme- und Stofftransport und -austausch zwischen aufsteigendem Dampf und gestauter, als Rücklauf abwärtsströmender Flüssigkeit. Das Einsatzgemisch hat sich zu den Kolonnenenden hin *getrennt.*

Am Kolonnenkopf tritt der an leichtersiedender Komponente angereicherte Dampf in den Rücklaufkondensator (4) ein, der den Dampf *kondensiert* und Teile (5) des Kondensats als Rücklauf dem oberen Kolonnenboden aufgibt. Die restlichen Kondensatanteile oder Dämpfe gelangen in den Destillatkühler und von dort als *Destillat-Produkt* gekühlt in die Vorlage.

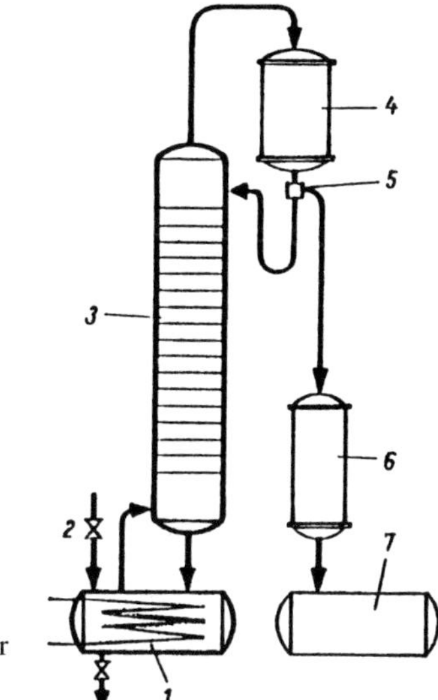

1 Destillierblase
2 Einsatzgemisch
3 Bodenkolonne
4 Rücklaufkondensator
5 Rückflußteiler

Bild 2.5 Diskontinuierlich arbeitende Gegenstrom-Destillier-Anlage nach [Vauck u. a. (1992)]

Im Verlauf der diskontinuierlichen *Rektifikation* unter konstantem Rücklaufverhältnis *verändern* Blaseninhalt (Füllung), Rücklauf und Destillat ihre Zusammensetzung; sie verarmen zunehmend an leichtersiedender Komponente, und die Siedetemperaturen der Flüssigkeitsgemische in der Destillierblase sowie auf den einzelnen Böden steigen an: *instationäre Prozeßführung*.

Hat der Rückstand in der Destillierblase die vorgeschriebene (gemäß Herstellvorschrift bzw. Rezeptur) *Zusammensetzung* erreicht, so wird der „Vorgang der Rektifikation" unterbrochen, der Rückstand als *Sumpf-Produkt* abgezogen – *entleert* –, und eine neue Charge wird angesetzt.

Kontinuierliche Gegenstromdestillation

Den Aufbau einer kontinuierlich arbeitenden stationären Gegenstromdestillation zeigt Bild 2.6.

Das Einsatzgemisch *fließt* der Kolonne (2) mit Siedetemperatur (1) kontinuierlich zu und vereint sich mit dem aus dem oberen Kolonnenteil kommenden Rücklauf. Der unterhalb des Zulaufs liegende Kolonnenteil – die Abtriebssäule – ersetzt die Destillierblase. Die am Fuß zum Erzeugen des aufsteigenden Dampfes ständig *beheizte* Abtriebssäule reichert die schwerersiedende Komponente an. Die aufsteigenden Dämpfe gelangen in den oberen Kolonnenteil – die Verstärkersäule (3) –, in der der Dampf und der vom Rücklaufkondensator kommende Rücklauf im Wärme- und Stoffaustausch stehen und so die leichtersiedenden und schwerersiedenden Komponenten voneinander *trennen*. Die leichtersiedende Komponente *fließt* ständig als

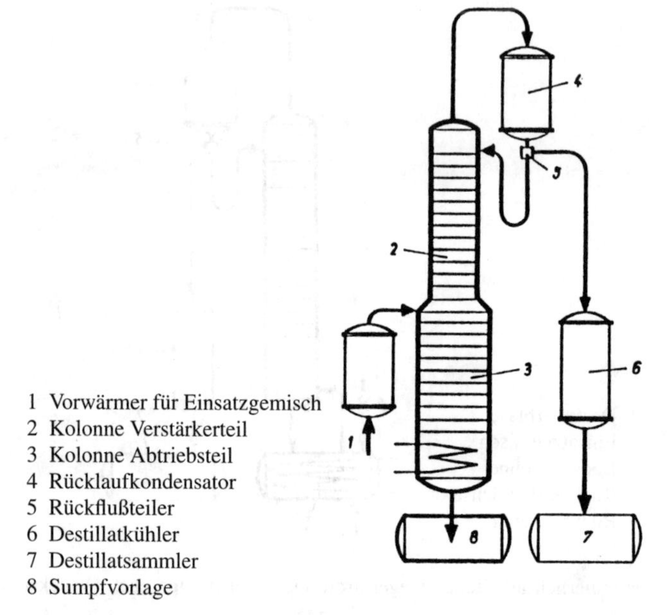

Bild 2.6 Kontinuierlich arbeitende Gegenstrom-Destillier-Anlage nach [Vauck u. a. (1992)]

Kopf-Produkt über Rücklauf- und Destillatkühler (6) in den Destillatsammler (7). Am Fuße der Abtriebssäule *fließt* ein Teil der höhersiedenden Komponente als *Sumpf-Produkt* ständig in die Vorlage (8) ab

– *stationäre Prozeßführung* –.

Gegenstromdestillation von Mehrstoffgemischen

Die zur *diskontinuierlichen Gegenstromdestillation* von Drei- und Mehrstoffgemischen verwendeten Apparaturen unterscheiden sich nicht von denen für Zweistoffgemische gemäß Bild 2.5. Die diskontinuierliche Gegenstromdestillation erlaubt ein relativ reines *abtrennen* der Komponenten in Fraktionen nach den *Siedetemperaturen* Ts des Destillats im Kolonnenkopf. Bild 2.7 zeigt die Siedelinie eines Vielstoffgemisches – Komponenten A, B, C, D – mit der Destillat-Molzahlsumme Σn_E als Abszisse des Diagramms. Bei einer Einstromdestillation steigt die Siedelinie stetig an. Die diskontinuierliche Gegenstromdestillation führt zu gestuftem (veränderlichem) Kopftemperaturanstieg, der ein Abnehmen der Einzelkomponenten – nacheinander – gestattet; die Temperaturstufen der Einzelkomponenten sind um so ausgeprägter, je größer das Rücklaufverhältnis der Kolonne über die Dauer der Destillation wird – instationäre Prozeßführung –. Über die Automatisierung von diskontinuierlichen Gegenstromdestillationen siehe Uhlig in [Uhlig (1971)].

Kontinuierliche Gegenstromdestillation von Mehrstoffgemischen mit N Komponenten, bei der alle Komponenten rein anfallen sollen, verlangt N-1 hintereinandergeschaltete Kolonnen, z. B. Bild 2.8, da in einer Einzelkolonne entweder das Kopfprodukt oder das Sumpfprodukt aus mehreren Komponenten des Einsatzgemisches besteht und nur eine Komponente rein austritt.

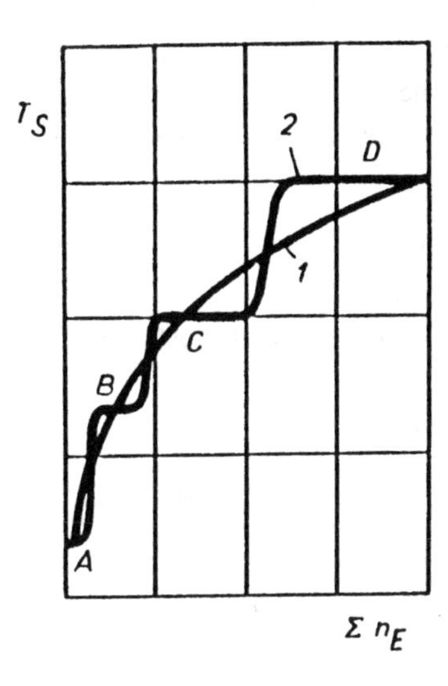

Bild 2.7 Siedelinie eines Vielstoffgemisches der Komponenten A, B, C, D nach [Vauck u. a. (1992)]
Ts Siedetemperatur am Kolonnenkopf; Σn_E Destillatmenge; 1 Einstromdestillation, 2 diskontinuierliche Gegenstromdestillationen

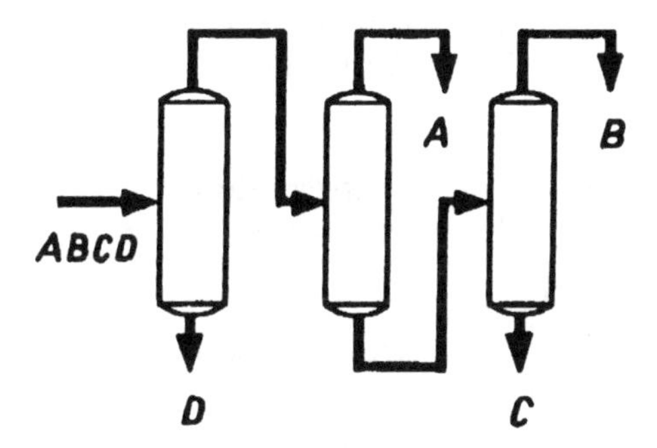

Bild 2.8 Schaltung der kontinuierlichen Gegenstromdestillation eines Vielstoffgemisches ABCD mit vorwiegender Kopfabnahme der reinen Komponente nach [Vauck u. a. (1992)]

Die charakteristische Größe Siedetemperatur und die abgenommenen Komponenten sind entlang des Kolonnenzuges örtlich verschieden, aber zeitlich konstant: Der Prozeß verläuft stationär.

Physikalische und chemische Grundverfahren, Grundoperationen und Reaktionstechnik

Chemisch-technische Verfahren lassen sich zwanglos in drei technologische Abschnitte oder Stufen unterteilen, nach [Vauck u. a. (1992)]:

- Vorbereitung der Stoffe zur Reaktion (Stoffvorbereitung)
- Stoffwandlung durch chemische Reaktion (Reaktionstechnik)
- Aufbereiten der Reaktionsprodukte (Stoffnachbereitung, -aufbereitung) (Bild 2.9)

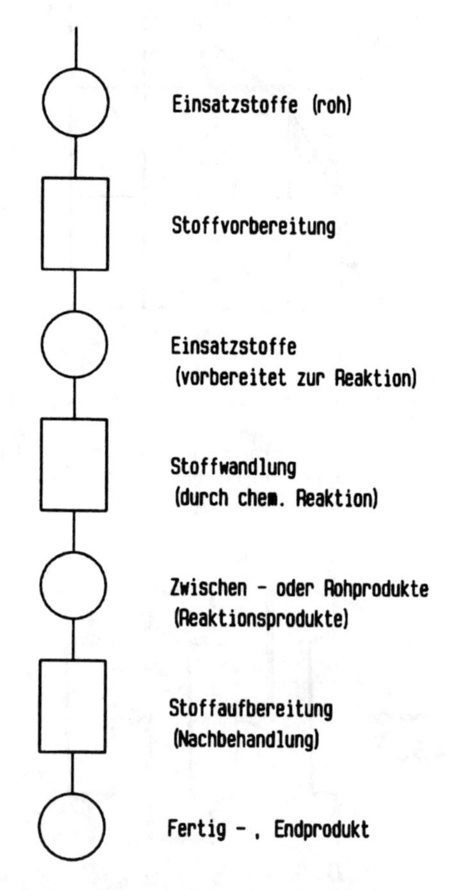

Bild 2.9 Allgemeine Struktur eines chemisch-technischen Verfahrens im Phasenmodell

Dabei treten in der stoffverarbeitenden Vor- und Nachstufe die rein chemisch-stofflichen Belange hinter die fast ausschließlich bestimmenden physikalischen und physikochemischen Gesetzmäßigkeiten zurück. Hinzu kommt, daß technische Verfahren der Vorbereitung ebenso Verfahren der Nachbereitung sein können und umgekehrt.

Dagegen sind die Verhältnisse für die Stufe der Stoffwandlung durch chemische Reaktion – als dem im eigentlichen Sinne „chemischen Verfahren“ – grundsätzlich andere und kompliziertere; hier treten die chemischen Stoffeigenschaften neben den physikochemischen und physikalischen hervor.

Physikalische und chemische Grundverfahren

Eine etwas andere Definition als weiter oben nach Vauck u. a. gibt Mayer in [Mayer (1963)]:

Jeder chemisch-technische Herstellungsprozeß (Verfahren) besteht aus einer Aufeinanderfolge von Teilvorgängen, die hier als Grundverfahren bezeichnet seien. Sind die Grundverfahren solcher Art, daß sie die am Verfahren beteiligten Stoffe *nicht ändern,* dann spricht man von physikalischen Grundverfahren. Dazu gehören Vorgänge wie Sieben, Verdampfen, Zerkleinern, Lösen oder ganz allgemein das Trennen und Vereinigen von Stoffen. Jene Teilverfahren aber, die den chemischen Umsatz, eine *Veränderung* der am Verfahren beteiligten Stoffe herbeiführen, bezeichnet man als chemische Grundverfahren. Dazu zählen alle chemischen Reaktionen überhaupt bzw. das Verbinden von Einsatzstoffen zu einem neuen Ausgangsstoff.

Chemische und physikalische Grundverfahren sind in sehr vielen Fällen unlösbar miteinander verbunden. So sind Crack-Reaktionen bei Kohlenwasserstoffen untrennbar mit gleichzeitigem Erhitzen auf hohe Temperatur verbunden. Erhitzen (als ein physikalischer Vorgang) und Cracken (als ein chemischer Vorgang) folgen also nicht aufeinander, sondern finden gleichzeitig statt. Trotzdem wird man das Cracken als ein chemisches Grundverfahren betrachten und das Erhitzen als eine Operation innerhalb dieses Grundverfahrens, durch das das eingesetzte Produkt in ein neues Produkt umgeformt wird. Andererseits kann ein Lösevorgang ein selbständiger physikalischer Vorgang sein, auf den zeitlich und auch örtlich getrennt ein chemischer Teilvorgang folgt (siehe Bild 2.9).

In anderen Fällen wieder kann der physikalische Vorgang des Lösens selbst – als Operation – die Reaktion einleiten und bedingen.

Physikalische und chemische Vorgänge

Zum besseren Verständnis der Unterschiede zwischen physikalischen und chemischen Vorgängen sei noch mal an die ersten Lehrinhalte der Schulchemie erinnert:

- Löst man in einer Abdampfschale etwas Kochsalz in wenig Wasser und dampft die Lösung ein, dann bleibt *unverändert* Kochsalz zurück: Physikalischer Vorgang, den man auch als Verdampfen oder Eindampfen bezeichnet.
  Das Wasser hat das Kochsalz nur äußerst fein zerteilt, und nach dem Abdampfen des Wassers wachsen die kleinen Teilchen wieder zu größeren zusammen.
- Erhitzt man in einem Reagenzglas etwas Zucker, so bleibt unter Entwicklung von Dämpfen Kohle (Zuckerkohle) zurück: Chemischer Vorgang.
  Bei chemischen Vorgängen ändert sich der Stoff des Körpers; bei physikalischen Vorgängen ändert sich meist (vorübergehend) der Zustand des Körpers.

- Was sind Gemische (oder Gemenge) und Verbindungen?
  Um zwischen physikalischen und chemischen Vorgängen zu unterscheiden, wird oft das unterschiedliche Verhalten von Gemischen und Verbindungen herangezogen. Dies kann am Beispiel einer Mischung von Schwefelpulver und Eisenspänen gezeigt werden. Eine solche Mischung zeigt eine gelblichgraue Farbe; sie erinnert also deutlich an die beiden Bestandteile. Bei scharfem Hinsehen kann man mit bloßem Auge in dem Gemisch (Gemenge) gelbe Körnchen (Schwefelpulver) entdecken. Man sieht die Teilchen getrennt voneinander. Eine Ordnung ist dabei nicht erkennbar.

Weil die Teilchen des Eisen-Schwefel-Gemisches keinen festen Zusammenhang zeigen, kann man die Eisenspäne problemlos mit einem Magneten aus dem Gemisch *abtrennen.*

Eine Mischung oder ein Gemenge zeigt noch die Eigenschaft der Bestandteile. Letztere lassen sich durch physikalische Maßnahmen wieder voneinander trennen. In einer Mischung können die Bestandteile in einem beliebigen Verhältnis vorhanden sein.

Mischt man jedoch Eisenspäne und Schwefel in einem bestimmten Verhältnis zueinander und berührt es an einer Stelle mit einem glühenden Gegenstand, so entzündet es sich. Das Glühen setzt sich von allein durch die Masse fort. Nach dieser Reaktion ist ein neuer Stoff (Eisensulfid) entstanden, der keine magnetischen Eigenschaften mehr besitzt.

Das Eisensulfid oder auch Schwefeleisen ist keine Mischung, sondern etwas anderes, das man eine *chemische Verbindung* nennt (Bild 2.10).

Eine chemische Verbindung besitzt andere Eigenschaften als die Stoffe, aus denen sie entstanden sind. Sie kann nicht so ohne weiteres durch physikalische Methoden wieder getrennt werden, sondern nur wiederum durch eine chemische Reaktion zerbrochen (gespalten) werden. Spalten unter gleichzeitigem Erhitzen nennt man thermisches Spalten oder Cracken, Spalten in Gegenwart eines Katalysators nennt man katalytisches Spalten oder Catcracking.

Grundoperationen und Reaktionstechnik

- *Grundoperationen* (Unit Operations)
  Es gelingt nach [Vauck u. a. (1992)], die der Stoffvorbereitung und Stoffaufbereitung als stoffverarbeitende Vor- und Nachstufe chemisch-technischer Verfahren dienenden, fast ausschließlich physikalischen und physikochemischen Prozesse unter dem Begriff *Grundoperationen* oder auch Grundverfahren zusammenzufassen und zu ordnen. Die Bezeichnung „Unit Operations“ wurde von A. D. Little 1915 vorgeschlagen und hat sich für alle bei den zahlreichen chemischen Verfahren wiederkehrenden physikalischen Grundvorgänge erhalten.*

* Der vom NAMUR-AK „Steuerung von Chargenprozessen“ in [Uhlig (1987)] ebenfalls verwendete Begriff Grundoperation entspricht nicht den hier dargestellten Grundoperationen, siehe Kapitel 2.2, 5.2.3.

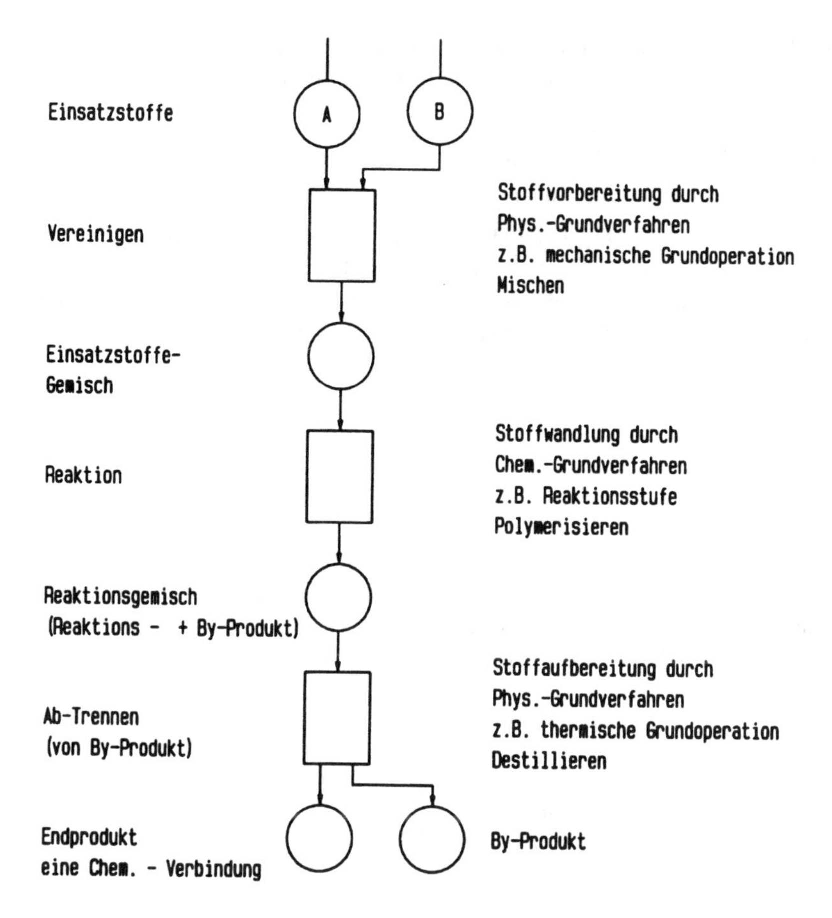

Bild 2.10 Phasenmodell eines chemisch-technischen Verfahrens mit einer Aufeinanderfolge von physikalischen und chemischen Teilverfahren

Die Konzeption der „Grundoperationen“ gestattet nach [Vauck u. a. (1992)] die

- Analyse verflochtener Produktionsprozesse;
- Überwindung der Stofforientierung der chemischen Technologie zugunsten der ständig wiederkehrenden Vorgänge chemisch-technischer Verfahren;
- Verknüpfung von Makrovorgang und Apparat, Verfahrensabschnitt und Teilanlage, Teilanlage und Grundoperation;
- gestattet das Erarbeiten wissenschaftlich begründeter Anlagevorschriften und Standards für Apparate und Anlagen industrieller Produktion.

Die Grundoperationen umfassen den allgemeinen *Stofftransport* – Fördern von Flüssigkeiten, Gasen und Feststoffen – neben den Hauptgebieten des *Trennens* und *Vereinens* der Stoffe innerhalb der sechs möglichen Phasenkombinationen fest, flüssig und gasförmig.

Da alle Grundoperationen Energieübertragung erfordern, hat sich das Einordnen in drei entsprechende Hauptgruppen nach E. Wicke durchgesetzt:

- mechanische Grundoperationen,
- elektrisch-magnetische Grundoperationen,
- thermische Grundoperationen.

Nach [Vauck u. a. (1992)] kann als Charakteristikum mechanischer und elektrisch-magnetischer Grundoperationen gelten, daß sie kompakte Massen, flüssige, gasförmige oder disperse Systeme mittels mechanischer Werkzeuge oder mechanischer, fluiddynamischer, elektrischer, magnetischer Kraftfelder:

- fördern,
- zerteilen,
- trennen oder
- vereinen
- und daß sie im wesentlichen ohne Wärmetransport oder molekularen Stofftransport ablaufen.

Bei thermischen Grundoperationen spielen dagegen molekulare Kraftfelder die Hauptrolle als Triebkräfte für den angestrebten Wärme-, Stoff- und Impulstransport. Die molekularen Triebkräfte werden durch Aufbau von

- Temperatur-,
- Konzentrations- oder
- Geschwindigkeitsfeldern

erzeugt, die von einer Aktivfläche, wie

- Heizfläche,
- Phasengrenze oder
- Reibungsfläche,

ausgehen und in die Fluidphase hineinwirken.

Zu den thermischen Verfahren zählen alle Grundoperationen der Wärmeübertragung, wie

- Beheizen oder
- Kühlen,

sowie alle Grundoperationen, bei denen

- Stoff-,
- Wärme- und
- Impulstransport

in Verbindung mit Phasengleichgewichten strömender Fluide für das

- Trennen und
- Vereinen

der Stoffe Bedeutung erhalten.

Die Grundoperationen des Trennens und Vereinens der Stoffe ergeben – nach Art der Energieübertragung – die Systematik gemäß Tabelle 2.1

Tabelle 2.1

Grundoperationen	mechanisch	elektrisch-magnetisch	thermisch
Trennen der Stoffe	Sedimentieren	Elektroabscheiden	Kondensieren
	Filtrieren	Magnetscheiden	Verdampfen
	Auspressen	Elektroscheiden	Kristallisieren
	Zentrifugieren	Elektrodialyse	Trocknen
	Zerkleinern	Elektroosmose	Destillieren
	Klassieren	Elektrophorese	Extrahieren
	Sortieren		Sorbieren
	Flotieren		Permeieren
			Dialysieren
Vereinigen der Stoffe	Versprühen		Auflösen
	Begasen		Extrahieren
	Rühren		Sorbieren
	Homogenisieren		
	Kneten		
	Vermengen		
	Dosieren		
	Kompaktieren		

Chemische Reaktionstechnik

Den Grundoperationen steht nach [Vauck u. a. (1992)] die Stoffwandlung durch chemische Reaktion als „Chemische Reaktionstechnik“ gegenüber. Diese Reaktionstechnik wird im weitesten Sinne oft auch als eigentliche chemische Verfahrenstechnik bezeichnet.

Die Tatsache, daß sich die physikalischen Verfahren der Vor- und Nachstufe chemischer Verfahren unter dem Begriff „Unit Operations“ überzeugend ordnen lassen, ergab den Versuch, die chemischen Reaktionen der Hauptstufe eines chemisch-technischen Verfahrens unter einem ähnlichen Begriff zu ordnen. P. H. Groggins verwendete 1928 erstmals als Gegengewicht zu den Unit Operations den Begriff „Unit Processes“, für den sich vor allem R. N. Shreve in seinen Veröffentlichungen einsetzte.

Etwa 27 für die Chemie typischen Reaktionsgruppen, wie

- Oxydieren,
- Neutralisieren,
- Nitrieren,
- Hydrieren,
- Elektrolysieren,
- Polykondensieren,
- Reduzieren,
- Chlorieren,
- Sulfonieren,
- Polymerisieren,
- Halogenieren,
- Alkylieren u. a.

werden als Grundprozesse zusammengestellt.

Es handelt sich dabei jedoch mehr um ein formales Aneinanderreihen einzelner Reaktionsgruppen, so daß der Begriff „Unit Processes" für eine Systematik der Stoffwandlung ungeeignet erscheint.

Statt dessen erfahren die Reaktionen heute eine Einteilung in thermische, kontaktkatalytische, elektrochemische, fotochemische, mechanochemische und biochemische Reaktionen.

Jedoch ist eine Gliederung verfahrenstechnischer Begriffe, wie sie nach DIN 28004, Teil 1 [DIN 28004, Teil 1 (1988)] in Verfahrensabschnitte und Grundoperationen vorgenommen wurde, ohne den Verweis auf die Hauptstufe chemisch-technischer Verfahren – der chemischen Reaktionsstufe – unvollständig und muß um diesen Begriff erweitert werden.

Er könnte lauten:
„Eine Reaktionsstufe ist nach der Lehre der Verfahrenstechnik eine Stufe bei der Durchführung eines chemisch-technischen Verfahrens (Verfahrensabschnitt) und entspricht einer Prozeßeinheit."

Dies würde auch der Denkungsweise der Chemiker entgegenkommen, die bei der Verfahrensauslegung in erster Linie die Änderung der Produkteigenschaften in einem Verfahren in den Vordergrund stellen und die Komplexität eines Verfahrens an der Zahl der erforderlichen Reaktionsstufen messen, die erforderlich sind, um ein Produkt herzustellen.

Dagegen wird eine Grundoperation aus der Sicht des Chemikers der vorausgehenden oder der nachfolgenden Reaktionsstufe hinzugeordnet. Ein Mehrstufenprozeß kennzeichnet daher immer einen Prozeß mit mehreren Reaktionsstufen hintereinander im Verfahren.

Das Datenmodell der „Verfahrenstechnischen Begriffe" nach DIN 28004, Teil 1 (1988), könnte dann gemäß Bild 2.11 dargestellt werden.

Nach der Aufzählung der wesentlichen Grundoperationen und typischer Reaktionsgruppen seien am Beispiel von Bild 2.9 typische Grundoperationen für die stoffverarbeitenden Vor- und Nachstufen sowie typische Reaktionsgruppen für die Hauptstufe eines allgemeinen Chargenprozesses dargestellt (Bild 2.12).

Darüber hinaus sind aber je nach Branche bzw. nach betrieblichem Sprachgebrauch Ausdrücke für Grundoperationen-ähnliche Operationen üblich, wie

- Waschen
- Absitzen
- Ansetzen
- Kochen
- Transferieren
- Entwässern
- Trennen (Phasentrennen)
- Anmaischen
- Konzentrieren
- Verseifen usw.

Häufig handelt es sich hierbei jedoch um Operationen, die als „Handwerke" bzw. Handlungen innerhalb von Grundoperationen bzw. Reaktionsstufen auszuführen sind (siehe hierzu auch unter Verfahrensvorschrift von Rezepturen).

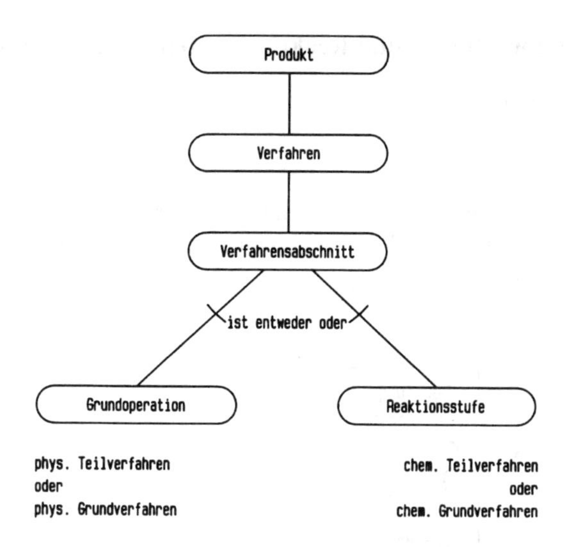

Bild 2.11 ER-Datenmodell für „Verfahrenstechnische Begriffe“ ähnlich DIN 28004, Teil 1

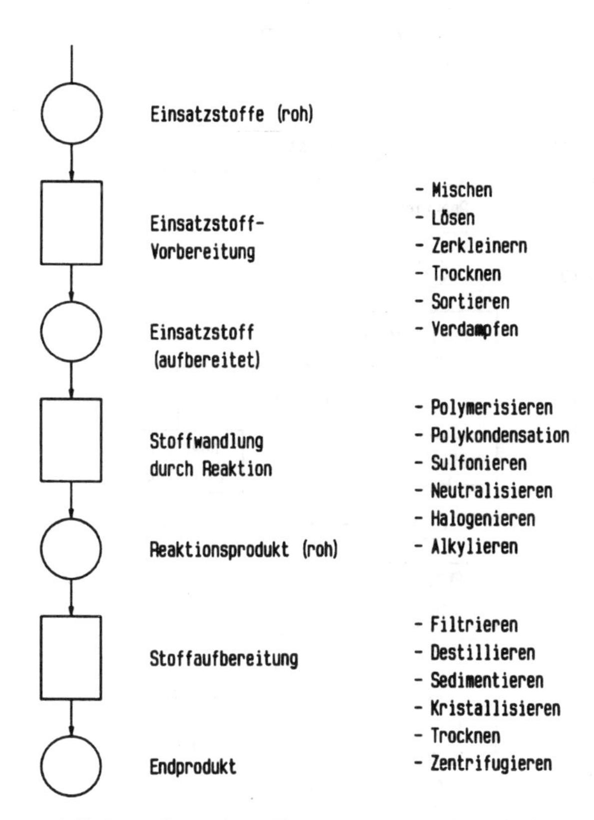

Bild 2.12 Phasenmodell eines allgemeinen Chargenprozesses mit typischen Grundoperationen der Vor- und Nachstufe und typischen Reaktionsgruppen der Hauptstufe des Verfahrens

2.1.1 Grundoperationen und Reaktionsstufen in einem Verfahren

Eine Prozeßanalyse

Beispiel 1:

Es soll nun an einem realen Prozeß aus dem Kunstharzbereich das Zusammenwirken von Grundoperationen und Reaktionsstufen innerhalb eines Verfahrens gezeigt werden (Bild 2.13) [Uhlig (1977)].

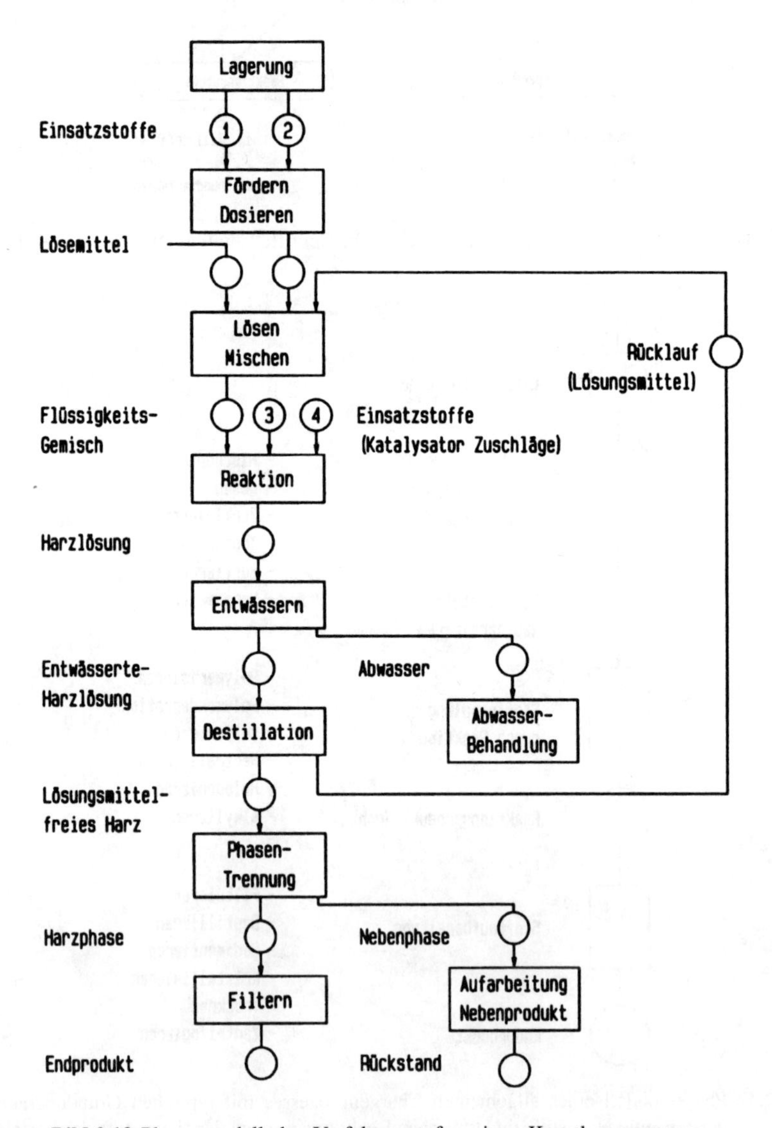

Bild 2.13 Phasenmodell der Verfahrensstufen eines Kunstharzprozesses

Das Verfahren gliedert sich in sieben Hauptverfahrensstufen und zwei nebenläufige Verfahrensstufen zur Aufbereitung von Nebenprodukten. Vom Standpunkt eines Chemikers aus handelt es sich um einen einstufigen Prozeß – der Reaktionsstufe –, in der eine Polykondensation abläuft.

In der ersten Verfahrensstufe – Fördern und Dosieren – werden die flüssigen Einsatzstoffe aus Lagertanks mittels Pumpen zu den Dosierstationen gefördert und verwogen bzw. mit Volumenzählern zudosiert.

In der zweiten Verfahrensstufe gelangen die Einsatzstoffe entweder direkt in den Reaktionsbehälter oder durchlaufen, wie in Bild 2.13 dargestellt, – noch Misch- oder Löseoperationen –.

In der dritten Verfahrensstufe der eigentlichen Reaktions- bzw. Synthesestufe (Harzsynthese) werden die in den Reaktionskessel geförderten Einsatzstoffe bzw. das aus dem Lösebehälter geförderte Gemisch auf Reaktionstemperatur aufgeheizt. Nach Zugabe des Katalysators beginnt die Reaktion, bei der die eingesetzten Stoffe zu Harz synthetisiert werden. Während der einige Stunden dauernden Reaktionsphase wird der Rührwerksinhalt nach einem vorgeschriebenen Temperatur- und Zeitprogramm geregelt. Während des Reaktionsablaufes können noch Zuschlagstoffe – häufig in fester Form – nachdosiert werden.

Nach Ablauf der Reaktion setzt in der vierten Verfahrensstufe die – Entwässerungsphase – ein. Die abgehenden Dämpfe werden im Kondensator niedergeschlagen, und das Kondensat wird in einer Zwischenvorlage aufgefangen.

In der fünften Verfahrensstufe wird das Harz von noch mehr oder weniger gelöstem Reaktionsnebenprodukt durch – Destillation – im Vakuum befreit.

Noch verbliebenes Nebenprodukt wird in der sechsten Verfahrensstufe nach speziellen Verfahren von Harz – getrennt (Phasentrennung) –.

In der siebten Verfahrensstufe wird das Harz – filtriert – und zu einer Abfüllanlage bzw. zum Zweck der Weiterverarbeitung in einen Tank zur Zwischenlagerung gefördert.

An dem Verfahren sind vier Prozeßeinheiten oder Teilanlagen beteiligt – sieht man einmal von der Abwasserbehandlung und von der Aufbereitung des Nebenprodukts ab. Die vier Teilanlagen sind die

1. Dosierstationen
   - Waagen, Volumenzähler, Meßgefäße, der
2. Lösebehälter, der
3. Reaktionsbehälter
   - Rührwerksbehälter mit Manteltemperierung und Kondensator und das
4. Filter

Die Verfahrensschritte Reaktion, Entwässern, Destillation und Phasentrennung werden alle nacheinander im Reaktionsbehälter durchgeführt. Der gesamte Hauptprozeß oder das -verfahren (ohne Abwasserbehandlung und Aufarbeitung Nebenprodukt) besteht aus acht Grundoperationen:

Fördern, Dosieren, Lösen, Mischen, Entwässern, Destillieren, Phasentrennen, Filtern und einer Reaktionsstufe. Vier Grundoperationen dienen der Stoffvorbereitung und vier der Stoffaufbereitung nach [Vauck u. a. (1992)].

Beispiel 2:

Eine andere interessante Prozeßanalyse nach [Thiemicke u. a. (1991)] zeigt neben den Verfahrensstufen auch die wichtigsten Teilprozesse, die innerhalb einer Verfahrensstufe eines Kunstharzprozesses ablaufen. Es zeigt gleichzeitig die unterschiedliche Auffassung – gegenüber dem vorhergehenden Beispiel – darüber, was noch zum eigentlichen Verfahren und was zu den Teilprozessen zu zählen ist (mehr darüber im Abschnitt „Anlagen, Apparate und Geräte von Chargenprozessen").

Das Verfahren (Bild 2.14) gliedert sich in fünf Verfahrensstufen, an denen verschiedene Prozeßeinheiten beteiligt sind (Bild 2.15). Es wurden nur die wichtigsten Prozeßeinheiten einbezogen. Bild 2.14 zeigt einen Überblick über die Teilprozesse der einzelnen Verfahrensstufen.

Bild 2.14 Überblick über die wichtigsten Teilprozesse der Verfahrensstufen eines Kunstharzprozesses nach [Thiemicke u. a. (1991)]

Verfahrensstufe	wichtigste Teilprozesse	Betriebsweise	Produktionsergebnis	Apparate (Bild 2.15)
Grundstoffsynthese	Kondensation, Destillation (Normaldruck), Vakuumdestillation, Entwässerung	diskontinuierlich	Grundstoff	RW 1
Harzsynthese	Vorkondensation (katalytisch), Abdampfung von Nebenprodukt in zwei Vakuumstufen, Lösung des Zwischenprodukts	diskontinuierlich	Harz-Salz-Lösung	RW 2
Phasentrennung, Nachverseifung, Wäsche	Phasentrennung, 1. Nachverseifung, Phasentrennung, 2. Nachverseifung, Phasentrennung, Wäsche	diskontinuierlich	gewaschene Harzlösung	RW 3
Lösungsmittelabdampfung	Abdampfung in Rotationsdünnschichtverdampfern unter Vakuum	kontinuierlich	Endprodukt Harz	Z 1, Z 2
Schlammaufbereitung	Waschen, Phasentrennung	diskontinuierlich	gelöste Harzphase, harzfreie Schlammphase	RW 5

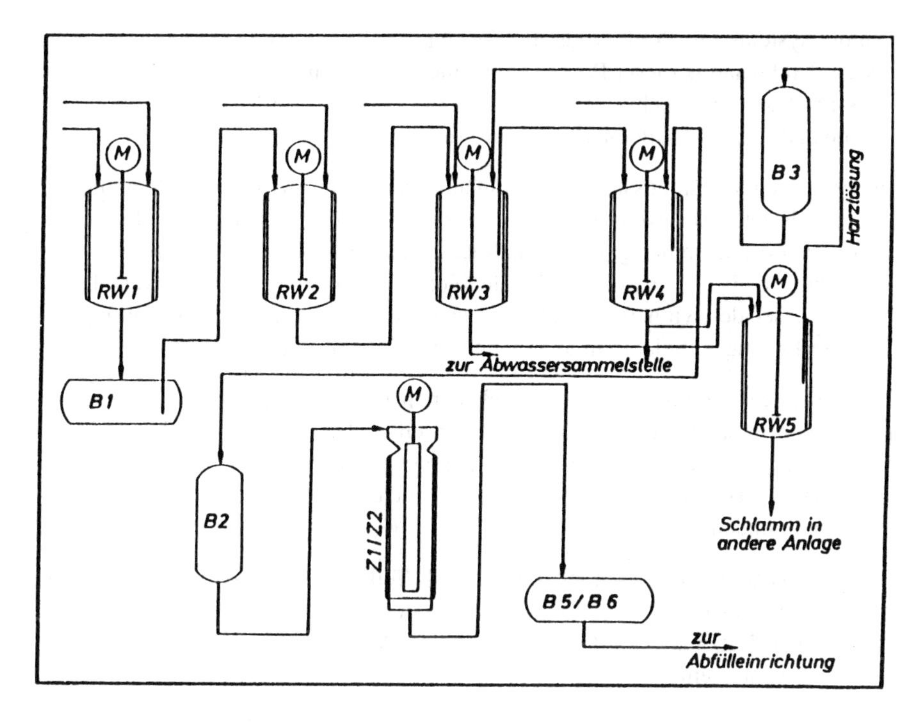

Bild 2.15 Technologisches Schema (vereinfacht) nach [Thiemicke u. a. (1991)] RW Rührwerksbehälter; Z Verdampfer; B Zwischenbehälter

In der ersten Verfahrensstufe (Grundstoffsynthese) erfolgt die Herstellung des Grundstoffes. Es ist interessant, daß die Verfasser die Herstellung des Grundstoffes dem gleichen Verfahrenszug hinzurechnen wie der eigentlichen Produktherstellung – der Harzsynthese –.

In der zweiten Verfahrensstufe (Harzsynthese) wird ein Teil des im ersten Zwischenbehälter (B1) gelagerten Grundstoffes in den zweiten Rührwerksbehälter gefördert, wo nach Zugabe weiterer Ausgangsstoffe die Harzsynthese erfolgt. Das Reaktionsprodukt wird vollständig in den dritten Rührwerksbehälter abgelassen.

In der dritten Verfahrensstufe (Phasentrennung, Nachverseifung, Wäsche) entstehen drei Phasen. Die wäßrige Phase wird zur Sammelstelle geleitet, die Schlammphase wird zur Aufbereitung in den fünften Rührwerksbehälter gefördert, und die Harzphase wird in den vierten Rührwerksbehälter (RW4) abgelassen. Im RW4 erfolgen nach Zugabe verschiedener Stoffe eine zweite Nachverseifung und anschließend mehrere Wasch- und Phasentrennprozesse. Nach der letzten Phasentrennung wird die Harzlösung in das Behältersystem gefördert, dem sich das kontinuierlich betriebene Verdampfersystem anschließt.

In der vierten Verfahrensstufe (Lösungsmittelabdampfung) wird das im Harz enthaltene Lösungsmittel abgedampft. Die Harzlösung wird aus dem Behältersystem kontinuierlich abgezogen. Von höchster Priorität ist die ständige Versorgung des Verdampfersystems mit Produkt, da das An- und Abfahren der Verdampfer aufgrund der großen Dynamik dieser Prozesse erhebliche ökonomische Verluste (minderwertiges Produkt) verursacht. Ist die Abdampfung erfolgt, wird das Harz über Zwischenbehälter zur Abfülleinrichtung gefördert.

In der fünften Verfahrensstufe (Schlammaufbereitung) werden die Schlammphasen aus jeweils zehn Ansätzen im fünften Rührwerksbehälter gesammelt und nach Zugabe von Lösungsmittel gewaschen. Nach jedem Waschzyklus scheidet sich eine Harzphase ab, die in den zweiten Behälter gefördert und im dritten Rührwerksbehälter zum Lösen des synthetisierten Harzes genutzt wird. Die harzfreie Schlammphase wird zur Lösungsmittelabtrennung in eine andere Anlage geleitet.

Den gesamten hier geschilderten Prozeß kann man sich auch als einen Anlagenkomplex (organisatorisch: als einen Betrieb) vorstellen, der aus ökonomischen Gründen in mindestens vier unterschiedliche Verfahrenszüge unterteilt ist, die durch die Behälter B1, B2, B3 voneinander gepuffert sind und die sich auch örtlich getrennt voneinander befinden können.

Ein *Anlagenkomplex* ist gemäß [DIN 28004, Teil 1 (1988)] definiert als mehrere gleichrangige oder miteinanderwirkende, verfahrenstechnische Anlagen mit den dazugehörigen Nebenanlagen (siehe hierzu auch Abschnitt: Anlagen, Apparate und Geräte von Chargenprozessen).

Die Verfahrensstufe oder Verfahrenszug „Grundstoffsynthese“ dieses Beispiels besteht aus der Reaktionsstufe (Poly-)Kondensation und den Grundoperationen Normaldruck-Destillation, Vakuum-Destillation und Entwässerung. Alle Operationen finden in der Prozeßeinheit RW1 statt. Die Herstellung des Grundstoffes kann auch in einer separaten Anlage erfolgen. Der Grundstoff kann über den Zwischenbehälter (B1) in andere Anlagen gefördert werden.

Das Verfahren der eigentlichen „Harzsynthese“ wird in diesem Beispiel auf zwei Verfahrensstufen aufgeteilt bzw. unterteilt, an denen drei Rührwerksbehälter beteiligt sind. Das Verfahren ist aus Sicht der Chemie ein zweistufiger Prozeß der

1. Vor-(Poly-)Kondensation und
2. der Verseifung.

Jedoch kann man ihn aus verfahrenstechnischer Sicht auch als dreistufigen Reaktionsprozeß ansehen, nämlich der Vorkondensation, der ersten Nachverseifung und der zweiten Nachverseifung. Eine zweite Nachverseifung kann z. B. erforderlich werden, wenn bei der ersten Verseifung nur ein 80%iger Umsatz gelingt. Jedoch sind das Überlegungen, die bei der Verfahrensentwicklung angestellt werden (siehe weiter unten).

Überhaupt zeigen die beiden Beispiele, wie eng oder wie weit die Begriffe Verfahren, Teilverfahren, Verfahrensabschnitt, Verfahrensstufe, Teilprozesse usw. verstanden werden müssen.

Verfahrenstechnische Begriffe nach (DIN 28004, Teil 1 1988)

- **Verfahren**
  Ablauf von chemischen, physikalischen oder biologischen Vorgängen zur Gewinnnung, Herstellung oder Beseitigung von Stoffen.
  Im üblichen Sprachgebrauch ist ein Verfahren eine Vorgehensweise, um z.B. einen Stoff (Produkt) herzustellen. In dem letzten Beispiel heißt es, das Verfahren gliedert sich in fünf Verfahrensstufen. Man könnte aber auch sagen, der hier geschilderte Prozeß einer Kunstharzherstellung gliedert sich in fünf Teilverfahren oder Verfahrensabschnitte.
- **Verfahrensabschnitt, Verfahrensstufe, Verfahrensschritt**
  Ein Verfahrensabschnitt ist nach [DIN 28004, Teil 1 (1988)] Teil eines Verfahrens, der in sich überwiegend geschlossen ist. Er umfaßt eine oder mehrere Grundoperationen.
  Letztere Aussage wurde schon weiter oben unter „Chemische Reaktionstechnik" dahingehend ergänzt, daß es heißen müßte: Ein Verfahrensabschnitt oder eine Verfahrensstufe kann eine oder mehrere Grundoperationen und/oder Reaktionsstufen umfassen. Mit einem Verfahrensabschnitt oder Verfahrensstufe soll ein überwiegend in sich geschlossener Teil eines Verfahrens bezeichnet werden.
  Worin besteht die Abgeschlossenheit? Ist es eine örtliche (Abschnitt) oder eine zeitlich-sequentielle (Stufe, Schritt) Abgeschlossenheit eines Teilverfahrens?
  Nach Hanisch in [Hanisch (1993)] werden die Teilprozesse durch räumliche Dekomposition in Verfahrensabschnitte, die auf Teilanlagen (Prozeßeinheiten, Apparate) laufen und durch zeitliche Dekomposition in Verfahrensschritte oder Grundoperationen, die in Teilanlagen zeitlich nacheinander ablaufen, unterteilt.
  Für einen Chemiker ist ein Verfahrensschritt, Teilverfahren abgeschlossen, wenn aus Einsatzstoffen eine neue Verbindung bzw. ein neuer Stoff entstanden ist.
- **Grundoperation, Reaktionsstufe, Teilprozeß, Operation**
  Nach [DIN 28004, Teil 1 (1988)] ist eine Grundoperation nach Lehre der Verfahrenstechnik einfachster Vorgang bei der Durchführung eines Verfahrens.
  Wenn hier vielleicht eine Grundoperation nach Vauck u.a. [Vauck u.a. (1992)] gemeint ist, dann darf aus Gründen der Vollständigkeit der Hinweis bzw. die Difinition für eine Reaktionsstufe nicht fehlen.
  Oder handelt es sich hier um einfache Operationen, Handwerke, Handlungen bei der Durchführung eines Teilverfahrens, physikalische oder chemische Grundverfahren, die aufgrund immer wiederkehrender Grundvorgänge standardisierbar sind und deswegen als Grundoperationen bezeichnet werden können.
  Dieses Dilemma hat der NAMUR Ad-hoc-AK 2.3.1 (1992) „Rezepturfahrweise" in seiner Empfehlung dadurch umgangen, daß er den Begriff „Chemisch-Technische Grundoperationen" für die bei Vauck u.a. verwendeten Begriffe „Grundoperationen" und „Reaktionsgruppen" eingeführt hat.

Als wichtig erscheint darauf hinzuweisen, daß bei weitem nicht alle Chargenprozesse mit einer chemischen Reaktion ablaufen. Vielmehr gibt es eine Vielzahl von Prozessen, die aus rein physikalischen Verfahrensstufen bestehen. Hierzu ein Beispiel aus einer Feststoffverfahrenskette nach [Borho u.a. (1991)] Bild 2.16.

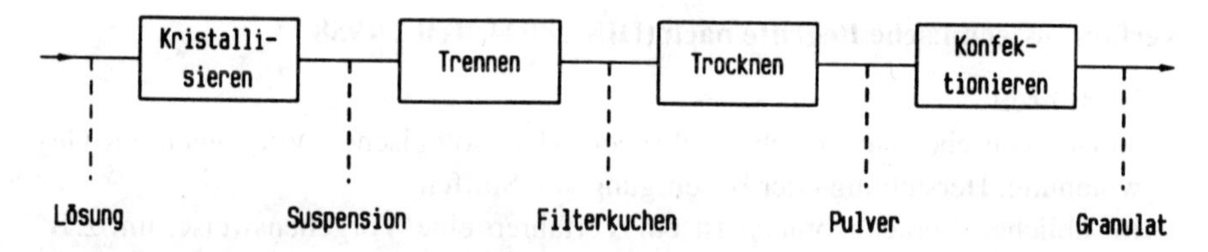

Bild 2.16 Feststoffverfahrenskette nach [Borho u. a. (1991)]

Ein Chemiker wird im allgemeinen bei der Produktentwicklung den Syntheseweg, also die Änderung der Produkteigenschaften in einem Verfahren beschreiben. Durch die Prozeß- bzw. Verfahrenentwicklung zur Herstellung eines Produktes entstehen einzelne selbständige Verfahrensabschnitte, entsprechend den Phasen in einem Phasenmodell. Wie in dem Beispiel der Kunstharz-Erzeugung gezeigt, sind diese Verfahrensabschnitte jeweils durch die Wirkung bestimmter Operationen oder Teilprozesse – gemäß dem Beispiel von [Thiemicke u. a. (1991)] – gekennzeichnet. In dem vorgenannten Beispiel sind dies für den Verfahrensabschnitt „Grundstoffsynthese" die Teilprozesse: Kondensation, Destillation, Entwässerung.

Das Zerlegungsschema muß aber noch weiter zur Untergliederung, auch der Teilprozesse, angewendet werden. So wird es für die Operation oder den Teilprozeß (Poly-)Kondensation erforderlich sein, den Vorgang weiter in:

- Befüllen Einsatzstoffe
- Aufheizen auf Reaktionstemperatur
- Katalysator-Zugabe
- Reaktionsführung unter
  - Abführen der exothermen Reaktionstemperatur
  - und Ausspeisen des durch die Kondensation laufend abgespaltenen Wassers

bei gleichzeitigem Rühren und eventuell unter Vakuum bis zu der in der Rezeptur vorgeschriebenen Produkteigenschaft und schließlich

- Entleeren

zu unterteilen.

Die Grenze dieser Unterteilung ist dann erreicht, wenn zur manuellen Fahranweisung zur Herstellung eines Produktes keine weitere sinnvolle Unterteilung mehr möglich oder nötig ist, da die Anlagenfahrer selber über genügendes Know-how verfügen. Jedoch bedarf es zur vollständigen Beschreibung eines Steuerungsablaufes noch der weiteren Detaillierung. Zum Beispiel weiß ein Anlagenfahrer mit der Anweisung – Aufheizen auf Reaktionstemperatur – durchaus etwas anzufangen.

In einer typischen Steuerungsanweisung muß aber die exakte Reaktionstemperatur, eventuell nach einer Rampe, Alarmgrenzen usw. sowie Ventiladressen usw. angegeben werden.

2.2 Produktentwicklung, Prozeßsynthese, Dokumentation des Verfahrens in der Rezeptur

Anstöße zur Herstellung eines neuen Produktes kommen von den Anforderungen des Marktes bzw. der Kunden und von veränderten Rahmenbedingungen wie Konkurrenzsituation zu Mitbewerbern, Patentlage, Umweltverträglichkeit, Rohstoff- und/oder Energiesituation, gesetzliche Auflagen oder mangelnde öffentliche Akzeptanz.

Die wichtigsten Tätigkeiten hierfür beginnen in der Forschung mit der Produktentwicklung. Es folgt dann auf der Basis dieser Ergebnisse und Entwicklungsarbeiten die Synthese eines Prozesses im Labor. Die weitere Entwicklung im Labor oder Technikum liefert Daten zur Auswahl und Auslegung einer Produktionsanlage, wie sie dann geplant, errichtet und in Betrieb genommen wird. Sie hat, insbesondere bei Chargenprozessen, ferner den kompletten Herstellvorgang des Produktes mit den eingesetzten Stoffen und Nebenprodukten in einer Rezeptur zu beschreiben, um die Produktionsanlage im Sinne einer reproduzierbaren Produktion zu betreiben.

Produktentwicklung

Ausgehend von einer Produktidee wird in Laborforschungen das neue Produkt entwickelt. Dabei werden Synthesewege, Reaktionsbedingungen und ähnliches festgelegt. Auf dieser Ebene stehen die Änderungen der Produkteigenschaften durch die erforderlichen Reaktionsstufen im Vordergrund. Im allgemeinen wird ein neues Produkt zum Patent angemeldet. Die Patentschrift enthält Angaben zu den Patentansprüchen mit einer etwas ausführlicheren Beschreibung des Verfahrens und der zum Einsatz kommenden Stoffe.

Beispiel [Europäische Patentschrift (0090434)]

Patentansprüche:

1. Verflüssigungsmittel für hydraulische oder lufthärtende mineralische Bindemittel auf Basis von wasserlöslichen Kondensationsprodukten ein- oder mehrwertiger Phenole mit Formaldehyd, dadurch gekennzeichnet, daß die Phenol-Formaldehyd-Kondensationsprodukte mit einkondensiertes Carbazol enthalten.
2. Verfahren zur Herstellung von Betonverflüssigern nach Anspruch 1, dadurch gekennzeichnet, daß Phenol und Carbazol in saurem Medium mit Formaldehyd kondensiert werden und das gebildete Harz sulfoniert wird.

Beschreibung (Ausschnitt):

Die Herstellung der erfindungsgemäßen Verflüssigungsmittel ist sehr einfach durchzuführen. Entweder werden durch Cokondensation von Phenol oder Phenolgemischen mit Carbazol und Formalin im alkalischen Bereich wasserlösliche Resoltypen hergestellt, oder Phenol bzw. ein Phenolgemisch und Carbazol werden mit Formaldehyd zu Novolaktypen *kondensiert,* die anschließend *sulfoniert* und danach *neutralisiert* werden.

Ausgangsprodukte für die erfindungsgemäßen Verflüssigungsmittel sind ein- oder mehrkernige Phenole oder Gemische der genannten Verbindungsklassen.

Die Phenole oder Phenolgemische werden erfindungsgemäß mit 5–25 Gew.-% Carbazol *vermengt.* Als Carbazol kann entweder reines Carbazol mit einem Gehalt von 97–100% oder wohlfeiles, technisches Carbazol verwendet werden.

Diese Ausgangsprodukte werden mit Formaldehyd oder einer Substanz, die unter den Reaktionsbedingungen Formaldehyd abzuspalten vermag, *umgesetzt.* Produkte dieser Art sind z. B. Formaldehyd selbst bzw. dessen handelsübliche 30–50% wäßrige Lösung (Formalin). Die anschließende *Sulfonierungsreaktion* erfolgt mit Schwefelsäure.

Die erhaltenen sulfonsauren Produkte werden mit Alkali- oder Erdalkalilauge *neutralisiert,* wobei pH-Werte von ca. 6,5 bis 8,5 eingestellt werden. Man erhält als Reaktionsprodukt wäßrige Zubereitungen mit einem Feststoffgehalt von 20 bis 40 Gew.-%.

In Bild 2.17 sind die hier dargestellten Verfahrensabschnitte bzw. Reaktionsstufen: Kondensation, Sulfonierung und Neutralisierung dargestellt.

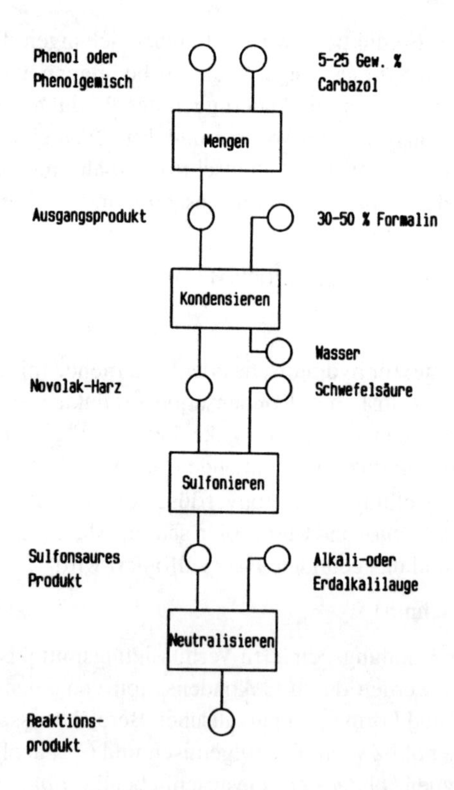

Bild 2.17 Phasenmodell der Herstellung eines Verflüssigungsmittels für mineralische Bindemittel

Das folgende Beispiel beschreibt die Herstellung der erfindungsgemäßen Verflüssigungsmittel und ihre Anwendung im Labormaßstab.

Beispiel:

600 g Phenol, 400 g Carbazolfraktion mit einem Carbazolgehalt von 76% und 11 g Oxalsäure, gelöst in 59 g Wasser, werden in einem Rundkolben, versehen mit Rührwerk, Tropftrichter und Rückflußkühler zum Sieder erhitzt.

Innerhalb von 90 min wird sie mit 458,3 g 38%iger Formalinlösung versetzt und danach 150 min lang bei Siedehitze gerührt.

Anschließend erfolgt eine Destillation unter Normaldruck, die in 54 Minuten auf 130°C führt. Danach wird noch 1 min lang im Vakuum weiterdestilliert. Es wird ein klares, gut fließendes Harz erhalten.

Ausbeute: 1038 g

E.P. (K.S.): 64°C

300 g des oben beschriebenen Harzes werden in einem Rundkolben mit Rührwerk, Tropftrichter, Rührwerkskühler und Kontaktthermometer bei 140°C in 30 min mit 129 g konzentrierter Schwefelsäure versetzt. Es wird 10 min lang bei 140°C nachgerührt. Danach werden langsam 1116 g Wasser zugegeben und dann mit 300 g 40%iger Natronlauge bis pH = 8.0 versetzt.

Ausbeute: 1845 g einer wäßrigen Lösung mit einem Festgehalt von 28 Gew.-%.

Das dargestellte Beispiel enthält alle Elemente eines Rezeptes, nämlich die:

1. Vorschrift über die einzusetzenden Stoffe, Menge, Konzentration:
   z. B. Phenol, 600 g
   Carbazol, 400 g, 76%ig
   Formalin, 458,3 g, 38%ig
   usw.
2. Vorschrift über die einzusetzenden Apparate und Apparateteile:
   z. B. Rundkolben
   Rührwerk
   Tropftrichter
   Rückflußkühler
   Kontaktthermometer
   usw.
3. Vorschrift über die Herstellung, nach Verfahrensabschnitten wie:
   z. B. Kondensation
   Sulfonierung
   Neutralisation
   und der zugehörigen Operationen mit Parametern wie:
   z. B. Zugeben Einsatzstoffe
   zum Sieder erhitzen
   innerhalb 90 min mit Formalin versetzen (zulaufen lassen, daher Tropftrichter)

150 min bei Siedehitze rühren
Destillation unter Normaldruck 54 min
Destillation unter Vakuum 1 min lang
usw.

In Anlehnung an die NAMUR-Empfehlung NE 33 „Anforderung an Systeme zur Rezeptfahrweise" kann man dieses Rezept als Ur-Rezept bezeichnen, was nach der Beschreibung, wie weiter oben gezeigt, in zwei Teilrezepte aufgeteilt ist (siehe auch Kapitel 7).

In der sich nun anschließenden Prozeßsynthese wird das Verfahrenskonzept entwickelt.

Prozeßsynthese

Im Rahmen der Prozeßsynthese wird anhand der Laborergebnisse – siehe Ur-Rezept – der Forschung und Entwicklung ein Konzept für ein technisches Produktionsverfahren entworfen, das dieses Anforderungsprofil für die geforderte Produktqualität erfüllt. Das Konzept enthält die Verfahrensstruktur, d. h. die sinnvolle Kombination von Verfahrensschritten. Hierzu gehören die Auswahl und Auslegung von Verfahrensschritten mit entsprechenden Apparaten, Puffern und Lagerbehältern. Das daraus resultierende Grundfließbild nach DIN 28004 dient dann als Basis einer Versuchsanlage, mit der das Verfahrenskonzept weiterentwickelt und auf technische Realisierbarkeit hin untersucht wird. Dabei ergeben sich folgende Zielrichtungen:

- die Reaktionsbedingungen im Hinblick auf Ausbeute und Reinheit der Reaktionsprodukte optimieren;
- nicht umgesetzte Rohstoffe, Nebenausbeuten und Hilfsstoffe innerhalb der Produktionsanlage rückführen bzw. nutzen;
- Nebenprodukte abtrennen und in einem anderen Prozeß verwenden;
- weitere wirksame Techniken zur Aufbereitung von Abwasser und Abgas entwickeln.

Im Labor und im Technikum werden die Ergebnisse aus der Forschung und aus der Prozeßsynthese weiter bearbeitet und in Miniplants oder Pilot-Anlagen bestätigt. Diese Pilot-Anlagen sind ein Abbild der späteren Produktionsanlage, nur im verkleinerten Maßstab. Scale-up und die mit den Versuchsanlagen erzielten Ergebnisse liefern die Auslegungsdaten für Apparate und Maschinen der Großanlage. Das führt zum Verfahrensfließbild nach DIN 28004, welches Mengen und Apparatedimensionen enthält. Das Projekt geht nun in die Großplanung, in der alle kennzeichnenden Daten der Apparate, Maschinen, Rohrleitungen und Instrumentierungen in das R & I-Fließbild eingetragen werden. Dabei muß auch die Verfügbarkeit der einzelnen Elemente der Apparate ermittelt werden, z. B.: die Korrosionseinflüsse, der mechanische Verschleiß oder die Produktablagerung sowie der zu erwartende Instandhaltungsaufwand in einer Produktionsanlage.

Dokumentation des Verfahrens in der Rezeptur

Insbesondere für Chargenprozesse ist neben dem R & I-Schema noch die exakte Produktionsvorschrift als Fahranweisung für den Anlagenfahrer bzw. als Vorlage zur

Erstellung einer Ablaufsteuerung auf einem Prozeßleitsystem in einer Rezeptur zu beschreiben. Die Vorgehensweise wird dabei ganz von chemischen und verfahrenstechnischen Argumenten bestimmt. Hierbei hilft dem Chemiker sein Repertoire an chemisch-technischen Produktionsmethoden. Dies Rezept soll dabei produktspezifisch, jedoch anlagenneutral erstellt werden. Die NAMUR-Empfehlung NE 33 nennt ein solches Rezept Grundrezept [NAMUR (1992)]. Dazu wird das ganze Verfahren in einem Top-down- oder Bottom-up-Entwurf zerlegt.

Der linke Teil des Bildes 2.18 zeigt das Phasenmodell des weiter oben beschriebenen Produktionsprozesses zur Herstellung eines Verflüssigungsmittels für mineralische Bindemittel. Jedes Kästchen stellt einen Verfahrensabschnitt dar, der ein überwiegend in sich abgeschlossener Teil eines Verfahrens ist, der wiederum durch die Wirkung bestimmter Operationen gekennzeichnet wird und in diesem Fall auf jeweils einer einzigen bestimmten Teilanlage abläuft.

Im Gegensatz dazu bestand bei dem Beispiel der Kunstharz-Erzeugung jeder Verfahrensabschnitt aus mehreren Grundoperationen und Reaktionsstufen.

Auf dieser Ebene stehen die Änderungen des Stoffes (chemisches Grundverfahren) oder die Änderung des Zustandes eines Stoffes (physikalisches Grundverfahren) im Vordergrund.

Geht man im Entwurfprozeß Top-down weiter und spezifiziert nun anhand des Repertoires chemisch-technischer Handlungen die Ausführungen jedes Verfahrensabschnittes, z. B. in Bild 2.18 die Sulfonierung, dann kommt man zu einer neuen detaillierten Beschreibung, den Operationen, die, wie im Ur-Rezept gezeigt, bestehen aus Ausdrücken wie:

- Vorlegen, Füllen, Dosieren Einsatzstoffe
- Aufheizen auf Reaktionstemperatur
- Kochen am Rückfluß
- Destillieren unter Normaldruck
- pH-Einstellen
- Schwefelsäure zutropfen lassen
- usw.

Diese Operationen beschreiben aus der Sicht des Chemikers die Wirkung, die diese Operationen auf den Prozeß haben, nicht jedoch die Details, wie das geschehen soll. Sie beschreiben die Einstellung bestimmter Prozeßeigenschaften, z. B. Füllen einer bestimmten Menge eines Einsatzstoffes, Einstellen eines pH-Wertes von 8, Destillieren unter Normaldruck 54 min lang, bis die Temperatur auf 130°C gestiegen ist.

Die Einstellung dieser Prozeßeigenschaften erfolgt durch Grundfunktionen der Apparatur wie:

- Transferieren von Behälter ... nach ...
- Temperieren auf ... °C
- Rühren bei Drehzahl ...
- Inertisieren
- Entlüften nach ...

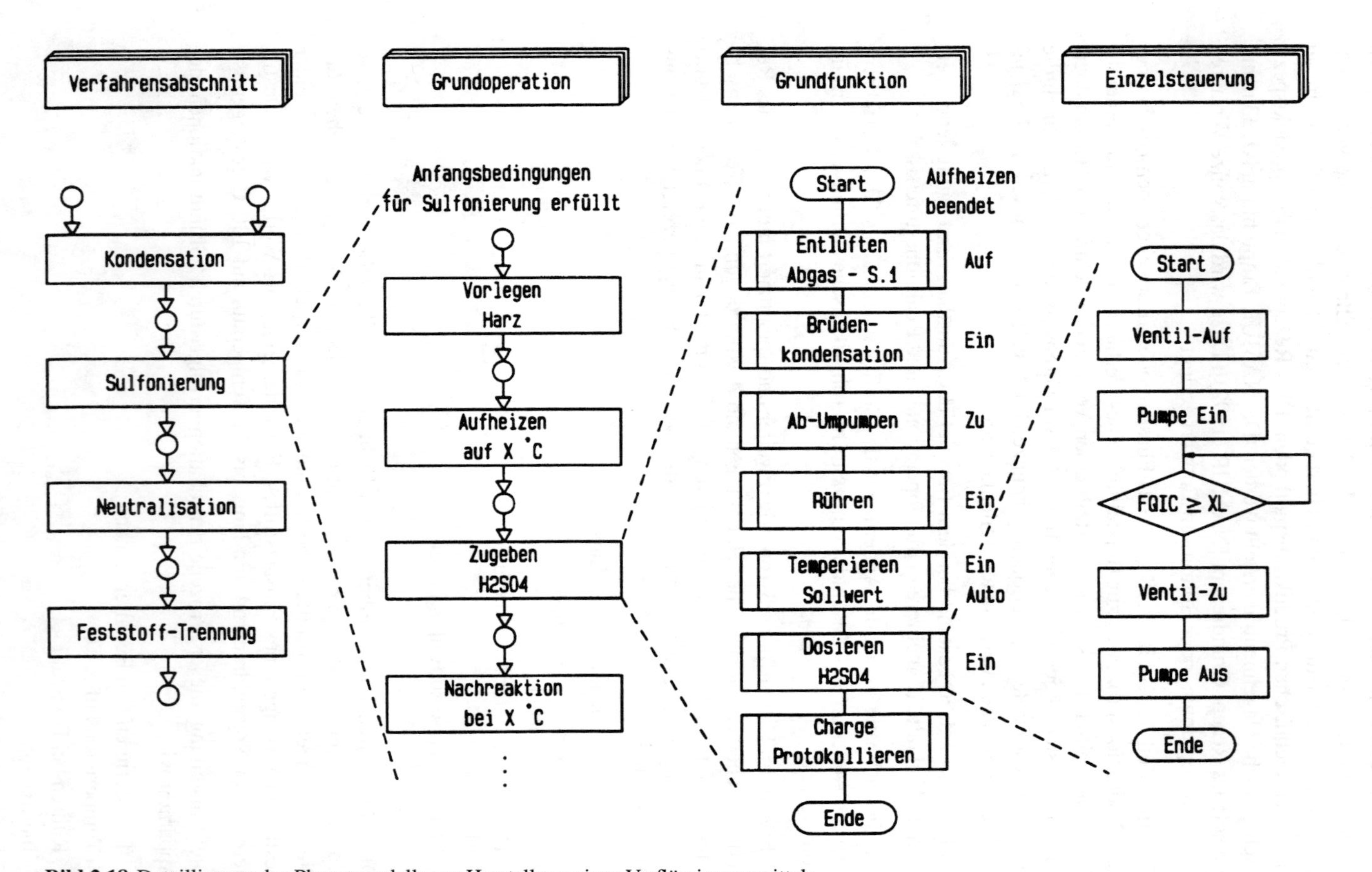

Bild 2.18 Detaillierung des Phasenmodells zur Herstellung eines Verflüssigungsmittels

- Ablassen nach ...
- Umpumpen
- Zugeben von
- usw.

Eine weitere, tiefere Unterteilung, z.B. bis auf die Grundfunktionselemente, wie Öffnen/Schließen von Ventilen, Starten/Stoppen von Pumpen und Motoren, Setzen von Sollwerten für Regelkreise und Dosierungen erfolgt an dieser Stelle nicht mehr. Dies wird dem großen Know-how des Anlagenfahrers überlassen bzw. wird bei automatischem Ablauf der Produktionssteuerung auf einem Prozeßleitsystem in der Steuerrezeptur beschrieben (siehe hierzu Abschnitt 5.2.3 Steuerungskonzepte).

Das Grundoperationenkonzept nach NAMUR

Nach dem oben Gesagten könnte man ein Grundrezept auf drei verschiedene Arten strukturieren:

- auf der Ebene von Einzelgerätesteuerungen wie AUF/ZU
- auf der Ebene von techn. Funktionen bzw. Grundfunktionen Temperieren, Rühren
- auf der Ebene von Operationen wie Füllen, Reagieren, pH-Einstellung, Entleeren usw.

Die höchste Flexibilität erreicht man sicher mit einer Strukturierung auf Einzelgeräte-Ebene. Jedoch müßte der Grundrezeptersteller, der Chemiker, das Rezept auf der Basis von Einzelgeräte Befehlen beschreiben wie AUF/ZU, Start/Stop, Warte, Prüfe usw. Dies entspricht natürlich nicht der Natur des Chemikers, einen Prozeß zu beschreiben. Dies ist mehr die Ebene des Steuerungsfachmannes.

Ein zweiter Weg, ein Rezept zu beschreiben, wäre auf der Basis von Grundfunktionen wie Heizen, Rühren, Inertisieren, Evakuieren mit den entsprechenden Parametern. Häufig treten solche Funktionen als parallele Funktionen auf.

Um jedoch sicherzustellen, daß jede mögliche Kombination von parallelen Funktionen beim Ausfall einer einzelnen Funktion nicht zu logischen Konflikten oder Schlimmerem führt, ist eine ausführliche Betrachtung und komplexe Behandlung der Grundfunktionen erforderlich. Es setzt, wie schon bei der Einzelgerätesteuerung, genaue Kenntnisse der Installation (Technische Funktionen) der einzelnen Apparate voraus. Dies entspricht jedoch nicht der apparateneutralen Erstellung von Grundrezepturen. Grundfunktionen sollen hier nur generische Funktionen sein. Erst bei der Umwandlung bzw. Zuordnung einer Grundfunktion zu einem Apparat im Steuerrezept wird aus der generischen Funktion „Temperieren“ ein Temperieren mit Dampf oder Thermaloel, je nach Apparat.

Die dritte Methode, ein Grundrezept zu erstellen, ist das (Grund-)Operationen-Konzept. Einmal scheint die Anzahl an möglichen Kombinationen von Grundfunktionen, wie zuvor beschrieben, in der Praxis doch eher beschränkt. Auch lassen sich verschiedene Produktions-Aktivitäten nun mal nicht als eine Kombination von geräte- und instrumentierungsbezogenen Grundfunktionen beschreiben, z.B. nach einer Probenahme erwartet die Steuerung eine Quittierung durch den Operateur oder einen langsamen Zulauf eines Katalysators. Bis zum Start der Reaktion folgt dann ein beschleunigtes Rühren, die weitere Dosierungsgeschwindigkeit wird dann eventuell begrenzt durch die Entstehung von Schaum usw.

Überhaupt drückt sich der Chemiker – als Ersteller der Grundrezeptur – normalerweise im Terminus von produktorientierten Prozeßaktivitäten, eben von Operationen, aus. Operationen sind produktorientiert. Operationen sind die Brücke zwischen der Verfahrenstechnik und der Produktion.

Operationen sind natürlich auf dem R & I-Schema nicht zu erkennen, im Gegensatz zu den Grundfunktionen. Jedoch haben sie den Charakter allgemein bekannter produktionstechnischer Ausdrücke, analog zu küchentechnischen Ausdrücken wie in den Kochbüchern: Abschäumen, Abziehen, Anschwitzen, Andünsten, Fritieren, Dämpfen, Grillen, Pürieren, Panieren, Kochen, Schmoren, Quellen usw. Es sind immer Ausdrücke von kombinierten Funktionen und Aktionen.

In Chargenprozessen findet man Operationsbeschreibungen wie Kochen am Rückfluß, unter Normaldruck destillieren, bis zum Sieden erhitzen, pH-Einstellen, Füllen, Entleeren, Lösen usw., wobei gleichzeitig – jedoch vielfach nicht explizit benannt – Grundfunktionen wie Heizen, Kühlen, Inertisieren, Rühren – vielfach parallel zueinander – ablaufen.

Firmenintern kann man solche allgemeinen produktspezifischen Ausdrücke für Operationen standardisieren und erhält dann Grundoperationen, deren Bedeutung – zumindest firmenintern – jedem bekannt sind, und daher solche Grundoperationen geeignet machen, als Bausteine zur Erstellung von Grundrezepturen verwendet zu werden. In der NAMUR-Empfehlung NE 33 [NAMUR (1992)] werden solche Grundoperationen als „Leittechnische Grundoperationen“ bezeichnet.

Sie ist definiert wie folgt: Die *Leittechnische Grundoperation* ist eine wiederverwendbare Arbeitsfolge. Zur Herstellung verschiedener Produkte mit ähnlicher Herstellungstechnologie kann eine Anzahl leittechnischer Grundoperationen aufgebaut werden, deren geeignete Kombination die Rezepte für die einzelnen Produkte ergibt.

Im Gegensatz dazu ist eine *Grundfunktion* definiert als:

Eine Grundfunktion ist eine Funktion, die durch technische Funktionen an einer Teilanlage realisiert wird. Beispiele: Führen von Umgebungsbedingungen wie „Temperieren“, Durchmischen des Inhaltes wie „Rühren“, Eintragen von Stoffen in abgemessenen Mengen wie „Dosieren“.

Konzept der „Mächtigen Grundoperationen“

Im Vorgriff auf die noch zu führende Diskussion um den automatischen Ablauf von Rezepturen auf einem Prozeßleitsystem sei an dieser Stelle aber jetzt schon die Bemerkung eingeschoben, daß man bei der Festlegung der Grundoperationen wohl grundsätzlich die Wahl zwischen zwei Extremen hat. Nach Berg in [Berg (1989)] besteht die Möglichkeit, sehr viele, relativ einfache Grundoperationen zu verwenden oder nur wenige, dafür aber mächtige Grundoperationen zu benutzen. Bei der Entscheidung für viele, einfache Operationen ist die Flexibilität sicher sehr hoch, und es werden wenige Parameter pro Operation benötigt. Dafür ist der Aufwand bei der Rezepterstellung größer, denn es müssen sehr viele Operationen parametriert werden. Die Lösung mit wenigen, mächtigen Operationen kann eine etwas eingeschränktere Flexibilität bedeuten. Sicherlich brauchen solche Operationen mehr Parameter. Der Vorteil besteht wohl in der leichteren Rezepterstellung – die ja durch den Chemiker vorgenommen werden soll – und in der kleineren Bibliothek der Grundoperationen – 20 bis höchstens 50 Grundoperationen für eine Anlage und Produktklasse –. Der Name einer Grundoperation ist hier jedoch alleine noch nicht aussagekräftig genug, sondern wird erst durch die Parameter für den Benutzer klar beschrieben.

Auch Siemens favorisiert mit ihrem Paket Batch TM das Konzept der „mächtigen" Grundoperationen, hier jedoch schon als Phase auf einem Prozeßleitsystem realisiert. Müller-Heinzerling [Müller-Heinzerling (1991)] schreibt hierzu sinngemäß: Eine mächtige Grundoperation (Phase, als das steuerungstechnische Gegenstück zur Grundoperation) kontrolliert während eines Ablaufs den jeweiligen Apparat als Ganzes. Anmerkung: Sie bestimmt den Status des Apparates (Teilanlage) zu diesem Augenblick.

Sie dient dabei zum Erreichen eines technologischen (Teil-)Ziels. Typische Beispiele sind: Behälter füllen, Reaktion durchführen, Überführen nach Behälter ... usw.

Im Gegensatz dazu steht das Konzept der „kleinen" Grundoperationen (Phasen). Diese stellen eher eine Abbildung der Instrumentierung bzw. Installation dar (typische Beispiele sind Rühren und Heizen). Somit ist die Parallelbearbeitung vieler Grundoperationen (Phasen) erforderlich, und ein Rezept besteht meistens aus einer Art Matrix von Phasen (oder Grundoperationen). (Bei Batch TM entspricht diesen die Ebene der Grundfunktionen.)

In der Planungsphase ist das Konzept kleiner Grundoperationen (Phasen) zunächst einfacher, denn bei der Ermittlung und Abgrenzung von mächtigen Grundoperationen (Phasen) muß mehr vorgedacht werden, und die Technologie des Produktionsprozesses fließt bereits mit ein.

Vorteile des Konzepts der „mächtigen" Grundoperationen (Phasen)

Beim Betrieb der Anlage zahlt sich die erhöhte Anfangsinvestition für das Konzept der mächtigen Grundoperationen (Phasen) jedoch aus, so Müller-Heinzerling weiter:

- Die Erstellung von Rezepturen als Abfolge mächtiger Grundoperationen beim Grundrezept (und Phasen beim Steuerrezept) ist um Faktoren schneller als der Aufbau einer Matrix von kleinen Grundoperationen (Phasen), da keine Meß-, Steuer- und Regel-(MSR-)Randbedingungen oder logischen Konflikte beachtet werden müssen.

Brombacher [Brombacher (1987)] bemerkt hierzu: Für Batch-Fahrweise sollte der Einfachheit der Handhabung halber eine nur sequentielle Organisation von Grundoperation (und Phasen) bevorzugt werden.

- Etwaige Plausibilitätsprüfungen der Rezeptdaten sind so wesentlich einfacher möglich.
- Visualisierung und Bedieneingriffe in die Rezeptbearbeitung sind übersichtlicher.

Die Reaktion auf anormale Vorkommnisse kann für die Grundoperation als spezifische Grundoperationeneigenschaft vom Chemiker vorgegeben werden bzw. für die Phase als Phaseneigenschaft programmiert werden – d. h., der Rezeptersteller muß sich darum im allgemeinen nicht kümmern. Bei den kleinen Grundoperationen (Phasen) ist dies kaum sinnvoll möglich, d. h., für jedes Rezept muß die Behandlung von Ausnahmefällen neu definiert werden.

So kann der Chemiker vorgeben: Während der Grundoperation „Entleeren" genügt bei einem Ausfall des Rührers lediglich eine Operator-Information, jedoch bei der Grundoperation „Reagieren" müssen bei einem Rührerausfall umfangreiche Vorkehrungen wie Alarmierung, Sicherheitsabschaltung, Notkühlung, Stopperlösung eingeben usw. erfolgen.

Die weiter oben gemachten Ausführungen gelten auch für den Aufbau des Chargenprotokolls und für Umrechnungsvorschriften vom Grundrezept zum Steuerrezept.

Grundsätzlich kann gesagt werden, eine Grundoperation sollte so mächtig sein, daß:

- sie eine komplette, bestimmte Arbeitshandlung des Prozesses in einer Teilanlage (Apparatur) beschreibt
- sie exakte Anfangs- (Initialisierung) und Endebedingungen (Terminierung) hat – meist ein sicherer und/oder logischer Punkt, Zustand, Status, Beginn, Halt oder anders ausgedrückt, selbstterminierend ist
- sie für sich und in sich völlig selbständig, auch für sich allein ablaufen kann (stand-alone)
- für sich einzeln (ad-hoc), z. B. durch den Operateur, abrufbar ist
- sie grundoperationenspezifisch, abnormale Vorkommnisse behandelt.

Das Rezept-Modell

Wie in den vorhergehenden Abschnitten dargestellt, ist das Rezept die Repräsentation des Chargenprozesses. Im NAMUR-Statusbericht '87 und in der Automatisierungstechnischen Praxis '87 [Uhlig (1987)] wurde erstmals systematisch, umfassend und vollständig der Begriff Rezept (Rezeptur) dargelegt.

Danach enthält ein Rezept mehrere Vorschriften zur Herstellung eines Produktes nach einem Verfahren. Es beschreibt präzise, was man zum Durchführen eines Verfahrens benötigt und tun muß und die Bedingungen, die eingehalten werden müssen.

– Rezept-Aufbau

Ein Rezept besteht, wie in Bild 2.19 dargestellt, aus einer Kombination von Rezept-Kopf, Einsatzstoff-Liste, Apparate-Anforderung und Verfahrensvorschrift.

Verfahrensvorschrift – die Verfahrensvorschrift (Herstellvorschrift) definiert die Namen und gibt die Reihenfolge (Verknüpfung) der Operationen an, die ausgeführt werden müssen, um ein Produkt herzustellen. Dazu gehört auch vorzuschreiben, wie bestimmte Prozeßeigenschaften (Prozeßparameter) während des Prozeßablaufes eingestellt werden müssen, um insgesamt den gewünschten Gesamtablauf zu erreichen.

Einsatzstoff-Liste – die Einsatzstoff-Liste ist eine Vorschrift über die einzusetzenden

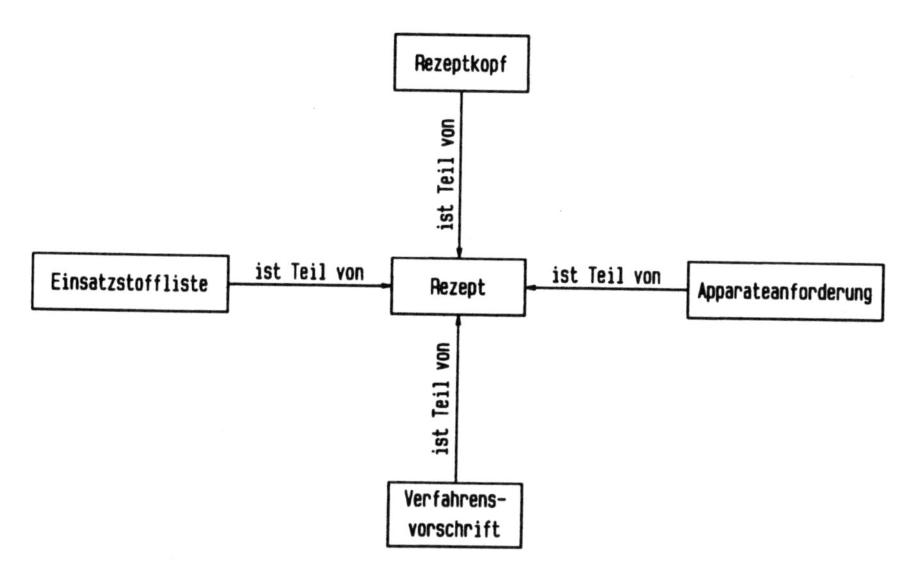

Bild 2.19 Rezept-Aufbau

Stoffe und Produkte und ihrer Konzentrationen bzw. ihrer Qualität. Alle Mengenangaben sind normierte Mengen, bezogen auf eine bestimmte Ansatzgröße, die bei der Herstellung auf die aktuelle Ansatzgröße umgerechnet werden.

Apparate-Anforderung – die Apparate-Anforderung ist eine Vorschrift über die zulässigen Apparatetypen und die notwendigen Einrichtungen an der Apparatur, der Kühl-/Heizkapazität, Korrosionsbeständigkeit usw.

Rezept-Kopf – der Rezept-Kopf dient der Verwaltung der Rezepte. Aus ihm geht hervor: das Erstellungsdatum, Erstellungsautor, Revisionen, Version des Rezeptes usw.

Teil-Rezept – analog zur Zerlegung eines Verfahrens in Verfahrensabschnitte (Teilverfahren), nach denen in verschiedenen Teilanlagen verfahrenstechnische Teilaufgaben nacheinander oder parallel durchgeführt werden können, kann auch ein Rezept in Rezeptabschnitte bzw. Teil-Rezepte zerlegt werden. Dabei ist zu beachten, daß durch die Zerlegung in Teilrezepte nun eigene Vorschriften über die einzusetzenden Stoffe, Apparate und Herstellungsoperationen entstehen.

Rezept-Formen

1. Ausgehend von einer Produktidee wird in Laborforschungen das neue Produkt entwickelt. Dabei werden Synthesewege, Reaktionsbedingungen und ähnliches festgelegt. Das Ergebnis ist meist eine *Patentschrift.*
2. In der sich anschließenden Prozeßsynthese wird das Verfahrenskonzept entwickelt. Das daraus resultierende *Ur-Rezept* dient als Basis einer Versuchsanlage, mit

der das Verfahrenskonzept weiterentwickelt und auf technische Realisierbarkeit hin untersucht wird.

3. Scale-up und Prozeßintegration führen schließlich zu Mengen und Apparatedimensionen. Das Produkt wird jetzt in einer *Grundrezeptur* beschrieben, die alle kennzeichnenden Daten der Einsatzstoffe, Apparate, Maschinen, Verbindungen zwischen Apparaten und der Instrumentierung enthält.
4. Zur Ausführung einer Produktion auf einer Anlage müssen konstruktive Details in der Rezeptur festgelegt sein, damit der Prozeß auf einer bestimmten Anlage abgewickelt werden kann. Das heißt, je näher man der aktuellen Produktionsausführung kommt, um so spezifischer müssen die Informationen sein. Beim Fahren von nicht automatisierten Anlagen wird man das Rezept Fahranweisung nennen, bei automatisierten Anlagen wird dieses Rezept als *Steuerrezept* bezeichnet.

Die unterschiedlichen Rezepte entwickeln sich durch eine Serie von Transformationen. Nach jeder Transformation sind präzisere Informationen entstanden. Es ergeben sich bis zu vier oder fünf Formen von Rezepten. Wieviel Rezepttypen es schlußendlich gibt, hängt davon ab, wer es entwickelt hat und wo es entwickelt wurde. Dies wird wohl von Organisation zu Organisation unterschiedlich sein.

Nach derNAMUR-Empfehlung NE 33 werden drei Formen von Rezepten unterschieden (Bild 2.20).

Nach dem Entwurf (Draft 4) der ISA-SP88 ergeben sich vier verschiedene Rezept-Formen (Bild 2.21):

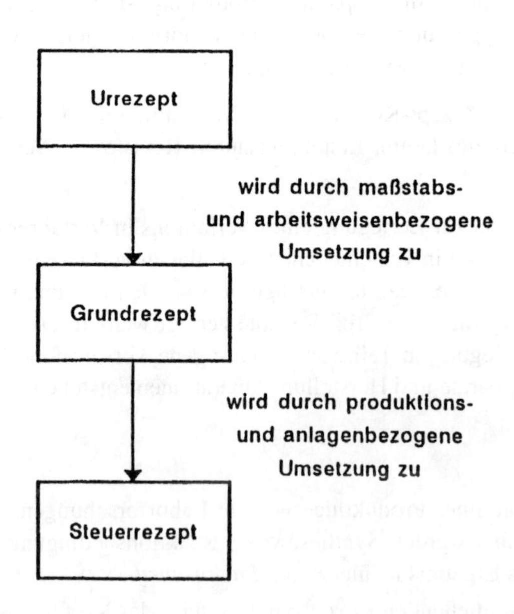

Bild 2.20 Rezept-Formen nach NAMUR-NE 1992

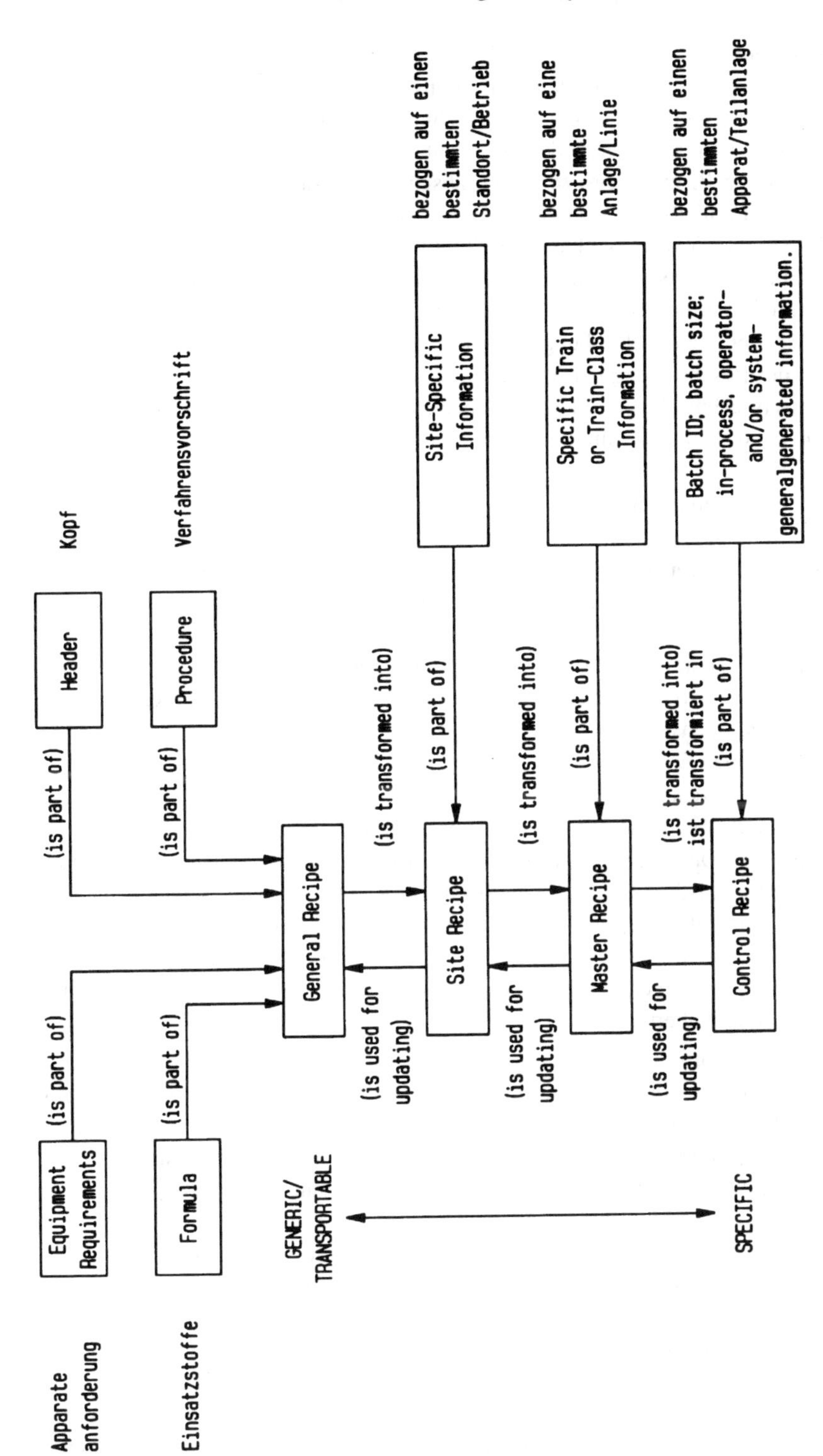

Bild 2.21 Rezept-Typen nach ISA-SP88, Draft 4

- **Ur-Rezept**

  Das Ur-Rezept beschreibt den Verfahrensablauf, wie am Beispiel der Europäischen Patentschrift 0090434 im Abschnitt Produktentwicklung gezeigt, noch ganz allgemein und ohne jeden Anlagenbezug. Apparate sind nur generisch beschrieben, z. B. möge ein Verfahrensabschnitt „Filtration" sein, welcher auf einem Filter abläuft. Jedoch erst die Prozeßsynthese, verbunden mit den Laborergebnissen der Versuchsanlage, legt den Filtertyp fest.

  Die Einsatzstoffe sind noch in Prozentangaben bzw., wie an dem o. a. Beispiel gezeigt, in Labormengen wie Gramm und Liter angegeben.

  Die Herstellungsbeschreibung ist grob in zwei Stufen zerlegt (Bild 2.22):

  1. in der Beschreibung der Verfahrensabschnitte, mit den dazugehörenden chemisch-technischen Grundoperationen (Verfahrenstechnischen Grundoperationen und Reaktionsstufen), z. B. entsprechend dem o. a. Beispiel
     - Kondensieren
     - Sulfonieren
     - Neutralisieren

     (in diesem Beispiel entspricht ein Verfahrensabschnitt genau einer chemisch-technischen Grundoperation, die in diesem Beispiel alles Reaktionsstufen sind)
  2. in der Beschreibung der auszuführenden Operationen, entsprechend dem o. a. Beispiel für den Verfahrensabschnitt und chemisch-technische Grundoperation „Kondensieren":
     - Zugeben Einsatzstoffe,
     - zum Sieden erhitzen,
     - innerhalb 90 min mit Formalin versetzen usw.

  Auch diese Operationen sind noch generische Beschreibungen, im Sprachgebrauch (Linguistik) des jeweiligen Rezeptautors. Der Rezeptautor ist im allgemeinen ein Entwicklungschemiker oder Anwendungstechniker.

  Die Beschreibung des Ur-Rezeptes ist noch geeignet, auf den verschiedensten Anlagen in beliebigen Unternehmen „nachgekocht" zu werden. Das Ur-Rezept ist generisch und übertragbar.

- **Grund-Rezept**

  Um ein Ur-Rezept auf Produktionsanlagen abbilden zu können, wird es zunächst in ein Grund-Rezept überführt. Wie schon mehrmals angeklungen, wird gefordert, das Grundrezept vom Betriebschemiker bzw. von einer autorisierten Person des Produktionsbetriebes erstellen zu lassen. Dazu muß aber bereits Wissen über die Art der Produktionsanlage vorhanden sein.

  Ferner müssen auch bereits die allgemeinen Operationen des Ur-Rezeptes zur Ausführung einer chemisch-technischen Grundoperation in leittechnische Grundoperationen überführt und in einer Bibliothek hinterlegt sein.

  Dies ist ein nichttrivialer Vorgang, zu dem es der Teamarbeit zwischen Betriebschemiker, Verfahrensingenieur und EMR-Ingenieur bedarf (Bild 2.1).

  Eine methodische Herleitung von leittechnischen Grundoperationen gelingt mit Hilfe von Struktur- und Flußdiagrammen (Top-down-Methode) wie von Geibig

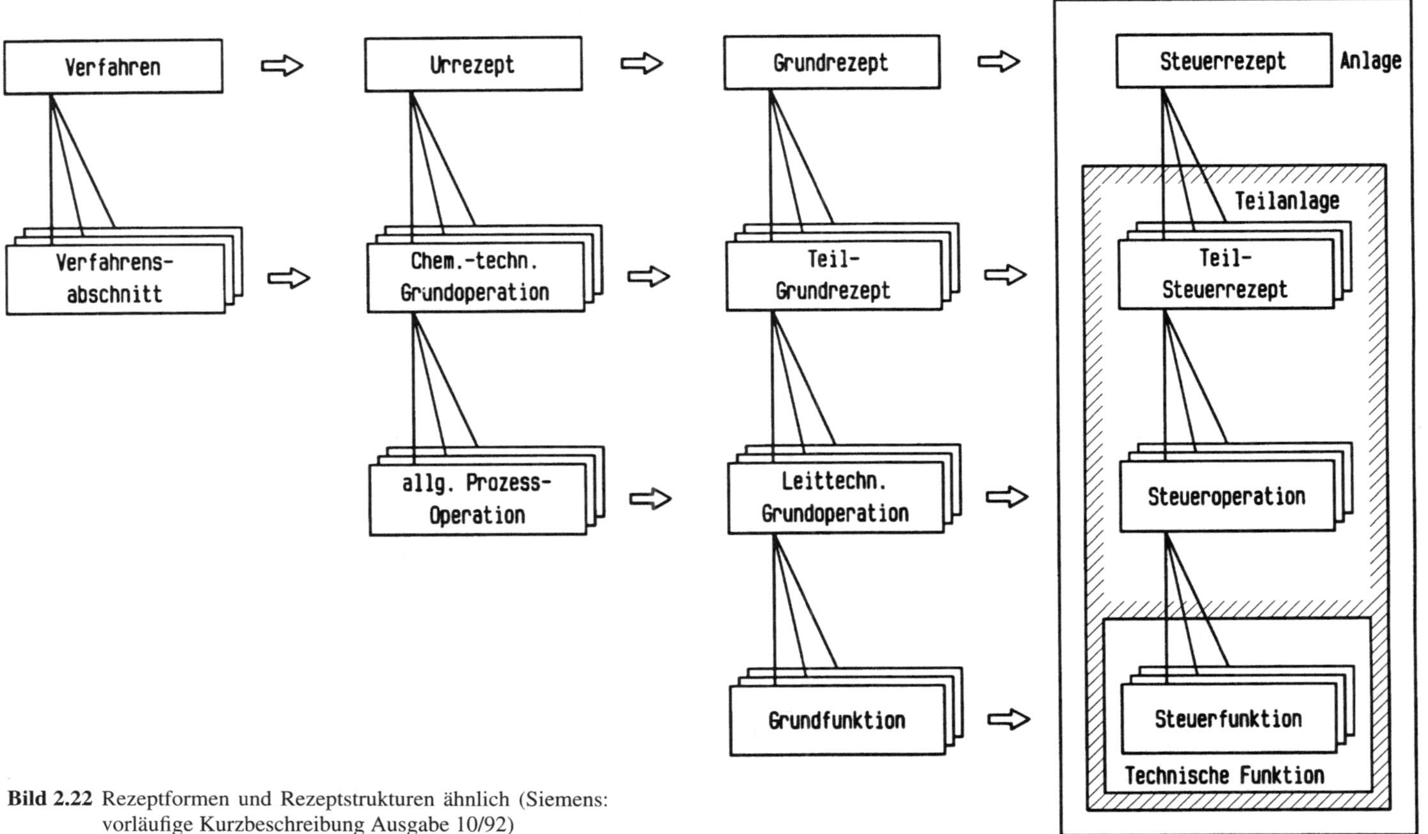

Bild 2.22 Rezeptformen und Rezeptstrukturen ähnlich (Siemens: vorläufige Kurzbeschreibung Ausgabe 10/92)

in [Geibig (1989)] beschrieben. Das Verfahren beruht auf einer hierarchischen Zerlegung des Gesamtprozesses in Venn-Diagrammen unter systematischer Eliminierung nicht disjunktiver Funktionen.

Zerlegungselemente sind dabei, ausgehend von einem Verfahren als oberste Hierarchieebene, Top-down:

- Verfahrensabschnitte
- chemisch-technische Grundoperationen
- leittechnische Grundoperationen
- Grundfunktionen.

Die Zuordnung der so ermittelten Elemente zu einem Verfahren kann anschließend in einem Flußdiagramm nach der Structured Analyses and Design Technique (SADT)-Methode dargestellt werden (siehe hierzu auch Entwurfsmethoden im Kapitel 6).

Damit ist das Grundrezept nicht mehr anlagenneutral, jedoch noch unabhängig davon, auf welcher Teilanlage – bei mehreren ausführungsidentischen Teilanlagen innerhalb einer Anlage – das Grundrezept schließlich abläuft.

Die Anlagenabhängigkeit im Grundrezept wird noch an zwei anderen Stellen deutlich: einmal in der expliziten Anforderung an einen bestimmten Teilanlagentyp und implizit in Form der anzuwendenden Grundfunktionen, die auf bestimmte technische Funktionen der Teilanlage hinweisen.

Grundrezepte werden bei der Erstellung bereits in Teilgrundrezepte gegliedert, so daß sie später auf jeweils einer Teilanlage durchgeführt werden können. Die Grundfunktionen müssen dabei durch die Technischen Funktionen der Teilanlage realisiert werden können.

Das Grundrezept bezieht sich bei den Einsatzstoff-Mengen auf normierte Mengen.

Die Verfahrensvorschrift eines Grundrezeptes gliedert sich in drei Teile (siehe Bild 2.22):

- dem Teilrezept
- der leittechnischen Grundoperation
- der Grundfunktion.

Aus dem Verfahrensabschnitt bzw. der darin ablaufenden chemisch-technischen Grundfunktionen ist, soweit sie auf einer und nur einer Teilanlage ablaufen, ein Teilgrundrezept geworden, aus den allgemeinen Operationen des Ur-Rezeptes sind leittechnische Grundoperationen geworden, die wiederum aus Grundfunktionen aufgebaut werden.

Die PLS-Hersteller bieten heute alle eine Reihe von Werkzeugen zur Grundrezepterstellung an. Zum Beispiel werden in BATCHX von Siemens Grundrezepte vollgrafisch erstellt und visualisiert, analog zu der international genormten Sprache zur Beschreibung von Abläufen, SFC (sequential function charts, vergleiche IEC 1131). Bild 2.23 zeigt hierzu ein Beispiel. Ein Grundrezept hat die in der Tabelle 2.2 angegebene Struktur.

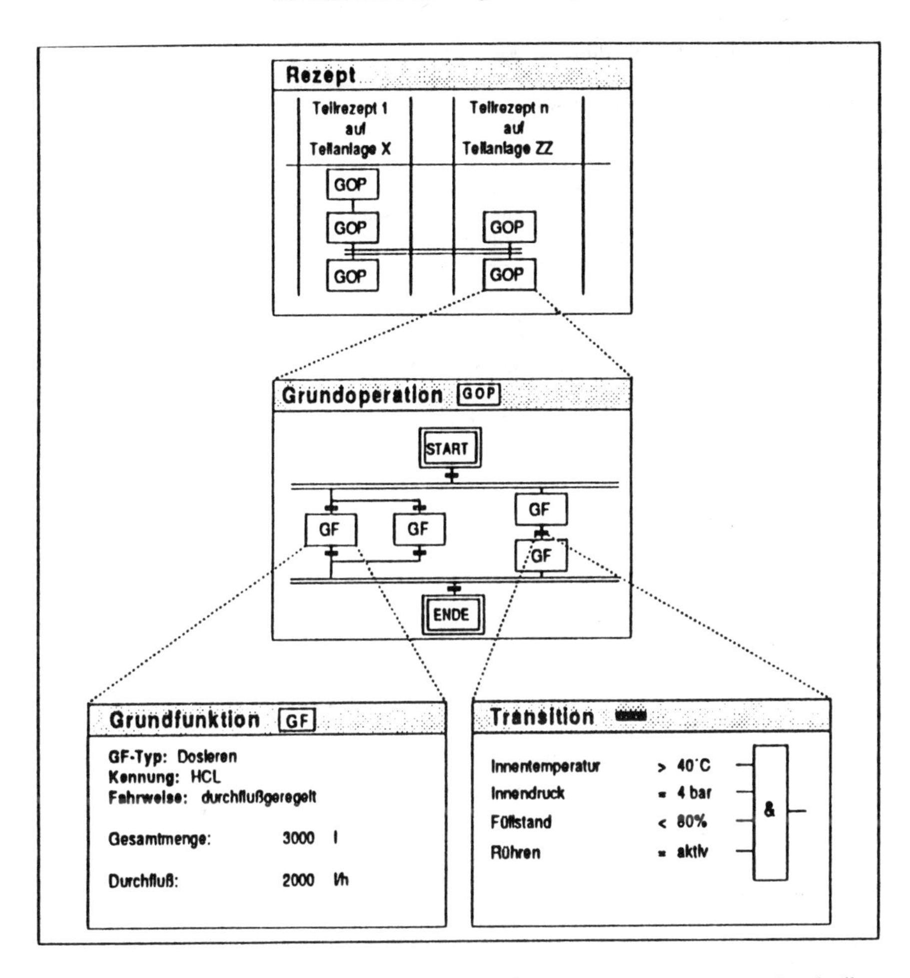

Bild 2.23 Grafische Rezepterstellung mit BATCHX nach (Siemens: vorläufige Kurzbeschreibung Ausgabe 10/92)

Tabelle 2.2 Struktur der Grundrezeptur nach [Uhlig (1987)]

Rezeptkopf	Grundrezepturnummer Produkt-Nummer Bearbeiter Kennzeichen der Version Erstellungs- und Änderungsdaten Apparateanforderungen
Einsatzstoffliste	Produkt-Nummer Menge (normiert) Stoffidentifikation Gesamteinsatzmenge je Stoff Normansatz (Summe der Einsatzmengen minus Verlustmenge) Theoretische Ausbeute Qualitätsmerkmale
Apparateanforderungen	Zulässige Apparatetypen Kapazität Kühlvolumen

Verfahrensvorschrift	Grundoperationen (Beispiele)
	  Dosieren, Rühren
	Parameter (Beispiele)
	  Teileinsatzmengen einer Komponente
	  Soll- und Grenzwerte für physikalische Größen
	  Zeiten
	Verknüpfung
	  Reihenfolge
	  Ablauforganisation (Abläufe nacheinander und/oder gleichzeitig)

– **Steuer-Rezept**

Zur konkreten Produktion wird aus dem Grundrezept ein Steuerrezept abgeleitet; hierbei werden Teilgrundrezepte zu Teilsteuerrezepten, leittechnische Grundoperationen zu Steueroperationen (in der Veröffentlichung „Erstellen von Ablaufsteuerungen für Chargenprozesse mit wechselnden Rezepturen“ [Uhlig (1987)] noch mit Phase bezeichnet) und Grundfunktionen zu Steuerfunktionen.

Die Steuerrezeptur entsteht aus der Grundrezeptur durch die folgenden chargenbezogenen Anpassungen:

- Zuordnung der Teilanlage und Zuordnung der Partie bzw. Chargennummer und Anzahl der Chargen
- Umrechnung der Chargen-(Ansatz-)Menge auf die aktuelle Chargen-(Ansatz-)Größe
- Mengenkorrektur aufgrund von Anlagendaten (Nachdosieren)
- Ergänzung um Operationen, die nicht verfahrensbestimmend sind, wie z. B. Stückelung eines Wägevorganges oder Ab- und Umfüllvorgänge.

Zu einem Steuerrezept gehören die in Tabelle 2.3 angegebenen Informationen.

Tabelle 2.3 Zu einem Steuerrezept gehörende Information nach NAMUR-Empfehlung NE 33, 1992

Kopf des Steuerrezepts	Steuerrezeptbezeichnung
	Steuerrezeptbeschreibung
	Version
	  Bearbeiter
	  Datum
	  Nummer
	  Variante
	Freigabestatus
	Erstbearbeitung
	  Ersteller
	  Datum
	Laufzeitangaben
	geplanter Starttermin
	geplante Zuweisung der Teilanlagen
	...

Betriebsmittelzuweisung	
Einsatzstoffliste mit chargenbezogenen Mengenangaben	
Produktliste mit chargenbezogenen Mengenangaben	
Verfahrensvorschrift	Teilsteuerrezepte Steueroperationen Verknüpfung der Steueroperationen Steuerfunktionen Verknüpfung der Steuerfunktionen Parameter
Zusätzliche Informationen zum Fahren der Charge	

Literatur zu Kapitel 2

[Berg (1989)]: Berg, J.: Erfahrung mit einer Mehrkesselanlage. In: Forst, H. J.: Rezepturfahrweisen mit Prozeßleitsystemen, Berlin und Offenbach: vde-Verlag 1989

[Borho u. a. (1991)]: Borho, K., Polke, R., Wintermantel, K., Schubert, H., Sommer, K.: Produkteigenschaften und Verfahrenstechnik. Chem.-Ing.-Tech. 63 (1991) Nr. 8, S. 792–808

[Brombacher u. a. (1987)]: Brombacher, M., Polke, M.: Perspektiven der Prozeßleittechnik. In: Prozeßleittechnik für die chemische Industrie: NAMUR-Statusbericht, 1987, S. 22–35

[DIN 28004 (1988)]: DIN 28004, Teil 1: Fließbilder verfahrenstechnischer Anlagen, Begriffe. Beuth-Verlag, Berlin 1988

[EP0090434B1]: Europäische Patentschrift: Verflüssigungsmittel für mineralische Bindemittel. Patentinhaber: Rütgerswerke AG, Mainzer Landstraße 217, W-6000 Frankfurt/Main 1

[Ignatowitz (1982)]: Ignatowitz, E.: Chemietechnik, 3. Auflage Verlag Europa-Lehrmittel. Nourney, Vollmer GmbH & Co. Haan-Gruiten (1982) Europa-Nr.: 70415

[ISA-SP88 (1992)]: ISA-SP88: Batch-Control-Systems Models and Terminology, Draft 4, Juni 1992. ISA: Instrument Society of America

[Litz u. a. (1991)]: Litz, L., Tauchnitz, T.: Prozeßleitsysteme auf der ACHEMA '91. Vortrag auf der NAMUR-Hauptsitzung 1991

[Mayer (1963)]: Mayer, L.: Verfahren der Chemie-Industrie, Band 2, organisch. Georg-Westermann-Verlag, Braunschweig, 1963, Bestell-Nr.: 2031

[Merz u. a. (1992)]: Merz, L., Jaschek, H.: Grundkurs der Regelungstechnik. 11. korrigierte Auflage, R. Oldenbourg Verlag, München–Wien 1992

[Müller-Heinzerling (1991)]: Müller-Heinzerling, T.: Praxisgerechte Standardsoftware für rezeptgesteuerte Chargenprozesse. Engineering automation 13 (1991), Heft 2, S. 22–26

[NAMUR (1992)]: NAMUR-Empfehlung NE 33: Anforderungen an Systeme zur Rezeptfahrweise. NE 33, 1992

[Polke (1985)]: Polke, M.: Informationshaushalt technischer Prozesse. Automatisierungstechnische Praxis, atp-Sonderheft: Prozeßleittechnik für die chemische Industrie (1985), S. 15–25

[Scheiding (1992)]: Scheiding, W.: Durchgängige Softwareplanung für Automatisierungssysteme. Automatisierungstechnische Praxis 34 (1992) Heft 4, S. 189–197

[Siemens (1992)]: Siemens: BATCHX Rezeptverwaltung und Chargenprozeßautomatisierung. Vorläufige Kurzbeschreibung, Ausgabe 10/92

[Thiemicke u. a. (1991]: Thiemicke, K., Hanisch, H.-M.: Prozeßanalyse einer diskontinuierlichen Anlage zur Kunstharzproduktion mittels Petri-Netzen. Messen, Steuern, Regeln 34 (1991), Heft 12, S. 416–419

[Uhlig (1971)]: Uhlig, R.-J.: Erfahrungen mit der Regelung diskontinuierlicher Rektifizier-Anlagen. Regelungstechnische Praxis und Rechentechnik, 1971, Heft 2, S. 52–59

[Uhlig (1987)]: Uhlig, R.-J.: Erstellen von Ablaufsteuerungen für Chargenprozesse mit wechselnden Rezepturen. atp-Sonderheft NAMUR Statusbericht 1987, S. 84–90 und Automatisierungstechnische Praxis, 1987, Heft 1, S. 17–23

[Vauck u. a. (1992)]: Vauck, Müller: Grundoperationen chemischer Verfahrenstechnik. Deutscher Verlag für Grundstoffindustrie GmbH, Leipzig (1992), ISBN 3–342–00629–3

[Wozny u. a. (1992)]: Wozny, G., Jeromin, L.: Dynamische Prozeßsimulation in der industriellen Praxis. Chem.-Ing.-Tech. 63 (1991), Nr. 4, S. 313–326

Kapitel 3: Anlagen, Apparate und Geräte von Chargenprozessen

3.1 Strukturen

Eine erste grobe Strukturierung der Relationen von Anlagen, Apparaten und Geräten von Chargenprozessen gelingt nach den Begriffen zur Anlagenstruktur der NAMUR-Empfehlung NE33 (Bild 3.1)

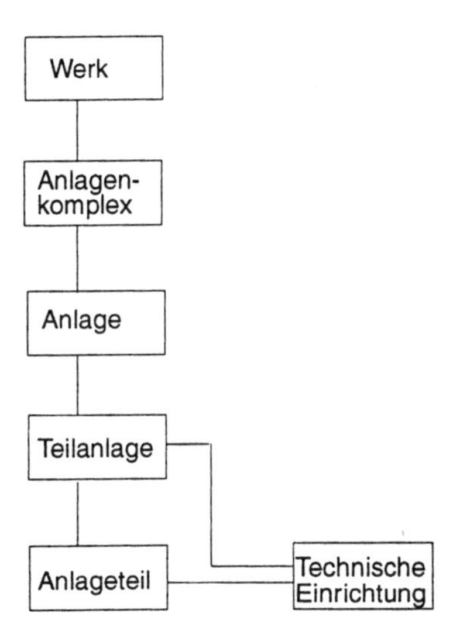

Bild 3.1 Begriffe zur Anlagenstrukturierung

Eine weitere Charakterisierung gelingt, wenn man die allgemeine Struktur einer chemischen Produktionsanlage betrachtet (Bild 3.2).

Umfangreiche und unterschiedliche Apparate sind notwendig zum Lagern, Transportieren, Heranschaffen und zum Vorbereiten der Einsatzstoffe, zur Durchführung der verschiedenen Reaktionen und für die Aufarbeitung und Konfektionierung der Reaktionsgemische auf Endprodukte, siehe auch Kapitel 2.

So werden Einsatzstoffe in Tanklagern gelagert, geordnet nach Flüssigkeiten, Gasen, Feststoffen. Sie müssen transportiert, zerkleinert, gelöst, gemischt und aufgeheizt, Reaktionsprodukte gekühlt, molekular getrennt, entmischt und verdichtet werden. In Tabelle 3.1 sind die Verfahrensschritte der Vorbereitung, Reaktion, Aufbereitung und Konfektionierung mit einigen dabei häufig vorkommenden Operationen angegeben. Hierunter sind alle Operationen gemeint, die als Hilfsoperationen unab-

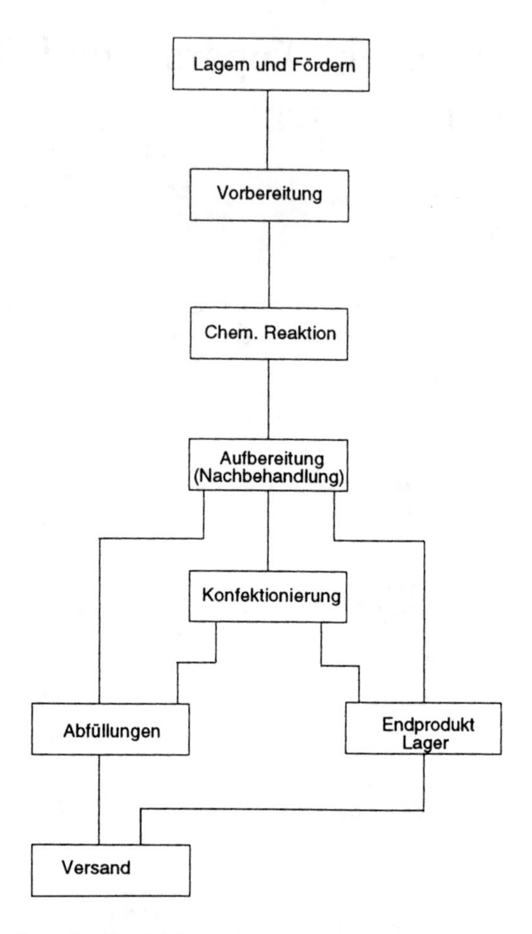

Bild 3.2 Grobstruktur einer Produktionsanlage

hängig von der chemischen Natur der zu verarbeitenden Stoffe nur von deren physikalischen Eigenschaften abhängen.

Den verfahrenstechnischen Operationen kann daher ein bestimmter Apparat oder Apparatemodul zugeordnet werden (siehe hierzu Tabelle 3.2).

Die Festlegung der benötigten Apparatemodule leitet sich aus den erforderlichen Verfahrensschritten ab, die sich wiederum aus der Herstellvorschrift ergeben (Apparateanforderung in Rezepten). Die Anzahl und die Größe der Module ist so bemessen, daß eine bestimmte Menge bzw. Mengen eines oder unterschiedlicher Produkte innerhalb eines vorgegebenen Zeitraumes hergestellt werden können. Die Kombination und Verschaltung der Apparate untereinander bestimmen die Anlagenstruktur. Nach [Vauck u. a.] „ist ein verfahrenstechnisches System vollständig charakterisiert durch die Funktion seiner Elemente (Apparate) und deren Struktur (Schaltung). Dabei gewinnen Grundschaltungen der Apparate besondere Bedeutung – wie Reihen-,

Parallel-, Kaskaden-, Kreuzstrom- und Rezirkulationsschaltungen (Rückführung) –, die sich für das jeweilige konkrete System durch unterschiedlichen Nutzen oder Aufwand auszeichnen."

Tabelle 3.1 Beispiel für Grundoperationen in verschiedenen Verfahrensstufen

Verfahrensstufe	Grundoperation	Konsistenz
Einsatzstofflagerung, Endproduktlagerung	Lagern, Fördern, Transportieren, Dosieren	flüssig, gasförmig, fest
Vorbereitung	Dosieren, Mischen, Mahlen, Sieben, Zerkleinern, Sichten, Lösen, Fördern, Verdampfen, Verdichten, Heizen, Trocknen	
Chem. Reaktion	Absorbieren, Adsorbieren, Mischen, Rühren, Fördern, Heizen, Kühlen, Verdünnen, Lösen, Schmelzen, Flußdosierung (Feed-Batch oder Zulaufverfahren)	
Aufbereitung	Waschen, Absitzen, Trennen, Rektifizieren, Kristallisieren, Extrahieren, Zentrifugieren, Filtrieren, Dekantieren, Sichten, Trocknen, Fördern, Granulieren, Palettieren	
Konfektionieren	Abfüllen, Dosieren, Tablettieren, Pastillieren, Lackieren, Verpacken	

Tabelle 3.2 Beispiel für Apparatemodule und Maschinen in verschiedenen Verfahrensstufen

Verfahrensstufe	Apparatemodule und Maschinen
Einsatzstofflagerung, Endproduktlagerung	Tank, Behälter, Silo, Faß, Flasche, Gebinde, Säcke, Paletten
Abfüllung, Verpackung	Absackwaagen, Palettierautomat, Handhabungsautomat
Dosierung	Dosiereinrichtung, Behälterwaage, Feststoffdosierung, Dosierschnecke
Vorbereitung	Saugluftförderanlagen, Druckluftförderanlagen, Pumpe, Schnecke, Strahlrohr, Mischer, Mühle, Siebmaschine, Brecher, Rührwerkskessel, Dünnschichtverdampfer, Presse, Wärmetauscher, Kammertrockner, Trockenschrank
Chem. Reaktion	Absorberkolonne, Adsorberturm, Reaktionsapparat, Autoklav, Universal-Rührwerkskessel mit Wärmetauscher, Kühlkondensator
Aufbereitung	Wäscher, Waschturm, Waschkolonne, Zentrifuge, Dekanter, Filter, Rektifikationskolonne, Trockenturm, Siebmaschine, Granuliertrommel, Absitzbehälter
Konfektionieren	Abfüllautomat, Tablettenpresse, Pastilliermaschine, Verpackungsautomat

In diesem Zusammenhang sollen die häufig verwendeten Begriffe Teilanlage, Nebenanlage, Einzelproduktanlage, Mehrproduktanlage und Mehrzweck- bzw. Vielzweckanlage kurz erläutert und Hinweise auf wesentliche Gesichtspunkte und Unterscheidungsmerkmale gegeben werden.

3.1.1 Teilanlage

Eine Teilanlage ist zunächst nur die Teilung einer (Gesamt-)Anlage (unter Nichtbeachtung von Nebenanlagen) in Teilsysteme, die zumindest zeitweise selbständig betrieben werden können. Die NAMUR-Empfehlung NE33 empfiehlt, Teilanlagen so zu bilden, daß jede Teilanlage kleinster Teil einer verfahrenstechnischen Anlage ist, der ein Arbeitsvolumen hat und dem eine verfahrenstechnische Aufgabe, Verfahrensschritt zugeordnet werden kann. Verfahrenstechnische Aufgaben sind z. B. die Durchführung chemischer Reaktionen wie Sulfonieren, Polymerisieren, z. B. in einem Reaktionsapparat oder aber auch die Durchführung von verfahrenstechnischen Grundoperationen wie Filtrieren in einer Filterapparatur, Verdampfen in einem Dünnschichtverdampfer oder die Aufarbeitung eines Lösungsmittels in einer Rektifikationsapparatur durch Destillieren bzw. Rektifizieren. Eine Teilanlage soll „minimal“ in dem Sinne sein, daß man sie nicht in Objekte unterteilen kann, die wiederum als Teilanlagen angesehen werden können. Teilanlagen sind die Einheiten, denen bei der Betriebsmittelzuweisung Verfahrensschritte und vergleichbare Aufgaben zugewiesen werden (bei nicht minimalen Teilanlagen wurden die Freiheitsgrade der Disposition eingeschränkt).

Multivalent nutzbare Teilanlagen – wie ein Universal-Rührkessel mit Kondensator, Destillationsaufsatz, Heiz- und Kühlmantel, Rührwerk usw. – können zu unterschiedlichen Zeitpunkten unterschiedlichen Produktionsstraßen angehören, die in Anlagen mit flexibler Struktur gebildet werden können.

Ein Universal-Rührkessel als Teilanlage kann dabei sowohl zur Durchführung einer Reaktion als auch von Misch-, Löse- und Trennprozessen dienen. Sie muß dazu nur alle „Technischen Einrichtungen“ (siehe Definition in Abschnitt NAMUR NE33) und Anlagenteile besitzen, die zur Durchführung eines vollständigen Verfahrensschrittes (Prozesses) erforderlich sind.

Eine andere Art von Teilanlagen sind solche Anlagen, die nur einem speziellen Zweck dienen und die gemeinsam, d.h. gleichzeitig, von mehreren anderen Teilanlagen oder exklusiv bzw. ausschließlich nur von jeweils einer bestimmten Teilanlage zu einer bestimmten Zeit genutzt werden können.

Gemeinsam genutzte Teilanlagen

Jeder Teilprozeß, der in einer Teilanlage abläuft, benötigt Ressourcen. Das sind Einsatzstoffe, Energien, Hilfsmedien, Apparate, die wiederum von anderen Teilanlagen oder Apparaten geliefert bzw. bereitgestellt werden bzw. in einer der Teilanlagen als Produkte erzeugt werden, die an andere Teilanlagen abgegeben werden.

Falls mehrerer Teilanlagen von einer anderen Teilanlage Einsatzstoffe, Produkte,

Energien, Hilfsmedien usw. beziehen bzw. anfordern können, spricht man von einer gemeinsam genutzten Teilanlage. Solche gemeinsam genutzten Teilanlagen sind entweder für die gleichzeitige (shared-use) Benutzung durch andere Teilanlagen oder nur für die ausschließliche (exclusive-use) Nutzung durch eine andere Teilanlage zu einer bestimmten Zeit ausgelegt.

Gleichzeitig genutzte Teilanlagen

Eine gleichzeitig genutzte Teilanlage kann zu jeder Zeit mehrere andere Teilanlagen parallel versorgen. Solche Teilanlagen sind Lager-Tanks und Behälter oder Energie-Versorgungsanlagen für Dampf, Kühlsole, Wärmeträgeröl usw.

Sie sind dadurch gekennzeichnet, daß von einer Quelle – Tank, Behälter, Vorlage, Energieversorgungsanlage – eine gemeinsame Ringleitung, Kopfleitung, Schiene, Zuführung zu anderen Teilanlagen (Senke) führt. Jede angeschlossene Teilanlage hat jederzeit Zugriff auf die gemeinsame Quelle durch Schalten seines Einlaßventils (Bild 3.3). Die Verschaltung ist eindeutig und meistens fest.

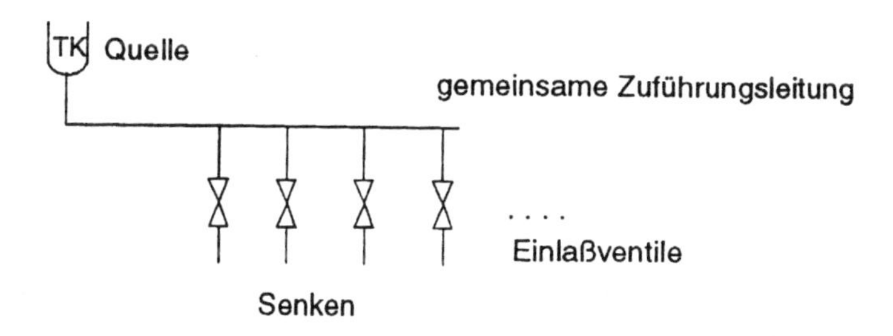

Bild 3.3 Schematische Darstellung einer gleichzeitig genutzten Teilanlage TK

Ausschließlich genutzte Teilanlagen

Eine ausschließlich genutzte Teilanlage ist ebenfalls mit mehreren anderen Teilanlagen verbunden, kann aber zu einer Zeit immer nur *eine* andere Teilanlage versorgen. Solche Teilanlagen sind Verwiege-, Dosierstationen, Katalysatorvorlagen, Vormischer, Produktvorlagen, Zumeßbehälter, Vorwärmbehälter usw.

Zwischen Quelle und Senke besteht jetzt nicht mehr nur eine einfache meist fixe und eindeutige Rohrverbindung, sondern ein mehrdeutiges Netzwerk, daß entweder nach dem Verteilerprinzip oder nach dem Prinzip einer Kuppelstation (Schlauchkupplung), Schlauchgruppe verschaltet ist und kommuniziert, wobei die Verteiler- bzw. Schlauchgruppe ebenfalls als separate mehrfach genutzte Teilanlage anzusehen ist.

Zur Kommunikation in einem solchen Netzwerk gehört:

- Ermittlung des Behälters, Waage, Dosierstation die angewählt werden soll
- Reservierung und Freigabe dieser Teilanlage

- Anforderung des Produktflußweges
- Warten bis Produktweg zugeordnet
- Produktweg freischalten, reservieren bzw. belegen, Meldung und Überwachung
- und schließlich wieder freigeben

Müssen mehrere ausschließlich genutzte Teilanlagen mit mehreren anderen zu versorgenden Teilanlagen zusammengeschaltet werden, so ist ein matrixartiges Netzwerk eine geeignete wirtschaftliche Lösung, wie in Bild 3.4 gezeigt. Ausschließlich nutzbare Teilanlagen sind häufig Spezial-Anlagen, sie werden als „unit-packages" beschafft und müssen daher vielfach der bestehenden Gesamtanlage angepaßt werden, wobei das größere Problem die Einbindung in ein bestehendes Automatisierungskonzept ist (Schnittstellen-Problematik).

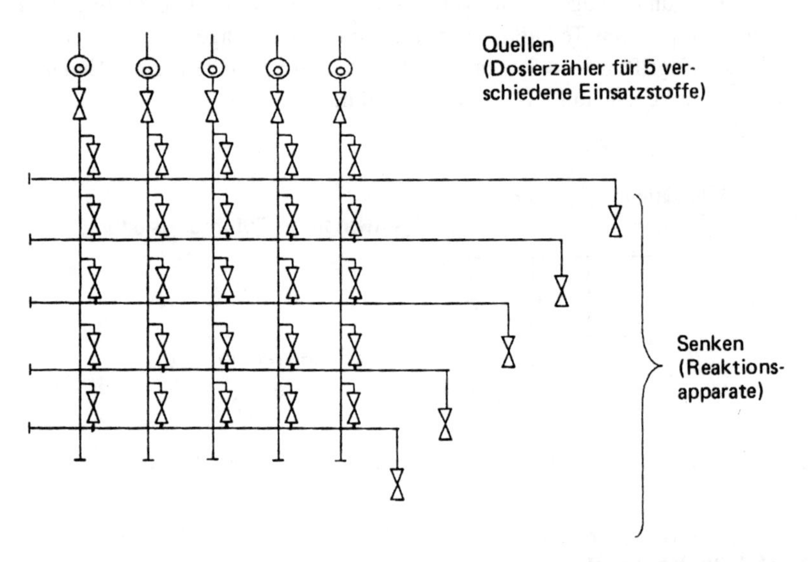

Bild 3.4 Schematische Darstellung einer ausschließlich genutzten Teilanlage (Dosierzähler und Rohrleitungsnetz)

Universell nutzbare Teilanlagen

Neben der Notwendigkeit, spezielle Teilanlagen in ein Gesamtverfahren zu integrieren, gibt es aber vor allem den Versuch aus Gründen der Wirtschaftlichkeit, aber insbesondere wegen größerer Flexibilität, universell nutzbare Teilanlagen zur Verfügung zu haben, mit denen sich eine große Zahl von Produkten in nur einer einzigen Teilanlage herstellen lassen.

Solche universell nutzbare Teilanlagen sind der typische Rührwerkskesselreaktor mit Mantelheizung und Kühlung und gegebenenfalls Brüdenkühler oder Destillationsaufsatz. Dazu gehören noch Dosier-, Verwiege- und Vorlageeinrichtungen etc. (Bild 3.5).

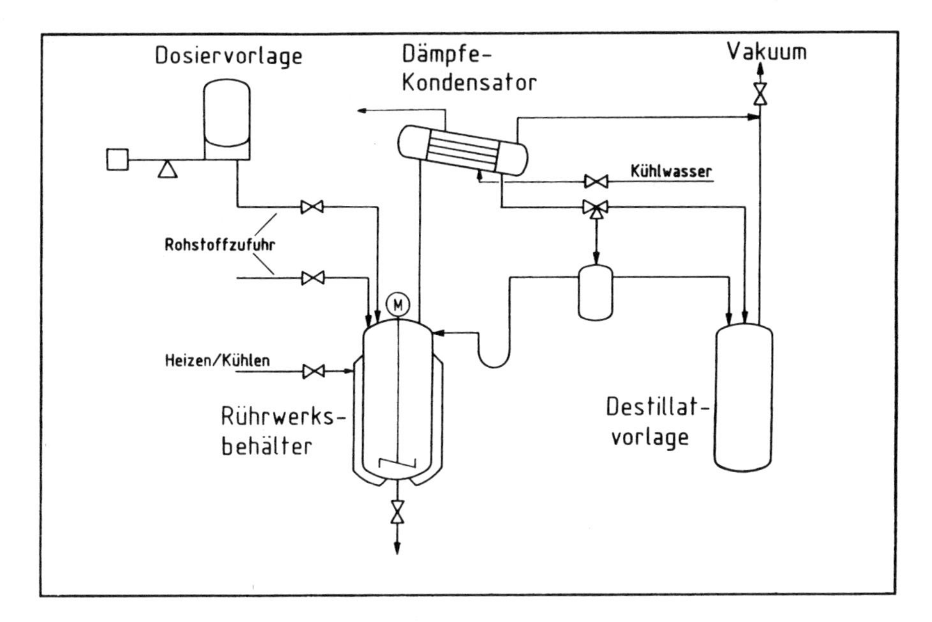

Bild 3.5 Universell nutzbare Teilanlage (z. B. zur Herstellung von Kunstharz)

Diese Rührwerkskessel dienen nicht nur zur Durchführung der eigentlichen Reaktion, sondern auch von Misch-, Löse-, Trenn- und Wärmeübertragungsprozessen.

Nebenanlagen

Mit Nebenanlagen werden im allgemeinen alle solchen Anlagen bezeichnet, die nicht direkt Produktionsanlagen sind, sondern Anlagen zur *Versorgung* mit Energie und zur *Entsorgung* von Abluft, Abwasser, Abfallstoffen, gemäß der im Bild 3.6 gezeigten schematischen Struktur eines Anlagenkomplexes.

Nebenanlagen zur Energieversorgung

Zum Teil sind es nur einfache Versorgungsleitungen, zum Teil handelt es sich aber um weit verzweigte Verteilungsnetze wie Energienetze für Strom, Dampf, Erdgas, Kühlwasser, ferner um Dampferzeugungsanlagen verschiedener Druckstufen, Wärmeträger-Anlagen, Anlagen zur Erzeugung von Kühlsole und Eiswasser.

Nebenanlagen zur Entsorgung

Abgase: Waschtürme, Absorptionskolonnen, Abgasverbrennungsanlagen, TNV (Thermische Nachverbrennung), wobei die Abgaswärme wiederum zur Dampferzeugung benutzt wird.

Abwasser: Abwassernetze, Kanalsysteme, Kläranlagen, Abwasseraufbereitungsanlagen, Neutralisation.

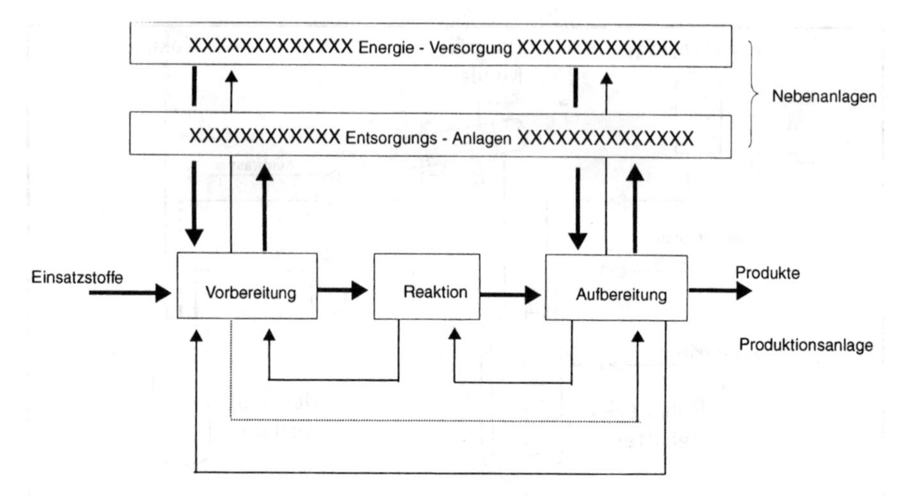

Bild 3.6 Schematische Struktur eines Anlagenkomplexes

Abfallstoffe: Redestillationsanlagen, Schlammaufarbeitung (siehe Beispiel der Epoxid-Harz-Synthese in Kapitel 2).

Nebenanlagen sind von Typ gemeinsam genutzte Teilanlagen und sind mit anderen Teilanlagen dauernd oder nur vorübergehend (exklusiv) gekoppelt.

Mehrproduktanlagen (Mehrzweckanlagen)

Die Besonderheit bzw. fast Normalität von Chargenprozessen ist das teilweise umfangreiche Produktionssortiment und der eventuell relativ geringe mengenmäßige Bedarf je Produkt. Diese beiden Faktoren bedingen die Produktion in sogenannten Mehrproduktanlagen (der in diesem Zusammenhang ebenfalls benutzte Ausdruck Mehrzweckanlage ist jedoch nicht so treffend wie Mehrproduktanlage), in denen innerhalb eines bestimmten Zeitintervalls mehrere Produkte gleichzeitig oder nacheinander hergestellt werden.

Charakteristisch für die Apparate und Teilanlagen von Mehrproduktanlagen ist deren Mehrfachnutzung, die sowohl durch die Herstellung unterschiedlicher Produkte als auch die Durchführung unterschiedlicher chemisch-technischer Grundoperationen gegeben ist.

Mehrproduktanlagen sind dadurch gekennzeichnet, daß die verfahrenstechnische Operation entweder einem bestimmten Apparatemodul zugeordnet ist oder aber in einer Universalapparatur, z.B. Rührkesselreaktor, abläuft, wobei die unterschiedlichsten Prozeßbedingungen und Reaktionen mit unterschiedlichen chemischen und physikalischen Eigenschaften auftreten. Die Anzahl und die Größe der Module ist so bemessen, daß bestimmte Mengen unterschiedlicher Produkte innerhalb eines vorgegebenen Zeitraums hergestellt werden können. Die Reihenfolge der Herstellung der Produkte spielt meist keine Rolle bei der Anlagenauslastung.

Jedoch sind Mehrproduktanlagen hinsichtlich ihres Anlagenkonzeptes und der apparativen Ausrüstung immer auf bestimmte Produktgruppen bezogen (z. B. Herstellung von Phenolharzen oder Epoxidharzen, Farben, Pharmaka etc). Sie werden und können daher nicht universell eingesetzt werden.

Vielzweckanlagen

Anders dagegen bei Vielzweckanlagen. Bei diesen Anlagen liegen nur die Größe und Anzahl der einzelnen Module (Apparate, Teilanlagen) fest. Bei Bedarf werden sie so zusammengestellt, daß die Produktion verschiedenster Produkte damit möglich ist (siehe eine Haushaltsküche). Im Unterschied zu Mehrproduktanlagen muß bei Vielzweckanlagen die Reihenfolge der Nutzung bestimmter Apparatemodule zur Herstellung einzelner Produkte nicht vorgegeben sein (auch hier ist wieder die Ähnlichkeit mit einer Haushaltsküche gegeben). Vielzweckanlagen sind bei kleineren Produktmengen anzutreffen.

G. Schuch u.a. in [G. Schuch u. a. (1992)] stellen dazu fest, daß beim Überprüfen der Einflußfaktoren auf die Wirtschaftlichkeit von Mehrproduktanlagen auffällt, daß die Anzahl der hergestellten Produkte mit den jeweiligen Mengen sehr eng verknüpft sind.

Im Labor- und Technikumsbereich sind recht universell nutzbare Anlagen verfügbar, mit denen sich eine große Zahl von Produkten herstellen lassen. Bei der Produktion im größeren Maßstab tritt der Aspekt der Wirtschaftlichkeit immer mehr in den Vordergrund, weshalb die Apparate und Maschinen immer größer werden und sich nur noch für wenige Produkte eignen. Dieser Sachverhalt ergibt sich auch daher, daß umweltrelevante Effekte im Labor leichter zu beherrschen sind als bei einer Produktion im größeren Maßstab.

Daher überwiegen im Labor- und Technikumsbereich die Vielzweckanlagen, während in den Produktionsbereichen häufiger Mehrproduktanlagen anzutreffen sind.

3.2 Anlagenstrukturen von Chargenprozessen

Schon der äußere Eindruck einer Chargenprozeßanlage bestärkt die Vermutung, daß es sich dabei um ein recht komplexes System handelt. In der Tat sind in einem charakteristischen Betrieb oder Werk zur Herstellung von Produkten im Chargenprozeß so viele verschiedene Verfahren und Anlagen (Teilanlagen) integriert und miteinander verkoppelt, daß selbst der Eingeweihte nur mit wenigen Prozessen im Detail vertraut sein kann.

3.2.1 Kopplungen

Die auftretenden Verkopplungen lassen sich drei Ebenen zuordnen (Bild 3.6):

- dem werksweiten Verbund über Verteilungsnetze für Energie, Einsatzstoffe, Zwischenprodukte und Abfallstoffe,

– einem möglichen direkten Verbund einzelner Produktionsanlagen,
– sowie den Verkopplungen innerhalb einer Anlage.

Das Bild 3.6 gibt eine schematische Darstellung.

Die Verkopplung durch Energie- und Produktnetze unterscheidet sich in ihrer generellen Struktur und Problematik nicht wesentlich von der üblicher Versorgungsnetze und soll daher nicht weiter betrachtet werden (siehe auch den Abschnitt „Nebenanlagen“).

Der direkte Verbund einzelner Produktionsanlagen wird meist durch Zwischenspeicher entschärft (siehe das Beispiel der Epoxidharzerzeugung), so daß als chargenprozeßspezifisches Charakteristikum nur die Verkoppelung innerhalb einer Produktionsanlage bleibt.

Grob-schematisch – wie schon mehrfach dargestellt – läßt sich eine Produktionsanlage gemäß Bild 3.6 unterteilen

– in die Aufbereitung der Einsatzstoffe,
– in den Reaktionsteil,

in dem die gewünschten Produkte synthetisiert werden, und

– in die Aufarbeitung,

in der Nebenprodukte abgetrennt und die Produkte in die spezifikationsgerechte Form überführt werden. Innerhalb einer Produktionsanlage besteht über Energieverbund und Stoffrückführungen eine enge (unter Umständen dauerhafte) Verkoppelung.

Die einzelnen Teilprozesse jedoch, die in den Prozeßeinheiten (Teilanlagen) realisiert werden, verlaufen fast völlig unabhängig voneinander und sind nur kurzzeitig, z. B. während des Materialtransfers, miteinander gekoppelt, was aber einen erheblichen Koordinierungsaufwand bedeutet.

Nach Hanisch in [H. M. Hanisch (1992)] ändern sich bei Chargenprozessen die Kopplungen zwischen den Teilsystemen zeitlich qualitativ, d. h., jeder Stoff- und Energiefluß wird zu einem bestimmten Zeitpunkt gestartet und nach einer gewissen Zeit wieder beendet.

In [Hanisch (1992)] ist ein Beispiel für die zeitliche Kopplung von Teilanlagen gegeben, das hier ausschnittsweise wiedergegeben werden soll.

Beispiel (nach Hanisch): Anlage zur Farbstoffherstellung

Bild 3.7 zeigt eine Anlage zur Farbstoffherstellung. Der Farbstoff fällt als Feststoff an, der in einer flüssigen Phase dispergiert vorliegt. Die Herstellung geht im Normalbetrieb wie folgt vonstatten: Aus einer der beiden Vorlagen (B1 oder B2 im Bild 3.7) wird flüssige Phase eines vorhergehenden Ansatzes in den Reaktor (R1) gepumpt. Danach werden reine Einsatzstoffe in einem vorgeschriebenen Verhältnis zugegeben, bis der Reaktor gefüllt ist.

Der Inhalt wird zur Reaktion gebracht. Nach abgeschlossener Reaktion wird das Produkt auf eines der beiden Filtersysteme (F1, B1) oder (F2, B2) im Bild 3.7 abge-

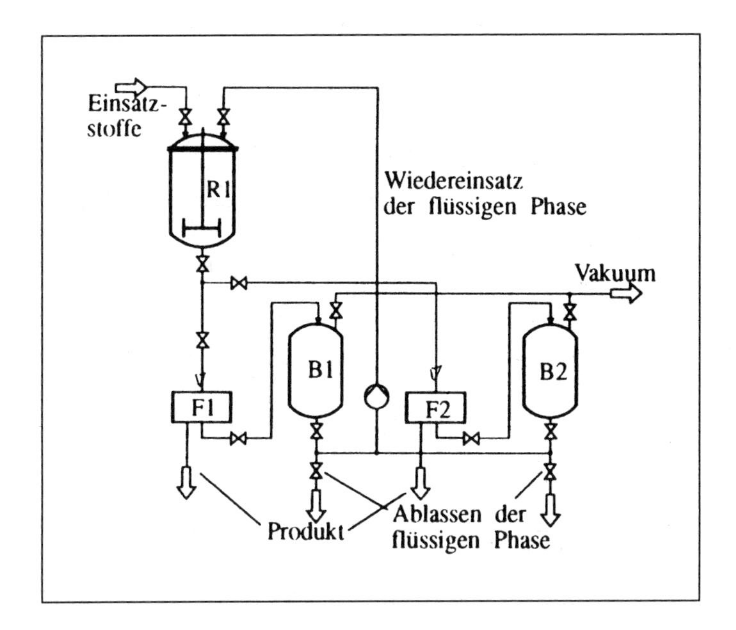

Bild 3.7 Verfahrensfließbild einer Anlage zur Herstellung von Farbstoff
[Quelle: Hanisch, H. M. 1992]

lassen und abgefiltert. Die flüssige Phase wird in den Vorlagen B1 oder B2 gesammelt und gelangt von dort zur Wiederverwendung in den Reaktor. Erst danach wird das Produkt gewaschen, getrocknet und abgefüllt.

Bild 3.8 zeigt eine zeitliche Darstellung der Abläufe in den drei Teilsystemen. Die Kopplungen zwischen den Teilsystemen sind durch Pfeile angedeutet. Man erkennt, daß die Kopplungen nicht während der gesamten Zeit vorliegen, sondern nur in bestimmten, genau festgelegten Situationen stattfinden. In Situationen, die diesen Festlegungen nicht genügen, dürfen auch keine Kopplungen vorliegen. Beispielsweise ist es nicht sinnvoll, das Reaktionsgemisch bereits während des Verfahrensschrittes „Reaktion" auf eines der beiden Filtersysteme abzulassen. Diese Kopplungen realisieren sich nicht von selbst, sondern es muß durch Steuerung dafür gesorgt werden, daß die Stoff- und Energieströme entsprechend den technischen Erfordernissen ausgeführt werden. Hierzu sind neben der „Ablaufsteuerung" eines einzelnen Teilprozesses „Koordinierungssteuerungen" für die Kopplung der Teilprozesse (Teilanlagen) erforderlich. Siehe hierzu jedoch den Abschnitt Steuerungskonzepte.

Neben dieser Klassifizierung von Chargenprozessen nach den zeitlich qualitativen Kopplungen zwischen den Teilsystemen sind jedoch zwei andere Klassifikationen gebräuchlicher, die nach

- der Anzahl von Produkten, die in einer Anlage hergestellt werden, und die nach
- der physischen Struktur der Anlage.

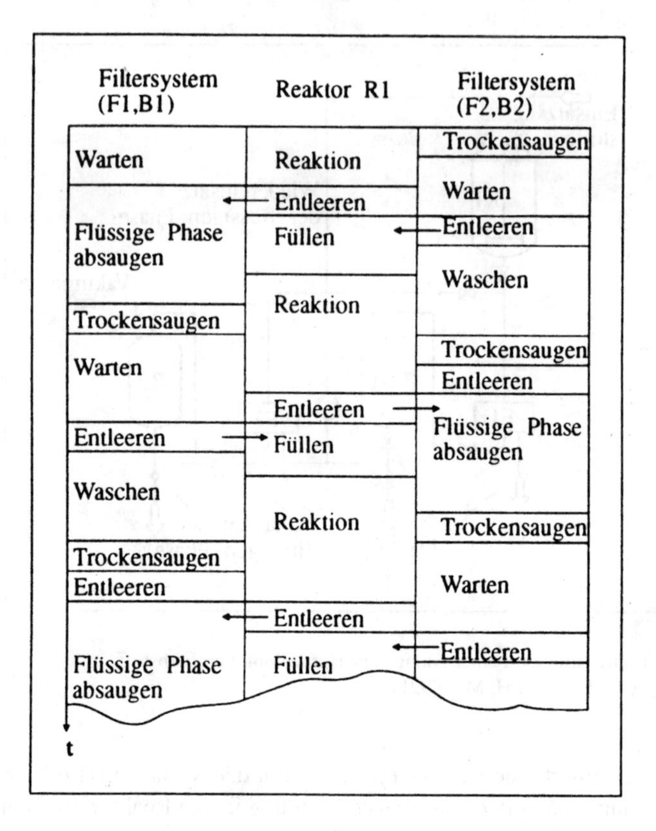

Bild 3.8 Zeitliche Darstellung der Kopplung von Teilprozessen (Teilanlagen) [Quelle: Hanisch, H. M. 1992]

3.2.2 Klassifizierung nach der Anzahl der Produkte

Einproduktanlage

Chargenprozesse können klassifiziert werden nach der Anzahl der Produkte, die in einer Anlage hergestellt werden. Unter einem Produkt sind hier individuell identifizierbare Chemikalien, Stoffe, Substanzen usw. gemeint. Danach kann eine Anlage eine

- Einprodukt-Anlage oder eine
- Mehrprodukt-Anlage sein.

In einer *Einproduktanlage* wird mit jeder Charge das gleiche Produkt hergestellt. Variationen im Verfahrensablauf und der Parameter sind möglich z. B. um Veränderungen (Substitutionen) in den Einsatzstoffen zu kompensieren oder wegen unterschiedlicher Umgebungsbedingungen.

Mehrproduktanlage

In einer *Mehrproduktanlage* werden unterschiedliche Produkte nach unterschiedlichen Produktionsmethoden hergestellt. Man kann zwei Fälle unterscheiden:

- Alle Produkte werden nach dem gleichen Verfahren (Verfahrensschritte, Verfahrensvorschrift), jedoch mit unterschiedlichen Parametern hergestellt (auch als Güteklasse bezeichnet, Grade im Angelsächsischen).
- Die Produkte werden nach unterschiedlichem Verfahren (Verfahrensschritte) hergestellt.

3.2.3 Klassifikation nach der physischen Struktur

Anlagen für Chargenprozesse können auch nach der physischen Struktur klassifiziert werden. Die beiden Grundtypen der physischen Struktur sind die

- Einstranganlage und die
- Mehrstranganlage.

Jedoch in vielen Chargenprozessen werden diese beiden Grundtypen kombiniert zu einer

- Mehrstrang-Mehrweg- oder auch Mehrpfad-Anlage.

Einstranganlage

Eine *Einstranganlage* ist eine Gruppe von Teilanlagen durch die eine Charge während ihrer Herstellung, die einzelnen Teilanlagen sequentiell, meist in fester Reihenfolge, durchläuft (Bild 3.9). Es kann dies eine einzelne Teilanlage (einstufige), z. B. ein Reaktor, oder verschiedene Teilanlagen in Reihe (mehrstufige) sein.

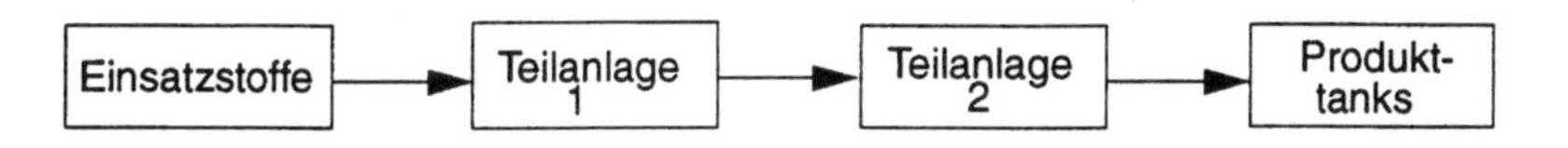

Bild 3.9 Struktur einer Einstrang-Anlage (mehrstufig)

Mehrstranganlage

Eine *Mehrstranganlage* (Bild 3.10a) besteht aus mehreren parallelen Einzelsträngen, zwischen denen kein Produkttransfer vorgesehen ist. Dagegen werden Einsatzstoffquellen (Tanks) und Fertigproduktlager von den Einzelsträngen gemeinsam genutzt (gemeinsam genutzte Teilanlagen, shared equipment). Mehrere unterschiedliche Chargen mögen zur gleichen Zeit unterwegs durch die Anlagen sein. Mehrstranganlagen können auch mehrstufig (Bild 3.10a) oder einstufig (Bild 3.10b) sein.

Mehrstrang-Mehrweg-Anlage

Eine *Mehrweg-* bzw. *Mehrpfad-Struktur* zeigt Bild 3.11. Hier können die Wege/Pfade fest (fix) sein (fester Stoffweg), und jede Charge folgt dem gleichen Weg/Pfad (d. h. benutzt die gleichen Teilanlagen in der gleichen Reihenfolge). Die Wege/Pfade mögen aber auch flexibel (variierbar) sein. In dem Fall, mit variablen Stoffweg, werden zwei Fälle unterschieden:

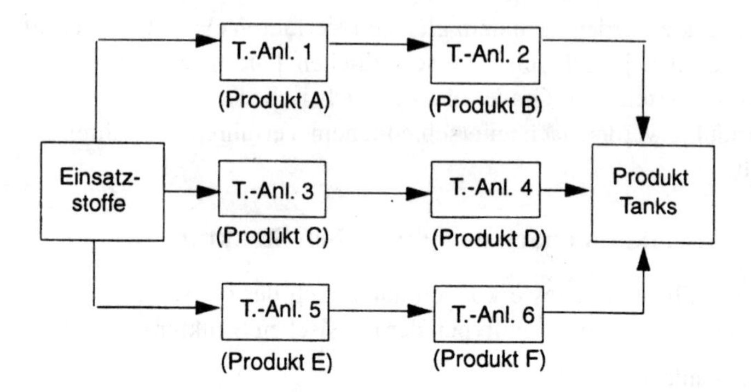

Bild 3.10a Struktur einer Mehrstranganlage (mehrstufig)

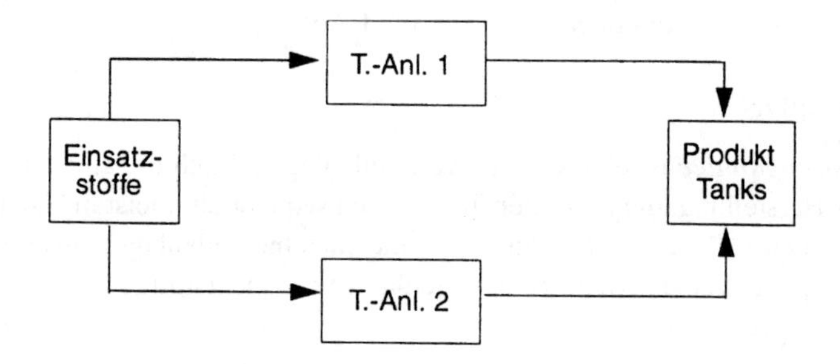

Bild 3.10b Struktur einer Mehrstranganlage (einstufig)

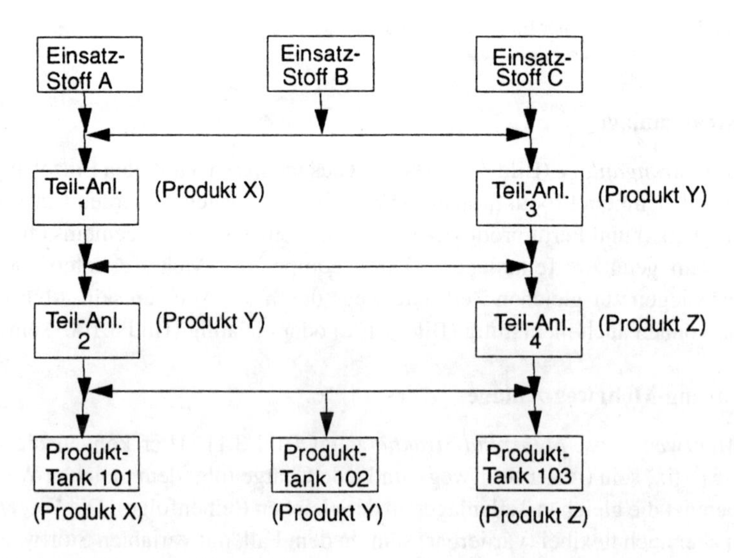

Bild 3.11 Serielle/Parallele Mehrweg-Struktur

1. Der Stoffweg wird zu Beginn einer jeden Charge festgelegt, und
2. der Stoffweg wird während der Chargenherstellung festgelegt (dynamisch).

Es können mehrere Chargen während der gleichen Zeit in Produktion sein. Darum ist noch nach NAMUR NE33 zu unterscheiden zwischen:

- Nebenläufiger Produktion und
- Paralleler Produktion

Nebenläufige Produktion

Eine nebenläufige Produktion liegt vor, wenn Teilprozesse (Teilrezepte) eines Verfahrens zur gleichen Zeit in unterschiedlichen Teilanlagen ablaufen (Bild 3.12). Für die Abarbeitung der gesamten Charge sind Koordinierungs- und Synchronisierungsmechanismen erforderlich.

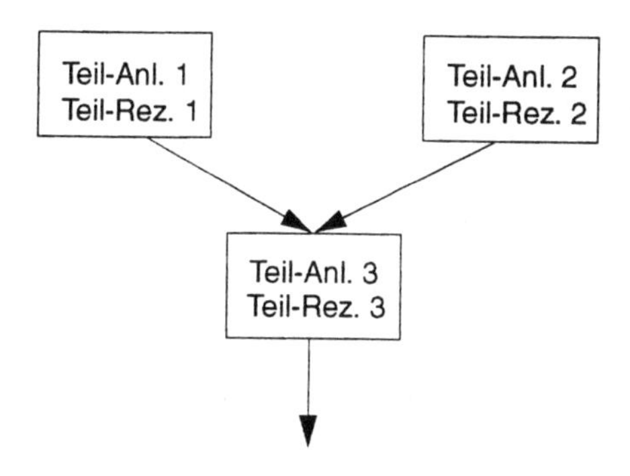

Bild 3.12 Nebenläufige Produktion

Parallele Produktion

Eine parallele Produktion liegt vor, wenn die Herstellung der Gesamtmenge einer Charge z. B. aus Kapazitätsgründen auf mehrere Teilanlagen aufgeteilt und gegebenenfalls später wieder zusammengeführt wird (Bild 3.13). Bei paralleler Produktion arbeiten zur gleichen Zeit mehrere Teilanlagen nach dem gleichen Teilsteuerrezepten.

3.2.4 Klassifikation nach der Komplexität der Struktur von Anlagen

Wie in den vorhergehenden Abschnitten dargestellt, gibt es nur wenige Klassifikationen, welche die Zunahme an Logistik und Komplexität von Anlagen für Chargenprozesse bestimmen. Es sind dies die nach der Anzahl der Produkte und die nach der Anzahl der Stränge und deren Kombinationen in einer Anlage, d. h. nach Einprodukt/Mehrprodukt- und Einstrang/Mehrstrang-Anlagen. Die möglichen Kombinationen zeigt Bild 3.14. Die Kombinationen sind gekennzeichnet durch die Zunahme

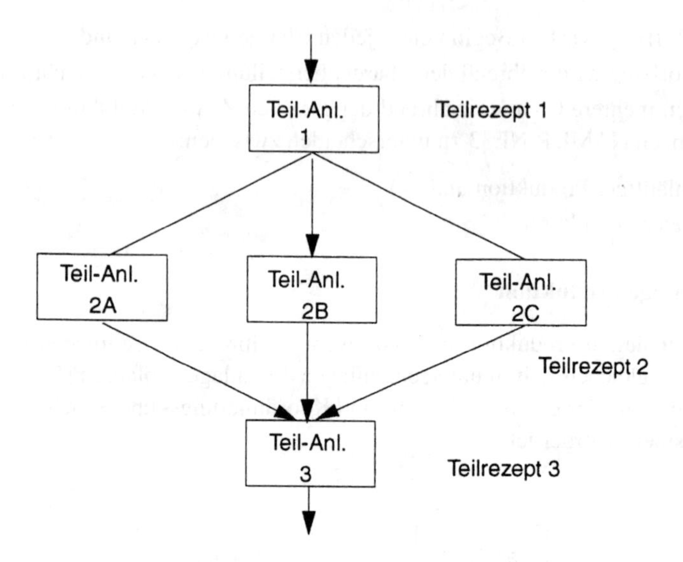

Bild 3.13 Parallele Produktion

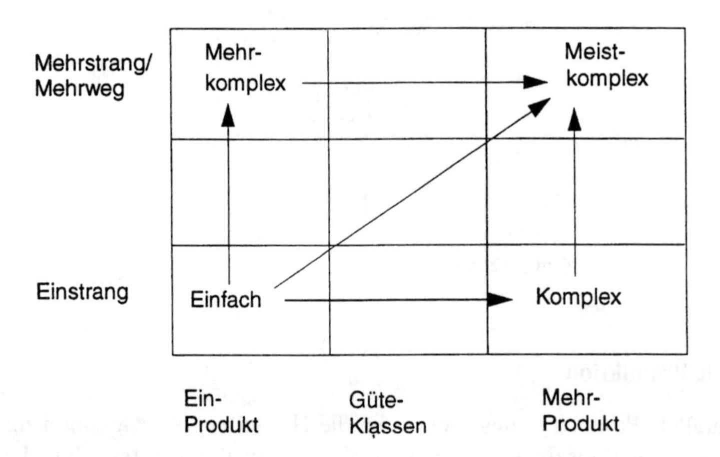

Bild 3.14 Klassifikation nach der Komplexität

der logistischen Probleme und Komplexität von unten nach oben bis zur meistkomplexen Struktur.

Die Frage ist: Reicht das schon aus, um die gesamte Komplexität von Chargenprozessen für die Wahl eines geeigneten Automatisierungssystems genügend genau darzustellen. Denn es gibt zumindest noch die Unterscheidung danach, ob gemeinsam genutzte Teilanlagen koordiniert werden müssen, danach, ob die Anlage aus einen, zwei oder mehreren parallelen Produktwegen besteht, und danach, ob die Charge einen festen Stoffweg durchläuft oder ob der Stoffweg während der Chargenherstellung festgelegt wird und ob diese Verschaltung wiederum über eine feste Kupplung (Verteilerprinzip) oder variabel über eine Schlauchgruppe (Schlauchkupplung) geschieht. Danach kann man sechs Ebenen steigender Komplexität feststellen (Bild 3.15):

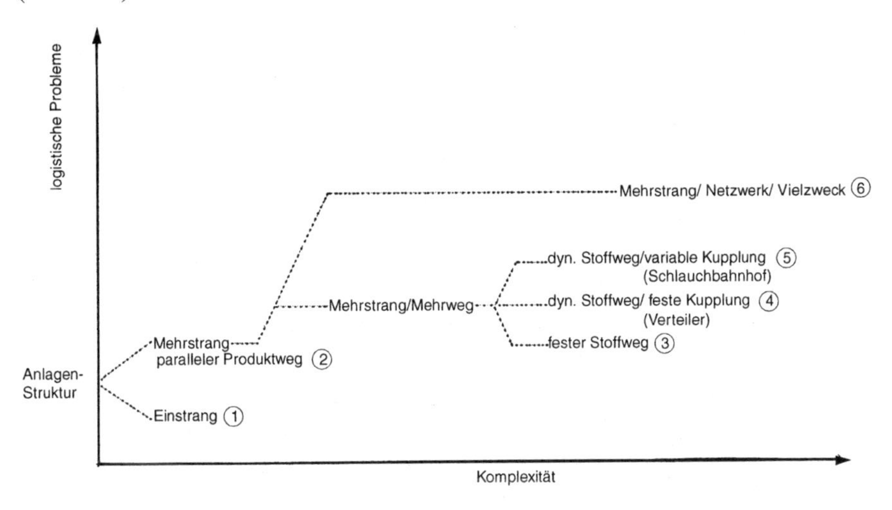

Bild 3.15 Ebenen der Komplexität und der logistischen Probleme bei Chargenprozessen

1. Einstrang
2. Mehrstrang/parallele Produktwege
3. Mehrstrang/mehrere Produktwege, fester Stoffweg
4. Mehrstrang/mehrere Produktwege, dynamischer Stoffweg, feste Kupplung
5. Mehrstrang/mehrere Produktwege, dynamischer Stoffweg, variable Kupplung
6. Mehrstrang-Netzwerk/loser Apparatehaufen mit beliebiger Verschaltung (Vielzweckanlage)

3.3 Apparate, Anlagenteile, Technische Einrichtungen

Die Begriffe Anlage, Teilanlage haben wir kennengelernt, wobei weiter definiert wurde, daß eine Teilanlage die kleinste Einheit (Prozeßeinheit, Unit) eines Chargenprozesses bzw. einer verfahrenstechnischen Anlage ist, in der ein Produkt vollständig hergestellt werden kann bzw. die zumindest zeitweise selbständig betrieben werden kann. Eine typische Teilanlage für einen Chargenprozeß besteht in der Regel aus mehreren Apparaten wie Rührkessel, Heiz- und Kühlsystem, Dosiereinrichtung, Brüdenkondensator oder Destillationsaufsatz usw.

– Apparate

Der „Kessel“ ist zwar der klassische Ansatzapparat für den Chargenprozeß, und das „Rohr“ ist der klassische Fließapparat für den kontinuierlichen Prozeß. Es sind jedoch passive Teile; sie umschließen nur den Prozeßraum und grenzen ihn gegen die Umgebung ab. Erst das Rohr mit der technischen Einrichtung zum Fördern, Aufheizen, Destillieren, Kondensieren, Rücklaufteilung, Kühlen des Kopf- und Sumpfproduktes machen daraus einen Apparat zur Gegenstromdestillation.

– Anlageteile

Solche technischen Einrichtungen zum Fördern, Heizen, Kühlen, Kondensieren usw. sind aus chemie-typischen Bauelementen (Anlageteile nach DIN 28004) aufgebaut wie:

- Rohre
- Armaturen (Hähne, Ventile, Schieber, Klappen)
- Antriebssysteme (Wellen, Getriebe, Pumpen, Motore)
- Elemente der Impulsübertragung (Rührer, Drehrohre und -trommeln, Einbauten)
- Kolonnen (Sprüh-, Füllkörper-, Bodenkolonnen) und
  Wärmeübertrager (Wärmetauscher, Übertragungsrohre, Kondensatoren)
- aber auch Meß-, Regel- und Steuergeräte gehören dazu

Nach Vauck [Vauck u. a. (1992)] folgt die Wahl der jeweiligen Grundausrüstung aus einer Anzahl unterschiedlicher oder ähnlicher Apparate dem Prinzip der Funktion-Gestalt-Beziehung: Die verfahrenstechnische Funktion (z. B. Filtrieren) und die gegebenen Restriktionen (Einschränkungen wie Dichte, Zähigkeit, Filtrierbarkeit, Temperatur, Druck, Toxizität) bestimmen die apparative Lösung (z. B. Druckdrehfilter).

Ähnliches gilt für die Wahl eines Reaktionsapparates. Deren Einteilung geschieht ausschließlich nach den Reaktionsbedingungen wie Temperatur, Druck, Konzentration, Übertragungsoberfläche, Kontaktzeit, Grad der Vermischung der reagierenden Stoffe, Verwendung von reaktionsbeschleunigenden Stoffen, sogenannte Katalysatoren.

– Technische Einrichtungen

Zur Einhaltung dieser Prozeßparameter muß es Technische Einrichtungen geben, nach denen der Prozeß mit den gewünschten Eigenschaften ablaufen kann, bzw. es muß Technische Einrichtungen geben, die eine dem verfahrenstechnischen Zweck entsprechende Technische Funktion ausüben.

Auch wenn schlußendlich der Prozeß nur über die „Finalen-Elemente“: Ventil, Klappe, Motor, Pumpe, Rührer, beeinflußt wird, ist die systematische Zusammenfassung dieser Elemente (Anlageteile nach DIN 28004) zu Modulen von Technischen Funktionen für den Entwurf und den Betrieb von Chargenprozessen sinnvoll. Die Strukturierung einer Teilanlage nach den an ihr realisierten technischen Einrichtungen macht erst die Zuordnung der mit dieser Teilanlage zu realisierenden verfahrenstechnischen Grundfunktionen wie:

Temperieren, Inertisieren, Evakuieren, Rühren usw.

möglich (Bild 3.16).

Diese Strukturierung ist aus Gründen der Anlagenverwaltung (Vorschrift über die zu verwendenden Apparate und Anlagen in der Rezeptverwaltung) dringend erforder-

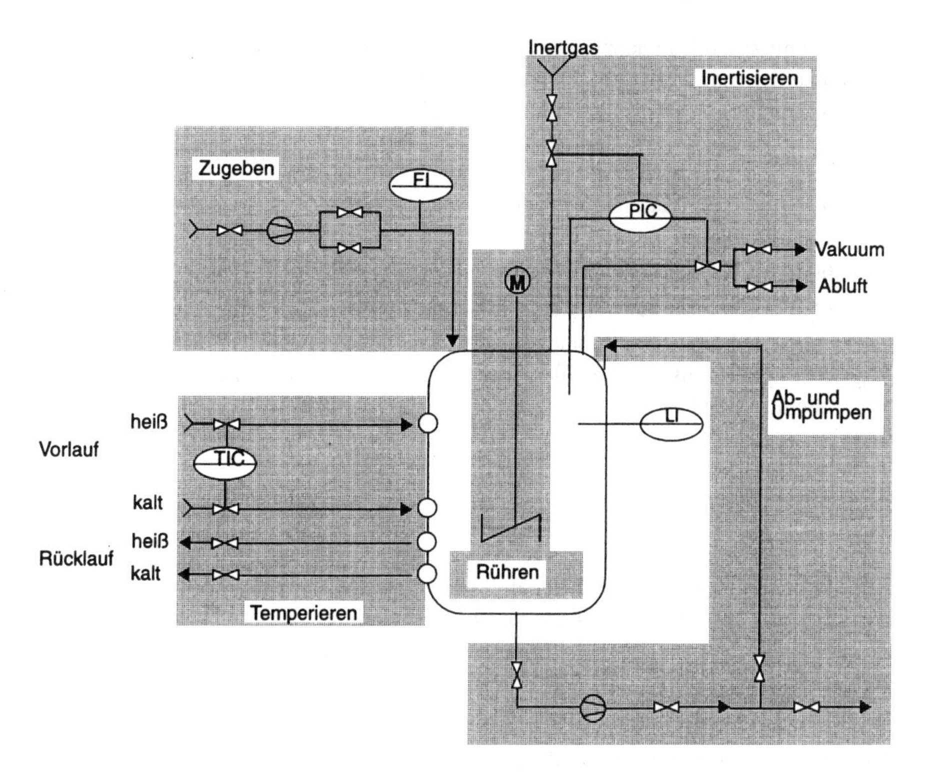

Bild 3.16 Technische Einrichtungen an einer Teilanlage (Rührwerksreaktor)

lich. Es sind dies die Attribute einer Apparateanforderung in der Rezeptur. Diese technischen Module lassen sich zu einer Bibliothek von verfahrenstechnischen Grundfunktionen zusammenfassen. Aus diesen Grundfunktionen werden dann die leittechnischen Grundoperationen gebildet. Auch für die verfahrenstechnische Planung ist eine Festlegung von Vorteil. Denn solche Module lassen sich standardisieren und dadurch immer wieder in der Planung von verfahrenstechnischen Anlagen verwenden. Planungsarbeiten lassen sich außerdem auf dieser Basis an Know-how-Unkundige vergeben bzw. das Know-how bleibt in der Firma. Zusammenfassend sei aus der NAMUR NE 33 zu Anlageteile, Technische Einrichtung und Technische Funktion zitiert:

> Ein *Anlageteil* ist ein technisches Ausrüstungsteil – wie Maschine, Apparat, Gerät – einer verfahrenstechnischen Anlage.

Passive Teile, wie Kessel und Rohre, sind ebenfalls Anlageteile. Mehrere Anlageteile können auch zu einer *Technischen Einrichtung* (Ausrüstungsgruppe) zusammengefaßt werden, wobei jedes Anlageteil (Ausrüstungsteil) zu einer Technischen Einrichtung gehören sollte. Wenn ein Anlageteil von mehreren Technischen Einrichtungen genutzt wird (gleichzeitig, shared use oder ausschließlich, exclusive use), so sind entsprechende Verriegelungen vorzusehen. Jede technische Einrichtung besitzt eine oder mehrere Technische Funktionen, z. B.

Temperieren:

- Heizen mit Dampf auf Sollwert ohne Rampe,
- Heizen mit Dampf auf Sollwert mit Rampe,
- Kühlen mit Wasser auf Sollwert ohne Rampe oder
- Kühlen mit Wasser auf Sollwert mit Rampe

Die unterschiedlichen Funktionen derselben technischen Einrichtung, die sich bezüglich des gleichzeitigen Ablaufs gegenseitig ausschließen, werden als *Fahrweisen* dieser technischen Einrichtung bezeichnet.

3.4 Geräte und Elemente

Auf der untersten Ebene eines Apparates bzw. auf der untersten Ebene der Prozeßbeeinflussung befinden sich Geräte und Elemente, die man klassifizieren kann nach *Aktoren* und *Sensoren.* Über Aktoren greift man in den Stoff- und Energiefluß zur zielgerichteten Beeinflussung des technologischen Ablaufs eines Prozesses bzw. zur Stabilisierung einer Führungsgröße des Prozesses ein.

Die Sensoren beschaffen die für die Prozeßführung bzw. Beeinflussung notwendiger Informationen, wie z. B. der Zustandsvariablen des Prozesses, der Prozeßparameter und der Produkteigenschaften. Da diese Elemente durch geeignete Kombinationen wie Heizung an!, Rührer an!, Bodenventil an! usw. die eigentliche Grundfunktion wie Heizen, Rühren, Ablassen usw. bilden, werden sie auch Grundfunktionselemente genannt.

3.5 Verfahrenstechnische Konzeptionen von Anlageteilen und Technischen Einrichtungen zum Heizen und Kühlen von Chargen

Dieses Beispiel ist bestens geeignet, um an ihm das Zusammenwirken von Anlageteilen wie Rohrleitungen, Pumpen, Absperrventile, Wärmetauscher, Regelventile, Druckregelung, Temperaturregelung usw. in einer Technischen Einrichtung zur Realisierung der Technischen Grundfunktion „Temperieren“ mit den Fahrweisen „Heizen“ und „Kühlen“ aufzuzeigen.

Betrachtet werden hierzu aus der Vielzahl der Heiz- und Kühltechniken und aus der Vielzahl der Apparate die drucklosen bzw. Druckwasserkreislaufsysteme an einem Rührkesselreaktor. Es handelt sich hierbei um ein sehr häufig anzutreffendes Anwendungsbeispiel bei Reaktoren in Chargenprozessen.

Wie Bild 3.17 zeigt, erfolgt die Wärmezufuhr bzw. Wärmeabfuhr über einen geschlossenen Heiz- bzw. Kühlkreislauf mit Umwälzpumpe, um durch hohe Strömungsgeschwindigkeiten guten Wärmeübergang zu gewährleisten. Dieser Kreislauf wird über Kaltwasser- und Dampfzufuhr entsprechend gekühlt oder geheizt. Das Förderverhalten der Förderpumpe wird dabei günstig beeinflußt, wenn das Kaltwasser auf der Saugseite und der Dampf über einen Injektor auf der Druckseite in den Kreisstrom eintreten. Kondensat und Überschußwasser müssen auf geeignete Weise abgetrennt werden. Ein ausreichend hoher Förderdruck P muß dabei die Bildung von Dampfblasen im Förderkreislauf und ein Abreißen des Förderstroms verhindern. Der Wärmeeintrag bzw. -austrag in bzw. aus dem Reaktor erfolgt dabei in der Regel unmittelbar über Wärmeaustauschflächen wie äußerer Kühlmantel und innere Kühlschlangen.

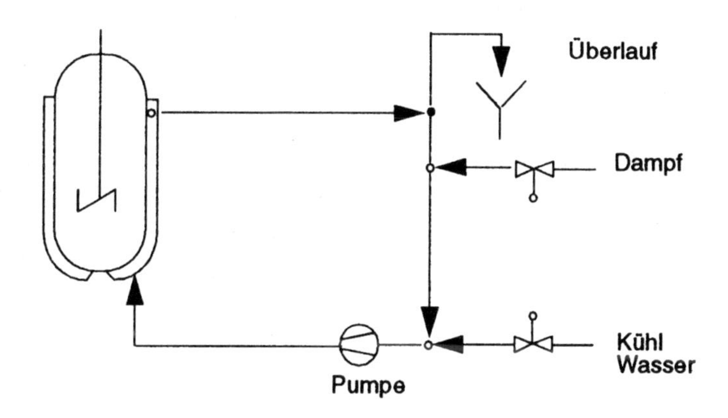

Bild 3.17 Heiz- und Kühlsystem für einen Rührkesselreaktor

Temperatursysteme mit Wasser als Umlaufmedium und mit Direkteinspeisung von Wasserdampf und Kühlwasser sind dynamisch, schnell und kostengünstig; sie werden deshalb sehr häufig eingesetzt. Entsprechend variantenreich sind die Ausführungsformen in der Praxis. Es werden jedoch nur drei Ausführungeformen verfahrenstechnischen Aufbaus derartiges Temperiersysteme beschrieben:

- ein System mit Überlauf für Temperaturen unter 100°C (drucklose Fahrweise)
- ein System mit Druckhaltung im Kreislauf bei höheren Temperaturen und
- ein System mit externen Wärmetauschern im Kreislaufsystem – geeignet für drucklose und Druckwasserfahrweise.

Temperieren mit Wasser

Für den Temperaturbereich von 0–170 °C ist Wasser wegen seiner physikalischen Eigenschaften

- geringe Zähigkeit,
- große spezifische Wärmekapazität,
- hohe Wärmeleitfähigkeit,

seiner Verträglichkeit mit der Umwelt

- unbrennbar,
- wenig korrossiv,
- ökologisch unbedenklich

als Trägermedium von Wärme oder Kälte sehr geeignet.

Verfahrenstechnische Anforderungen an ein Heiz- und Kühlsystem

Im gesamten Verfahrensablauf eines Chargenprozesses ist die Heiz- und Kühltechnik ein wesentliches Glied für die sichere Beherrschung der Reaktion. Hauptaufgabe bei Rührkesselreaktoren (bzw. auch ganz allgemein) mit exothermer Reaktion ist die Wärmeabfuhr. Eine Besonderheit ergibt sich jedoch noch beim Anfahren eines Chargenprozesses. Es erfordert ein möglichst schnelles Aufheizen auf Reaktionstemperatur. Daraus ergibt sich ein zeitlicher Temperaturverlauf (typisiert) für exotherme Batch-Reaktionen [nach Thier (1989)], der vier Phasen erkennen läßt (siehe auch Bild 3.18)

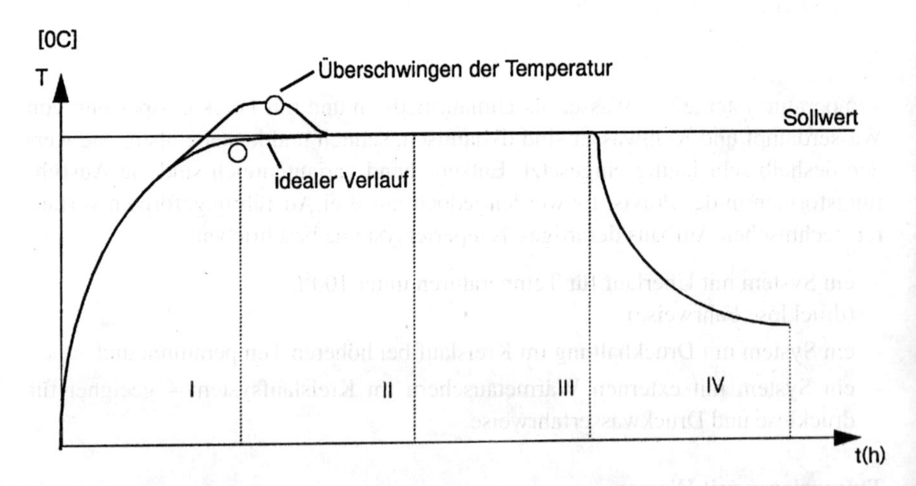

Bild 3.18 Temperaturverlauf eines exothermen Chargenprozesses (typisiert)
[Quelle: Thier, B.: Integrierte Systeme zum Heizen und Kühlen von Chargen in der Verfahrenstechnik. Sonderdruck aus „3 R International" 28, H 7/89, Vulkan-Verlag Essen, Haus der Technik]

Temperaturverlauf und zyklischer Ablauf:

I	Aufheizphase	bis zum Erreichen des Reaktionsbeginns (Solltemperatur in vorgegebener Zeit, Vermeiden von Überschwingen).
II	Reaktionsphase	intensive Kühlung infolge freiwerdender Reaktionswärme (drastische Änderung der Streckendynamik)
III	Nachreaktionsphase	geringe Heiz- und Kühlzugabe bei konstanter Temperatur – Halten. (Verzögerungen in der Strecke werden gegen Ende der Charge größer. Die Wärmeleitfähigkeit des Produktes nimmt ab.)
IV	Abkühlphase	Temperaturabsenkung des gesamten Ansatzes bis auf Raumtemperatur bzw. zulässige Ablaßtemperatur.

Die abzuführenden Wärmeströme für die einzelnen Zyklen des Verfahrensablaufes sind nach [Thier (1989)] in Bild 3.19 aufgetragen. Bei starker Wärmetönung der chemischen Reaktanden ist der Temperaturverlauf oft durch ein Überschwingen gekennzeichnet. Dadurch kann das Produkt Schaden nehmen (zur Vermeidung werden bei automatisiertem Anfahren Regler mit P/PI-Struktur-Umschaltung verwendet).

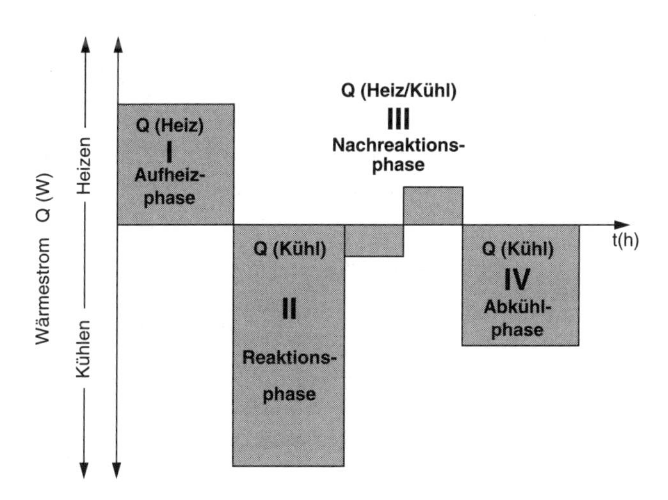

Bild 3.19 Heiz- und Kühlenergie-Zufuhr in den einzelnen Verfahrensstufen. [Quelle: wie in Bild 3.18]

Setzt die Kühlung nicht früh genug ein, kann es aufgrund der exponentiellen Temperaturabhängigkeit der Reaktionsgeschwindigkeit zu einer Selbstbeschleunigung kommen, die im Extremfall zu einer Wärmeexplosion und damit Zersetzung der Produkte oder gar zur Zerstörung des Reaktors führt. Zur Vermeidung werden Semi-

Batch-Verfahren eingesetzt, bei denen zu Beginn nur ein Reaktand vorgelegt wird und die andere Komponente erst im Prozeßverlauf zudosiert wird.

Die Kühlung muß daher sehr schnell ansprechen (große Reglerverstärkung gefordert). Auch ist erforderlich, daß bei Öffnen der Stellventile augenblicklich große Mengen Kaltwasser in den Kreislauf strömen können, so daß das Volumen des Mediums im Mantelraum in wenigen Sekunden durch Kaltwasser ersetzt werden kann. Dazu sind Regelventile mit einem weiten Stellbereich (1:50) erforderlich. Andererseits muß es aber auch möglich sein, z. B. während der Nachreaktionsphase Feindosierungen durchzuführen. Dazu sind wegen der nie eindeutigen Druckverhältnisse im System Ventile mit gleichprozentiger Kennlinie nützlich. Zu berücksichtigen ist aber auch, daß die indirekte Kühlung über den Mantel es mit zunehmender Kesselgröße schwierig macht, die Reaktionswärme abzuführen, weil der Behälterinhalt mit der dritten, die Mantelfläche aber nur mit der zweiten Potenz des Durchmessers zunimmt. Darum werden bei größeren Reaktionsvolumen zur Verkürzung der Aufheizzeit, aber auch der Kühlzeit, mehrere Heizschlangen parallel geführt.

Anlagenaufbau

Für den Aufbau von Heiz-/Kühl-Systemen mit Wasserumlauf gibt es im wesentlichen drei Ausführungsformen, die abhängig von der angestrebten Betriebstemperatur, der notwendigen Heiz- und Kühlenergie (Kreisstrommenge) oder von anderen Gegebenheiten gewählt werden können. Dabei wird der erforderliche Kreislaufdruck im System entweder – wenn baulich möglich – durch ausreichende geodätische Höhe des Überlaufes (Überlaufgefäß) oder durch Druckregelung im Kreiswasserstrom erreicht.

Die zugehörigen Anlagentypen sind in den Bildern 3.20, 3.21, 3.22 dargestellt. Die notwendigen Förderpumpen sind jeweils passend zum Anlagenaufbau zu wählen.

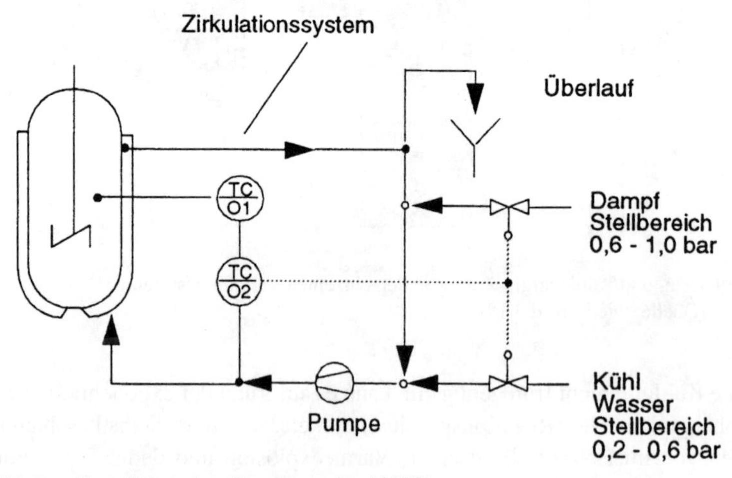

Bild 3.20 Drucklose Fahrweise (Temperatur bis 100°C)

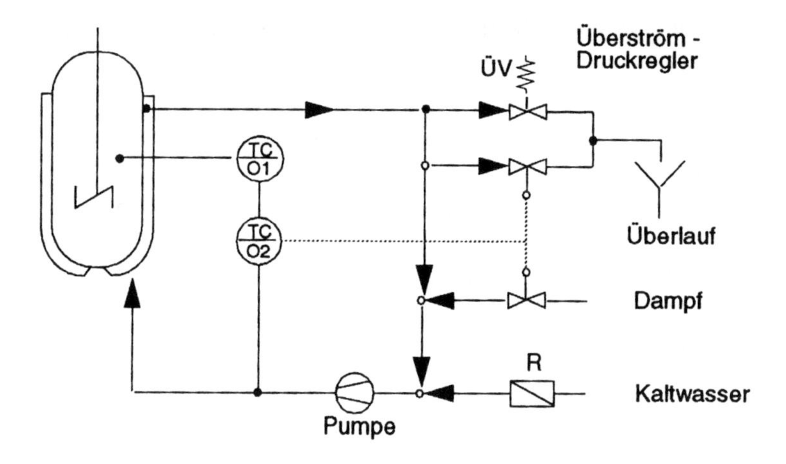

Bild 3.21 Druckfahrweise (Temperatur > 100°C)

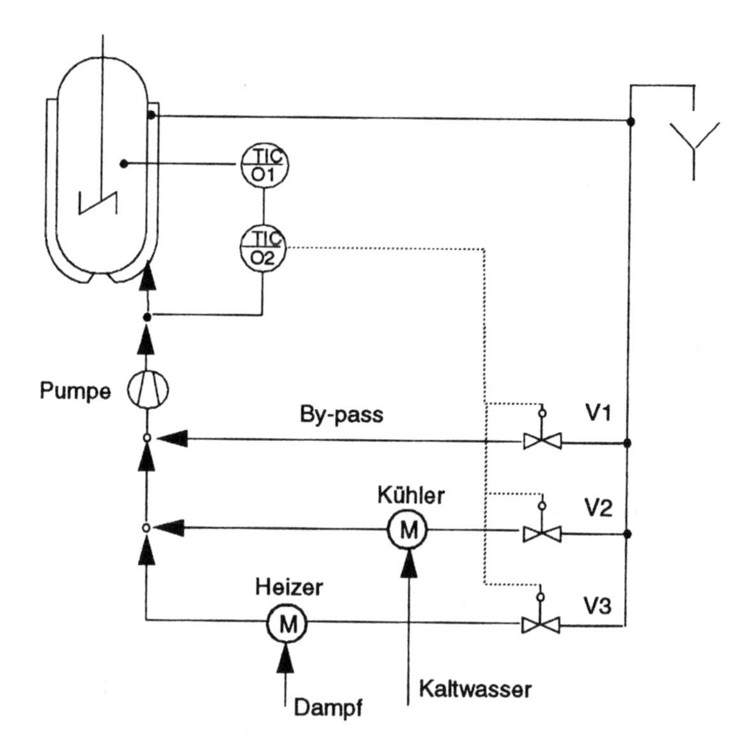

Bild 3.22 Kreislaufwasserfahrweise mit externen Wärmetauschern

Um die für die Regelungsdynamik ungünstigen Transportzeiten durch den Mantel zu verkleinern, sollte die Umpumprate der Pumpe erhöht werden. Üblich sind Umlaufgeschwindigkeiten von 2–3ms^{-1} bzw. 40–50faches Umpumpen in der Stunde.

Auch sollte mit möglichst hoher Fördermenge gefahren werden, um örtliche Überhitzungen oder Unterkühlungen im Heiz-/Kühlmantel zu vermeiden.

Die Totzeit durch den Reaktormantel bzw. Verbesserung der Wärmedurchgangszahl kann in Grenzen durch konstruktive und rührtechnische Maßnahmen beeinflußt und verbessert werden.

a) Drucklose Fahrweise (Kreiswassertemperaturen bis 100°C) Bild 3.20
Man erkennt die wohl am häufigsten angewandte Kombination zum Temperieren mit äußerem Heiz-/Kühlwasserkreislauf und Direkteinspeisung von Dampf und Kaltwasser. Durch die Zugabe von Dampf (über einen Injektor) und Wasser auf der Pumpensaugseite wird die Mischwirkung der Pumpe ausgenutzt. Die Entnahme des Überschußwassers erfolgt an einem hochgesetzten Überlauf (Überlaufgefäß).

Das Bild zeigt ferner die am häufigsten angewendete Methode der Temperaturregelung beim Rührkesselreaktor – die Kaskadenregelung. Dabei liefert der übergeordnete, relativ *langsame* Regelkreis TC 0l entsprechend der Abweichung der Produkttemperatur den Sollwert für den *schnellen,* untergeordneten Regler TC 02, der die Kreiswassertemperatur regelt. Die Stellglieder für Kaltwasser und Dampf werden von dem entsprechenden Regler im „Splitrange" geregelt, d. h., dem Stellbereich des Reglers werden abschnittsweise z.B. von 0,2–0,6 bar das Kühlventil und von 0,6–1,0 bar das Dampfventil so zugeordnet, daß mit steigendem Stellsignal die Stellventile nacheinander schließen und öffnen. Man nennt dies auch eine „fail-safe-Schaltung". In Sicherheitsstellung (Ventile sind energielos bzw. bei 0,2 bar) ist das Dampfventil geschlossen, das Kaltwasserventil offen.

b) Druckfahrweise (Kreiswassertemperatur bis 170°C)
[nach DIN 1967]
Werden Kreiswassertemperaturen über 100°C benötigt, wendet man die „Druckwasserfahrweise mit abgeschlossenem Kreislauf an. Bild 3.21 zeigt hierfür eine mögliche Schaltung. Der Druck im Kreislauf wird dabei über eine Rückschlagklappe R durch Anschluß an das Druckwassernetz - Produktionsbauten verfügen meist über ein bauinternes Druckwasserversorgungsnetz (siehe Nebenanlagen zur Energieversorgung) - gehalten. Das Überströmventil ÜV ist etwas über dem Wassernetzdruck eingestellt und läßt bei Dampfzugabe einen dem Kondensat entsprechenden Wasseranteil aus dem Kreislauf austreten. Die Wärmeabfuhr erfolgt durch Öffnen des Wasserventils; hierdurch tritt warmes Wasser aus dem Kreislauf aus, und eine entsprechende Menge Kaltwasser strömt über die Rückschlagklappe aus dem Netz nach.

c) Kreiswasserfahrweise mit externen Wärmetauschern
In den Fällen, in denen eine Vermischung von Dampf mit dem Kreislaufwasser oder einem anderen Wärmeträger nicht erwünscht ist, wird die Wärme über einen außenliegenden dampfbeheizten Wärmetauscher zugeführt. Regelungstechnisch wird dadurch jedoch die gesamte Verzögerungszeit im Regelkreis größer, d. h., die Zeit, in der von Heizen auf Kühlen umgeschaltet werden kann, wird größer, was zu ungünstigem Regelverhalten führt.

Bild 3.22 zeigt eine Schaltung, bei der das zirkulierende Medium sowohl von der Direkt-Dampf- als auch von der Kaltwasserzufuhr isoliert ist. Dazu sind zwei Wärmetauscher, einer zum Heizen und einer zum Kühlen, parallel zueinander erforderlich. Für den Fall, daß nur eine geringe Wärmemenge zu- oder abgeführt werden muß, wird die resultierende Menge zur Gesamtmenge by-gepaßt, d. h. an den Wärmetauschern vorbeigeführt. Hierzu werden häufig 3-Wege-Ventile verwendet. Wegen der wechselnden Druckverhältnisse im System (elektrotechnisch gesprochen: Maschenregel) gibt es Probleme mit der Auslegung von 3-Wege-Ventilen. Übersichtlicher werden die Verhältnisse mit drei Durchgangsventilen, wie in Bild 3.22 gezeigt. Jedoch muß der Stellbereich für das By-pass-Ventil V1 beim Übergang von Kühlen auf Heizen und umgekehrt in seiner Wirkungsrichtung umgeschaltet werden. Während das Kühlventil V2 mit Luft von 0,2–0,6 schließt, muß V1 mit Luft öffnen, und während das Heizventil V3 mit Luft von 0,6–1,0 öffnet, muß V1 mit Luft schließen (Bild 3.23). Solche Strukturumschaltungen sind jedoch mit den heutigen Prozeßleitsystemen leicht zu realisieren.

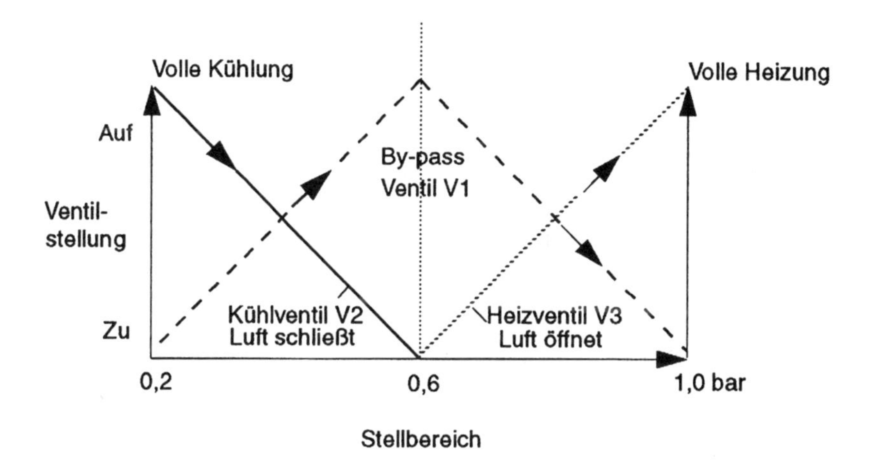

Bild 3.23 Split-Range-Schaltung mit 3 Ventilen, mit Umschaltung der Wirkungsrichtung des Bypass-Ventils V1

Ein solches Temperiersystem kann je nach Zirkulationstemperatur sowohl drucklos als auch in Druckfahrweise betrieben werden.

d) Andere Methoden des Heizens und Kühlens

Weitere Möglichkeiten der indirekten und direkten Kühlung sind z. B. die Wärmeabfuhr des gesamten Kesselinhaltes durch Umpumpen über einen außenliegenden Kühler, die sogenannte Siedekühlung und die Verdampfungskühlung. Für Temperaturen, die mit dem verfügbaren Dampf nicht zu erreichen sind, sind elektrische oder flammenbeheizte organische Wärmeträgermittel (Wärmeträgeröle) im Einsatz. Zum Kühlen werden zusätzliche Wärmetauscher in den Kühlkreislauf eingesetzt. Zur Kühlung dienen ferner Sole, Eiswasser, Kälteanlagen. Häufig werden die erforderlichen Temperaturen in Zirkulationssystemen (Sekundärkreislauf) durch bis zu drei

Schienen mit Vor- und Rücklaufleitungen in einen Primärkreislaufsystem unterschiedlicher Temperaturniveaus (kalt, warm, heiß) erzeugt, die aus separaten Nebenanlagen gespeist werden.

3.6 Verfahrenstechnische Konzeption von Anlageteilen und Technischen Einrichtungen zum Dosieren

Nicht minder wichtig, häufig und vielfältig wie Einrichtungen zum Heizen und Kühlen von Chargenapparaten sind Einrichtungen und Geräte zum „Abmessen“, „Zugeben“, „Abfüllen“, „Chargieren“ und „Dosieren“ von Einsatzstoffen und Produkten in Chargenapparate.

Entsprechend vielfältig und unterschiedlich wie die drei möglichen Aggregatzustände der einzusetzenden Stoffe:

- fest,
- flüssig,
- gasförmig,

sind auch die entsprechenden Einrichtungen und Geräte dazu, und entsprechend unterschiedlich kann auch die Mengenkontrolle am empfangenden Gefäß sein, wie Mengenkontrolle durch:

- Behälterwägung oder
- Volumenmessung oder
- Standmessung.

Bei einem volumetrischen Dosieren von Flüssigkeiten werden im allgemeinen Dosierzähler (Ringkolben-, Ovalradzähler) direkt als Meßgerät verwendet. Beim Dosieren durch Behälterwägung oder Standmessung werden das Gewicht bzw. der Füllstand des Behälters als Meßgröße herangezogen.

Die Aufgabe des Dosierens schließt über die eigentlichen MSR-Aufgaben hinaus oft das Fördern des Dosierstromes mit ein. Während die vorweg genannten Dosiermethoden mit den Mitteln der MSR-Technik erledigt werden, ist eine Dosierpumpe einerseits noch ein Meßgerät, andererseits aber eine Fördereinrichtung. Dosierbandwaagen dagegen sind schon richtige verfahrenstechnische Apparate, die mit ihren technischen Mitteln und ihren Abmessungen über ein bloßes Meßgerät hinausgehen.

Zellenrad-, Vibrations- oder Schneckendosierer werden zwar im Rahmen einer Ablaufsteuerung mit MSR-Mitteln angesteuert, haben aber sonst nicht viel mit MSR-Technik zu tun. Dosieraufgaben, insbesondere wenn es sich um solche von Feststoffen handelt, sind reine verfahrenstechnische bzw. maschinentechnische Apparate, sogenannte „Unit-Packages“, die häufig ihre eigenen meßtechnischen Einrichtungen (Steuerungen) haben und deshalb (vielfach unter großen Schwierigkeiten) in das Gesamtkonzept einer Anlage mit eingebunden werden müssen.

3.6.1 Dosieren von Flüssigkeiten

Flüssigkeiten werden mit Durchfluß- oder Mengenmeßgeräten, mit Dosierpumpen, mit Meßgefäßen (Meßvorlagen) oder über Füllstandsmessungen dosiert. Die Signale von Geräten, die primär den Durchfluß messen, müssen für diskontinuierliche Dosierungen aufsummiert werden.

Durchfluß- und Mengenmeßgeräte sowie deren Eigenschaften sind in [Strohrmann (1990)] ausführlich behandelt. Welche Geräte zum Einsatz kommen ist eine Frage der

- Meßgenauigkeit,
- Viskosität,
- des Druckes.

Für die diskontinuierliche Dosierung einiger Liter bis zu vielen Kubikmetern werden meist Zähler wie Ovalrad-, Ringkolben- oder Turbinen- oder Treibschieberzähler eingesetzt. Die Zähler sind für rein örtlichen Einsatz mit pneumatischer oder elektropneumatischer Voreinstellung oder für zentrale Verarbeitung in Meßwarten mit elektronischen Komponenten ausgestattet.

Mit Zählern erzielt man im allgemeinen höhere Genauigkeiten als mit Durchflußmessern. Für geringere Anforderungen werden mit gutem Erfolg magnetisch-induktive Durchflußmesser (MID) auch als IDM bezeichnet, eingesetzt. Neuerdings werden auch Wirbelzähler und Massendurchflußmesser nach dem Coriolis-Prinzip verwendet.

Ein Sonderfall der Dosierung in Chargenprozessen ist das „Abgeben" einer bestimmten Menge. Dieser Fall tritt auf bei der Grundoperation „Destillieren". Man will in diesem Fall häufig eine bestimmte Menge z. B. an Leichtersiedenden „abdestillieren" und somit eine bestimmte Viskosität, Konzentration oder sonstige Eigenschaft des Reaktionsgemisches „einstellen". Besser als die nicht exakt erfaßbare Vorgabe dieser Wirkung durch Angaben wie z. B. bis 81,5°C oder 15 Min. abdestillieren, ist die Verwendung einer direkt meßbaren Prozeßgröße. In diesem Fall die direkte Erfassung der abdestillierten Menge bzw. Kondensates. Für die Messung des nach der Brüdenkondensation meist nur drucklos anfallenden Destillates sind Trommelzähler geeignet. Bei diesem Zähler ist eine drehbare Trommel in drei Meßkammern unterteilt. Durch Auffüllen der jeweils unteren Kammer und Überlaufen des Meßstoffes in die nächste verlagert sich der Schwerpunkt. Es entsteht ein Drehmoment, das die Trommel wie ein Schöpfrad um eine Drittelumdrehung weiterbewegt. Dabei entleert sich die ursprünglich untere Kammer über den Auslauf, und die nächste wird gefüllt. Wegen des freien Auslaufs sind sie gerade für den drucklosen Bereich bis zu kleinsten Durchflüssen geeignet.

Dosierpumpen als Dosiergerät wurden schon erwähnt. In ihnen sind Meß-, Stell- und Fördereinrichtung integriert. Sie eignen sich durch Verstellen des Hubs (Volumen), durch Verstellen der Hubzahl (Volumen pro Zeiteinheit) und durch zusätzliche Variation der Förderzeit bestens für die rezeptabhängige Dosierung in Ablaufsteuerungen.

Mit einfachen Mitteln lassen sich Flüssigkeiten im Sinne einer leittechnischen Grundoperation „Vorlegen“ chargenweise über Füllstandsmessungen dosieren. Größere Mengen können füllstandsgesteuert eingefahren werden, kleinere über Füllstandsänderungen von *Meßgefäßen*. Durch die fast beliebig mögliche apparative Gestaltung der Meßgefäße gibt es für die zuzudosierenden Mengen praktisch keine Einschränkungen. Die Dosierung mit einem Meßgefäß muß unterbrochen werden, wenn die untere Grenze des Füllstandsmeßbereiches erreicht ist. Obere und untere Grenzen lassen sich einfach durch genau einstellbare Grenzwertgeber (Lichtschranke, kapazitive oder radioaktive Schalter) erfassen. Muß der Dosierstrom über einen längeren Zeitabschnitt fließen, so gibt es die Möglichkeit, die Stellgliedöffnung über eine Steuerung abhängig vom abnehmenden Füllstand zu modifizieren (Bild 3.24).

Dosierungen über den Füllstand im Reaktor sind häufig eingeschränkt durch die hohe Viskosität des Reaktorinhaltes. Ist eine Füllstandsmessung über eine Verwiegung des Behälters nicht möglich, werden vielfach radioaktive Standmessung eingesetzt. Hierbei sind jedoch die *Strahlenschutzvorschriften* und *-Verordnungen* zu berücksichtigen.

3.6.2 Dosieren von Flüssigkeiten aus Behältern und Rohrleitungen über Dosierspinne und Schlauchverbindung

Es ist dies ein echtes Ressourcen-Verteilungsproblem von gemeinsam genutzten Teilanlagen wie Behälter-, Rohrleitungsnetze, Dosierzähler, Dosierspinnen und Schlauchkupplungen (Schlauchbahnhof) (Bild 3.25).

Mehrere ähnlich aufgebaute und unabhängig voneinander betriebene Produktionsstraßen (Bild 3.26) werden über gemeinsame, zentrale Rohstoff-Verteilungen versorgt. Von den mehreren hundert für die gesamte Produkt-Palette benötigten Einsatzstoffen sind in diesem Beispiel bis zu acht Einsatzstoffe hinsichtlich Probleme des Handlings (Toxität) und/oder hohen Zugriffszahlen als festverrohrte Stoffe an den Reaktoren direkt angeschlossen. In einer automatischen Anlage werden die Wege über die Ventile automatisch gestellt.

Die übrigen automatisierten Einsatzstoffdosierungen bestehen aus sogenannten Schlauchgruppen. Zu je einer Schlauchgruppe sind solche Produkte zusammengefaßt, die bezüglich gemeinsamer Leitungswege untereinander verträglich sind. Dabei werden mehrere Einsatzstoffe aus unterschiedlichen Behältern jeweils über ein Absperrorgan auf einen Dosierzähler mit Dosierventil und von dort über einen Schlauch zum gewünschten Ziel (Senke) geführt. Damit kann eine automatische Dosierung (lediglich einige Schlauchverbindungen sind ggf. bei einem Produkt-Rezeptwechsel anzupassen) mit einem Minimum an Anlagenteilen (Investment) realisiert werden. Die Schlauchverbindungen sind in einer automatisierten Anlage durch Operator-Aktion zu initiieren und anschließend zu kontrollieren (z. B. über kodierte Steckverbindungen).

Schlauchgruppen sind als separate Teilanlagen anzusehen, die gezielt disponiert werden müssen, damit nicht Dosierungen in verschiedenen Produktionsstraßen zur

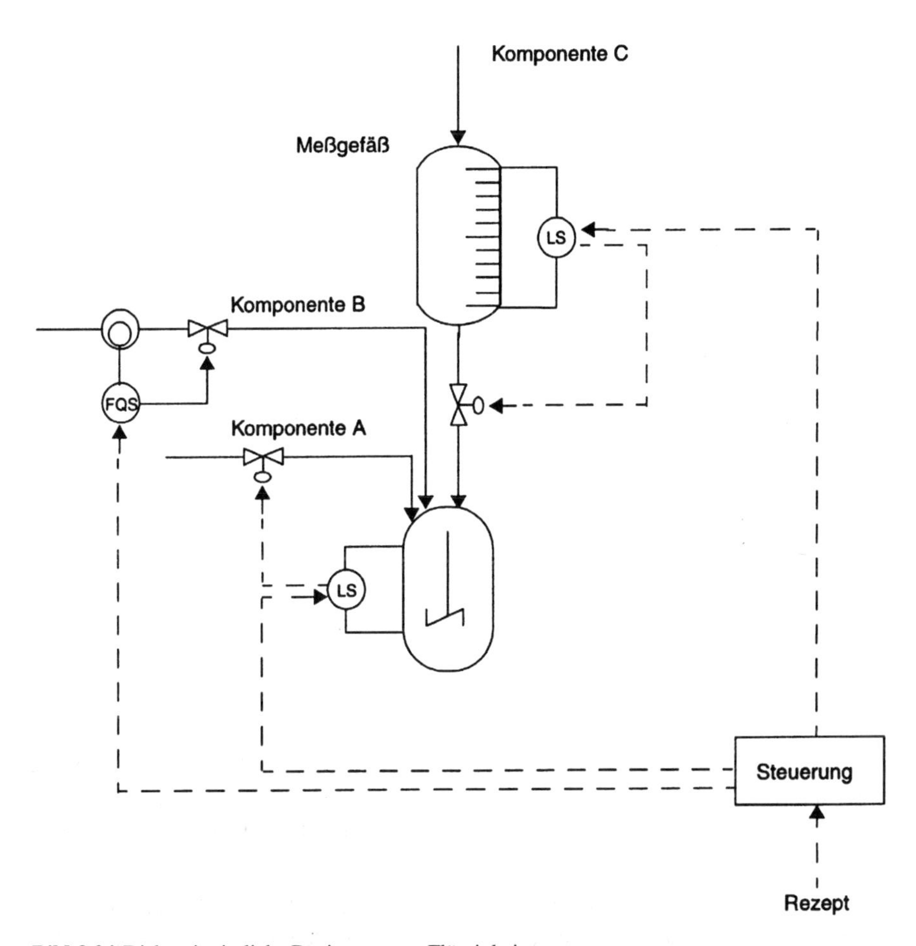

Bild 3.24 Diskontinuierliche Dosierung von Flüssigkeiten
a) Komponente A über eine Füllstandsmessung des Rührkessels
b) Komponente B über einen Dosierzähler
c) Komponente C über ein Meßgefäß.

selben Zeit dieselbe Schlauchgruppe verlangen (ausschließlich genutzte Teilanlagen, exklusive usw.).

3.6.3 Dosieren von Feststoffen

Genaues Dosieren von Feststoffen ist im allgemeinen schwieriger als das von Flüssigkeiten, und für jeden Feststoff sind mehr oder weniger spezifische Lösungen erforderlich.

Feststoffe werden im wesentlichen volumetrisch oder gravimetrisch dosiert, d.h. einmal durch Einrichtungen, die Teilvolumen der Feststoffe abgrenzen und fördern, zum anderen durch Wägung. Dabei sind die volumetrischen Dosierungen nicht zu-

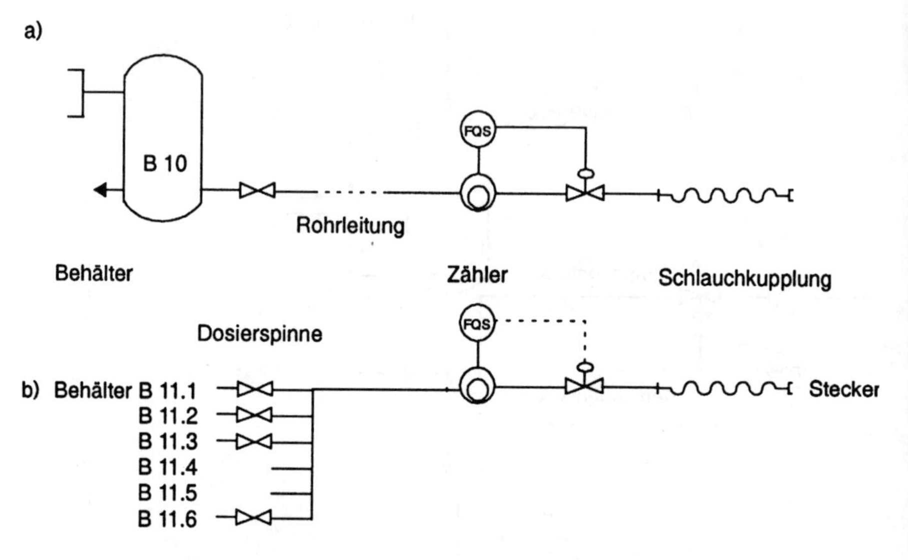

Bild 3.25 Dosierung über
a) Rohrleitung, Zähler, Schlauchkupplung
b) Dosierspinne, Zähler, Schlauchkupplung

letzt wegen der schlecht reproduzierbaren Eigenschaften des Feststoffes mit Meßfehlern von einigen Prozent behaftet, während sich die gravimetrischen Verfahren bezüglich der Meßgenauigkeit durchaus mit denen der Flüssigkeits-Dosierung messen können.

Das Dosieren von Feststoffen ist kein reines meßtechnisches Problem mehr. Es bedingt eine Reihe zusätzlicher Apparate und Anlagenteile wie Silo, Aufgabetrichter, Behälter, pneumatische Fördereinrichtungen usw. Sie bilden zusammen mit den Hauptapparaten zum Dosieren ganze Anlagen bzw. Teilanlagen.

Als Hauptapparate kommen in Frage:

- für die volumetrische Dosierung
  - Vibrationsdosierer,
  - Zellenraddosierer,
  - Schneckendosierer
- für die gravimetrische Dosierung
  - Dosierbandwaagen,
  - Dosierschneckenwaagen,
  - Füllwaagen,
  - Wägebehälter,
  - Differentialdosierwaagen.

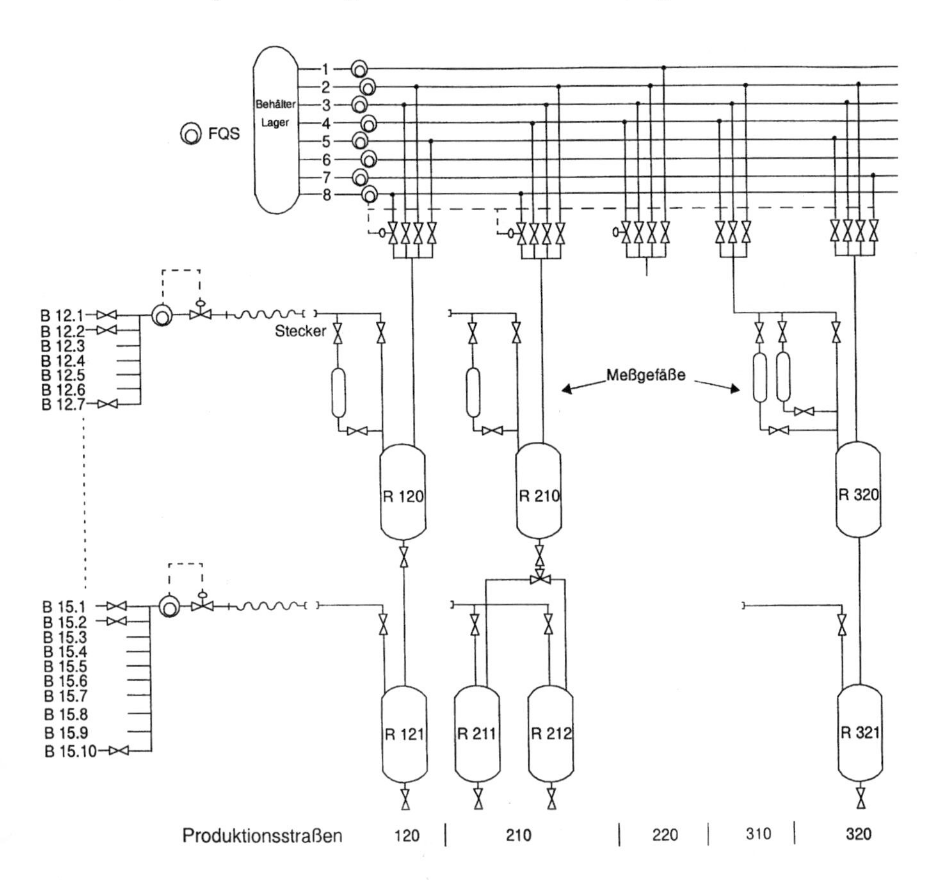

Bild 3.26 Dosierung aus Behältern und Rohrleitungen über Dosierspinne und Schlauchkupplung

Beispiel 1: Dosierung über Aufgabestelle für Packmittel

Feststoffe werden als Einsatzstoffe häufig aus Packmitteln (Säcke, Big-Bags) über eine Aufgabestelle (Aufgabetrichter) mit Schneckenförderer und Waage in einen Reaktor oder evtl. über einen vorgeschalteten Mischer dosiert (Bild 3.27). Zur Identifikation des eingesetzten Einsatzstoffes ist ein Barcodeleser vorhanden.

Beispiel 2: Dosierung aus einem Silo über Behälterwaage und pneumatischer Förderung

Die in einem Silo lagernde Komponente gelangt über – auf die Feststoffeigenschaft der Komponente abgestimmten – Dosierförderer, eine Schnecke, zum Wägebehälter. Vom Wägebehälter wird der Feststoff pneumatisch über eine Rohrleitung in einen im Produktionsbetrieb stehenden Zwischenbehälter mit Zellenraddosierer oberhalb des Reaktors gefördert.

Die pneumatische Förderung ist eine Anlage für sich, mit Filter, Rüttler und

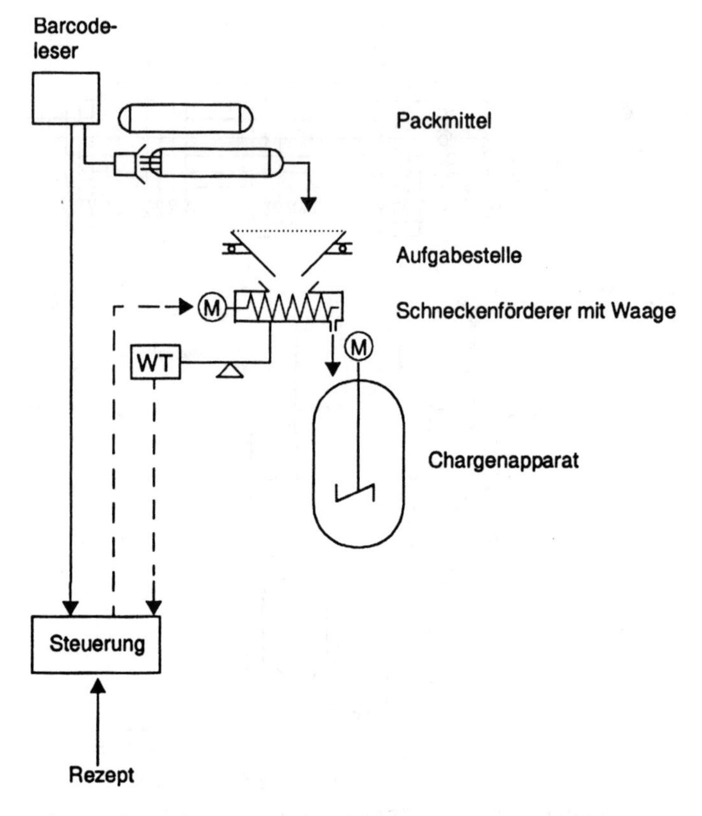

Bild 3.27 Dosierung über Aufgabestelle für Packmittel

Kompressor. Bereits vor Beginn der nächsten Charge ist im Zwischenbehälter ein neuer Ansatz somit vorgelegt. Mit einem drehzahlveränderbaren Zellenraddosierer wird dann im nächsten Chargenzyklus der Feststoff rezeptabhängig in den Reaktor dosiert.

Zur Steuerung des Silos, der Behälterwaage und der pneumatischen Förderung ist eine eigene Steuerung SIVAREP ZM von Siemens vorgesehen, die mit der Rezeptsteuerung im PLS über eine serielle Schnittstelle verkehrt.

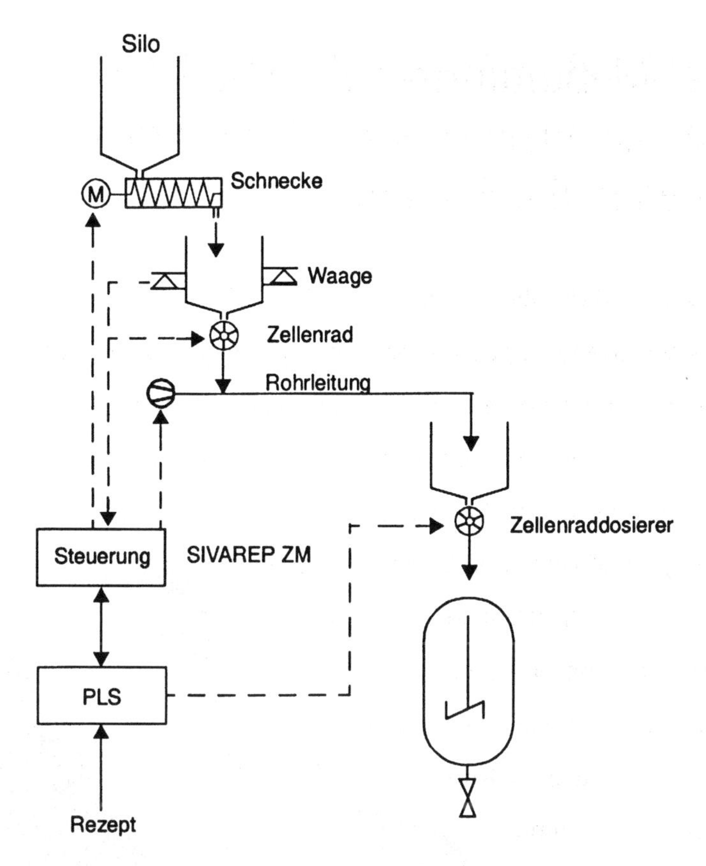

Bild 3.28 Dosierung aus Silo über Behälterwaagen und pneumatische Förderung

Literatur zu Kapitel 3

[DIN (1967)]: DIN 4152: Heißwasser-Heizungsanlagen mit Vorlauftemperaturen von mehr als 100°C. 1967

[DIN (1988)]: DIN 28004, Teil 1: Fließbilder verfahrenstechnischer Anlagen. Begriffe

[Hanisch (1992)]: Hanisch, H.-M.: Petri-Netze in der Verfahrenstechnik. R. Oldenbourg-Verlag, München/Wien 1992

[NAMUR (1992)]: NAMUR NE 33: Anforderung an Systeme zur Rezepturfahrweise

[Schuch u. a. (1992)]: Schuch, G. König, J.: Erfahrungen mit Mehrproduktanlaqen. Chem.-Ing.-Techn. 64 (1992), Nr. 7, S. 587–593

[Strohrmann (1991)]: Strohrmann, G.: Automatisierungstechnik Band II, R. Oldenbourg-Verlag, München/Wien 1991

[Thier (1989)]: Thier, B.: Integrierte Systeme zum Heizen und Kühlen von Chargen in der Verfahrenstechnik. Sonderdruck aus „3 R International", 28. Jahrgang, Heft 7, 1989

[Vauck u. a. (1992)]: Vauck, Wilhelm, R. A.; Müller, Hermann, A.: Grundoperationen chemischer Verfahrenstechnik. Deutscher Verlag für Grundstoffindustrie GmbH, Leipzig 1992

Kapitel 4: Einführung in die Automatisierung von Chargenprozessen

4.1 Allgemeines

Zur Automatisierung von Prozessen im allgemeinen und von Chargenprozessen im besonderen tragen mehrere Disziplinen bei. Hier sollen die Disziplinen im Vordergrund stehen, die durch hohen Abstraktionsgrad in ihrer Methodik gekennzeichnet sind. Es sind die Regelungstechnik und die Steuerungstechnik einschließlich der zugehörigen Modellbildungstechniken, soweit sie für die hier gewählten Aufgabenstellungen erforderlich sind.

4.2 Einführung in die Regelung von Prozessen

Chemische Prozesse (wie auch physikalische und biologische) können stabil oder instabil sein. Ein Beispiel für einen stabilen Prozeß ist das Aufrechterhalten einer konstanten Flüssigkeitsmenge per Überlaufrohr (Bild 4.2-1) [Schuler (1992)]. Aus

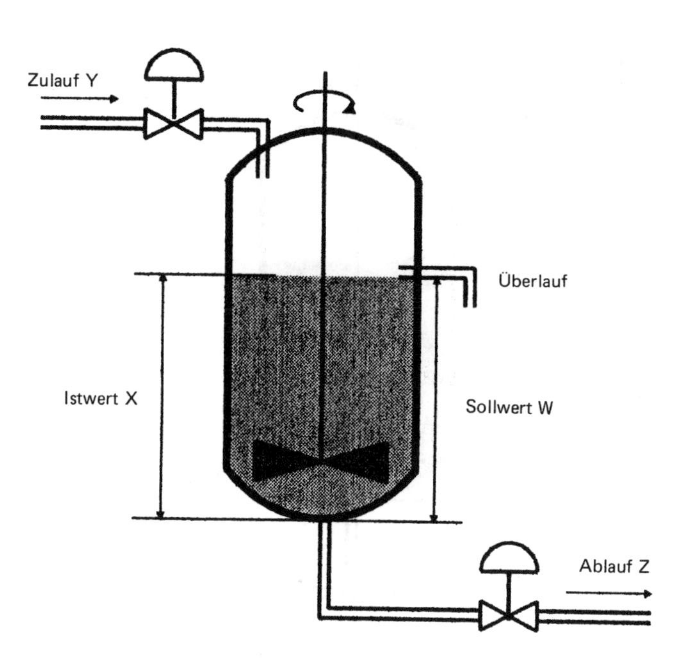

Bild 4.2-1 Einfacher stabiler Prozeß

einem Zulauf, der durch ein Ventil gestellt werden kann, fließt Flüssigkeit mit dem Mengenstrom Y in einen Behälter. Aus einem Ablauf wird dem Behälter Flüssigkeit entnommen. Die interessierende Größe soll der Füllstand sein. Sie wird Ausgangsgröße des Systems genannt und mit X bezeichnet. (Man beachte, daß die Ausgangsgröße nicht etwa der abfließende Flüssigkeitsstrom ist!) Der Füllstand ist unabhängig von der Menge der zufließenden und abfließenden Flüssigkeit und ist gleich dem Sollwert W, setzt man voraus, daß bereits genügend Flüssigkeit im Behälter ist und der Zufluß größer als der Abfluß ist, d.h.

$$X = W = \text{const.} \qquad \text{Gl. 4.2.1}$$

Die abfließende Flüssigkeitsmenge Z je Zeiteinheit wird Störgröße genannt, weil sie den konstant zu haltenden Füllstand beeinflussen kann. Entfernt man das Überlaufrohr (s. Bild 4.2-2), ändert sich der Füllstand mit der Zeit t

$$X = K \cdot \int_0^t (Y - Z) \cdot d\tau + X_0, \qquad \text{Gl. 4.2.2}$$

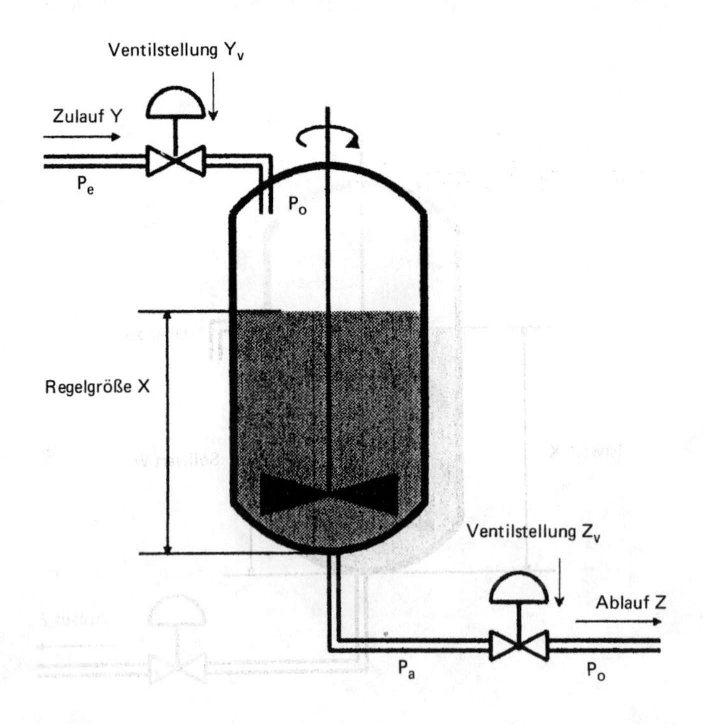

Bild 4.2-2 Instabiler Prozeß

d. h., in dem praktisch immer vorliegenden Fall $Y \neq Z$ ändert sich X zwischen den technisch möglichen Grenzwerten. Ist $Y > Z$, läuft der Reaktor voll, ist $Y < Z$, läuft der Reaktor leer, und man sagt, der Prozeß ist instabil.

Der Prozeß kann nun durch eine geeignete Regelung stabilisiert werden (Bild 4.2-3). Ein Meßwertaufnehmer, hier ein Füllstandssensor, ermittelt den Istwert des Füllstands. Der Regler vergleicht den Sollwert der Führungsgröße W und den Istwert der Regelgröße X und ermittelt aus dieser Regeldifferenz die geeignete Stellgröße Y. Ist der Regler geeignet aufgebaut und eingestellt, so wird der Füllstand nach hinreichend langer Zeit $t \rightarrow \infty$ den Sollwert

$$X = W \text{ für } t \rightarrow \infty. \qquad \text{Gl. 4.2.3}$$

annehmen.

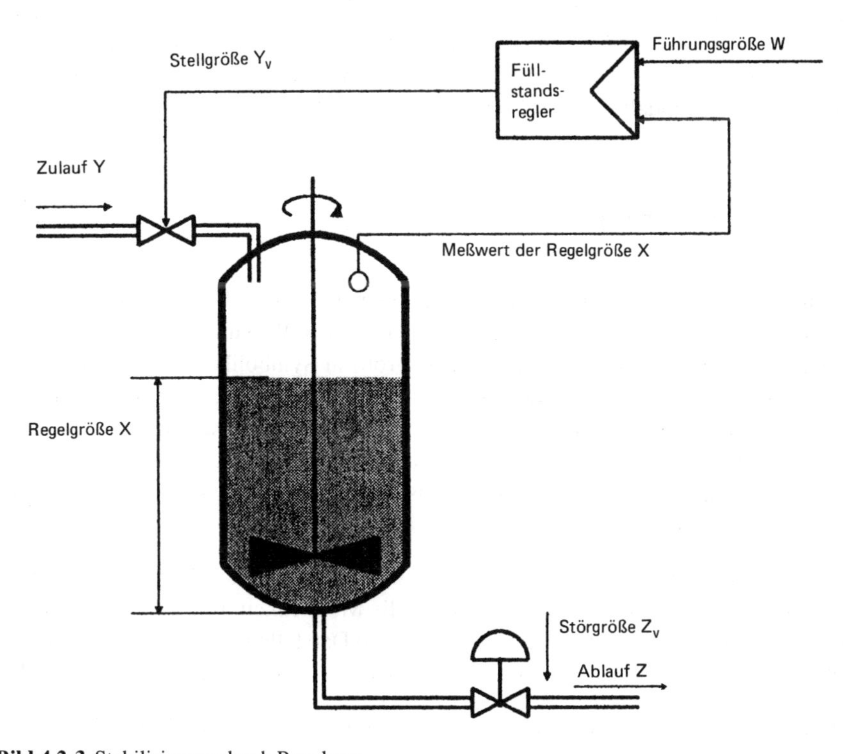

Bild 4.2-3 Stabilisierung durch Regelung

Anhand des einfachen Beispiels kann man das Wesen der Regelungstechnik erkennen. Die Hauptaufgabe der Regelungstechnik ist, Prozesse zu stabilisieren und Prozeßgrößen auf vorgegebenen Sollwert zu führen. Im o.g. Beispiel sieht man, daß mit beiden Lösungen (Bilder 4.2-1 und 4.2-3) die gestellte Aufgabe erfüllt wird. Die Lösung mit Überlaufrohr ist sehr einfach, dafür aber bezüglich der Ressourcennutzung nicht optimal. Die Lösung mit Regler ist diesbezüglich günstig, erfordert aber einen höheren Realisierungsaufwand. In der Verfahrenstechnik muß in vielen Fällen zwischen derartigen Lösungsmöglichkeiten abgewogen werden, wobei der Trend zu „intelligenteren" Lösungen unverkennbar ist.

Die Prozeßgrößen können beliebige direkt meßbare Größen wie z. B. Druck, Temperatur oder nicht direkt meßbare Größen wie z. B. Konzentrationen, Stoffzusammensetzungen sein. Die erforderliche Regelungstechnik ist weitgehend entwickelt und anwendbar. Sie bietet ein Repertoir an Methoden, die der einschlägigen Literatur entnommen werden können (vgl. [Samal (1981)], [Unbehauen (1985)] u. a.).

Man unterscheidet nun Regelstrecken und Regler, da erst die Kenntnisse über die Regelstrecke das Auslegen eines geeigneten Reglers und die Realisierung von Regeleinrichtungen ermöglichen. Zur Regelstrecke gehören (vgl. Bild 4.2-3) der Prozeß, die Anlagenteile, die Meßeinrichtungen und die Stellorgane. Übrig bleibt der Regler als rein signalverarbeitende Einrichtung. Auch hier werden im folgenden zunächst Regelstrecken, d. h. verfahrenstechnische Prozesse, mit den zugehörigen Anlageteilen behandelt und anschließend geeignete Regler entwickelt.

4.3 Regelstrecken

Die Regelstrecken bestehen aus den Anlageteilen und den in ihnen ablaufenden chemischen, biologischen oder physikalischen Prozessen. Wirkungsweisen von Regelstrecken werden üblicherweise (zumindest grob) in Symboliken dargestellt, die einen Bezug zum Anwendungsbereich haben. Hier können Regelstrecken in Anlehnung an [DIN 28004 (1988) „Fließbilder verfahrenstechnischer Anlagen"] dargestellt werden. Diese Darstellung findet auch in diesem Buch häufig Anwendung, da sie sehr anschaulich ist und bei verfahrenstechnischen Prozessen gerade auch die Anordnung der Geräte einflußreich ist.

Einen höheren Abstraktionsgrad setzt der Wirkungsplan nach DIN 19226 voraus [DIN 19226 (1994)], bietet dafür aber auch die Möglichkeit, präzise die Wirkungszusammenhänge darzustellen (Bild 4.3-1). Diese Darstellungsart ist für das Entwickeln von Regelungen hilfreich und wird deshalb im folgenden ebenfalls verwandt.

Als Beispiel soll später gezeigt werden, wie die gerätetechnische Darstellung nach Bild 4.2-3 in einen Wirkungsplan überführt werden kann.

Verfahrenstechnische Prozesse weisen in der Regel mehrere Eingangsgrößen und mehrere Ausgangsgrößen auf, die häufig gekoppelt sind. In der Praxis versucht man, die signifikanten Wirkungen herauszubilden und dann möglichst einfache Ein-Ausgangsbeziehungen zu bearbeiten. Auch hier werden zuerst Regelstrecken mit einem Eingang und einem Ausgang und später Mehrgrößensysteme betrachtet.

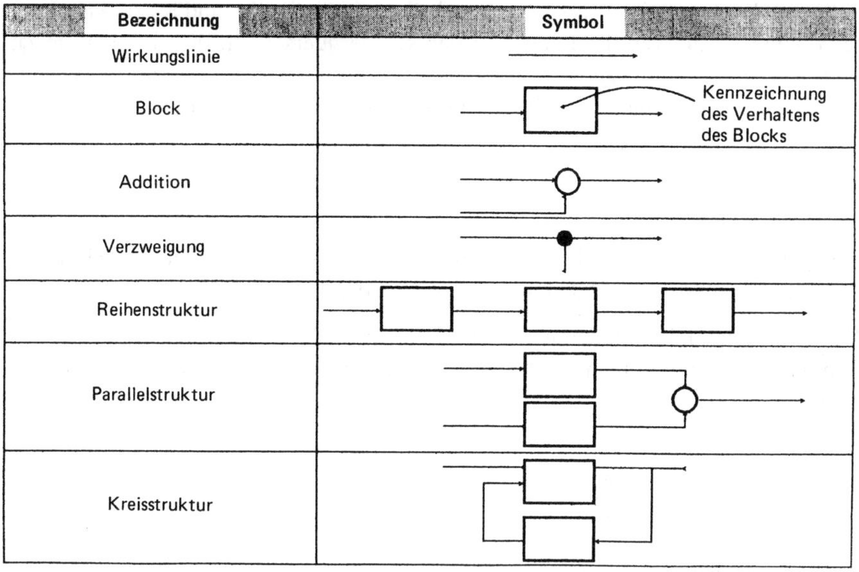

Bezeichnung	Symbol
Wirkungslinie	
Block	Kennzeichnung des Verhaltens des Blocks
Addition	
Verzweigung	
Reihenstruktur	
Parallelstruktur	
Kreisstruktur	

Bild 4.3-1 Symbolik für Wirkungspläne für Regelungen nach [DIN 19226 (1994)]

Statistisches Verhalten von Regelstrecken

Die Regelstrecke nach Bild 4.2-3 soll unter stationären Bedingungen als Beispiel untersucht werden. Stationär bedeutet, daß alle Größen zeitlich unveränderlich sind, d. h.

$$\frac{dX_i}{dt} = \frac{dY_i}{dt} = \frac{dZ_i}{dt} = 0. \qquad \text{Gl. 4.3.1}$$

Dies schließt daß Fließgleichgewicht mit ein. Im Beispiel gilt

$$X = X_0 \text{ und} \qquad \text{Gl. 4.3.2}$$

$$Z = Z_0 = Y = Y_0$$

Die durch den Index$_0$ markierten Größen geben den sog. Arbeitspunkt an.

Das Verhalten der Regelstrecke ist nun durch die im allgemeinen nichtlineare Funktion $X = F(Y,Z)$ beschrieben. Im Beispiel nach Bild 4.2-3 setzt sich diese Funktion aus zwei Anteilen zusammen

für das Stellventil im Zulauf,

$$Y = K_y \cdot Y_V \cdot \sqrt{(P_e - P_o)} \qquad \text{Gl. 4.3.3}$$

für das Stellventil im Ablauf

$$Z = K_Z \cdot Z_V \cdot \sqrt{(\rho \cdot X - P_o)}, \qquad \text{Gl. 4.3.4}$$

sofern im Reaktor kein zusätzlicher Druck überlagert wird. K_y und K_Z sind Konstante, Y_V und Z_V die Ventilstellungen, A der Reaktorquerschnitt, P_e der Druck im Zulauf, P_o der Umgebungsdruck und ρ die spezifische Dichte der Flüssigkeit. Das gesamte stationäre Verhalten der Regelstrecke kann somit durch Einsetzen mit

$$\frac{dx}{dt} = O = K_y \cdot Y_v \cdot \sqrt{(P_e - P_o)} - K_Z \cdot Z_v \cdot \sqrt{(\rho \cdot X - P_o)} \qquad \text{Gl. 4.3.5}$$

angegeben werden. Man erkennt die Rückwirkung vom Füllstand auf den abfließenden Flüssigkeitsstrom und damit wiederum auf den Füllstand.

Der Gleichung 4.3.5 können nun in der Umgebung vom Arbeitspunkt die Übertragungsfaktoren entnommen werden. Algebraisch wird dies durch Bildung des totalen Differentials

$$x \cong \left.\frac{\delta X}{\delta Y_V}\right|_{AP} \cdot y_V + \left.\frac{\delta X}{\delta Z_V}\right|_{AP} \cdot Z_V = a \cdot y_V - b \cdot z_V \qquad \text{Gl. 4.3.6}$$

bewerkstelligt. Eine Anleitung dazu kann z.B. [Rake (1993)] entnommen werden. Die dabei auftretenden mit kleinen Buchstaben bezeichneten Größen sind die sog. Abweichungsgrößen vom Arbeitspunkt AP. Der Arbeitspunkt selber ist durch den Index $_o$ gekennzeichnet, der Index $_V$ kennzeichnet die Ventilstellung.

$$\begin{aligned} x &= X - X_o, \\ y_V &= Y_V - Y_{Vo}, \\ z_V &= Z_V - Z_{Vo} \text{ und} \\ w &= W - W_o. \end{aligned} \qquad \text{Gl. 4.3.7}$$

Die Differentialquotienten geben an, wie in der Nähe des Arbeitspunktes die Übertragung, d.h. die quantitative Wirkung von der unabhängigen Eingangsgröße y oder z auf die abhängige Ausgangsgröße x ist.

Der nichtlineare Zusammenhang der Gleichung 4.3-5 kann alternativ in Form eines Kennlinienfeldes angegeben werden (Bild 4.3-2). Im Kennlinienfeld liefern Tangenten oder Sekanten an die Kennlinien im Arbeitspunkt graphische Lösungen für die Übertragungsfaktoren. Algebraische und graphische Lösungen sind gleichwertig.

Liegen die Übertragungsfaktoren vor, kann man den linearisierten Zusammenhang im Wirkungsplan darstellen (Bild 4.3-3).

Dynamische Betrachtung der Regelstrecken im Zeitbereich

Bisher wurde lediglich das statische Verhalten von Regelstrecken behandelt. Nun soll als Erweiterung das dynamische Verhalten besprochen werden. Als Beispiel dient wieder die Regelstrecke nach Bild 4.2-2. Der Füllstand stellt sich durch die entgegenwirkenden Anteile von Zulauf Y und Ablauf Z ein.

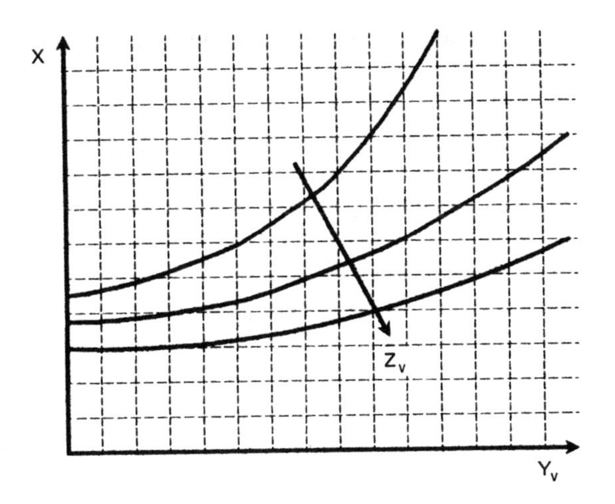

Bild 4.3-2 Kennlinienfeld der Regelstrecke nach Bild 4.2-2

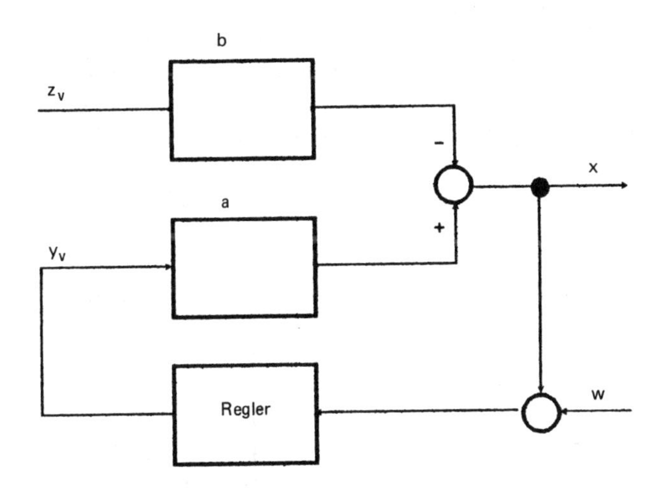

Bild 4.3-3 Wirkungsplan des Systems nach Bild 4.2-3 (unvollständig)

Der Reaktor hat nun speichernde Wirkung. Der Flüssigkeitsstand wird sich als Integral über zu- und abfließenden Flüssigkeitsstrom einstellen

$$X = K \cdot \int_0^t (Y - Z)\, d\tau + X_o. \qquad \text{Gl. 4.3.8}$$

Da die Integration als lineare Operation gegenüber der Linearisierung invariant ist, gilt mit Gl. 4.3.3 ebenfalls

$$x = K_i \cdot \int_0^t (a \cdot y_V - b \cdot z)\, d\tau. \qquad \text{Gl. 4.3.9}$$

Die Wirkung des Füllstands auf den abfließenden Flüssigkeitsstrom wird durch

$$z = c \cdot x + d \cdot z_V \qquad \text{Gl. 4.3.10}$$

beschrieben. Durch Verknüpfen mit Gl. 4.3.9 und Umformen erhält man

$$\frac{dx}{dt} = K_i \cdot (a \cdot y_V - b \cdot c \cdot x - b \cdot d \cdot z_V) \qquad \text{Gl. 4.3.11}$$

und mit

$$\frac{dx}{dt} \cdot \frac{1}{K_i \cdot b \cdot c} + x = \frac{a}{b \cdot c} \cdot y_V - \frac{d}{c} \cdot z_V \qquad \text{Gl. 4.3.12}$$

die Gleichung einer Differentialgleichung 1. Ordnung, deren Lösung einem der einschlägigen Tabellenwerke entnommen werden kann. Zur Charakterisierung des dynamischen Verhaltens eines Systems werden in der Regelungstechnik häufig die Antwort dieses Systems auf ein Standard-Signal genutzt. Die Antwort auf eine sprungförmige Änderung des Eingangssignals (bezogen auf die Sprunghöhe) ist die sog. Sprungantwort. Diese ist für das gegebene System im Bild 4.3-4 wiedergegeben.

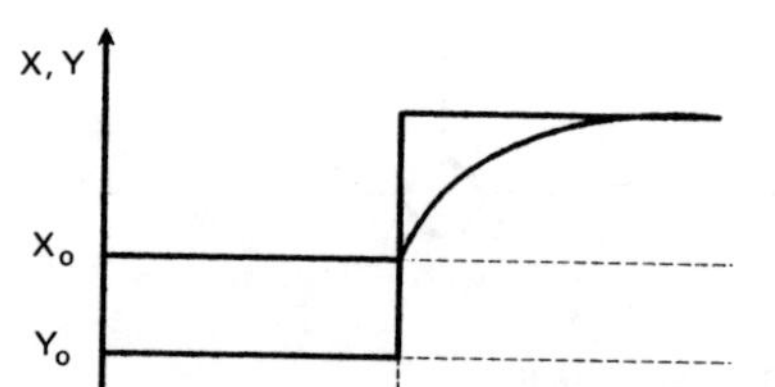

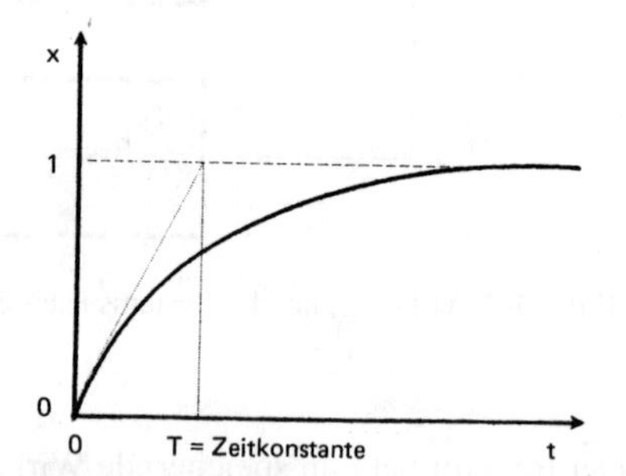

Bild 4.3-4 Änderung des Flüssigkeitsstands im Reaktor bei sprungförmiger Änderung des zufließenden Flüssigkeitsstroms bei $t = t_o$

Im allgemeinen wird das dynamische Verhalten durch Integro-Differentialgleichungen beschrieben. Um zu möglichst übersichtlichen Wirkungsplänen zu kommen, bemüht man sich um Aufteilung dieser Gleichungen in einfache Komponenten. Ein bestimmter Satz von Komponenten hat sich als praktisch herausgebildet. Einen Auszug dieses Satzes zeigt Tabelle 4.3-5.

Tabelle 4.3-5 Symbolik für dynamische Systeme [DIN 19226 (1994)]

Art des Blocks	Übertragungsverhalten	Symbol im Block
P-Glied	$v(t) = Kp\ u(t)$	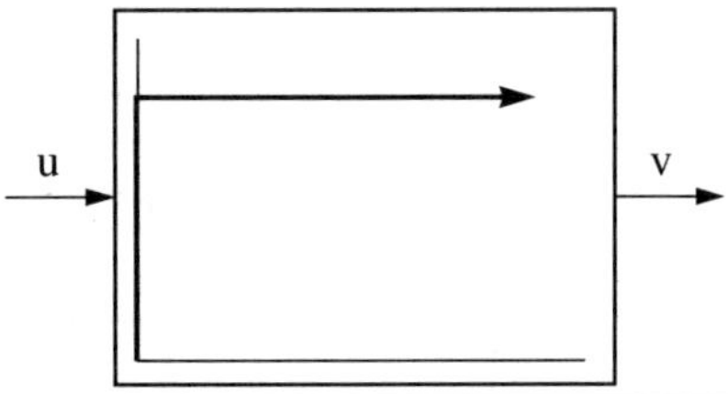 u → v
I-Glied	$v(t) = Ki \cdot \int u(t)\,dt$	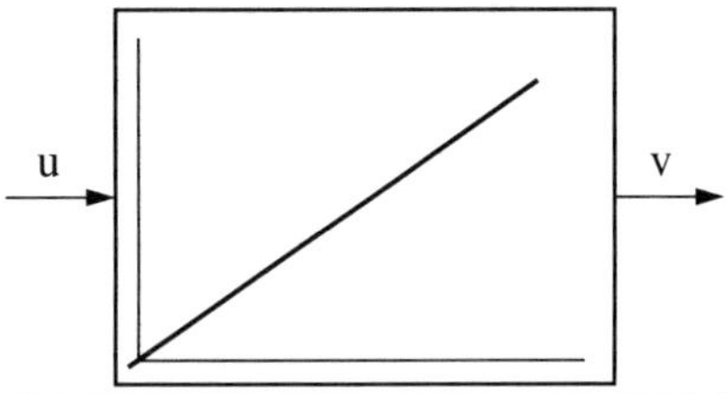 u → v
D-Glied	$v(t) = Kd \frac{d}{dt} u(t)$	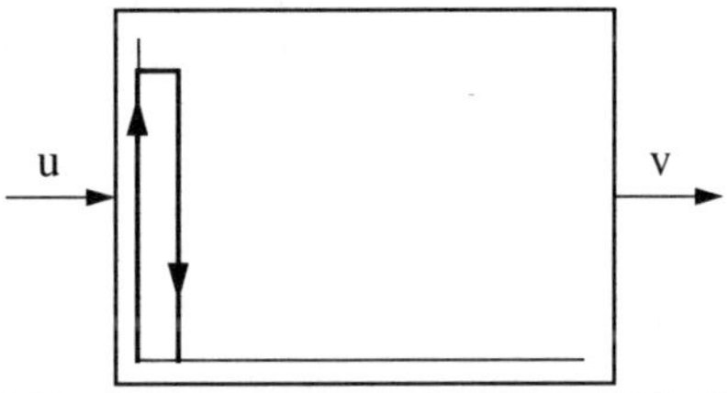 u → v
Tt-Glied	$v(t) = u(t - Tt)$	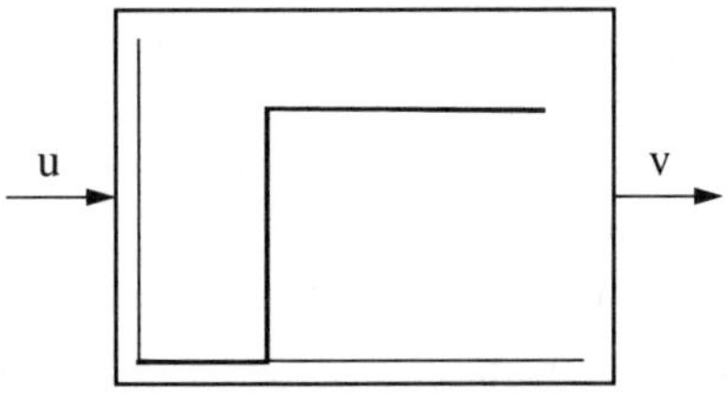 u → v

Mit Hilfe dieser Symbolik kann nun der vollständige Wirkungsplan für das Beispiel in Bild 4.2-3 angegeben werden (Bild 4.3-6).

In Chargenprozessen gibt es nun einige immer wieder vorkommende dynamische Eigenschaften. Einige der bei Chargenprozessen üblichen Streckenverhalten sollen im folgenden diskutiert werden.

Einfluß der Reaktionskinetik auf Regelstrecken

In verfahrenstechnischen Anlagen sind chemische und physikalische Prozesse überlagert, d. h., sie finden unter makroskopischer Betrachtung gleichzeitig statt. Die mikroskopische Betrachtung hilft, die Dynamik besser zu verstehen.

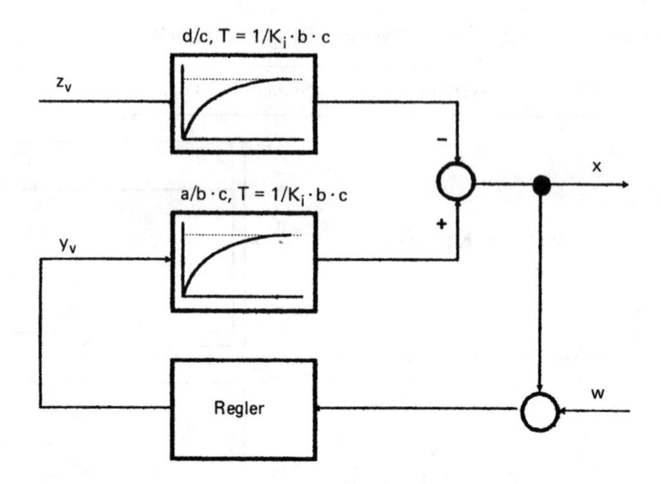

Bild 4.3-6 Wirkungsplan für das System nach Bild 4.2-2

Chemische Prozesse finden im molekularen Bereich statt. Ihre nicht linearen dynamischen Gesetzmäßigkeiten werden Reaktionskinetik genannt. Viele derartige Prozesse finden gleichzeitig statt, sind aber zu einem Zeitpunkt in unterschiedlichen Reaktionsstadien.

Die physikalischen Prozesse wie Transport- und Wärmeprozesse sind den chemischen Prozessen überlagert. Durch die physikalischen Prozesse finden Kopplungen der chemischen Prozesse statt. So kann z. B. durch verstärktes Rühren die Gesamtreaktionszeit u. U. verkürzt werden. Im allgemeinen stellen die physikalischen Bedingungen die Randbedingungen für die chemischen Reaktionen dar. Unter gleichen physikalischen Randbedingungen laufen chemische Prozesse reproduzierbar ab. Es sei darauf hingewiesen, daß diese Aussage nicht für biologische Prozesse gilt. Daraus können zwei Folgerungen angestellt werden:

1. Durch geeignete Vorgabe physikalischer Randbedingungen kann der Reaktionsablauf vorherbestimmt werden. Neben der Anlagentechnik ist dazu die Automatisierungstechnik geeignet zu gestalten. Somit liefert die Automatisierungstechnik einen nicht unbedeutenden Anteil zu Zuverlässigkeit, Reproduzierbarkeit und Qualität.

2. Die Überlagerung der chemischen und physikalischen Prozesse findet sich auch in der Dynamik der Regelstrecken wieder. Häufig laufen sie in stark unterschiedlichen Zeitbereichen ab. Das Übertragungsverhalten ähnelt dann einem System mit Totzeit und Verzögerung.

Regelstrecken mit und ohne Ausgleich

Im Beispiel nach Bild 4.2-2 sei der Zulauf $Y \neq 0$, dagegen der Ablauf $Z = 0$. Nach Gl. 4.3.8 ändert sich der Füllstand derart, daß er bei konstantem Y linear mit der Zeit ansteigt. Regelstrecken mit einem derartigen Verhalten, bei dem bei endlicher Eingangsgröße die Ausgangsgröße streng monoton über alle Grenzen wächst, nennt man Strecken ohne Ausgleich.

Öffnet man das Ventil im Ablauf, d. h. $Z \neq 0$, dann steigt mit dem Füllstand auch der abfließende Flüssigkeitsstrom. Dadurch stellt sich eine Rückwirkung vom Füllstand über den abfließenden Flüssigkeitsstrom auf den Füllstand ein. Der Füllstand wird nicht über alle Grenzen steigen, sondern sich einem Endwert nähern. Derartige Strecken nennt man Regelstrecken mit Ausgleich.

Regelstrecken mit verzögerndem Verhalten

Im Beispiel nach Bild 4.2-2 sei der Zulauf $Y \neq 0$ und der Ablauf $Z \neq 0$. Nach Gl. 4.3.12 ändert sich der Füllstand nach einer linearen Differentialgleichung 1. Ordnung. In der Lösung in Bild 4.3-4 sieht man, daß bei einer sprungförmigen Änderung des Zulaufs Y der Füllstand nach einer Exponentialfunktion einen neuen Endwert annimmt. Man nennt dieses Verhalten verzögernd 1. Ordnung. Durch Reihenkopplung von n Regelstrecken mit Verzögerung 1. Ordnung erhält man Regelstrekken mit Verzögerung n-ter Ordnung.

Regelstrecken mit Totzeit

Regelstrecken mit Totzeit sind solche, bei denen eine sprungförmige Änderung einer Eingangsgröße ebenfalls eine sprungförmige Änderung der Ausgangsgröße bewirkt, diese Änderung aber erst nach einer Totzeit eintritt. Typische Beispiele sind Transportprozesse (z. B. Rohrleitungen, Transportbänder). Chemische Prozesse weisen häufig totzeitähnliches Verhalten auf, z. B. dann, wenn Reaktionen erst nach einer Zeit „anspringen“.

Zusammenfassung des Verhaltens von Regelstrecken von Chargenprozessen

Die oben ausgeführte linearisierte Beschreibung des statischen und dynamischen Verhaltens der Regelstrecken ist einerseits wichtig, um geeignete Reglereinstellungen ermitteln zu können. Die Beschreibung der Regelstrecke durch ein linearisiertes Modell ist andererseits jedoch nur in der Nähe des Arbeitspunktes gültig. Verfahrenstechnische Prozesse sollen aber über weite Bereiche der Kennlinienfelder automatisiert betrieben werden. Deshalb wird in der Praxis nur in Ausnahmefällen mit Abweichungsgrößen gearbeitet. Diesbezüglich weicht Darstellung und Inhalt des vorliegenden Buches von der gängigen Literatur der Regelungstechnik ab.

Die Beschreibung der in den verfahrenstechnischen Anlagen auftretenden Größen und Signale bezüglich der Werte und der Zeitpunkte erfolgt üblicherweise kontinuierlich oder quasikontinuierlich. Beide Beschreibungsformen sind abgesehen von den Quantisierungsfehlern bei quasikontinuierlichen Beschreibungen gleichwertig. Zeitdiskrete oder wertdiskrete Beschreibungen sind eher unüblich. Deshalb beschränken sich die Darstellungen hier auf den anschaulichen Fall der zeitkontinuierlichen Beschreibung.

4.4 Regler und Regelkreise

Die beabsichtigte Wirkung von Reglern ist, Prozesse zu stabilisieren, d. h. Störeinflüsse zu eliminieren und Regelgrößen möglichst gut auf vorgegebenen Sollwerten zu führen.

Auch Regler haben wie die Regelstrecken ein statisches und dynamisches Verhalten. Wir setzen zunächst voraus, daß die Regler ideales lineares Verhalten haben. Später werden wir die Grenzen dieser Voraussetzung diskutieren.

Aufgabe ist nun, herauszufinden, welcher Regler geeignet ist. Prinzipiell besteht die Möglichkeit, Reglern beliebiges Verhalten aufzuprägen, solange die Gesetze der Physik dieses erlauben.

Die Aufgabe, einen geeigneten Regler auszuwählen, läßt sich in die Auswahl der Struktur und der Parameter teilen. Während zur Strukturauswahl das statische und dynamische Verhalten der Regelstrecke lediglich qualitativ bekannt sein muß, ist zur Parameterauswahl zumindest näherungsweise die quantitative Beschreibung des Verhaltens der Regelstrecke erforderlich. Hilfestellungen für die Strukturauswahl bietet Tabelle 4.4-1 und für die Parameterwahl Tabelle 4.4-2.

Im Beispiel aus den Bildern 4.2-2 und 4.2-3 ist der Regelkreis durch einen „geeigneten" Regler zu schließen. Die Regelstrecke ist je nach Stellung mit oder ohne Ausgleich. Die Dynamik ist verzögernd mit 1. Ordnung. Dazu bietet sich ein proportional wirkender Regler mit

$$y_V = -K_R \cdot x \qquad \text{Gl. 4.4.1}$$

an. Mit der Differentialgleichung der Regelstrecke Gl. 4.3.12 gilt

$$\frac{dx}{dt} \cdot \frac{1}{K_i \cdot b \cdot c} + \left(1 + \frac{a}{b \cdot c} \cdot K_R\right) \cdot x = -\frac{d}{c} \cdot z_V \qquad \text{Gl. 4.4.2}$$

Damit ist das Verhalten des gesamten Regelkreises wieder ein verzögerndes Verhalten 1. Ordnung. Die Dynamik des Gesamtsystems hängt nun von der Wahl des Reglerparameters K_R ab. Mit den Einstellregeln nach Tabelle 4.4-2 ist mit der Kenntnis der Streckendynamik (s. z. B. Bild 4.3-4) ein günstiger Wert für K_R zu finden.

Das Verhalten des offenen und des geschlossenen Regelkreises ist in Bild 4.4-3 gegenübergestellt. Variiert man den Reglerparameter K_R, wird dadurch das Verhalten des Regelkreises maßgeblich beeinflußt (Bild 4.4-3).

Hat man das dynamische Verhalten vom geschlossenen Regelkreis im Arbeitspunkt im Griff, müssen die Grenzen der Anwendbarkeit der Regelung untersucht werden. Technisch ausgeführte Regler haben einen Bereich, in dem sie linear arbeiten. Darüber hinaus ist ihre Ausgangsgröße, die Stellgröße Y, unabhängig von den Eingangs-

Tabelle 4.4-1: Hilfestellung zur Strukturauswahl für Regler [Oppelt (1967)]

a) Vorgehensweise

Schritt	Vorgehen
1	Dynamik der Strecke explizit oder implizit durch möglichst einfache Differentialgleichung n-ter Ordnung beschreiben
2	Ordnung n gibt den Verlauf an; die größte Zeitkonstante gibt das Anfangsverhalten an
3	Auswahl des gewünschten Regelverhaltens
4	Wahl des Reglertyps
5	Wahl der Reglerparameter
	Das skizzierte Vorgehen kann wiederholt auf Kaskadenstrukturen angewandt werden.

b) Mögliche Wege für unterschiedliche Regelstrecken

Weg	Regelstrecken			
	mit Ausgleich			ohne Ausgleich
	1. Ordnung	2. Ordnung	3. Ordnung und höher	
analytisch	PI-Regler, gewünschte Dämpfung einstellen	Tu/Tg-Modell, Parameter nach Chien, Hrones und Reswick	Ersatzmodell: Eine Große Zeitkonstante + Summe der kleinen Zeitkonstanten, dann Symmetrisches Optimum oder Betragsoptimum	P-Regler, sonst wie bei Strecken mit Ausgleich
experimentell	Schwingversuch liefert kritische Frequenz, Einstellung nach Ziegler-Nichols	Sprungversuch liefert Tu/Tg-Modell, Parameter nach Chien-Hrones und Reswick	Sprungversuch liefert Tu/Tg-Modell, Parameter nach Chien-Hrones und Reswick	P-Regler, sonst wie bei Strecken mit Ausgleich

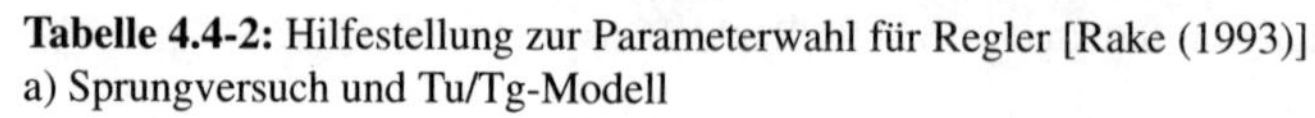

Tabelle 4.4-2: Hilfestellung zur Parameterwahl für Regler [Rake (1993)]
a) Sprungversuch und Tu/Tg-Modell

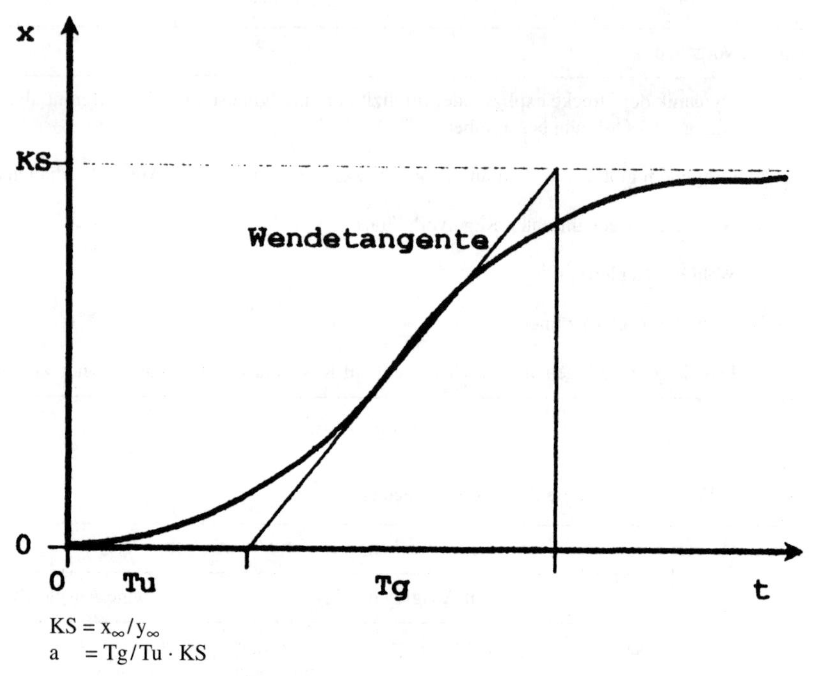

$KS = x_\infty / y_\infty$
$a = Tg / Tu \cdot KS$

b) Einstellregeln nach Sprungversuch für aperiodischen Verlauf der Regelgröße

Reglertyp	Reglerparameter	gutes Störverhalten	gutes Führungsverhalten
P	KR	$0{,}3 \cdot a$	$0{,}3 \cdot a$
PI	KR	$0{,}6 \cdot a$	$0{,}35 \cdot a$
	Tn	$4 \cdot Tu$	$1{,}2 \cdot Tg$
PID	KR	$0{,}95 \cdot a$	$0{,}6 \cdot a$
	Tn	$2{,}4 \cdot Tu$	$1 \cdot Tg$
	Tv	$0{,}42 \cdot Tu$	$0{,}5 \cdot Tu$

größen. Man nennt den Bereich, in dem die Stellgröße proportional der Regeldifferenz X-W ist, den Proportionalbereich des Reglers.

Ist die Regeldifferenz X-W über längere Zeit $\neq 0$, so läuft der reale Integrierer in die sog. I-Sättigung, d. h. entweder in eine Begrenzung oder in ein speicherndes Verhalten bezüglich der Ausgangsgröße. Derartige Zustände, die grundsätzlich mit Reglern verbunden sind, die speichernden Charakter haben, d. h. mit integrierenden Reglern, müssen vermieden werden.

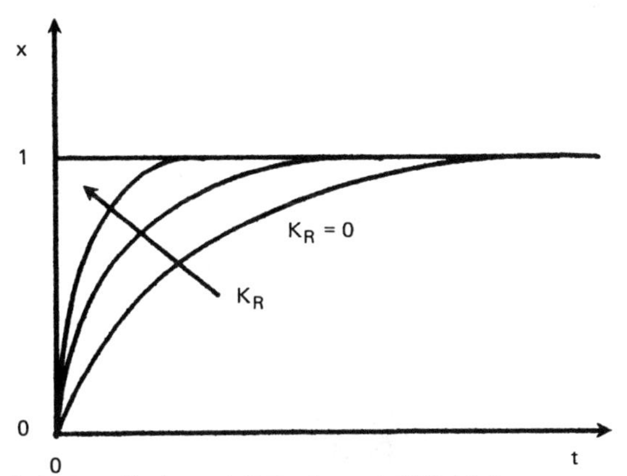

Bild 4.4-3 Dynamik des Regelkreises mit P-Regler nach Bild 4.2-3

Die nächste Klasse von Problemen sind An- und Abfahrprobleme. Wir haben gesehen, daß die Reglerauslegung immer nur in der Nähe eines Arbeitspunktes gilt. Um in den Arbeitspunkt zu gelangen, muß die Regelstrecke durch das Kennlinienfeld gefahren werden. Zwangsläufig ist die (üblicherweise feste) Reglereinstellung in den dabei durchlaufenen Arbeitspunkten nicht optimal. Im Extremfall können sogar durch die Regelung Instabilitäten hervorgerufen werden. Analoges gilt für das zielgerichtete Verlassen des Arbeitspunktes. Die praktizierte Lösung besteht darin, daß die Regelungen während des An- und Abfahrens außer Kraft gesetzt sind und nur in der Nähe des Arbeitspunktes aktiviert werden.

Mehrgrößenregelungen

Zur weiteren Betrachtung erweitern wir das Beispiel um eine Temperaturregelung (Bild 4.4-4). Mit Hilfe einer Mantelheizung soll die Temperatur im Inneren des Reaktors beeinflußt werden können.

Nun liegt eine Mehrgrößenregelung mit den zwei Regelgrößen Flüssigkeitsstand und Temperatur vor. Die Regelkreise sind miteinander gekoppelt. Zwar ist die Wirkung der Temperatur auf den Flüssigkeitsstand in der Regel zu vernachlässigen, dafür ist aber die Wirkung von Flüssigkeitsstand auf die Dynamik der Temperaturregelung deutlich ausgeprägt. Je größer der Flüssigkeitsstand ist, um so träger verhält sich die Temperaturregelstrecke (Bild 4.4-5).

Wir legen trotzdem die Temperaturregelung analog zur Füllstandsregelung als Eingrößenregelung aus. Dazu setzen wir zunächst voraus, daß der Flüssigkeitsstand immer gleich dem üblichen Sollwert ist. Damit läßt sich ein PI-Regler aus Tabelle 4.4-1 auswählen und die Reglerparameter nach Tabelle 4.4-2 einstellen. Das erzielte Regelungsergebnis ist in Bild 4.4-6 als asymptotische Linie wiedergegeben. Das Regelergebnis ist als gut zu bezeichnen, wenn die Temperatur zügig in das gewählte Toleranzband eintritt und ohne Überschwingen über den Temperatursollwert sich diesem nähert.

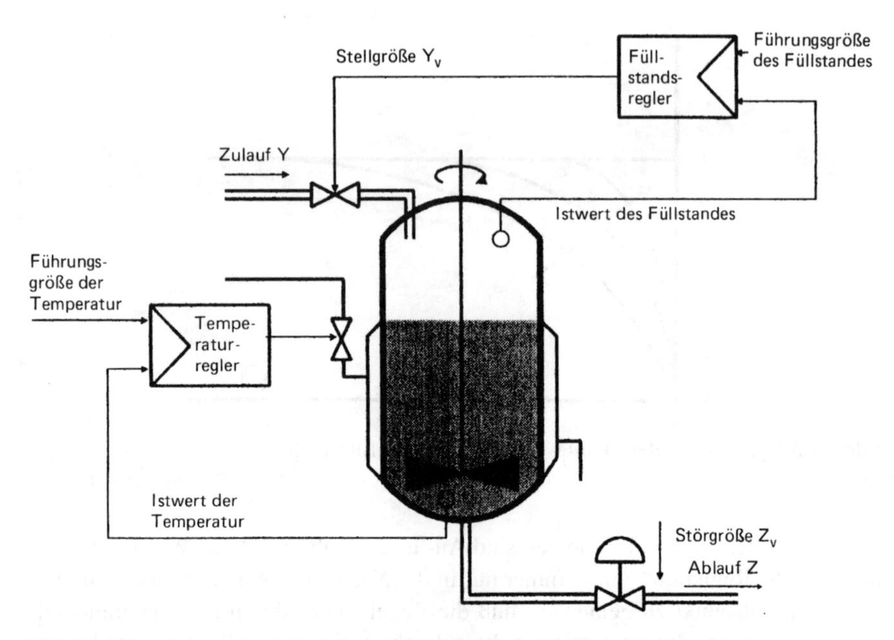

Bild 4.4-4 Erweiterung des Beispiels nach Bild 4.2-2 um eine Temperaturregelung

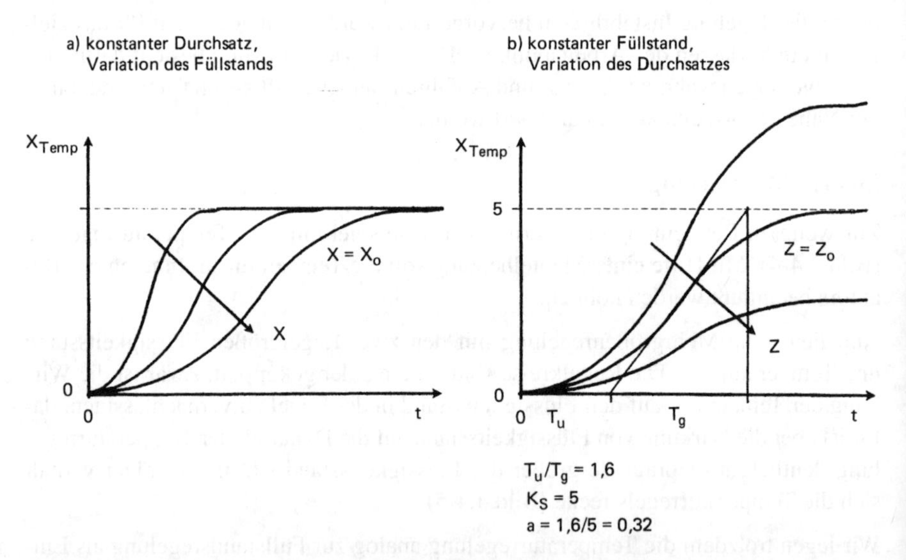

Bild 4.4-5 Dynamik der Temperierstrecke in verschiedenen Arbeitspunkten

Nun wird der Füllstand geviertelt. Die schwingende Linie in Bild 4.4-6 zeigt das Regelergebnis. Offensichtlich ist die gewählte Regelung nicht robust gegen Schwankungen der Eigenschaften der Regelstrecke, und man sieht, daß der Regelkreis schwach gedämpfte Schwingungen ausführt. Weiteres Senken des Füllstandes führt zu einem instabilen Regelkreis.

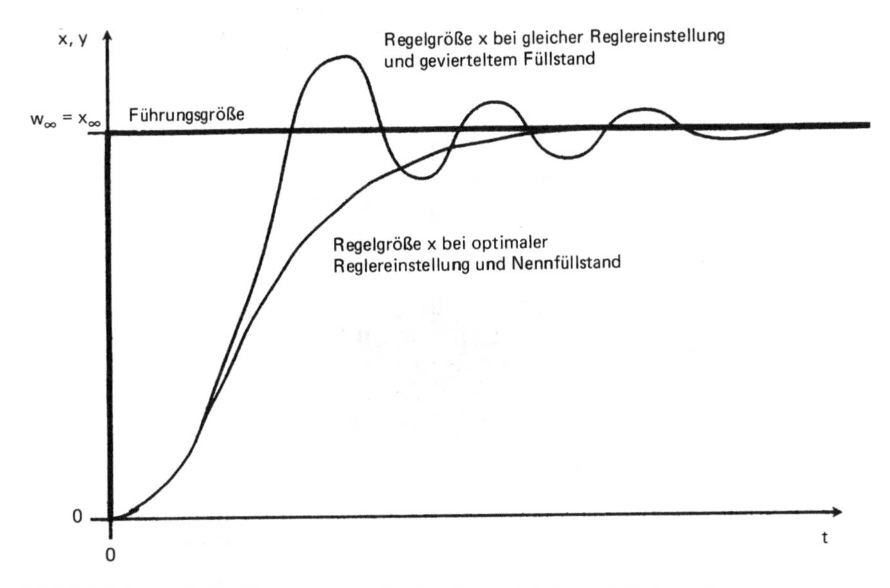

Bild 4.4-6 Dynamik des Temperaturregelkreises in verschiedenen Arbeitspunkten

Die Angst vor Instabilitäten bei Arbeitspunktänderungen ist der Grund, weswegen in der chemischen Industrie Regler häufig nicht optimal eingestellt werden. Es gibt nun verschiedene Ansätze, das Problem zu lösen. Ist der Fall so einfach gelagert wie im gegebenen Beispiel, ist die beste Lösung, die Reglerparameter in Abhängigkeit vom Füllstand zu verändern. Bild 4.4-7 zeigt die Struktur des Regelkreises. Das erzielte Regelergebnis ist in Bild 4.4-6 nicht eingetragen, weil es für einen weiten Bereich des Füllstandes dem Verlauf der durchgezogenen Linie entspricht. Dieses Verfahren wird in der Literatur gesteuerte Adaption oder, wenn nur K_R gesteuert wird, Gain Scheduling genannt. Es wird in der Praxis seit vielen Jahren angewandt. Es ist immer dann anwendbar, wenn

1. die Dynamik des einen Regelkreises von der anderen Regelgröße abhängt und nicht umgekehrt und
2. die Wirkung von der Regelgröße auf die Dynamik des anderen Regelkreises vollständig bekannt ist.

Sind die Voraussetzungen für Gain Scheduling nicht gegeben, so sind adaptive Verfahren mit Identifikation anwendbar. Auch diese Verfahren sind in der Theorie weitgehend entwickelt (s. z. B. [Unbehauen (1985)], werden aber in der Praxis der chemischen Industrie bislang wegen ihrer Komplexität und damit verbundenen Undurchschaubarkeit der Dynamik sehr selten eingesetzt.

Eine weitere, häufiger praktizierte Möglichkeit ist die gezielte Steuerung der Regelungen durch Sollwertvorgabe. Grundidee dabei ist die Entkopplung der Regelkreise durch Spezifikation der Regelaufgabe. Im Beispiel läßt sich das in etwa so spezifizieren:

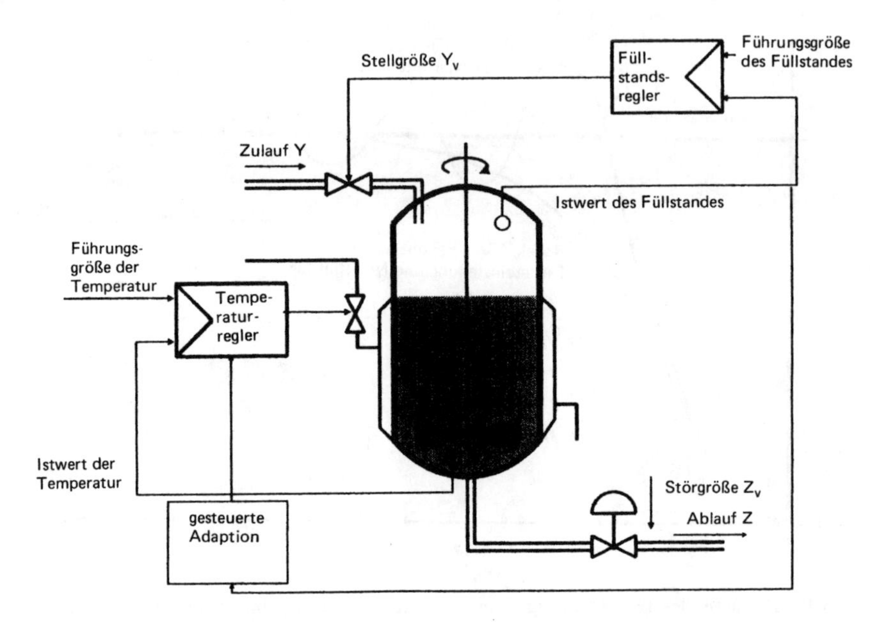

Bild 4.4-7 Struktur des Regelkreises aus Beispiel 4.4-5 mit Gain Scheduling

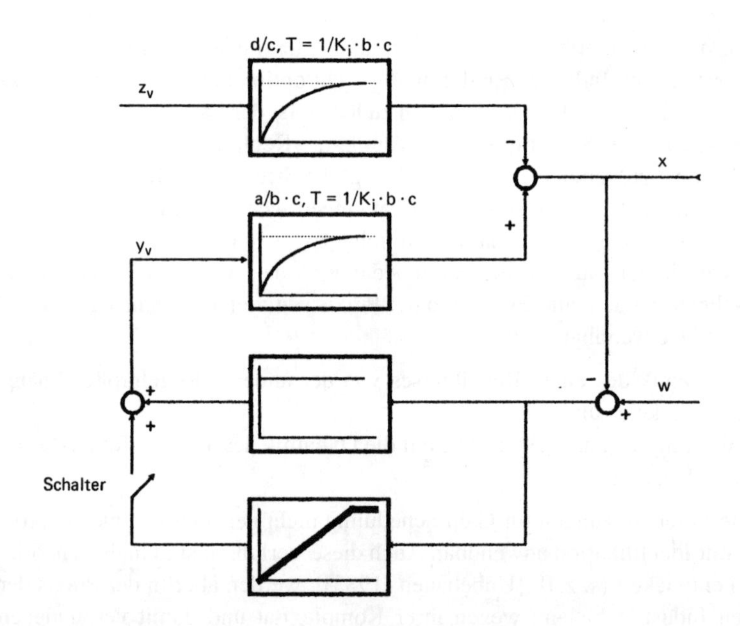

Bild 4.4-8 Zum Problem der I-Sättigung bei Strukturumschaltung

Schritt 1. Der Reaktor soll bis zum Sollwert für den Flüssigkeitsstand gefüllt werden. Bis zum Erreichen des Toleranzbandes bleibt die Temperaturregelung außer Betrieb.

Schritt 2. Der Reaktor soll mit einer bestimmten Änderungsrate, genannt Rampe, von der Umgebungstemperatur auf die Solltemperatur gefahren werden.

Diese Lösung ist in einigen Fällen sehr einfach und wirkungsvoll, birgt aber das Problem, Strukturumschaltungen durchführen zu müssen. Dies ist immer dann schwierig, wenn die Regler integrierende Wirkung haben. Bild 4.4-8 verdeutlicht das Problem. Solange der Regelkreis aufgetrennt ist und die Regelgröße nicht (zufällig) genau gleich dem Sollwert, besteht eine Regeldifferenz, über die nun integriert wird. Theoretisch steigt der Wert der Integration über alle Grenzen. Welcher Wert der Stellgröße praktisch eingenommen wird, hängt von der technischen Realisierung des Reglers ab. Wird der Regelkreis geschlossen, nimmt er seine Tätigkeit mit dem Startwert der I-Sättigung auf. Verfahren zur Abhilfe sind z. B. in [Pestel, Kollmann (1968)] beschrieben und in Prozeßleitsystemen einfach realisierbar.

4.5 Steuerungstechnik

4.5.1 Modellierung der Prozesse

Die Aufgabe der Steuerungstechnik ist ähnlich der Aufgabe der Regelungstechnik beschreibbar: Der Prozeß und damit die Anlage sollen gezielt in Zustände gefahren (und dort nach Möglichkeit gehalten) werden. Dies geschieht normalerweise basierend auf Zustandsmeldungen aus der Anlage. Der Unterschied der Aufgaben der Regelungstechnik und der Steuerungstechnik besteht in erster Linie darin, daß sich die Regelungstechnik mit dem Konstanthalten und Führen von Größen befaßt, während die Steuerungstechnik sich mit Ereignissen und diskreten Zuständen in Prozeß und Anlage befaßt. Zur Beschreibung der Zustände und der Ereignisse entsprechenden Zustandsübergänge gibt es unterschiedliche Formen. Eine mögliche Beschreibung stellen Zustandsdiagramme dar, welche alle relevanten Zustände eines Systems und die für die Zustandsübergänge notwendigen und hinreichenden Bedingungen wiedergeben. Zustände werden durch Kreise und Zustandsübergänge durch Pfeile repräsentiert. Ein auf dem Beispiel aus Bild 4.4-5 aufbauendes Zustandsdiagramm zeigt Bild 4.5-1. Sowohl Zustände als auch Übergänge können durch logische Elementaraussagen als auch beliebig komplexe Verknüpfung derselben dargestellt werden. Das durch das Zustandsdiagramm beschriebene System nimmt zu jedem Zeitpunkt genau einen der Zustände ein. Dadurch sind sehr kompakte Darstellungen möglich.

Prozeß und Anlage können folgende Zustände einnehmen:

- Reaktor ist leer,
- Reaktor wird gefüllt oder geleert,
- Reaktor ist gefüllt, d. h. der Füllstand ist auf Sollwert,
- Flüssigkeit wird temperiert,
- Flüssigkeit ist auf Solltemperatur,
- Rührer läuft oder
- Rührer läuft nicht.

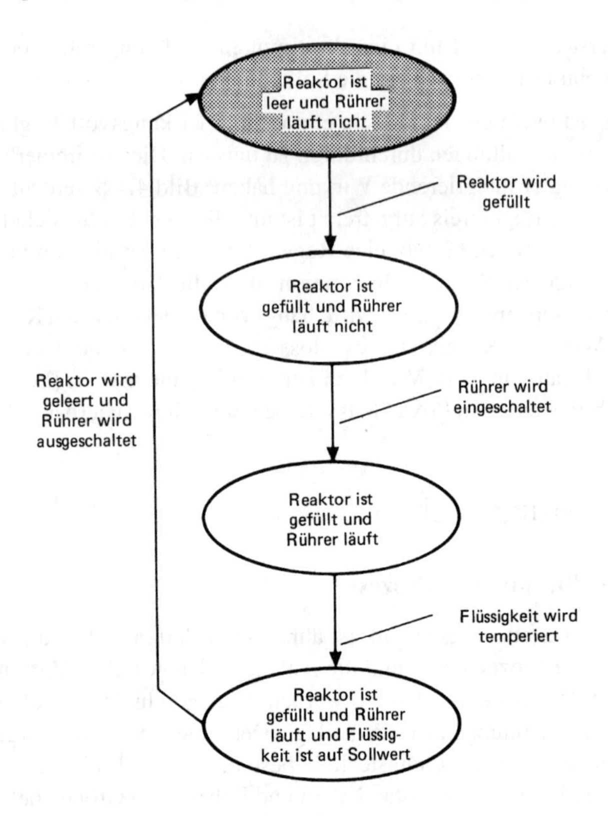

Bild 4.5-1 Zustände des Beispiels nach Bild 4.4-5

Zustandsdiagramme sind eine gute Hilfe in der Annäherung an die Beschreibung diskreter Systeme und finden gerade wegen ihrer Kompaktheit in der Praxis häufig Anwendung. Nachteilig ist, daß diese Diagramme zur Definition der möglichen Zustände und Übergänge keine Hilfe bieten. So kann z. B. „Flüssigkeit ist auf Solltemperatur" sowohl als Zustand als auch als Übergangsbedingung aufgefaßt werden. Darüber hinaus lassen sich Nebenläufigkeiten, z. B. das gleichzeitige Auftreten der Zustände „Reaktor wird gefüllt" und „Rührer läuft", nur in einem Kreis als komplexe Zustandsbeschreibung angeben. Das führt dazu, daß Zustandsdiagramme häufig unvollständig sind.

Eine deutlich verbesserte Beschreibung läßt sich durch die Anwendung von Petri-Netzen erhalten (Bild 4.5-2) [Abel (1990)]. Petri-Netze sind ein formal exaktes Beschreibungsmittel für Zustände, Zustandsübergänge und die Bedingungen für Zustandsübergänge. Sie basieren auf der (zweiwertigen) Logik. Es gibt sie in unterschiedlich kompakten Beschreibungsformen. Hier werden ausschließlich binäre Netze (Stellen-Transitionsnetze) verwandt. Heute werden Petri-Netze gern zur Klärung von Grundsatzfragen herangezogen; die praktische Ausführung von Steuerungen wird dagegen z. B. mit Hilfe von auf Petri-Netzen basierenden Funktionsplänen nach [DIN 40719 (1992)] vorgenommen.

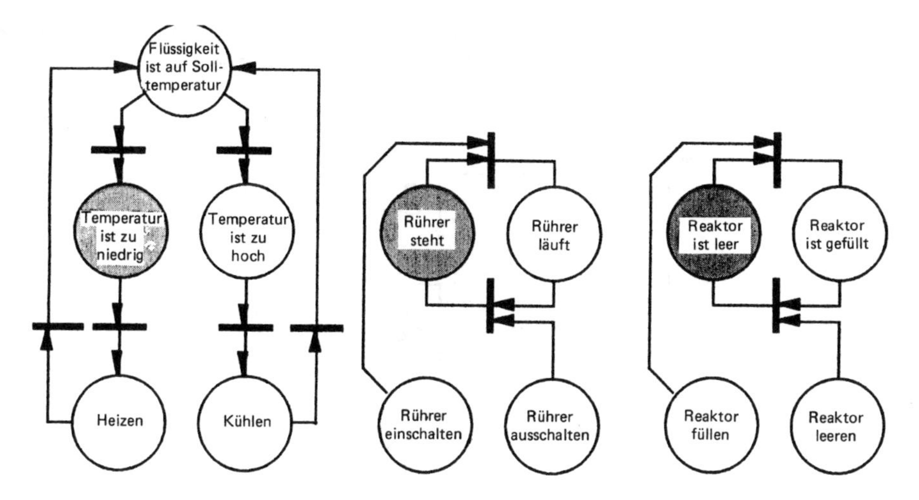

Bild 4.5-2 Petri-Netz zum Beispiel nach Bild 4.4-5 mit Markierung des Anfangszustands

4.5.2 Modellierung von Steuerungen

Bisher haben wir uns mit der Modellierung von Prozessen befaßt. Im nächsten Schritt sollen nun die Steuerungen von Prozessen betrachtet werden. Diese Steuerungen sind wiederum Prozesse, die im Prinzip mit Hilfe der o. a. Methoden beschreibbar sind. Dennoch haben sich in der Praxis andere Formen herausgebildet, die im folgenden vorgestellt werden sollen.

Man unterscheidet zwischen Verknüpfungssteuerungen und Ablaufsteuerungen.

Verknüpfungssteuerungen

Eine Verknüpfungssteuerung ordnet den Zuständen der Eingangssignale durch logische Verknüpfungen definierte Zustände der Ausgangssignale zu. Auch Steuerungen mit einzelnen Speicherfunktionen, die jedoch keinen zwangsläufigen schrittweisen Ablauf haben, werden so benannt [DIN 19226 (1994)].

Zum Entwurf und zur Darstellung sind die Techniken und Symboliken, die auf der Booleschen Algebra aufbauen, geläufig. Die Norm legt die Symbole nach [DIN 19239 in DIN 19226 (1993)] fest. Eine mögliche Verknüpfungssteuerung für das Beispiel nach Bild 4.4-5 zeigt Bild 4.5-3.

Ablaufsteuerungen

Eine Ablaufsteuerung ist eine Steuerung mit zwangsläufig schrittweisem Ablauf, bei der der Übergang von einem Schritt auf den oder die programmäßig folgenden Schritte abhängig von Übergangsbedingungen erfolgt.

Eine Reihe von Darstellungsformen von Ablaufdiagrammen sind üblich. Sie reichen von Anweisungslisten über die in den USA gebräuchlichen Ladder-Diagramme bis hin zu den auf den Petri-Netzen aufbauenden Funktionsplänen (sog. Sequential Function Charts) nach [DIN 40719 (1992)], siehe auch Bild 4.5-4).

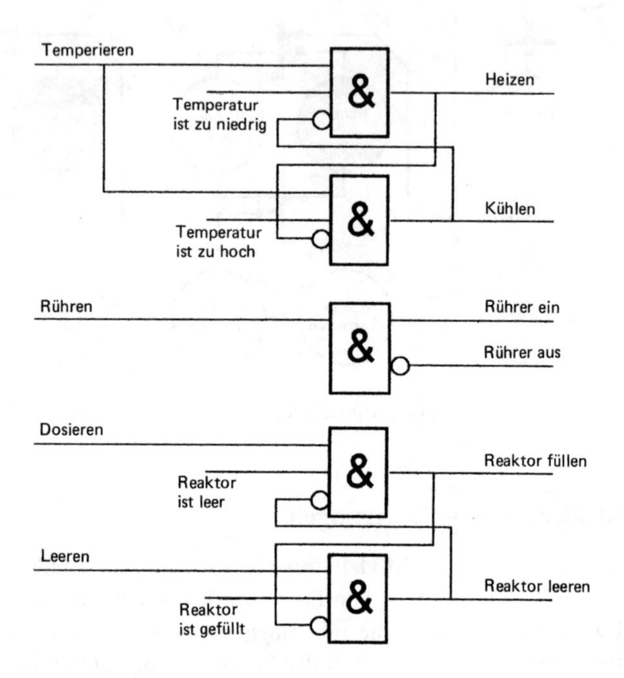

Bild 4.5-3 Verknüpfungssteuerungsaufgabe zum Beispiel nach Bild 4.4-5

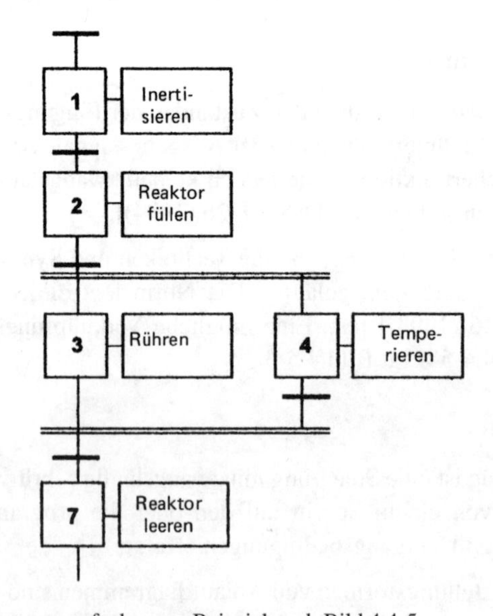

Bild 4.5-4 Ablaufsteuerungsaufgabe zum Beispiel nach Bild 4.4-5

4.6 Hierarchische Mehrebenensteuerungen

Die Aufgaben der Regelung von Chargenprozessen ist eine Unteraufgabe der Führung von Produktionssystemen. Deshalb ist es sinnvoll, die Ziele, die mit einem Produktionssystem erreicht werden sollen, derart zu zerlegen, daß ein hierarchisches Zielsystem entsteht. Diese Vorgehensweise ist möglich und gut geeignet für räumlich begrenzte Produktionssysteme, die überschaubar sind und innerhalb derer eine eindeutige Pflichtendelegation im Sinne der Betreiberverantwortung nach [BImSchG §52a (1990)] erforderlich ist. Die skizzierte Vorgehensweise ist nicht mehr anwendbar, wenn es um größere Komplexe, z. B. Unternehmen geht.

Ausgangspunkt ist das Ebenenmodell der chemischen Produktion nach [NAMUR (1992)]. Anhand dieses Ebenenmodells kann eine Zielhierarchie entwickelt werden (Bild 4.6-1). Jede Ebene ist als Regelkreis zu verstehen, die den Soll-Ist-Vergleich zwischen Vorgaben der übergeordneten Ebene und den erreichten Ergebnissen machen. Daraus werden dann Vorgaben für die unterlagerte Ebene erarbeitet. Informationen aus der Unterlagerten Ebene werden jeweils verdichtet.

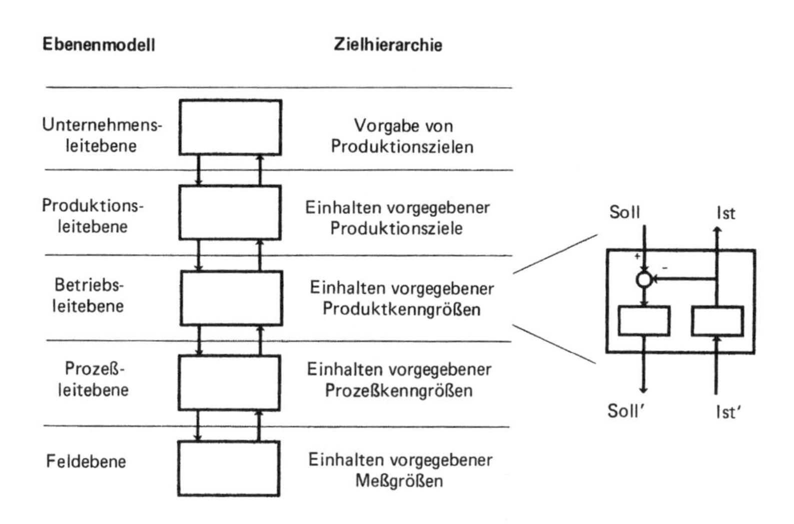

Bild 4.6-1 Funktionales Ebenenmodell

Aus der Zielhierarchie lassen sich dann die Regelungsaufgaben und die Hilfsmittel für die Mehrebenenregelung ableiten (Bild 4.6-2).

Ebenen	Aufgaben	Mittel
...	...	...
Betriebsleitebene	Produktkenngrößen regeln (Qualität, Menge, Termin)	Mensch und Betriebsführungs-system
Prozeßleitebene	Prozeßkenngrößen regeln (Energieeinhalt, Viskosität, Prozeßzustände)	gehobene Regelungstechnik
Feldebene	Meßgrößen regeln (Temperatur, Durchsfluß, Füllstand)	klassische Regelungstechnik

Bild 4.6-2 Regelungsaufgaben und eingesetzte Technik

Literatur zu Kapitel 4

[Schuler (1992)]: Schuler, H.: Was behindert den praktischen Einsatz moderner regelungstechnischer Methoden in der Prozeßführung? atp Heft 3/1992. R. Oldenbourg, München, Wien 1992

[Samal (1981)]: Samal, E.: Grundriß der praktischen Regelungstechnik. 18. Auflage. R. Oldenbourg, München, Wien 1993

[Unbehauen (1985)]: Unbehauen, H.: Regelungstechnik, Band I, II und III. Fried. Vieweg & Sohn, Braunschweig 1982, 1983 u. 1985

[DIN 28004 (1988)]: Fließbilder verfahrenstechnischer Anlagen.
Teil 1: Begriffe, Fließbildarten, Informationsinhalte, Beuth Verlag, Berlin 1988

[DIN 19226 (1994)]: Leittechnik, Regelungstechnik und Steuerungstechnik
Teil 1: Allgemeine Grundbegriffe
Teil 2: Begriffe zum Verhalten dynamischer Systeme
Teil 3: Begriffe zum Verhalten von Schaltsystemen
Teil 4: Begriffe für Regelungs- und Steuerungssysteme
Teil 5: Funktionelle Begriffe
Teil 6: Begriffe zu Funktions- und Baueinheiten
Beiblatt: Stichwortverzeichnis
Beuth Verlag, Berlin 1994

[DIN 40719 (1992)]: Schaltungsunterlagen, Teil 6: Regeln für Funktionspläne entspricht IEC 848 (modifiziert), Beuth Verlag, Berlin 1992

[Rake (1993)]: Rake, H.: Regelungstechnik A und B. Institut für Regelungstechnik, Aachen 1993

[Oppelt (1967)]: Oppelt, W.: Kleines Handbuch technischer Regelvorgänge. Verlag Chemie, Weinheim 1967

[Pestel, Kollmann (1968)]: Pestel, E.; Kollmann, E.: Grundlagen der Regelungstechnik. Verlag F. Vieweg & Sohn, Braunschweig 1968

[Abel (1990)]: Abel, D.: Petri-Netze für Ingenieure. Springer-Verlag, Berlin 1990

[BImSchG § 52a (1993)]: Bundes-Immissionschutzgesetz. Bundesgesetzblatt, Bonn 1990

[NAMUR (1992)]: Geibig, K. F. u. a.: Funktionen der Betriebsleitebene. atp Heft 2/1992, R. Oldenbourg, München, Wien 1992

Kapitel 5: Prozeßführung von Chargenprozessen

5.1 Rezeptfahrweise

Die Automatisierung von Chargenprozessen wird in breitem Maße durch ein Konzept beschrieben, das alle Automatisierungsfunktionen unter dem Begriff „Rezeptfahrweise" vereint.

Die grundlegenden Gedanken der Rezeptfahrweise sind in [Uhlig (1987)] und [NAMUR NE33 (1992)] dargelegt. Eine grobe Struktur zur Rezeptfahrweise ist in Bild 5.1 dargestellt. Sie ist am Ebenenmodell der Produktion nach Geibig in [Geibig (1992)] orientiert.

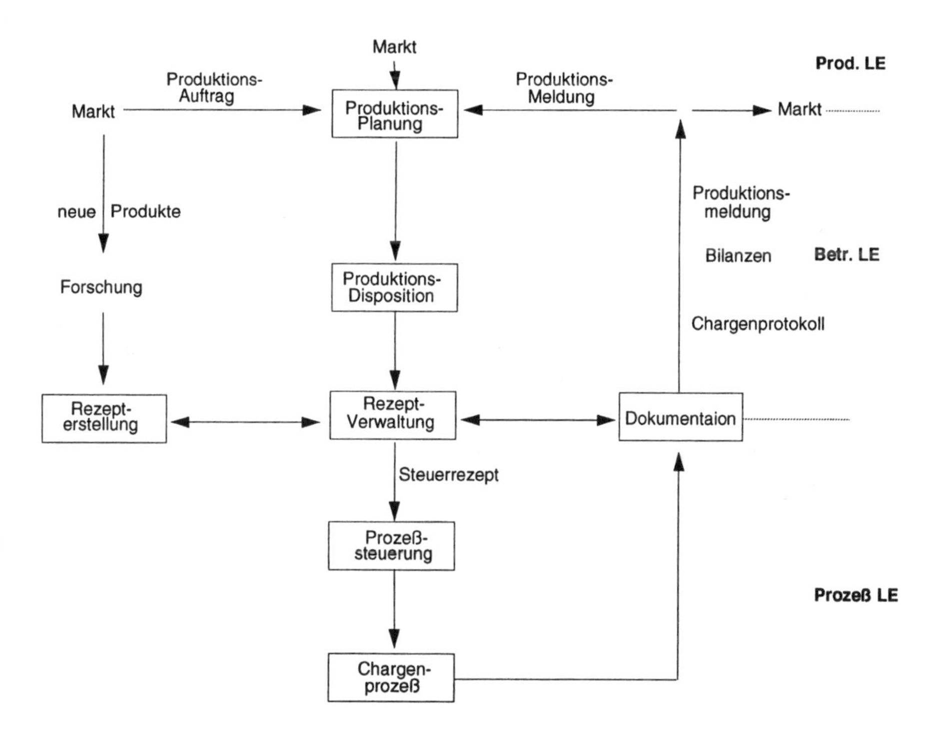

Bild 5.1 Standard-Struktur zur Rezeptfahrweise

Die Idee der Rezeptfahrweise besteht darin, daß aus der technologischen Zielstellung, die in der Herstellung einer durch die Produktionsplanung vorgegebenen Menge an Produkt (Produktionsauftrag) in der geforderten Qualität und Zeit sich sechs allgemeine Zielstellungen einer computerintegrierten (CIP) Automatisierung von Chargenprozessen ergeben, die jedoch nur durch einen hohen Automatisierungsgrad, d.h. einer Kopplung auch von Produktions- und Betriebsleitaufgaben an die Prozeßführungsaufgaben – bis zur Ansteuerung eines einzelnen Anlageteiles (Ventil, Motor) – zu erreichen ist.

Diese allgemeinen Zielstellungen können wie folgt beschrieben werden:

1) Produktions-Planung

Ist eine Funktion, die in der Produktionsleitebene realisiert wird und die nach der Idee des NAMUR Arbeitskreises AK 2.3 „Funktionen der Produktions- und Betriebsleitebene aus einem Produktionsauftrag einen *Produktionsplan* erstellt, welcher folgende Angaben enthält:

– Was soll produziert werden	• Produkt
– Wieviel soll produziert werden	• Menge
– Wo soll es produziert werden	• Werk/Anlage
– Wann wird es gebraucht	• Termin
– Wie ist es zu versenden	• Packmittel

Solche Funktionen sind meist auf einem Host realisiert. Hier existieren bereits extensive Computerunterstützungen. Dazu gehören z.B. das sogenannte PPS-System. Vom Automatisierungsstandpunkt aus interessieren hierbei nur die Schnittstellen zur Betriebsleitebene.

2) Produktions-Disposition

Ist eine Funktion, die der Betriebsführung mit den betriebsspezifischen organisatorischen Abläufen dient und daher auf der Betriebs-Leitebene anzusiedeln ist [Kersting u.a. (1992)].

Die Produktions-Disposition beinhaltet die auf die Produktionsplanung aufbauende detaillierte Festlegung der Ablauforganisation der Fertigung der

- einzelnen Chargen, die zu produzieren sind,
- die Menge pro Charge
- Straßen, Linien, Stränge, Teilanlagen, die benötigt werden (Anlagenbelegungs-Planung)
- Zeitbedarf, Startzeit, Chargen-, Kampagnendauer
- zu disponierende und zu reservierende Einsatzstoffe
- Überprüfung der Ressourcen auf Engpässe

Eine Zusammenfassung aller Aufgaben der Betriebsleitebene ist bei [Geibig (1992)] zu finden. Es ist jedoch der Verdienst von W. Hofmann in [Hofmann (1985)] schon 1984 die informationstechnische Ausweitung vom Prozeß nach „oben“ in die Produktionsleitebene dargestellt zu haben.

Das Ergebnis der Disposition ergibt zusammen mit der Rezeptverwaltung, dem

Grundrezept, den Produktionsdaten und der Anlagenbelegung die Steuerrezeptur Bild 5.2. Für das Prozeßleitsystem ist dann die Gesamtheit der übertragenen Steuerrezepturen der kurzfristige Produktionsplan.

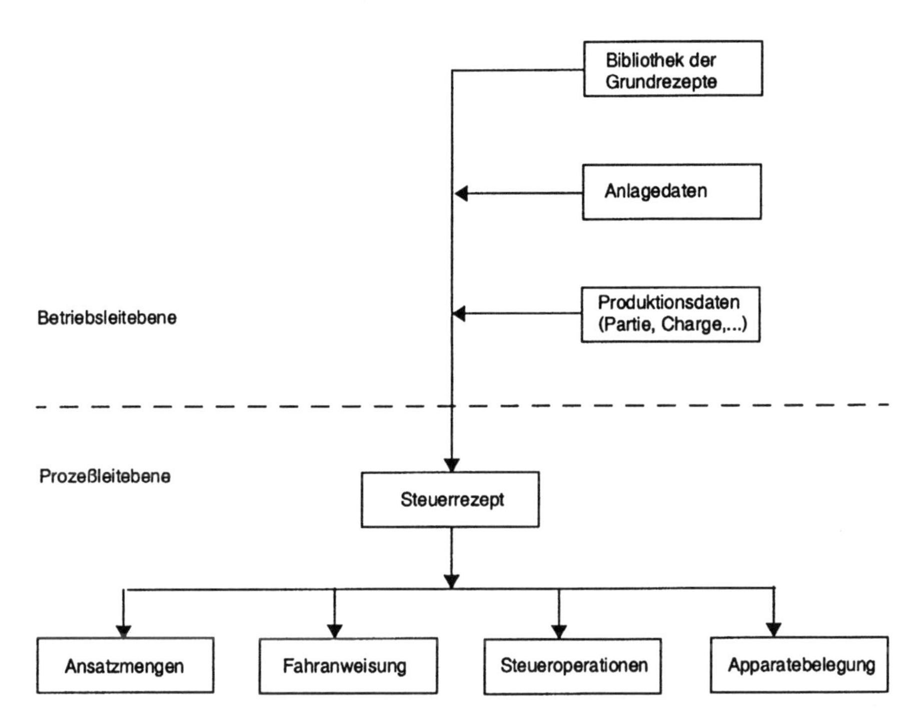

Bild 5.2 Eingangsdaten für die Erstellung eines Steuerrezeptes

Eine ähnliche weitreichende Standardisierung der „Aufgaben der Disposition" in Betriebsleitsystemen und deren Realisierung, wie dies für die Aufgaben der Prozeßleitebene geschehen ist, ist in naher Zukunft noch nicht in Sicht. Der AK 2.3 arbeitet zur Zeit an diesem Thema unter dem Titel „Einbettung der Rezepturfahrweise in die Betriebsleitebene" Bild 5.2.

Nach [Jänicke (1993)] existieren für die oben beschriebenen Aufgaben schon einige kommerzielle Produkte. Dazu gehören (ohne Anspruch auf Vollständigkeit) im Bereich der Apparatebelegung solche Produkte wie Numetrix-Schedulex, IDS Professor Scheer-PIZ, Chesseapeack-MIMI, OR-Soft-SCHEDULE.

Für die Betriebsführung existieren u.a. IBM-POMS, Consilium Flowstream und OR-Soft Batchflow.

Integrierte Produkte für Apparatebelegung und Betriebsführung werden für parallele Einstranganlagen von Andersen Consulting und für Mehrprodukt-Anlagen von OR-Soft angeboten.

Inzwischen haben aber auch die Hersteller von Prozeßleitsystemen bzw. bei der Erstellung von „Batch-Paketen“ erkannt, daß es für die Prozeßkoordination und -führung notwendig ist, die auf konventionellen Rechnern laufenden Produktions- und Betriebsleitaufgaben, insbesondere Dispositionsaufgaben, für die Prozeßleitebene nutzbar zu machen. Beispiele sind: die Erstellung von Gantt-Diagrammen – ein Gantt-Diagramm (Gantt-Chart) ist ein Balkendiagramm zur zeitabhängigen Darstellung der Anlagenbelegung –, Ressource Utilisation Charts, Finite Scheduler, Inventory Graphs, Plantafel usw.

Ein Hersteller von Batch-Paketen bietet ein sogenanntes Kampagnenpaket an. Dieses Paket zerlegt einen Produktionsauftrag in sinnvolle Kampagnen und Chargen. Es enthält ein „rolling-start“-Programm. Dieses Programm erlaubt die dynamische Zusammenstellung von Teilanlagen und Stoffwegen vor und während des Laufes einer Charge mit umfangreichen Bildschirmdarstellungen und Protokollen.

Dazu ist jedoch eine vollständige Beschreibung der Apparate nach Klassen, Unter-Klassen, Kapazität, Druck- und Temperaturbereiche, Ortsbestimmung und technischen Funktionen erforderlich.

Das Kampagnen-Paket startet und beendet selbständig die Abarbeitung von Chargen. Entwirft nach mathematischen Modellen einen Produktionsplan für bestimmte Produkte und stellt die für die Produktion vorgesehene zeitliche Auftragsreihenfolge der einzelnen Chargen dar. Es kann eine Kampagne nach einem technischen Fehler in der Anlage unterbrechen. Es kann gerade entworfene Kampagnen modifizieren oder wieder löschen.

Es koordiniert, synchronisiert und überwacht die zeitlichen Kopplungen von Teilanlagen (Campaign-Tracker) unter Berücksichtigung des kürzesten Transfers. Dies unterstützt auch die Resynchronisation bzw. Fortsetzung einer Kampagne nach einem technischen Fehler in der Anlage.

Es enthält ferner noch einen „Batch-Scheduler“, welcher die Bestimmung und Überwachung der verschiedenen und zu produzierenden Produkte in einer festen Reihenfolge erlaubt, z. B.: 10 Chargen von Produkt A gefolgt von 20 Chargen von Produkt B usw.

Die Hersteller von Prozeßleitsystemen wollen in künftigen Ausbaustufen mehr und mehr Betriebsführungsfunktionen realisieren.

3) Rezeptverwaltung

Die wesentlichen Aufgaben dieser Funktion sind:

- die Erstellung des Steuerrezeptes aus einer Bibliothek von Grundrezepten
- durch folgende chargenbezogene Anpassungen
- Zuordnung einer optimalen Apparate/Teilanlagenkonfiguration, unter Berücksichtigung aktueller Apparatedaten im Apparate/Anlagenabbild (siehe Bild 5.2) nach Kriterien wie
  - zulässige Apparateverknüpfungen
  - Apparatekapazitäten

  - Produktverträglichkeiten
  - Umrüstkriterien
  - Reinigungszyklen usw. und
- weitere chargenbezogene Anpassungen wie
  - Zuordnung der Partie- bzw. Chargennummer
  - Umrechnung der Ansatzmenge auf die aktuelle Ansatzgröße
  - Mengenkorrektur aufgrund von Analysedaten
  - Ergänzung um Operationen, die nicht verfahrensbestimmend sind, sondern nur von der gewählten Apparatur abhängen, wie z. B. Stückelung eines Wägevorganges oder Ab- und Umfüllvorgänge
  - Verwalten von Apparaten und Teilanlagen
  - Bereitstellen bzw. Kontrolle der vorhandenen Einsatzstoffe
  - Starten und Überwachen der Ausführung einer Charge
  - Summieren der Anzahl Chargen, die während einer Partie zu produzieren sind
  - Verwalten der Teil-Steuerrezepte
  - Behandeln von Eingriffen in den Status, zur Feinplanung, bei Störungen durch den Operator
  - Sammeln und Verwalten von Chargendaten

Die Ähnlichkeit bzw. Wiederholung von Aufgaben in der Rezeptverwaltung mit Aufgaben der Disposition darf nicht weiter verwundern, war doch die Rezeptverwaltung in den bis jetzt angebotenen Prozeßleitsystemen die Ebene, die Betriebsführungsfunktionen wahrnahm. Wie schon im vorhergehenden Abschnitt angedeutet, beginnen erst jetzt die Informationsstrukturen sich nach oben in die höheren Betriebsführungs- und Produktionsleitebenen im Sinne einer computerintegrierten Produktion (CIP) (Rezeptfahrweise) zu öffnen.

Bis jetzt wurden alle Zuordnungen von Chargen, Anzahl der Chargen, der Rezeptur, der Anlage bzw. Apparate, der Startzeit noch von Hand vorgenommen. Erst jetzt beginnen übergeordnete Leitrechner diese Aufgabe zu übernehmen.

In der Zukunft wird die Funktion „Rezeptverwaltung“ auch mehr die dynamische Disposition, die innerbetriebliche Disposition, die Feinplanung und Anpassung an Anlagenstörungen in einer ON-line Anpassung von Charge zu Charge übernehmen müssen, während die Funktion „Produktions-Disposition“ mehr für die langfristige Bereitstellung von Ressourcen auf Kampagnen-Ebene in einem Wochenrhythmus zuständig sein wird.

Im Entwurf „Control Activity Model“ der ISA SP 88 wird daher auch treffender von einer Produktions-Disposition (Production Scheduling) und von einer Chargenverwaltung (Batch-Management) statt Rezeptverwaltung gesprochen.

4) Rezepterstellung

Eng mit dieser Funktion verbunden ist das in [Uhlig (1987)] dargestellte NAMUR-Grundoperationskonzept. Dessen Idee genau darin besteht, das Herstellungsverfahren (das Rezept) für ein Produkt unabhängig von der konkreten Anlage durch den

Technologen aus vorgefertigten Modulen (Grundoperationen) (ohne steuerungstechnische Kenntnisse) zu formulieren, zu erstellen.

Aus der Sicht des Verfahrens wird dabei aus einer verbal beschriebenen Handlungsanweisung aus der Forschungs- und Entwicklungsabteilung, dem Ur-Rezept – das Grundrezept – erarbeitet, das festlegt, wie und in welcher Reihenfolge die zur Durchführung des Verfahrens nötigen Folgen von einzelnen Operationen – die modularen leittechnischen Grundoperationen – ausgeführt werden müssen. Die Grundoperationen setzen sich aus Grundfunktionen (Temperieren, Inertisieren, Rühren, Kondensieren usw.) zusammen, die allgemeiner verfahrenstechnischer und apparatespezifischer Natur und unabhängig vom konkreten Verfahren sind.

Rezepterstellung. Der Vorgang der Rezepterstellung setzt erst einmal die sehr anspruchsvolle Zerlegung des Prozesses (Prozeßanalyse) in leittechnische Grundoperationen und die Strukturierung der Anlage in Teilanlagen und Technische Funktionen, den Grundfunktionen (Verfahrensanalyse) voraus. Wobei möglichst eine Standardisierung – zumindest auf Betriebsebene, Standort bzw. Ebene einer bestimmten Produktklasse – erreicht werden soll.

Dieser Vorgang ist ein sehr kreativer Vorgang, der die interdisziplinare Zusammenarbeit von Chemiker, Verfahrenstechniker und Automatisierungstechniker voraussetzt (Bild 5.3).

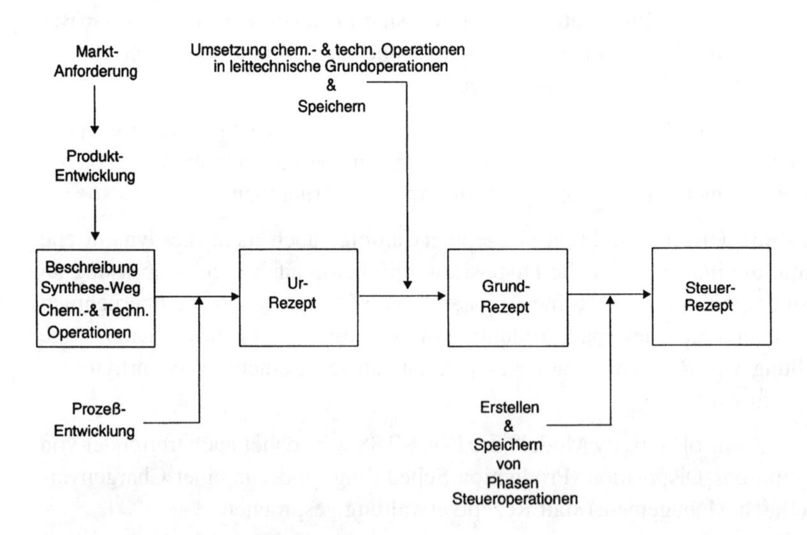

Bild 5.3 Rezepterstellung

Die so ermittelten leittechnischen Grundoperationen und Grundfunktionen werden in einer Bibliothek gespeichert.

Mit automatisierungstechnischem Know-how müssen dann in einem weiteren Schritt mit den Hilfsmitteln des Herstellers, möglichst in einer problemorientierten Hochsprache, die produktunabhängigen, apparateneutralen, leittechnischen Grundoperationen und Grundfunktionen in produkt- und anlagenbezogene steuerungstechnische Abbilder transportiert werden und als Programmcode in einer Bibliothek hinterlegt werden. Letztere werden nach DIN 19243 Teil 2 als Steuerphasen bezeichnet und zerfallen nach DIN 19237 in Schritte und Steueranweisungen.

Erst wenn diese Bausteine geschaffen wurden, kann der Technologe aus ihnen ein Grundrezept durch Konfigurieren und Parametrieren erstellen (Bild 5.4).

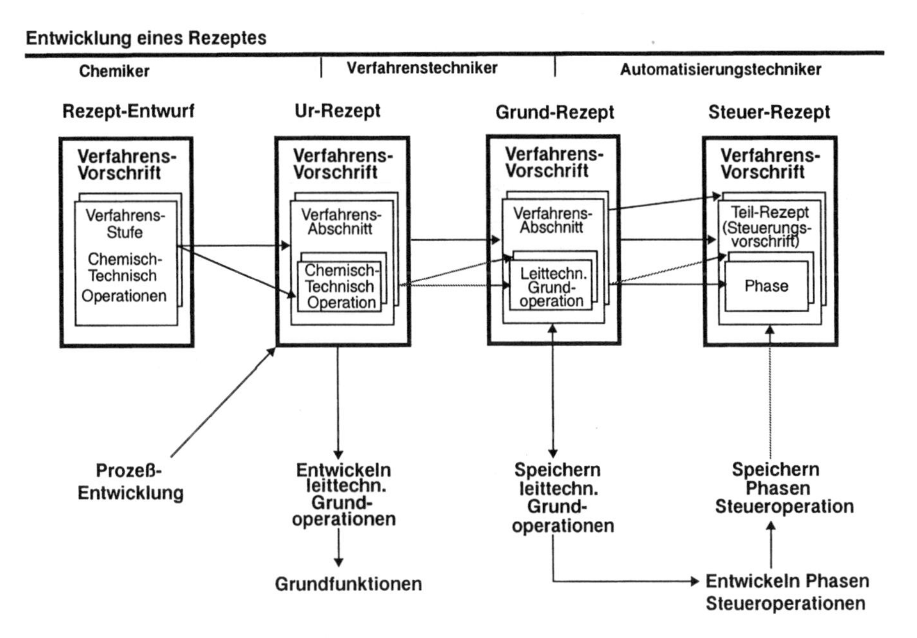

Bild 5.4 Entwicklung eines Rezeptes

Da die Rezepterstellung den größten Teil am Gesamtplanungsaufwand eines Prozeßleitsystems zur Chargenautomatisierung einnimmt und bei vielen Anwendern PLS unterschiedlicher Hersteller zum Einsatz kommen, wird mehr und mehr eine herstellerneutrale Konfigurierung von Grundrezepten erwünscht [Kempny u. a. (1990)], [Scheiding (1992)].

Mehr und mehr hat sich die Rezepterstellung heute verlagert von der Erstellung auf einem Prozeßleitsystem hin zu übergeordneten Leitrechnern, Workstation, PCs, CAD/CAE Konfigurierwerkzeugen. Diese bieten komfortable grafische Rezepteditoren, mit denen anlagenneutrale und mengennormierte Grundrezepte erstellt und gepflegt werden können. Bild 5.5 zeigt ein Beispiel einer grafischen Rezepterstellung mit Batch X von Siemens. Es sind jedoch auch noch Klartexteingaben im Dialog und Eingaben über Bildschirmmasken üblich.

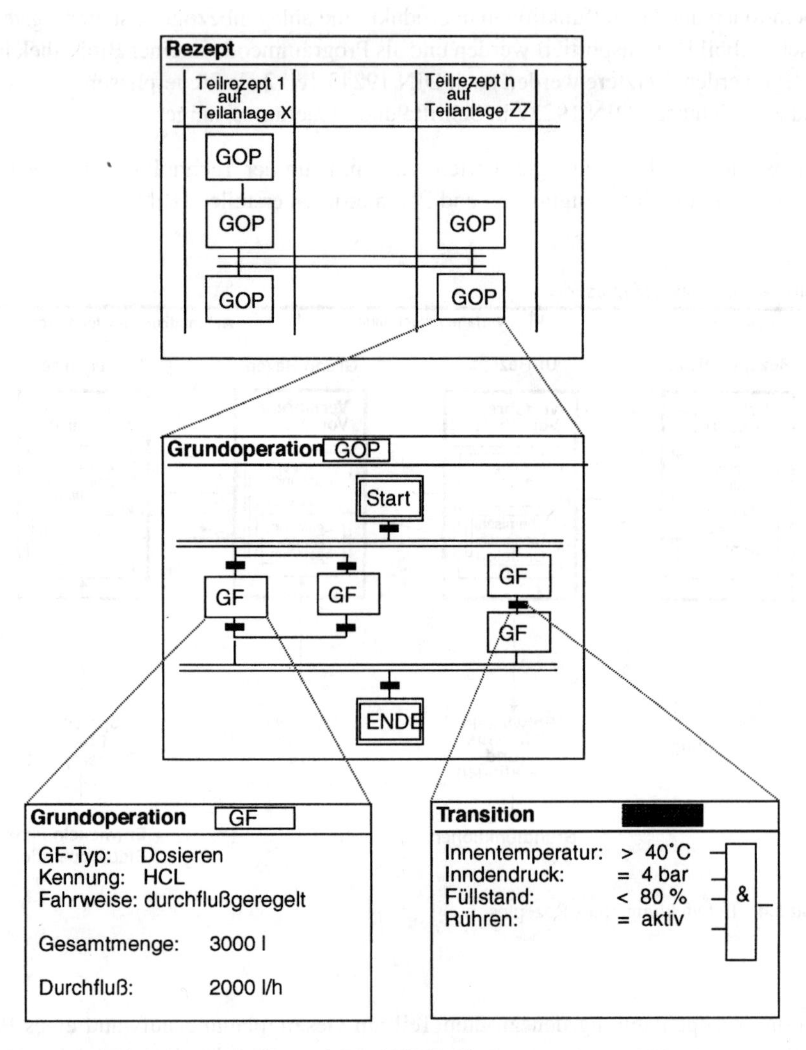

Bild 5.5 Grafische Rezepterstellung mit Batch X von Siemens

Die Ablage der Rezepte erfolgt häufig in relationalen Datenbanken. Dadurch werden beliebige Auswertungen und Abfragen des Rezeptbestandes möglich. Außerdem können über offengelegte Schnittstellen auch Rezepte importiert werden. Wobei auch hier aus Kostengründen der Wunsch immer lauter nach Methoden und Werkzeuge, nicht nur zur systemneutralen Konfiguration, sondern auch nach der Übertragbarkeit von Rezepten von einem Standort zu einem anderen Standort, mit unterschiedlichen PLS, geäußert wird.

Rezeptpflege

Einmal erstellte Grundrezepte müssen revidiert und gewartet werden können.

- Dazu gehört das Kopieren eines Rezeptes,
- das Entfernen eines Rezeptes (Löschen),
- das Einfügen und Entfernen von leittechnischen Grundoperationen aus einem Rezept,
- das Einfügen und Ändern von Parametern und Transitionen,
- das Auflisten von erstellten Grundrezepten

5) Dokumentation

Chargenspezifisch an dieser Funktion sind das Erstellen von

- Chargenprotokollen
- Bilanzen
- Produktionsmeldungen
- Bedienprotokollen (Handeingaben)
- Störprotokollen
- Analysendaten (von einem Laborinformations- und Managementsystem, LIMS)
- Qualitätsdaten (SPC/SQC)

Chargenprotokoll

Chargenprotokoll. Es ist heute gesetzlich erforderlich, einen lückenlosen Nachweis über die ordnungsgemäße Produktion aller einzelnen Chargen zu erbringen. Aus diesem Grunde muß am Schluß einer jeden Charge ein Chargenprotokoll ausgegeben werden. Dieses Protokoll enthält den gesamten Prozeßablauf der Charge von der Eindosierung über alle Stufen der Produktion bis zum Transport in die Produkttanks bzw. zur Fertigstellung des Produktes.

Gemäß den heute bestehenden Auflagen, wie z. B. der WHO (World Health Organization), der FDA (Food and Drug Administration) oder der GMP (Good Manufactoring Practice), muß das Chargenprotokoll Informationen enthalten wie:

- Identifikationsdaten
  - die Identifikationsdaten aus dem Rezeptkopf
  - Auftrags-, Partie- und Chargennummer
- Produktionsdaten
  - verwendete Teilanlagen
  - Mengen
  - Prozeßdaten (Temperaturen, Drücke usw.)
  - Analysedaten
  - zeitlicher Ablauf der Produktionsschritte (Grundoperationen, Phasen)
  - Chargenbeginn, -ende
  - Fehl- und Störmeldungen
  - Quittierungen und nachträgliche Vermerke des Anlagenfahres
- Fertigproduktdaten

- Verbleib des Fertigproduktes
- Qualitätsdaten
- Identifikation der Fertigware

All diese Daten werden archiviert. Dadurch können auch zurückliegende Chargen bei Kundenreklamationen auf ungewöhnliches Prozeßverhalten untersucht werden. So können zur Auswertung auf einem Betriebsleitrechner z. B. einzelne Chargen oder eine Menge von Chargen, die ein vorgebbares Suchkriterium erfüllen (beispielsweise alle Chargen, die in einem bestimmten Monat produziert wurden, oder alle Chargen, die den Einsatzstoff eines bestimmten Herstellers enthalten), schnell zur Anzeige gebracht werden. Ebenso sind damit Korrelationsuntersuchungen über einen zurückliegenden Zeitraum und über mehrere Chargen desselben Produktes möglich [Kerstin u. a. (1992)].

Bilanzierung

Bilanzierung. Die Bilanzierung umfaßt nach [Kerstin (1992)] in der Regel sämtliche Einsatzstoffe und Endprodukte und kann chargen-, monats- und kampagnenweise erfolgen. Mit den Bilanzen steht dem Betrieb somit eine übersichtliche und gestraffte Information über den Einsatzstoffverbrauch zur Verfügung. Diese Information kann der Betrieb für die weitere Disposition heranziehen. Ebenso verfügt der Betrieb mit der Endproduktbilanz über eine übersichtliche Zusammenfassung des Produktionsergebnisses.

Ein Teil der Bilanzdaten wird an den Produktionsleitrechner zur kaufmännischen Verrechnung und Fertigmeldung für die weitere Produktionsplanung weitergegeben.

Qualitätsdaten

Qualitätsdaten. Während der Produktion werden laufend vom Laborleitrechner (LIMS) Analysendaten und Qualitätsprüfdaten übermittelt. Sie stellen zusammen mit den Analysedaten aus dem Betriebslabor die Grundlage für eine statistische Prozeß- und Qualitätslenkung (SPC/SQC) dar.

Störungsmeldungen

Störungsmeldungen. Störungsmeldungen werden im Betriebsleitrechner für das Chargenprotokoll und für die Erstellung von Störungsübersichten benötigt. Hierzu gehören auch Meldungen über Maschinen und Betriebsmittel. Die Einschaltdauer von Betriebsmitteln dient außerdem zur statistischen Auswertung von Betriebsmittelauslastung und der Ermittlung von Revisionsintervallen zur Betriebsmittelinstandhaltung.

Störungsdrucker und Drucker für das Chargenprotokoll am Prozeßleitstand sind voneinander getrennt, um keine Vermischung zu erzeugen.

Bedienereingriffe

Bedienereingriffe. Wie kaum in einem anderen Prozeß muß bei der Chargenproduktion vom Bediener eingegriffen werden z. B.:

- bei der Initialisierung einer Charge
- bei Quittierung von Probenahmen
- bei der Bestätigung des „Weiterlaufens“ nach einem „Halt“
- Alarmquittierung
- Eingriffen in das Rezept
- Parameteränderungen
- Manuellen Eingriffen zum Öffnen und Schließen von Ventilen, Starten und Stoppen von Pumpen und Motoren usw.

Es ist jedoch nicht erforderlich, alle Eingriffe ausdrucken zu lassen, da der Papier- und Wartungsaufwand beträchtlich werden kann. Zudem sind die meisten Ausdrucke in der Regel sofort entbehrlich, nur der kleinere Teil wird mittelfristig, der kleinste Teil langfristig aufbewahrt.

Statt dessen bietet sich dafür eine Protokollstation auf PC-Basis an, zum Ersatz von bis zu vier konventionellen Druckern [HMS (1993)].

6) Prozeßsteuerung

Diese Funktion steht für eine Hierarchie von Funktionen, die von unten nach oben als:

- Sicherheitssteuerung
- Binärwertsteuerung/Analogwertsteuerung (Regelung)
- Ablaufsteuerung (Sequenz-Steuerung, Teilrezept-Steuerung)
- Koordinierungssteuerung (Chargensteuerung, Rezeptsteuerung)

aufgefaßt werden können.

Gerätetechnisch werden alle Funktionen in einem Prozeßleitsystem bzw. fest verdrahtet ausgeführt und sind daher Bestandteil der Prozeßleitebene (Bild 5.6).

Sicherheitssteuerung

Sicherheitssteuerung. Nach Helms in [Helms u.a. (1989)] ist die Sicherheitssteuerung der Vorgang der zielgerichteten Beeinflussung des technologischen Ablaufs eines (sequentiellen) Prozesses durch Sicherheitsoperationen

- Melden
- Eingriff
- Alarm
- Abschalten
- Schnellschluß
- Notabschaltung

beim Auftreten von Störgrößen (Störungen, Fehlern) mit dem Ziel der Herbeiführung von ungefährlichen Prozeßzuständen – zum Schutz von Personen, Sachen, Umwelt – (auch als sichere „Prozeßzustände“ bezeichnet) und des Wiedereintretens in den ungestörten Prozeßablauf (bestimmungsgemäßen Betriebs).

Grundlage für die Aktivierung der Sicherheitssteuerung ist das frühzeitige Erkennen von Situationen, die zu gefährlichen technologischen Zuständen führen können.

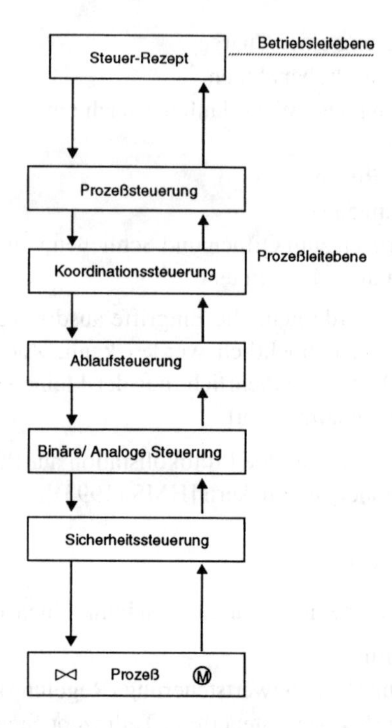

Bild 5.6 Hierarchische Gliederung der Funktionen der Prozeßsteuerung

(Siehe dazu die Definition nach VDI/VDE 2180 und die NAMUR-Empfehlung NE31 im ausführlichen Teil Sicherheitskonzepte in diesem Buch.)

Dazu dienen u. a. auch elementare Überwachungsmaßnahmen:

- Prozeßgrößenüberwachung
- Operationszeit-, Laufzeitüberwachung

Bei der Prozeßgrößenüberwachung werden zum Zwecke des Erkennens kritischer Werte durch die Steuereinrichtung analoge Prozeßgrößen x mit vorgegebenen Grenzwerten verglichen. Bei der Operations-, Laufzeitüberwachung erfolgt eine Prüfung von Steueroperationen (z. B. Ventil Auf) auf ihre Ausführung innerhalb einer vorgeschriebenen Zeitdauer (z. B. 16 sec). Dazu werden u. a. Rückmeldungen von diskreten Stelleinrichtungen genutzt (Endkontakte, Initiatoren).

Analoge Steuerung, (Regelung)

Analoge Steuerung (Regelung). Die analoge Steuerung bzw. Regelung eines Chargenprozesses ist der Vorgang der zielgerichteten Beeinflussung analoger Prozeßgrößen x. Sie ist durch die Verarbeitung analoger Größen in der Steuereinrichtung (Regeleinrichtung) und die Ausgabe von Steuergrößen und (Stellgröße y) vorzugsweise an die analogen Stelleinrichtungen (Stellventile) zum Zweck der *Stabilisierung* (gutes Störverhalten) und *Führung* (gutes Führungsverhalten) gekennzeichnet.

Stabilisierung

Stabilisierung. Die Stabilisierung dient dem Aufrechterhalten vorgegebener Werte (Sollwerte w) der Prozeßgrößen x im Rahmen vorgegebener Toleranzbereiche trotz des Einwirkens von Störgrößen z. Im Gegensatz zu kontinuierlichen Prozessen, bei denen Stabilisierungsaufgaben zur Einhaltung der stationären Arbeitspunkte ständig ausgeführt werden müssen, besteht bei Chargenprozessen nur für eine geringe Zahl von Prozeßgrößen x und begrenzte Zeitintervalle die Forderung nach Einhaltung von Sollwerten. Auch sind diese immer nur Teile von übergeordneten, größeren Abläufen der Steuerung von Chargenprozessen.

Die bedeutendste Aufgabe zur Stabilisierung einer Prozeßgröße bei Chargenprozessen ist die Temperaturregelung zur Abfuhr der Reaktionswärme bei Rührkesselreaktoren mit exothermer Reaktion (siehe hierzu den Abschnitt Regelungskonzepte).

Häufig erfüllen konventionelle Strukturen der Regelungstechnik, z. B. einschleifige und mehrschleifige Regelungen (Verhältnisregelungen, Kaskadenregelungen), die technologischen Anforderungen. Zur Synthese der Regelkreise stellt die Theorie der analogen Regelkreistechnik eine Reihe von Methoden und Verfahren zur Verfügung, die zur Lösung von Stabilisierungsaufgaben angewendet werden können (siehe hierzu auch den Abschnitt Stabilisierende Wirkung der Regelung auf die Stabilität des Rührkessels mit exothermer Reaktion).

Führung

Führung. Die zeitliche Führung analoger Prozeßgrößen x dient der Realisierung technologisch begründeter Trajektorien x(t) und zeit- und/oder energieoptimaler Verläufe. Typische Führungsregelungen sind z. B. der zeitliche Verlauf von Temperaturprogrammen, sogenannte Profil-Regelungen und die Regelung der Zugabe (Zulaufregelung) von Reaktionskomponenten evtl. als vielstufige Rampe während der Dosierphase beim Semibatch- oder Feed-Batch-Betrieb. Der Vorteil dieser Betriebsweise liegt darin, daß mit der Zudosiergeschwindigkeit eine weitere Eingriffsgröße vorliegt, mit der die Wärmefreisetzungsgeschwindigkeit beeinflußt werden kann (siehe hierzu den Abschnitt „sichere Reaktionsführung“).

Binäre Steuerung

Binäre Steuerung. Die binäre Steuerung eines Chargenprozesses ist nach Helms im [Helms u. a. (1989)] der Vorgang der zielgerichteten Beeinflussung des *Technologischen Ablaufs.* Sie ist durch die Verarbeitung von Prozeßvariablen p und Eingabegrößen e in der Steuereinrichtung und/oder vom Operateur und durch die Ausgabe von Operationsvariablen o an die binäre Stelleinrichtungen zur Verstellung der Stoff- und Energieströme entsprechend den technischen Erfordernissen gekennzeichnet (Bild 5.7). Dazu werden Ventile geöffnet und geschlossen und Pumpen, Rührer, Transportbänder u. a. ein- und ausgeschaltet.

Die Steuergrößen nehmen dabei nur zwei verschiedene Werte an (Ein/Aus oder Auf/Zu), daher bezeichnet man solche Steuerungen als Binärsteuerungen.

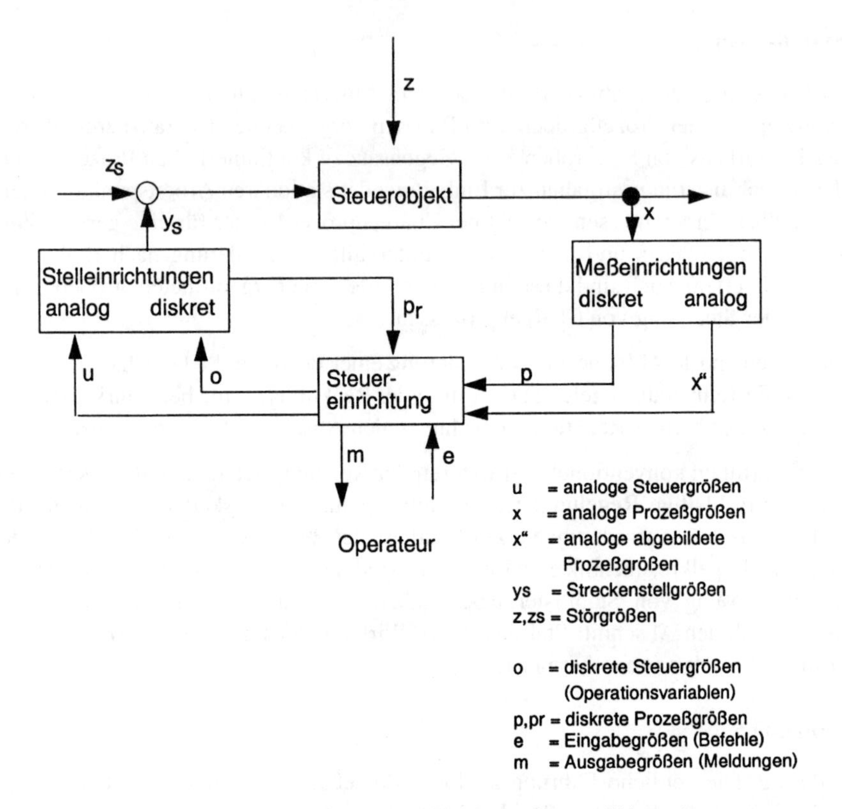

Bild 5.7 Steuerungssystem nach [Helms u.a. (1989)] für analoge und binäre Steuerungen

Aus den technologischen Betrachtungen zum Steuerobjekt (Chargenprozeß, Verfahrensabschnitte, Verfahrensschritte, chem.-techn. Grundoperationen) und dem Auftreten von Störgrößen ergeben sich dabei grundlegende Aufgaben der binären Steuerung:

- Sicherheitssteuerung (siehe weiter vorne)
- Ablaufsteuerung
- Koordinierungssteuerung

Ablaufsteuerung

Ablaufsteuerung. Die Ablaufsteuerung (angelsächsisch Sequential Control) ist nach [Helms u. a. (1989)] der Vorgang der zielorientierten Beeinflussung des technologischen Ablaufs jeweils eines sequentiellen Prozesses durch die Realisierung der vorgegebenen Folge von Steueroperationen, Steuerschritten. Jedem Schritt oder jeder Operation sind in eindeutiger Weise Steueranweisungen zugeordnet. Der Sprung von Schritt zu Schritt ist abhängig von der Erfüllung der Weiterschaltbedingungen. Dadurch ist die Struktur einer Ablaufsteuerung eindeutig durch Schritt und Weiterschaltbedingung (Transition) beschrieben. Die Struktur ist im einfachsten Fall linear, kann aber auch Verzweigungen und Schleifen besitzen (Bild 5.8). Zum Verständnis von Ablaufsteuerungen gehört neben einen R/I-Schema immer noch ein Funktionsplan z. B. nach DIN 40719 bzw. in Analogie zu der international genormten Sprache zur Beschreibung von Abläufen, nach SFC („sequential function charts", vgl. IEC 1131).

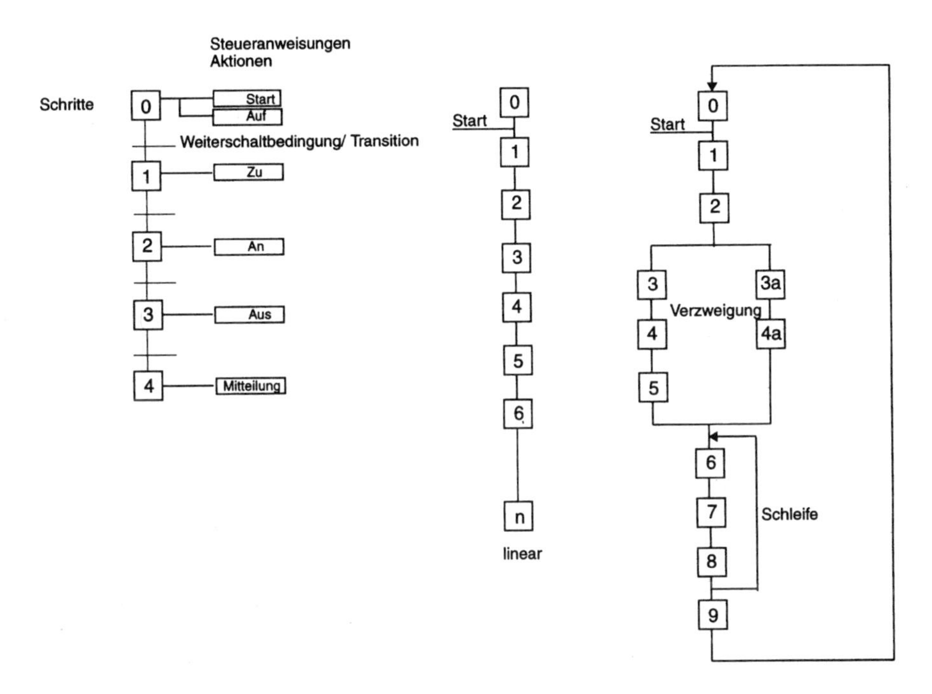

Bild 5.8 Ablaufsteuerung, Programmstrukturen

Eine Ablaufsteuerung sollte immer die Steuerung eines „in sich geschlossenen sequentiellen Prozesses" zum Inhalt haben. Das kann die Steuerung eines kompletten Teilprozesses zur Stoffwandlung z. B. einer Reaktion auf einer Teilanlage oder die Steuerung einer leittechnischen Grundoperation z. B. zum „Füllen von Stoff A" unter gleichzeitiger Benutzung der Grundfunktionen Dosieren, Temperieren, Rühren usw. sein.

Dadurch ergeben sich eindeutige Strukturen mit einer Einleitung (Anfangsbedingungen, Initialisierung) und mit einer Beendigung (Endebedingung, Terminierung). Solche Ablaufsteuerungen werden technologisch interpretierbar, und es lassen sich aus ihnen Module bauen, die multivalent genutzt werden können und durch ihre Selbstterminierung zu anderen Modulen keine oder nur geringe Kopplungen besitzen.

Man kann solchen Ablaufmodulen technologische Namen geben und daraus eine Herstellvorschrift für ein Produkt (Ur-Rezept, Grundrezept, Steuerrezept) sehr einfach formal beschreiben. Dies war auch die Idee des „NAMUR-Grundoperationen Konzepts".

Bei einer Ablaufsteuerung muß zwischen dem *ungestörten Ablauf* der Steuerung und zwischen der Einbeziehung von *gestörten Abläufen* unterschieden werden.

Beim ungestörten Ablauf (Normalablauf) wird vorausgesetzt, daß keine solchen Störungen auftreten, die den vorgesehenen Abschluß eines oder mehrerer Verfahrensschritte (Steuerschritte) verhindern.

Wirken jedoch Störungen (Störgrößen) auf das Steuerobjekt ein (Rührerausfall), so ist zur Vermeidung von technologischen Zuständen, die zur Minderung des Produktionsergebnisses oder Schlimmeren führen und zur Schaffung der Voraussetzungen für die Fortsetzung der Produktion oder der totalen Unterbrechung der Produktion, ein definiertes Abweichen vom ungestörten technologischen Ablauf erforderlich, was nach Brombacher in [Brombacher (1985)] zu einem Betriebsartenwechsel führen muß (siehe hierzu Betriebsartenübergänge bei Chargenprozessen). Betriebsartenübergänge vom Normalablauf zur Störungsbehandlung von Chargenprozessen sind nach Brombacher:

Halt, Weiterlauf, Eingefroren, Stop usw.,

die jedoch nur Steuerphasen-spezifisch eindeutig zu behandeln sind. Denn ein Rührerausfall während der Steuerphase „Entleeren" ist harmlos gegenüber einem Rührerausfall während der „Reaktionsphase" und führt im ersten Fall lediglich zu einem „Halt" oder nur zu einer Operator- Information, jedoch im letzteren Fall zu einem „Stop" mit Einleitung von Notmaßnahmen.

Das gezielte Austreten aus dem Soll-Ablauf (Normalablauf) und die Steuerung des weiteren technologischen Ablaufs mit dem Ziel des Wiedereintretens in den vorgegebenen Soll-Ablauf sind unter anderem Aufgabenstellungen für die Sicherheitssteuerung (siehe Abschnitt Sicherheitskonzepte) (siehe Bild 5.9).

Koordinierungssteuerung

Koordinierungssteuerung. Ein typisches Merkmal von Chargenprozessen ist die parallele Ausführung von Verfahrensstufen und Verfahrensschritten unterschiedlicher, in der Regel durch Stoffflüsse gekoppelter sequentieller Prozesse in unterschiedlichen Teilanlagen (siehe Bild 3.7 und 3.8). Daraus ergibt sich eine weitere relevante Steuerungsaufgabe, die *Koordinierungssteuerung.*

Die Koordinierungssteuerung ist nach Helms [Helms u. a. (1989)] der Vorgang der zeitlichen Koordinierung der sequentiellen Prozesse durch gezielte Freigabe und Synchronisation von Verfahrensschritten (z. B. Entleeren von Filtersystem F1 und F2 nach Reaktor R1) (Bild 5.10) mit den Zielen der Minderung der Chargenzyklus-Zeiten und der Vermeidung von Wartezeiten. Dabei interessieren weniger die Details der Abläufe in den Teilsystemen; dafür ist die jeweilige Ablaufsteuerung zuständig. Für die Koordinierungssteuerung ist es wesentlich, daß diejenigen Situationen möglichst genau und vollständig beschrieben werden, in denen die Kopplungen von Teilsystemen vollzogen werden sollen. Besondere Bedeutung kommt der Ent-

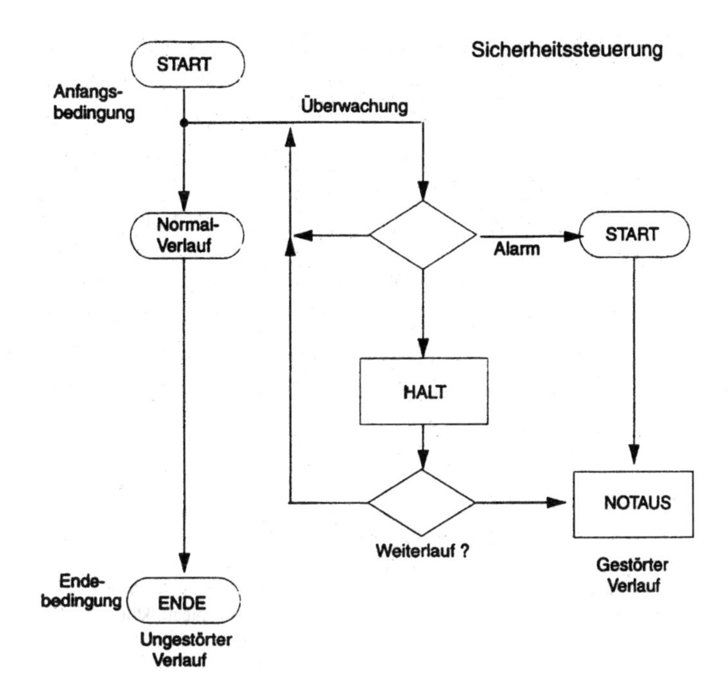

Bild 5.9 Grundstruktur einer Ablaufsteuerung für den ungestörten und gestörten Verlauf

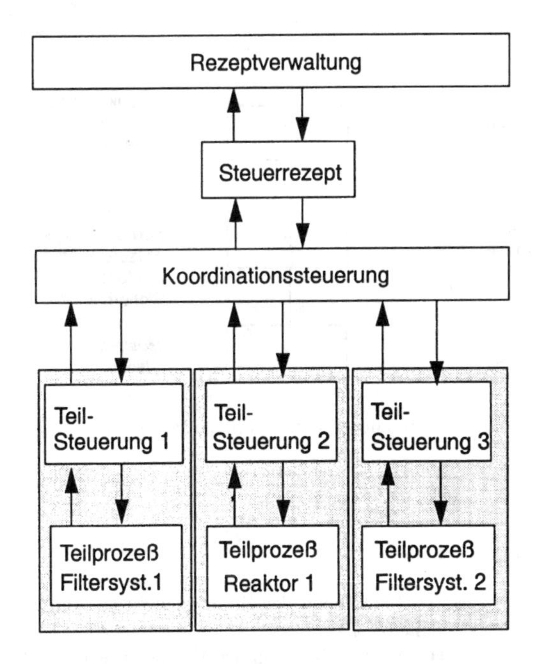

Bild 5.10 Hierarchischer Aufbau der Steuerung nach Bild 3.7 und Bild 3.8

scheidungsfindung zu, wenn infolge des Wirkens von Störgrößen Verzögerungen im technologischen Ablauf auftreten oder aufgrund apparativer Redundanzen Alternativen bei der Apparatebelegung gegeben sind.

Bisher wurden solche Kopplungen und Synchronisationen mit Kommunikations-Befehlen wie „Setze Merker", „Warte bis Merker gesetzt", „Lösche Merker", „Fortsetzen" (Continue) usw. realisiert. Um jedoch die Aufgaben einer Koordinierungssteuerung angemessen beschreiben zu können, sind exakte, mathematische Modelle vonnöten. Geeignete Modellformen sind Petri-Netze, da deren Stärke genau auf dem Gebiet der Modellierung und Analyse von Kopplungen paralleler Abläufe liegt.

Wer sich in dieses interessante Gebiet vertiefen möchte, der sei auf H.-M. Hanisch: „Petri-Netze in der Verfahrenstechnik". R. Oldenbourg Verlag GmbH, München 1992, verwiesen.

In Bild 5.11 sind alle bis hierher aufgezählten Funktionen im Vergleich zum Ebenenmodell der Produktion dargestellt.

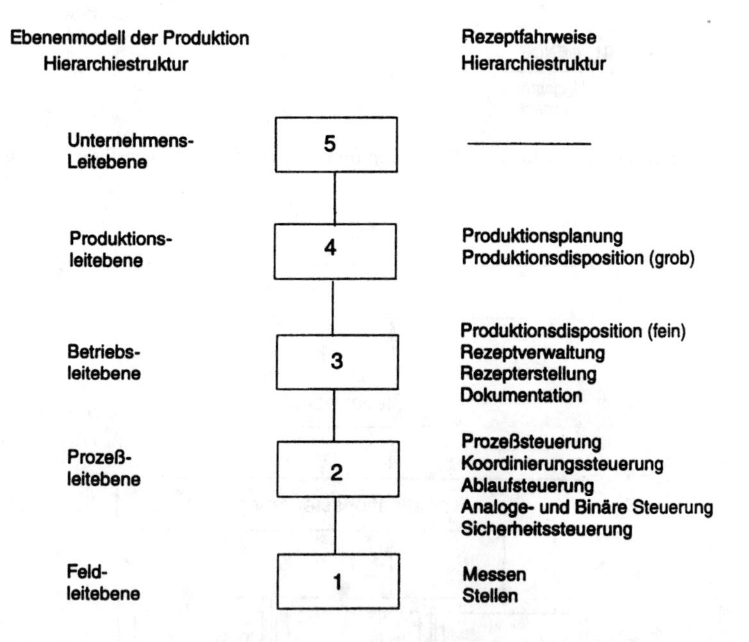

Bild 5.11 Funktionen der Rezeptfahrweise im Vergleich zum Ebenenmodell der Produktion

Literatur zu Kapitel 5.1

[Geibig (1992)]: Geibig, K.-F.: Funktionen der Betriebsleitebene. Automatisierungstechnische Praxis 34 (1992), Heft 2, Seite 68–73

[Hanisch (1992)]: Hanisch, H.-M.: Petri-Netze in der Verfahrenstechnik. R. Oldenbourg Verlag, München/Wien 1992

[Helms u.a. (1989)]: Helms, A.; Hanisch, H.-M.; Stephan, K.: Steuerung von Chargenprozessen. Verlag Technik, Berlin 1989, Reihe Automatisierungstechnik 236

[HMS (1993)]: HMS Planung & Automation GmbH: Produkt-Kurzvorstellung. HMS Planung & Automation GmbH, Kapellstr. 44, 40479 Düsseldorf

[Hofmann (1985)]: Hofmann, W.: Aufgaben der Produktionsleitebene in der Chemischen Industrie

[Kempny u.a. (1990)]: Kempny, H.-P.; Maier, U.: Herstellerneutrale Konfigurierung von Prozeßleitsystemen. Automatisierungstechnische Praxis 32 (1990), Heft 11, Seite 529–536

[Kersting u.a. (1992)]: Kersting, F.-J.; Pfeffer, W.: Computerintegrierte Produktion bei chemischen Chargenprozessen. Automatisierungstechnische Praxis 34 (1992), Heft 3, Seite 111–115

[Scheiding (1992)]: Scheiding, W.: Durchgängige Softwareplanung für Automatisierungssysteme. Automatisierungstechnische Praxis 34 (1992), Heft 4, Seite 189–197

[Jänicke (1993)]: Jänicke, W.: Zwei Strategien bei der Betriebsführung chargenweise arbeitender chemischer Mehrproduktanlagen

5.2 Regelungs-, Sicherungs- und Steuerungskonzepte bei Chargenprozessen

Im vorhergehenden Abschnitt wurde die Standardstruktur zur Rezeptfahrweise, Aufgaben und Funktionen dargestellt.

Es sollen nun im einzelnen die Konzepte zur Regelung, Sicherung und Steuerung von Chargenprozessen, die Prozeßsteuerung allgemein bzw. anwendungsbezogen, die Rezeptsteuerung diskutiert werden.

Nach Hanisch in [Hanisch (1992)] wurden im Gegensatz zu den großen kontinuierlichen Produktionssystemen, die jahrzehntelang fast ausschließlich im Blickpunkt der verfahrenstechnischen und automatisierungstechnischen Forschung und Lehre standen, diskontinuierliche Produktionssysteme recht stiefmütterlich behandelt, obwohl – oder vielleicht gerade weil – sie neue dem Chemie- und Automatisierungsingenieur ungewohnte Problemstellungen beinhalten, die mit den konventionellen Modellen und Methoden nicht gelöst werden können.

Im Gegensatz zur analogen Regelungstechnik gibt es noch keine geschlossene Theorie der diskreten dynamischen Systeme.

Das Spektrum möglicher Steuerungsaufgaben in diskontinuierlichen Prozessen ist jedoch sehr viel breiter als bei kontinuierlichen Verfahren.

Da es zur Zeit keine geschlossene Theorie bzw. Norm gibt, aus der sich ein umfassendes und einheitliches Begriffsgebäude für die Prozeßführung, Prozeßsteuerung von Chargenprozessen ableiten ließe, sind die nun verwendeten Begriffe wie Rezeptsteuerung, Sicherheitssteuerung, Anlagensteuerung, Teilanlagensteuerung usw. als Arbeitstitel bzw. Arbeitsbegriffe zu verstehen.

Auf der gerätetechnischen Seite der diskreten Steuerung von Chargenprozessen jedoch ist die gegenwärtige Situation dadurch gekennzeichnet, daß zur praktischen Realisierung selbst sehr komplexer Steuerungen fast keine Wünsche mehr offen bleiben.

5.2.1 Regelungskonzepte

Die wohl bedeutendste Regelungsaufgabe bei Chargenprozessen ist die Temperaturregelung zur Abfuhr der Reaktionswärme bei Rührkesselreaktoren mit exothermer Reaktion. Der Wärmeaustrag aus dem Reaktor erfolgt dabei in dem hier betrachteten Fall unmittelbar über Wärmetauschflächen, wie äußerer Kühlmantel und innere Kühlschlangen. Das Verfahren dieser Wärmeabfuhr wird als „Indirekte Kühlung" bezeichnet. Wie Bild 5.12 zeigt, ist auf der Kühlmittelseite ein geschlossener Kühlkreislauf mit Umwälzpumpe vorgesehen, um durch hohe Strömungsgeschwindigkeit guten Wärmedurchgang zu gewährleisten. Dazu ist noch ein Dampfanschluß vorgesehen, der das Aufheizen am Chargenbeginn übernimmt und gegebenenfalls beim Nachlassen der Reaktion am Chargenende in Aktion tritt.

Weitere, in der Praxis angewandte (Direkte) Wärmeabfuhrverfahren wie Siedekühlung, Umpumpen des Reaktorinhaltes über einen außen liegenden Kühler oder durch

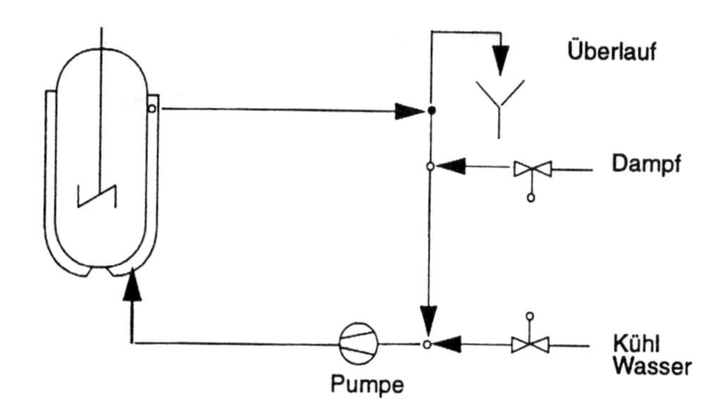

Bild 5.12 Heiz- und Kühlsystem an einem Rührkesselreaktor

autotherme Kühlung sollen hier nicht behandelt werden. Siehe hierzu „Regelung von Reaktoren“ von Th. Ankel in Messen Steuern Regeln in der Chemischen Technik, Band III, Springer Verlag, 1981.

Neben der Temperaturregelung gehören zum Betrieb eines diskontinuierlichen Rührkesselreaktors noch weitere Regelkreise wie Durchfluß-Zulaufregelungen (Feed-Batch-Betrieb), Druckregelung, Entspannungsregelung, Brüdenkondensationsregelung, pH-Regelung, die aber im allgemeinen nicht mit dem Temperaturkreis gekoppelt sind und somit regelungstechnisch keine besonderen Probleme aufwerfen. Sie werden darum im folgenden nicht weiter behandelt. Ebenso werden spezielle Regelsysteme, die auf ein bestimmtes Verfahren zugeschnitten sind, nicht behandelt.

Temperaturregelung bei indirekter Kühlung

Bild 5.13 zeigt die wohl am häufigsten angewandte Temperaturregelung mit äußerem Kühlwasserkreislauf und Direkteinspeisung von Dampf und Kaltwasser. Durch Zugabe von Dampf (über eine Injektor) und Wasser auf der Pumpensaugseite wird die Mischwirkung der Pumpe ausgenutzt. Anstelle des Außenmantels kann auch eine Innenschlange (oder beides/und äußere Schlange) benutzt werden. Die Anordnung eignet sich nur für Kühlkreislauftemperaturen unter 100°C. Bei einem erwünschten Temperaturprogramm – Temperatur-Profilregelung – wird die Führungsgröße des Reaktorinnentemperatur-Reglers von einem Programmgeber (Führungsregelung) verstellt. Die zur Temperaturregelung von Rührkesselreaktoren am häufigsten eingesetzte Schaltung ist die Kaskadenregelung, bei der die Reaktorinnentemperatur auf die Temperatur des Kühlmittels eingreift.

In der Praxis bestehen verschiedene Varianten dieser Grundschaltung zur indirekten Kühlung und Wärmeabfuhr. Andere Anordnungen wurden bereits im Abschnitt 3.5 „Verfahrenstechnische Konzeptionen von Anlagenteilen und technischen Einrichtungen zum Heizen und Kühlen von Chargen“ angegeben.

Wird statt Wasser ein anderes, z. B. ein organisches Kühlmittel benutzt, wie es bei höheren Temperaturen der Fall ist, so ist häufig die Direkteinspeisung des kalten

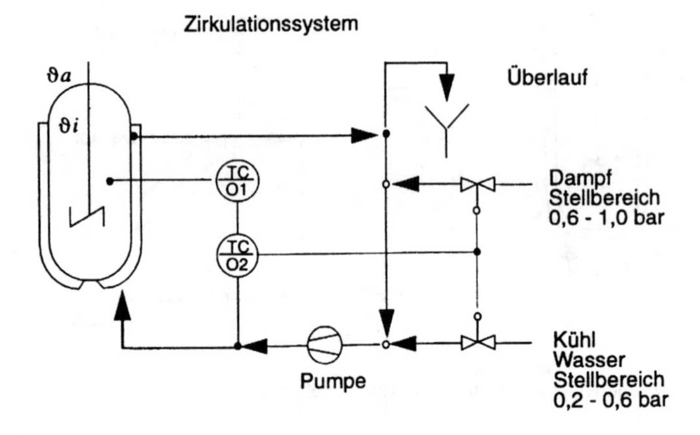

Bild 5.13 Drucklose Fahrweise (Temperatur bis 100°C)

bzw. warmen Mediums in den Kreislauf nicht mehr möglich und muß durch einen zusätzlichen Wärmetauscher im Kühlkreislauf ersetzt werden. Dadurch ändert sich jedoch nichts grundsätzlich an der Temperaturregelung des Reaktorinhaltes. Es kommt lediglich eine Festwertregelung für die Temperaturregelung des Wärmetauschers hinzu.

Besondere Probleme der Temperaturregelung bei diskontinuierlichen Rührkesselreaktoren

Schlüsselworte sind:

- Stabilitätsregelung Vs Störgrößenregelung
- Führungsregelung
- Integralsättigung
- Splitrangregelung
- Verbesserung der Regelgüte
- sichere Reaktionsführung
- gehobene Funktion der Regelungstechnik
- Sollwert-Rampe
- P/PI-Strukturumschaltung
- Fail-Safe-Schaltung
- Kaskadenregelung
- Feed-Batch-Betrieb

Aus der Literatur über die Regelung von Reaktoren [Ankel (1981)] geht hervor, daß chemische Reaktoren im allgemeinen, aber auch der diskontinuierliche Rührkesselreaktor, bezüglich ihres dynamischen Verhaltens eine Sonderstellung einnehmen, die sie deutlich von den übrigen Regelstrecken der chemischen Verfahrenstechnik wie Wärmetauscher, Strömungsmaschinen, Destillationskolonnen usw. unterscheiden. Der Grund dafür liegt darin, daß gegenüber den anderen Regelstrecken zu Stofftransport, Wärmetransport und Impulstransport (Strömungsverhalten) noch *die chemische Reaktion* als zusätzlicher, das dynamische Verhalten bestimmender Faktor hinzutritt. Durch die Abhängigkeit der Reaktionsgeschwindigkeit sowohl von der Konzentration der Reaktanden als auch von der Temperatur – dazu meist noch in extrem nichtlinearer Form – treten in einem Reaktor innere Kopplungen zwischen Stoff- und Wärmeaustausch auf, die zu besonderen Stabilitätsverhalten und eigenartigen dynamischen Phänomenen führen können. Erschwerend kommt weiter hinzu, daß diskontinuierliche Rührkesselreaktoren mit exothermer Reaktion mit einem Kesselinhalt bis zu 60 m^3 bei Phenolharz-Reaktoren und bis zu 250 m^3 bei Polymerisationsreaktoren betrieben werden, wobei jedoch die Kühlfläche zur Wärmeabfuhr nur mit der zweiten Potenz, der Reaktorinhalt jedoch mit der dritten Potenz des Durchmessers zunimmt.

Aus einer Betrachtung der stationären Wärmebilanz, d. h. dem Vergleich der durch die exotherme Reaktion pro Zeiteinheit erzeugten Wärmemenge und des durch Kühlung abgeführten Wärmestromes geht hervor, daß unter bestimmten Reaktions- und Kühlbedingungen (siehe weiter unten) – bei einem bestimmten Betriebspunkt – der Reaktor „Durchgehen“ kann. Rührkesselreaktoren arbeiten häufig an solchen instabilen Betriebspunkten und benötigen daher für eine stabile Fahrweise stets eine Regelung der Reaktionstemperatur.

Damit ergibt sich eine neue und bisher ungewohnte Aufgabe für die Regelung, die in diesem Fall nicht mehr – wie bei Festwertregelung üblich – allein auf das *Ausregeln von Störungen* beschränkt ist, sondern jetzt auch die *Stabilisierung des Betriebspunktes* in engen Temperaturgrenzen übernehmen muß.

In der Praxis jedoch gelingt es, „die schwierigste Regelstrecke der chemischen Verfahrenstechnik“ mit Methoden aus der Verfahrenstechnik, z. B.:

- Erhöhung der Umpumprate,
- Erhöhung der Umpumpmenge des Umlaufkühlwassers,
- parallele Führung der Rohrschlangen des Kühlmantels,
- geringes Volumen im Mantelraum,
- Erhöhung der Rührerleistung (siehe Kapitel 3.5),
- entsprechende Wahl des Betriebspunktes,
- Einsatz von Zulaufverfahren (Feed-Batch-Betrieb)

und durch regelungstechnische Maßnahmen, wie weiter unten beschrieben, durchaus zufriedenstellend in den Griff zu bekommen.

Die hier beschriebenen regelungstechnischen Maßnahmen bauen auf der klassischen Regelungstechnik auf, es sei allerdings vermerkt, daß – wie noch gezeigt wird – diese Methoden nicht immer die optimale Reaktionsführung und Betriebsweise gewährleisten. Höhere Anforderungen an die Wirtschaftlichkeit, neue komplexere Verfahren werden den Automatisierungstechniker in Zukunft häufiger mit der Notwendigkeit konfrontieren, „gehobene Prozeßführungsstrategien“ einzusetzen.

Regelung des zeitlichen Temperaturverlaufes

Wie bereits im Abschnitt 3.5 gezeigt, läßt der zeitliche Temperaturverlauf (typisiert) nach [Thier (1989)] für die exotherme Chargenreaktion vier Phasen erkennen (Bild 5.14):

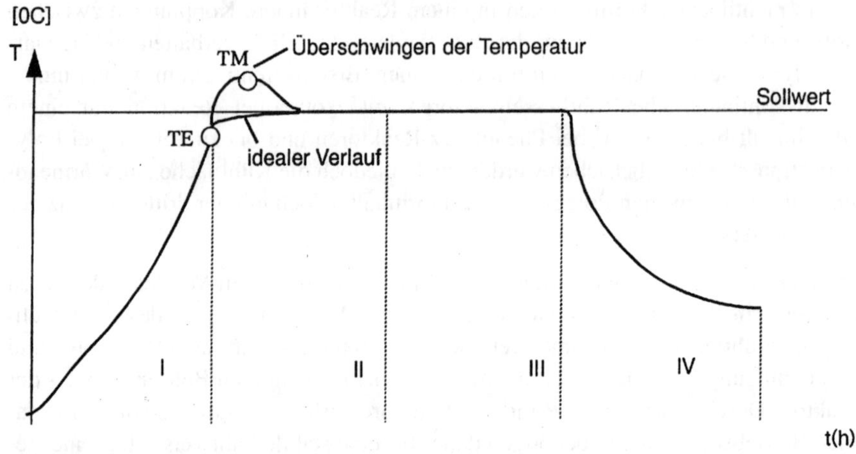

Bild 5.14 Temperaturverlauf eines exothermen Chargenprozesses

I	Aufheizphase	– bis zum Erreichen der Solltemperatur in vorgegebener Zeit
II	Reaktionsphase	– intensive Kühlung infolge freiwerdender Reaktionswärme
III	Nachreaktionsphase	– geringe Heiz- und Kühlzugaben bei konstanter Temperatur (Halten)
IV	Abkühlphase	– Temperatursenkung des gesamten Ansatzes bis auf Raumtemperatur bzw. einer für die Förderpumpe bzw. den Transfer des Produktes verträgliche Temperatur

Aufheizphase

Eine Besonderheit der Regelung des zeitlichen Temperaturverlaufes des diskontinuierlichen Rührreaktors ist der Anfahrvorgang. Das Reaktionsgemisch ist bis knapp an die Exothermiegrenze zunächst einmal aufzuheizen, um die Reaktion anspringen zu lassen, und anschließend ist die entstehende Reaktionswärme so abzuführen, daß die Reaktion bei einem bestimmten Temperaturprofil abläuft und sich die gewünschten Reaktionsprodukte einstellen. Dabei sind aus Gründen der Produktqualität oft nur sehr geringe Abweichungen von Sollverlauf der Temperatur zulässig und besonders ein *Überschwingen* in der Ansprungphase der Reaktion zu vermeiden. Die Reaktion könnte sogar „Durchgehen".

Für diese Aufgabe empfiehlt sich eine *Strukturumschaltung* des Temperaturreglers von einer P-Regelung während des Aufheizvorganges auf eine PI-Regelung unmittelbar vor Erreichen des gewünschten Temperaturwertes.

– Sättigungsverhalten von Reglern mit I-Wirkung

Besonders Regler mit I-Anteil zeigen ein Verhalten, das man *Sättigungsverhalten* nennt, wenn Soll- und Istwert längere Zeit voneinander abweichen. Das ist bei Chargenprozessen häufig der Fall, insbesondere in der Anfahrphase. Wird zu Beginn des Reaktionsvorganges die Dampfzufuhr zum Aufheizen freigegeben, so öffnet ein Temperatur-Regler mit I-Verhalten das Dampfventil zumindest so lange voll, bis der Istwert den Sollwert erreicht hat (Aufintegrieren der Regelabweichung). Erst dann sieht sich der PI-Regler veranlaßt, das Dampfventil im Rahmen des ihm durch Parametereinstellung (Tn) aufgeprägten Verhaltens zu schließen. Diese Arbeitsweise hat ein kräftiges Überschwingen der Temperatur im Reaktor zur Folge (Bild 5.15). Der spezifikationsgerechten Herstellung hochwertiger Produkte ist das nicht gerade förderlich. Die Reaktion könnte darüber hinaus Durchgehen.

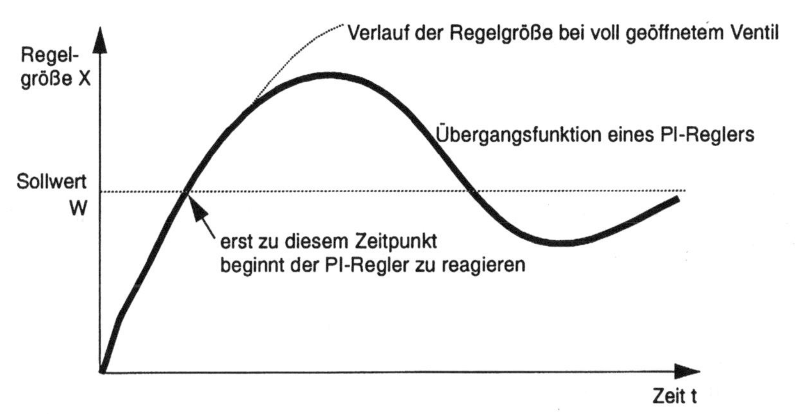

Bild 5.15 Einschwingverhalten eines PI-Reglers nach [Strohrmann (1992)]

Anders reagiert ein P-Regler. Ohne Sättigungsverhalten beginnt er mit dem Schließen des Ventiles schon, wenn der Stellwert die Grenze des Proportionalbereiches erreicht hat und gibt schon bei Soll-Ist-Gleichheit den für den weiteren Betrieb richtigen Wert des Stelldruckes aus: Die Temperatur läuft bei guter Einstellung ohne Überschwingen in den Sollwert ein (Bild 5.16). Diese günstige Wirkung kann durch einen D-Anteil im Meßzweig des Reglers noch verstärkt werden.

– P-, PI-Strukturumschaltung

Um nun die Vorteile des P-Reglers mit dem lastabhängigen Arbeiten des PI-Reglers zu vereinen, lassen sich viele Regler mit einem PI-Umschaltbaustein ausrüsten (siehe hierzu auch G. Strohmann in Automatisierungstechnik Band I, Oldenbourg Verlag). Im Anfahrzustand zeigt der Regler ein P-Verhalten, das bei Annäherung an den Sollwert auf PI-Verhalten umgeschaltet wird. Diese Strukturumschaltung wird heute im Prozeßleitsystemen durch Standardfunktionsbausteine bzw. durch Strukturalogrithmen realisiert. (Andere Anfahrschaltungen sind ebenfalls möglich, wie Hochfahren von Hand, Rampe, Programmgeber.)

Reaktionsphase

Der kritische Bereich für die Auslegung der Temperatur-Regelung ist der Beginn der

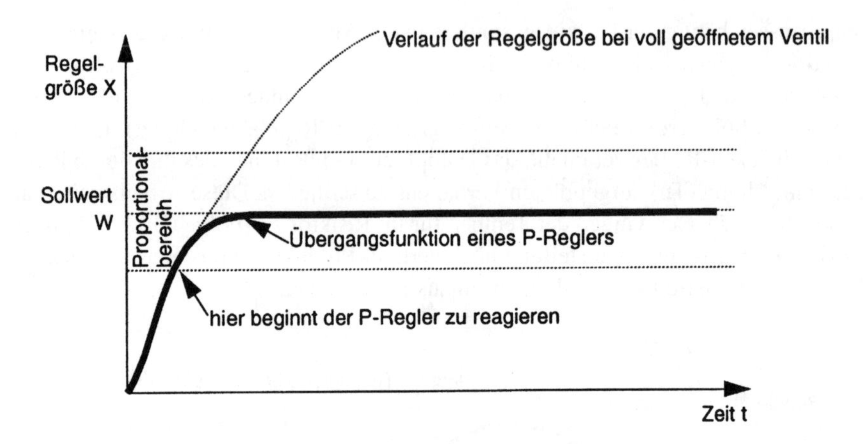

Bild 5.16 Einschwingverhalten eines P-Reglers nach [Strohrmann (1992)]

Phase II mit maximaler Kühlung und die Wahl des Umschaltpunktes für den Beginn des Kühlprozesses (Bild 5.14 Punkt unter dem Sollwertverlauf).

Setzt die Kühlung nicht früh genug ein, kann es aufgrund der exponentiellen Temperaturabhängigkeit der Reaktionsgeschwindigkeit zu einer Selbstbeschleunigung kommen, die im Extremfall zu einer Wärmeexplosion und damit zur Zersetzung der Produkte oder gar zur Zerstörung des Reaktors führt.

Voraussetzung für die Beherrschung solcher Prozesse sind die einwandfreie Auslegung des Heiz- und Kühlkreislaufsystems nach den reaktionstechnischen Daten des Ansatzes sowie ein schnelles Ansprechen der Regelung. Im gesamten Verfahrensablauf eines Chargenprozesses ist die Heiz- und Kühltechnik daher ein wesentliches Glied für die Regelung, Steuerung und die sicherheitstechnische Beherrschung der Reaktion [Thier (1989)].

Für ein schnell reagierendes und gut regelbares Heiz- und Kühlsystem sind erforderlich:

- eine hohe Umlaufgeschwindigkeit des Kreislaufwassers (2 bis 3 ms^{-1})
- größtmögliche Kreisstrommenge
- geringes Volumen (hold-up) im Mantelraum und in den Rohrleitungen, so daß in wenigen Sekunden der Inhalt durch Kaltwasser ausgetauscht werden kann.
- Kaltwasser muß mit konstanten Temperatur- und Druckwerten (keine Verzögerung) am Kaltwasser-Stellventil anstehen.
- Die Stellventile sollten einen weiten Regelbereich haben (1:50), so daß bei Öffnung des vollen Querschnittes große Mengen in den Kreislauf strömen, anderseits es aber auch möglich ist – durch Wahl einer entsprechenden Ventilkennlinie (gleichprozentig) –, Feindosierungen durchzuführen und damit eine genaue Temperaturführung zu erreichen.
- Das Umschalten von Heizen auf Kühlen muß schnell, stoßfrei und ohne Überschwingen erfolgen.

Eine Regelverschaltung, die ein schnelles, stoßfreies und synchrones Umschalten von Heizen auf Kühlen, der das gleichzeitige Ausschleusen von heißem und Einschleusen von kaltem Wasser bewirkt, wird als *Split-Range-Regelung* bezeichnet.

– *Split-Range-Regelung*

Wenn eine Regelgröße (hier die Kreislaufwassertemperatur des Zirkulationssystems) durch zwei verschiedene Energieströme zu regeln ist – hier heizen und kühlen –, kommen Split-Range-Regelungen zum Einsatz: Dem Stellbereich des Reglers (4–20 mA bei modernen PLS) werden abschnittsweise mehrere Stellgrößen (Kaltwasser- und Dampfventil) so zugeordnet, daß – wie in der chemischen Verfahrenstechnik üblich – mit fallendem Stellsignal von 1,0–0,2 bar die Stellgeräte nacheinander (Dampf von 1,0–0,6 bar) schließen und (Kaltwasser von 0,6–0,2 bar) öffnen (Bild 5.17). Dadurch ist in Sicherheitsstellung oder Luftausfall das Dampfventil geschlossen und das Kaltwasserventil geöffnet. Ein solches Verhalten nennt man *Fail-Safe-Verhalten.*

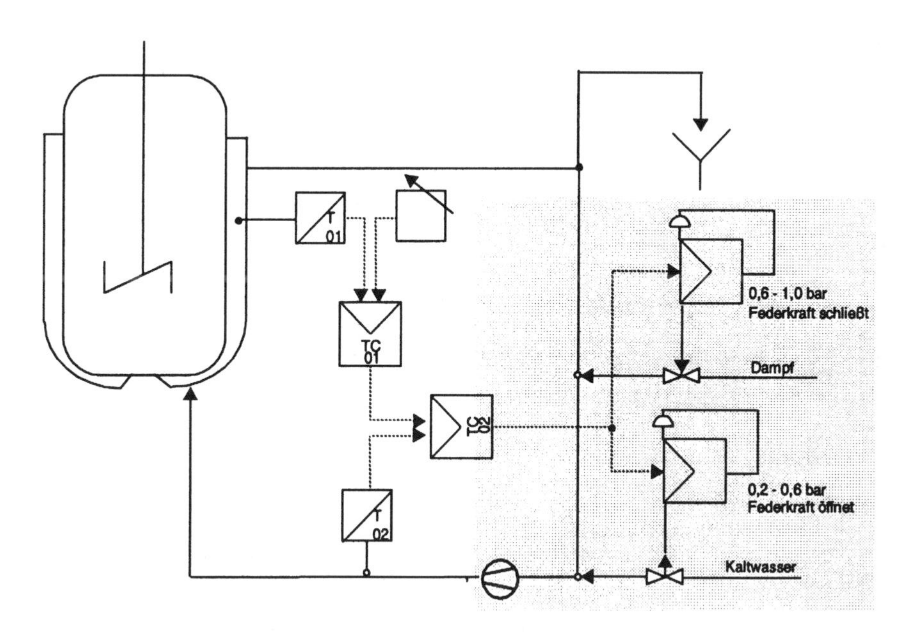

Bild 5.17 Split-Range Regelung

Die Regelgröße T02 wird hinter der Zirkulationspumpe entnommen. Zur Umformung des elektrischen Reglerausgangssignal von 4–20 mA in das für Stellglieder in der chemischen Verfahrenstechnik üblichen 0,2–1,0 bar und für die Splitting-Aufgabe: Daß der volle Stellbereich am Stellventil schon bei einem Teil des Stellsignalbereiches durchlaufen wird, z. B. 100% Hub bei einer Stellsignaländerung von 0,2–0,6 bar beim Kaltwasserventil und 0,6–1,0 bar beim Dampfventil, werden *Stellungsregler* verwendet.

Stellungsregler sind Regelgeräte, die eine gewünschte Stellung eines Stellgerätes gegenüber äußeren Einwirkungen beibehalten oder einstellen sollen. [(Siehe hierzu auch G. Strohmann in Automatisierungstechnik Band II, R. Oldenbourg Verlag (1991)].

Der Übergang von einem Stellgerät (Dampf) zu einem anderen (Kaltwasser) bedeutet oft den Übergang von einer Regelstrecke (heizen) zu einer anderen (kühlen) mit ganz *unterschiedlichem dynamischen Verhalten.* Beispielsweise hat der Heizkreis ein ganz anderes Zeitverhalten (linearer Temperaturanstieg mit Ausgleichverhalten in Phase I), und die Regelparameter müssen dann so eingestellt werden, daß der Regelkreis nicht schwingt, der dynamisch am sensibelsten ist, während auf den anderen damit möglicherweise nur sehr träge Einfluß genommen wird (z. B. während der Phase III „Nachreaktion" bzw. „Halten"). Hier bieten die modernen Prozeßleitsysteme Möglichkeiten, die Einstellung der Reglerparameter vom Wert des Stellsignals abhängig zu machen und damit jedem Regelkreis die dynamisch günstigste Reglereinstellung anzupassen.

Bei der praktischen Anwendung einer Split-Range-Regelung in einer Kaskadenregelung (siehe weiter unten) genügt es jedoch, wenn der Regler für die Kreisstromwassertemperatur als einfacher P-Regler mit einem P-Bereich von 30–50% betrieben wird, da eine bleibende Regelabweichung der Kreiswassertemperatur im allgemeinen keine Rolle spielt bzw. unter den Reaktionstemperatur-Regler TC01 ausgeregelt wird. Andererseits aber das Stabilitätsverhalten durch einen reinen P-Regler verbessert wird.

Um aber den Stellbereich der Stellglieder voll auszunutzen, kann es erforderlich sein, einen PI- Regler jedoch mit möglichst großer Nachstellzeit (Tn) einzusetzen.

Die Split-Range-Regelung ist also ein sehr wirksames Mittel, eine Regelgröße auch dann stoß- und überschwingungsfrei zu regeln, wenn von einem Stellgerät auf ein anderes (und damit auch meist von einer Regelstrecke auf eine andere) umgeschaltet werden muß.

– Fail-Safe-Verhalten

Mit Fail-Safe-Verhalten bezeichnet man die Eigenschaft eines Betriebsmittels im energielosen Zustand in einen definierten sicheren Zustand zu gehen.

In der chemischen Verfahrenstechnik verwendet man von jeher mit Druckluft (0,2–1,0 bar) betätigte Stellantriebe zur Verstellung von Stellgeräten (Ventile, Klappe, Schieber, Hähne). Sie arbeiten schnell, sind preiswert und sind explosionsgeschützt. Am weitesten verbreitet ist der *einfachwirkende Membranantrieb.* Bei einfachwirkenden Antrieben arbeitet die Hilfsenergie (Druckluft von 0,2–1,0 bar) nur in einer Stellrichtung – mit Hilfsenergie öffnend oder schließend –, in der anderen Richtung arbeiten Federn bei nachgebender Wirkung der Hilfsenergie – Federkraft schließt oder öffnet –.

Durch Anordnung der Membran und der Feder (Federn je nach Bauart) läßt sich die Ruhelage so festlegen, daß das Stellglied bei Ausfall der Hilfsenergie (Druckluft) entweder öffnet oder schließt. Damit läßt sich im Fehlerfall eine Ausfallrichtung definieren, die der Sicherheitsstellung entspricht – fail safe –.

Meist ist es das Sicherste, wenn das Stellglied bei irgendeiner Störung schließt. Das ist z. B. bei Ventilen für Dampf, Katalysator, Reaktanden, andere Einsatzstoffe usw. der Fall. Relativ selten dagegen ist es, wenn das Stellglied bei einer Störung öffnet. Das ist z. B. bei Ventilen für Kühlmitteldurchflüsse und bei Druckentspannungen der Fall.

Im Falle der Split-Range-Regelung des Heiz- und Kühlsystems am Rührkesselreaktor verlangt die Anlagensicherheit, daß das Dampfventil mit Luft von 0,6–1,0 bar öffnet und bei Luftausfall geschlossen ist, während das Kühlwasserventil mit Luft von 0,2–0,6 bar schließt und bei Luftausfall geöffnet ist.

Nachreaktionsphase, Haltephase

In dieser Phase muß häufig wieder geringfügig geheizt werden. Die Streckenparameter haben sich jetzt gegenüber der Reaktionsphase erheblich geändert. Die Verzögerungen der Strecke werden größer. Verhielt sich die Wärmeleitfähigkeit des Kesselinhaltes zum Anfang der Reaktion wie Wasser, so stellt das Endprodukt oft einen sehr guten Isolator mit einer hohen Viskosität dar. Zur Verbesserung des Wärmeüberganges wird häufig die Rührerdrehzahl erhöht.

– Regelung nach Zeitprogramm

In der Nachreaktionsphase wird das Endprodukt oft noch durch Zugabe von Zuschlagstoffen auf die gewünschte Endqualität eingestellt und der Rührwerksinhalt nach einem vorgeschriebenen Temperatur- und Zeitprogramm geregelt. Die Regelparameter sollten so eingestellt sein, daß die Reaktortemperatur TO1 diesem Temperaturprofil folgen kann (gutes Führungsverhalten). Dies kann zu Schwierigkeiten führen, wenn die zeitliche Änderung des Sollwertes des Reaktortemperatur-Reglers (Produkttemperatur) TC01 durch das Programm zu schnell ist (sprungförmig), verglichen mit der Änderung der Reaktortemperatur T01 durch Änderung in der Kreiswassertemperatur T02. Der Regelkreis TC01 kann zu Schwingungen angeregt werden, wodurch das Produkt Schaden nehmen kann. Abhilfe schafft eine Funktion, die man Sollwert-Rampe nennt und die nichts anderes als eine lineare Änderung eines Sollwertes bewirkt.

– Sollwert-Rampe (Set Point Ramping)

Mit dieser Funktion, die in jedem modernen Prozeßleitsystem standardmäßig vorhanden ist, kann erreicht werden, daß bei einer sprunghaften Veränderung des Sollwertes von einem Führungsregler (oder von Hand) der Regler nur so langsam folgt, daß sich keine Regelschwingungen aufbauen. RAMP-Befehle lassen sich produktabhängig in die Rezeptur einbauen und können durch das Steuerungsprogramm an den gewünschten Regler gesendet werden.

Der RAMP-Algorithmus berechnet kontinuierlich den Sollwert, gewöhnlich als eine Funktion der Zeit, nach einer konstanten Rate, bis ein bestimmter Endwert erreicht wurde. Die RAMP-Befehle sind vielfach von der Form:

RAMP; <Adresse>; <Endwert>; <Rate>; <pro Zeiteinheit>

z. B.:

RAMP; TC01; 140°C; 2°C; (15sec) (nach PROSEL)

und bedeutet:

Der Sollwert des Reglers TC01 ist alle 15 Sekunden um 2°C zu erhöhen bis der Endwert von 140°C erreicht ist.

Abkühlphase

In dieser Phase wird die Regelung häufig auf Hand genommen, um so schnell wie möglich den Kesselinhalt auf eine „pumpfähige" Temperatur abzukühlen.

5.2.1.2 Regelung der Produkttemperatur

Die wichtigste Regelgröße für Rührkesselreaktoren ist die Temperatur des Reaktorinhaltes. Wie in den vorhergehenden Abschnitten gezeigt, muß ihm ein den Prozeßablauf bestimmendes Temperaturverhalten aufgeprägt werden. Wie schon dargestellt, ist der Reaktorinhalt zunächst einmal aufzuheizen, um die Reaktion anspringen zu lassen, und anschließend ist die entstehende Reaktionswärme so abzuführen, daß die Reaktion bei einem bestimmten Temperaturprofil abläuft und sich die gewünschten Reaktionsprodukte einstellen. Es wurde bis jetzt insbesondere die Regelung zur Wärmezu- und -abfuhr bzw. der sie beeinflussenden Kreislaufwassertemperatur und die dabei auftretenden Probleme bei exothermer Reaktion behandelt. Es soll nun auf die eigentliche Regelung der Produkttemperatur eingegangen werden.

Es wurde häufig versucht über die Reaktortemperatur (Produkttemperatur) als Regelgröße direkt die Stellglieder für Dampf und Kaltwasser anzusteuern. Solche „Einfachregelkreise" können nicht zum gewünschten Erfolg führen, da sie das dynamische Verhalten und die Verzögerungen in der Anlage:

- z. B. Verweilzeitverhalten im Heiz/Kühlmantel
- Transportzeit im Zirkulationssystem
- Grad der Durchmischung im Rührkessel
- nicht konstanter Wärmeübergang
- unterschiedliche Wärmetönung der Reaktion
- Reaktorvolumen

nicht beeinflussen können und es deshalb zu langandauernden Regelabweichungen kommt, weil Störungen die im Heiz-Kühl-Kreislauf auftreten erst über die träge Regelstrecke erfaßt werden. Wird der P-Bereich bzw. die I-Zeit zu klein eingestellt, damit die Abweichungen verschwinden, dann wird der Regelkreis unstet.

Mit Hilfe von „Mehrfachregelkreisen" ist es möglich, die dem Einfachregelkreis in bezug auf die Regelgüte gesetzten Grenzen zu überschreiten.

Die in der chemischen Industrie am häufigsten angewandte Methode zur Verbesserung der Regelgüte ist die sogenannte *Kaskadenregelung.* Diese Regelung besitzt zwei Regelkreise. Dabei liefert der übergeordnete Produktregler TC01 entsprechend der Abweichung der Produkttemperatur den Sollwert für den untergeordneten Regler TC02, der die Kreiswassertemperatur regelt (Bild 5.17).

Eine Kaskadenregelung läßt sich immer dann gut realisieren, wenn man die gesamte Strecke in eine schnelle (mit kleiner Zeitkonstante) und in eine langsame (mit der dominierenden Zeitkonstante) Teilstrecke unterteilen kann (Verhältnis der Zeitkonstanten zueinander mindestens 1:5). Es gelingt dann den großen zeitlichen Verzug der gesamten Regelstrecke zu „Überspringen", insbesondere wenn man eine Hilfsregelgröße heranzieht, die alle Informationen über den Prozeßzustand enthält, um den Prozeßfortschritt rechtzeitig und mit kurzer Verzugszeit voraussagen zu können.

– *Die Regelstrecke*

Die Regelstrecke. Um die Notwendigkeit einer Kaskadenregelung zu begreifen, soll zunächst die „Regelstrecke Rührkesselreaktor" analysiert werden. Den apparativen Aufbau zeigt Bild 5.12. Der Rührwerkskessel ist mit einem Heiz-Kühl-System versehen, das aus der Umwälzpumpe und den Vor- und Rücklaufleitungen besteht. In die Rücklaufleitung mündet die Kaltwasser- und die Dampfleitung mit ihren Ventilen. Ein Überlauf hält das Wasserniveau in konstanter Höhe. Die Umwälzpumpe drückt das Kreislaufwasser über den Mantel (oder aufgeschweißte Rohrschlangen) am Rührkessel zurück in die Rücklaufleitung. Wird das Dampf-/Kaltwasserventil geöffnet, tritt Dampf-/Kaltwasser in das Zirkulationssystem und gibt Kondensationswärme/-kälte an das zirkulierende Kreislaufwasser ab. Das Signal wandert via Pumpe zum Reaktionskessel und wird dort nach einer kurzen Laufzeit eintreffen. Auf dem Weg durch den Mantel (Rohrschlange) wird die Wärme/Kälte an den Reaktionskessel abgegeben.

Mit etwas tieferer/höherer Temperatur strömt das Wasser zur Rücklaufleitung des Zirkulationssystems zurück.

Die Regelstrecke des Reaktionskessels reicht demnach vom Ventil (Ventilen) als Stellglied bis in den Kessel zum Temperaturfühler, wobei die Innentemperatur die Regelgröße darstellt. Dieser Sachverhalt ist als Blockschaltbild in Bild 5.18 dargestellt.

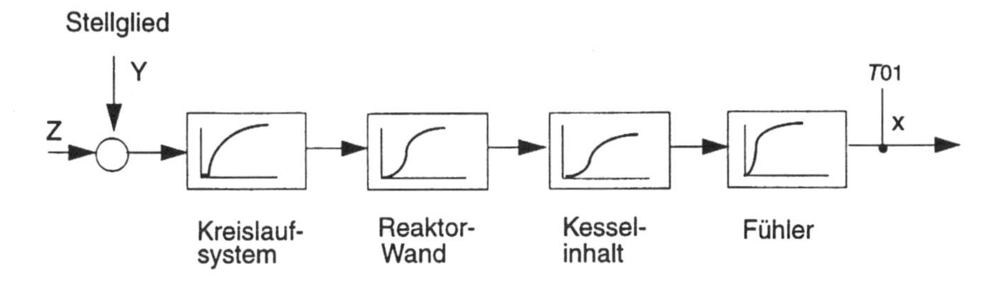

Bild 5.18 Blockschaltbild der Regelstrecke Rührkesselreaktor

Man erkennt an diesem Bild qualitativ vier kennzeichnende Zeitkonstanten:

T1 = Die Wärme-Übergangszeit des Heiz-Kühl-System (darin ist die Transportzeit des Wärmeträgers von den Ventilen bis zur Reaktorwand enthalten)
T2 = Die Wärme-Durchgangszeit durch die Reaktorwand
T3 = Die Erwärmungszeit des Reaktorinhaltes
T4 = Die Wärme-Durchgangszeit auf den Temperaturfühler (siehe Bild 5.19)

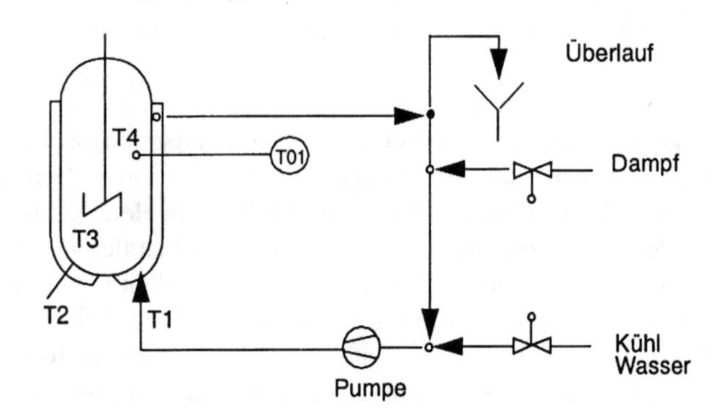

Bild 5.19 Die vier kennzeichnenden Zeitkonstanten des Rührkesselreaktors

In der Literatur werden bezogen auf einen gängigen Rührwerksreaktor folgende typische Zeitkonstanten genannt (es wird hierbei vernachlässigt, daß die Zeitkonstanten regelungstechnisch ersetzt werden durch Verzugs- (Tu) und Ausgleichszeiten (Tg):

T1 = 2–5,0 Min.
T2 = 0,5–1,0 Min.
T3 = 30–60 (250) Min.
T4 = 0,1–0,5 Min.

Die Zeitkonstante T1 wird im wesentlichen durch das Wasservolumen in den Zirkulationsleitungen und durch die Umpumprate der Zirkulationspumpe beeinflußt und sollte in einem gut geplanten Rührkesselreaktor unter zwei Minuten liegen.

Die Zeitkonstante T2 kann in Grenzen durch Verbesserungen der Wärmedurchgangszahl k, z. B. durch konstruktive und rührtechnische Maßnahmen beeinflußt werden.

Die Zeitkonstante T3 hängt vom Grad der Durchmischung im Reaktor ab. Hierbei spielt auch die Wahl der Rührerkonstruktion und Drehzahl eine große Rolle. Ebenso hängt T3 natürlich auch von der Heiz-/Kühl-Fläche sowie von der Kesselauskleidung – ob Kupfer, Stahl (austenitischer), Email oder gummiert – und vom Füllungsgrad des Kessel ab.

Die Zeitkonstante T4 kann durch Verwendung von Thermometern ohne Schutzrohr bzw. durch ein Schutzrohr mit einem Endstück mit guter Wärmeleitfähigkeit (z. B.

Silber) und gutem Kontakt zum Fühler (direkter Kontaktschluß Metall auf Metall, Öl oder Eisenpaste) minimiert werden.

Obwohl die angegebenen Werte der Zeitkonstanten nur typisch sind für einen bestimmten Rührwerkskessel bestimmter Abmessungen, kann aber festgestellt werden, daß beim Vergleich der Zeitkonstanten untereinander es nur eine dominierende Zeitkonstante gibt, die der Wärmekapazität des Kesselinhaltes T3.

Für die Auslegung der Kaskadenregelung kann man daher die Regelstrecke in zwei Teile aufteilen. Der erste umfasse das Zirkulationssystem, und zwar die Vor- und Rücklaufleitung, die Pumpe sowie die Wasserfüllung des Zirkulationssystems, der zweite Teil den Kesselinhalt, der aufzuheizen ist, die Rührermasse sowie die gesamte Kesselmasse, also die Kesselwand sowie den Mantel bzw. die aufgeschweißten Rohrschlangen.

Diese Zweiteilung der Regelstrecke kann als Hintereinanderschaltung zweier Wärmespeicher angesehen werden. Die Wärme fließt vom Dampfnetz (oder Kälte vom Kaltwassernetz) in den ersten Speicher, das Zirkulationssystem, und von diesem in den zweiten, das heißt via Kesselwand in den Reaktor, der jetzt aber alle wesentlichen Verzögerungen enthält.

Man gewinnt so neben der Hauptregelgröße Kesseltemperatur, eine zweite Hilfsregelgröße, die Kreislaufwassertemperatur, die verzögerungsarm ist und daher viel schneller und früher auf Veränderungen (Störungen) reagiert als die Hauptregelgröße. Das Verhältnis der beiden Zeitkonstanten der Teilsysteme zueinander ist mindestens 1:5.

– *Kaskadenregelung*

Nach der Lehre der Regelungstechnik kann mit einer Kaskadenregelung, einem zweischleifigen Regelkonzept, eine Verbesserung der Regelgüte erreicht werden, wenn die einfachen einschleifigen Regelkreise versagen.

Nach der Theorie der Regelungstechnik – und die tägliche Praxis liefert den experimentellen Beweis – treten bei trägen Regelstrecken in einschleifigen Regelkreisen große Regeldifferenzen und lange Regelzeiten auf. Die Wärmekapazität des Rührkesselreaktors ist eine der ganz trägen Regelstrecken in der chemischen Verfahrenstechnik. Wählt man dazu noch zur Regelung einer trägen Regelstrecke einen Regler mit großer Signalverstärkung, um die Regelabweichung zu verkleinern, so reagiert er bereits beim Auftreten kleiner Regeldifferenzen kräftig dagegen. Da seine Wirkung aber wegen der Trägheit der Strecke zu spät kommt und wegen der großen Verstärkung u.U. zu stark dosiert ist, wird die Regelgröße nicht in einem gewünschten engen Toleranzbereich um die Führungsgröße (Sollwert) gehalten, sondern führt selbsterregte Schwingungen aus, die auch aufklingen können. In einem solchen Fall ist der Regelkreis instabil.

Bei einer Kaskadenregelung wird durch Hinzunahme einer Hilfsregelgröße, die schneller die Auswirkungen von Störungen registriert als die stark verzögerte Hauptregelgröße, eine wesentliche Verbesserung der Regelgüte erreicht. Bei einer Kaskadenregelung wird die Hilfsregelgröße als Istwert auf einen gesonderten Regler

– den Hilfsregler – geschaltet, während der ursprüngliche Regler (einer einschleifigen Regelung) jetzt als Hauptregler die Führungsgröße für diesen Hilferegler liefert (Bild 5.20). Regelungstechnisch gesehen, handelt es sich hierbei um ein über zwei

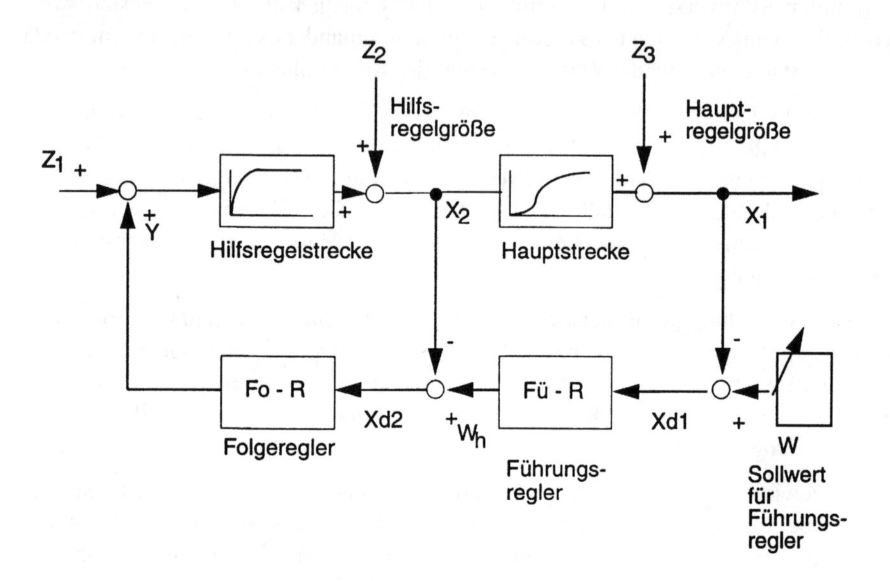

Bild 5.20 Kaskadenregelung

hierarchisch gestufte Ebenen vermaschtes System, das im angelsächsischen als *master-slave-Konfiguration* bezeichnet wird. Im deutschen wird der Hilfsregler auch als Folgeregler und der Hauptregler als Führungsregler bezeichnet. Das Zusammenwirken der beiden Regelkreise funktioniert nur dann befriedigend, wenn der Hilfs- oder Folgeregelkreis ein schnelleres Zeitverhalten als der übergeordnete Kreis aufweist, wenn also die wesentlichen Verzögerungen im Haupt- oder Führungsregelkreis enthalten sind. Vom Standpunkt des übergeordneten Führungsregelkreises ist der untergeordnete Folgeregelkreis mit seinem Führungsverhalten nur ein schnelles Stellglied des Führungsregelkreises. Vom Standpunkt des untergeordneten schnellen Folgeregelkreises ist der übergeordnete langsame Kreis nur als Sollwerteinsteller zu betrachten, der so langsam ist, daß der Sollwert als nahezu konstant gelten kann.

Störungen z_1 auf der Hilfsteilstrecke werden vom schnellen Folgeregelkreis ausgeregelt, so daß die Hauptregelgröße x1 durch diese Störungen nur unwesentlich beeinflußt wird. Störungen z_2 und z_3 auf der Hauptstrecke werden vom Hauptregelkreis ausgeregelt.

Bei der Temperaturregelung der Reaktortemperatur des Rührkesselreaktors wählt man als Hilfsregelgröße die Temperatur des Kreislaufwassers T02, wobei der Folgeregler (Kreislaufwasser-Temperaturregler) TC02 im splitting-range auf das Kaltwasser- und das Dampfventil eingreift. Hauptregelgröße ist die Reaktortemperatur

T01, die über den Führungsregler (Hauptregler) TC01 den Sollwert des Folgereglers verstellt (Bild 5.17).

Der Hauptvorteil dieser Anordnung liegt im schnellen Ausregeln der Störungen z1, die durch Schwankungen des Kaltwasserdruckes und -temperatur und des Dampfvordruckers über die Stellströme Kaltwasser und Heizdampf in den Regelkreis eingetragen und auf diese Weise vom weiteren Vordringen in den Rührkessel und schlußendlich auf die Hauptregelgröße abgehalten werden.

Eine Verbesserung der Gesamtdynamik macht sich allerdings bei großen Rührkesselreaktoren kaum bemerkbar, da hier das Zeitverhalten in erster Linie durch die Wärmekapazität des Kesselinhaltes und den Wärmeübergang von der Kesselwand bis ins Kesselinnere, also durch die Hauptregelstrecke bestimmt wird. Eine weitere Verkleinerung der Zeitkonstanten im ohnehin schnellen Folgeregelkreis bleibt damit ohne Einfluß. Anders ist dies bei kleineren Rührkesseln im Technikum, bei denen Kühlkreislauf und Rührkessel Zeitkonstanten gleicher Größenordnung besitzen. Hier wirkt sich die Kaskadenregelung auch dynamisch günstig aus.

Ein weiterer Vorteil der Kaskadenregelung ist die Möglichkeit der genauen Begrenzung der Hilfsregelgröße nach oben und nach unten durch einfache apparative Maßnahmen – wie Sollwertbegrenzung oder spezielle Meßbereichswahl für den Hilfsregelkreis –. Dies ist z. B. bei der Temperaturregelung von Rührkesseln mit temperaturempfindlichen Produkten von Bedeutung, wo Überhitzungen der Kesselwand zu Produktschädigungen oder wo Wandunterkühlungen zum Ansetzen des Produkts führen können.

Die Regeleinrichtung einer Kaskadenregelung läßt sich bequem in einzelne Abschnitte auftrennen und betreiben – erst wird der Folgeregelkreis als Festwertregelung und dann erst der Führungsregler zugeschaltet –, was beim Anfahren und Abfahren einer Anlage von Vorteil ist. Dazu besitzen moderne Kaskadenschaltungen Möglichkeiten zum stoßfreien Umschalten von Festwert auf Kaskade. Der Umschaltzeitpunkt bzw. die Umschaltung selbst kann als Software-Befehl in der Rezeptur (Ablaufsteuerung) vorgesehen werden.

Als weiteres Beispiel der Vorteile einer Kaskadenschaltung im Chargenprozeß kann die Ausschaltung des Einflusses von diskontinuierlichen Veränderungen des zu steuernden Stellstromes, z. B. von Heizen auf Kühlen durch einen schnellen Regelkreis, angesehen werden. Die Kaskadenschaltung dient dabei zur Linearisierung eines Regelvorganges, hier der Übergang von Heizdampf auf Kühlwasser.

Ein weiterer Vorteil der Kaskadenregelung ist, daß sie die grundsätzlichen Nichtlinearitäten des Systems vom Führungsregelkreis fernhält und statt dessen durch den Folge-(Hilfs-)Regelkreis ausgleicht. Im Hilfsregelkreis können diese Nichtlinearitäten durch Verwendung von Ventilen mit gleichprozentiger Kennlinie kompensiert werden, da deren Verstärkung zunimmt, wenn die Strukturverstärkung abfällt.

Bei der praktischen Anwendung der Kaskadenregelung genügt als Folgeregler meist der einfache P-Regler, da eine bleibende Regelabweichung der Hilfsregelgröße im allgemeinen keine Rolle spielt, aber das Stabilitätsverhalten dadurch verbessert wird.

Ein zusätzlicher Vorhalt (PD-Regler) ist nur in Fällen, in denen die Hilfsregelstrecke wesentliche Verzögerungen enthält, von Vorteil. Ein I-Anteil kann jedoch von Nutzen sein, um mit Sicherheit den vollen Stellbereich der Regelventile (Feindosierung) auszunutzen, insbesondere wenn der Folgeregler aus Stabilitätsgründen mit größeren Proportionalbereichen (> 50%) arbeiten muß. Im allgemeinen aber arbeitet der Folgeregler mit Proportionalbereichen zwischen 10–30% recht gut. Für den Führungsregler kommen im allgemeinen nur PID-Regler in Frage. Die hierfür aus Stabilitätsgründen erforderlichen Reglerverstärkungen bzw. Proportionalbereiche sollen im nächsten Abschnitt behandelt werden.

5.2.1.3 Stabilitätsverhalten des diskontinuierlichen Rührkesselreaktors

Es ist der Verdienst von Th. Ankel (siehe auch [Ankel (1981)] auf der Tagung des NAMUR-Unterausschusses Regelungstechnik am 11. und 12. 11. 1965 in Hoechst zum erstenmal aus der Arbeit des Arbeitsausschusses Reaktordynamik vor Automatisierungsingenieuren auf das Phänomen der stabilisierenden Wirkung einer Regelung durch hohe Reglerverstärkung bei einem Rührkesselreaktor hingewiesen zu haben.

Die damaligen Ausführungen betrafen in ihren Grundzügen ausschließlich Stabilitätsuntersuchungen am kontinuierlich betriebenen homogenen Rührkesselreaktor. Es lassen sich aber aus einer Analyse des Verhaltens einer Batch-Reaktion 0. Ordnung zum Thema sichere Reaktionsführung ([Eigenberger u. a. (1986)] ähnliche Folgerungen auch für Stabilitätsbetrachtungen durch Regelung an diskontinuierlich betriebenen Rührkesselreaktoren ziehen, zumindest phänomenologisch.

Grundsätzliche Untersuchungen dieses Reaktionssystems stammen von *Semonov.* Für weitere Aussagen soll daher das Semonov-Diagramm für eine exotherme Reaktion 0. Ordnung herangezogen werden (Bild 5.21).

In der klassischen Semonov-Theorie wird zunächst das stationäre Verhalten betrachtet, indem die Wärmeerzeugungskurve der chemischen Reaktion QE, der Wärmeabfuhrgeraden der Kühlung QA gegenübergestellt wird. Dazu trägt man die Wärmeerzeugung QE und die Wärmeabfuhr QA in ein Diagramm als Funktion der Temperatur auf.

Die Wärmeabfuhr wird durch eine Gerade dargestellt. Die Wärmeerzeugungskurve nimmt dagegen für den kontinuierlich durchflossenen Rührkesselreaktor einen S-förmigen Verlauf an, d. h., sie steigt wegen der exponentiellen Temperaturabhängigkeit der Reaktionsgeschwindigkeit zunächst exponentiell an, strebt dann – beim kontinuierlich durchflossenen Rührkesselreaktor – aber asymptotisch dem durch 100prozentigen Umsatz festgelegten Grenzwert zu. Anders beim diskontinuierlichen Rührkesselreaktor (Batch-Reaktor). Wegen des endlichen Vorrates an Reaktanden kann ab einem kritischen Punkt gekennzeichnet durch ein „überexponentielles Wachstum" eine vollständige Abreaktion erfolgen, während der die Wärmeabfuhr

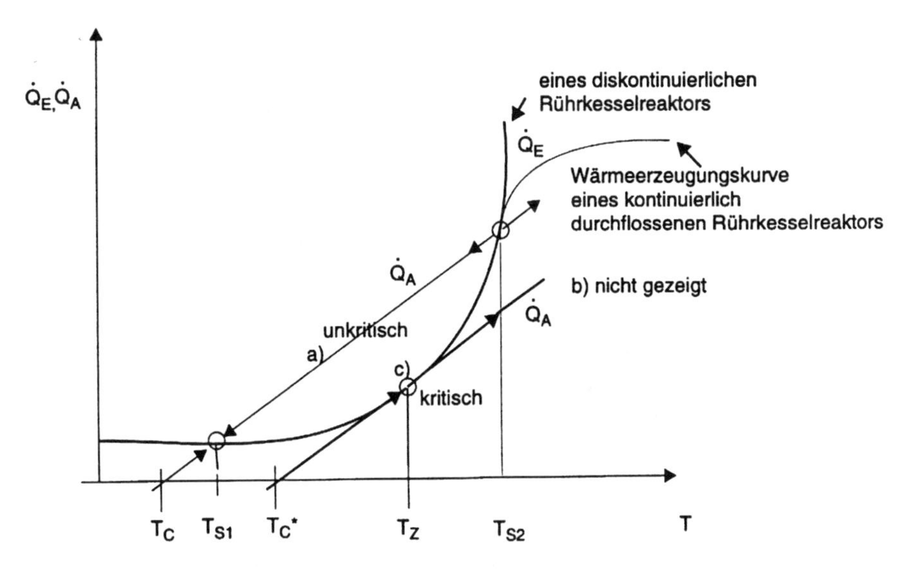

Bild 5.21 Semonov-Diagramm für eine exotherme Reaktion 0. Ordnung

gegenüber der Wärmeproduktion vernachlässigt werden kann. Die Reaktion „geht durch“ bis der Ausgangsstoff verbraucht ist. Es gibt keinen thermischen Gleichgewichtszustand im sinnvollen Temperaturbereich wie beim kontinuierlichen Reaktor.

Abhängig von der gegenseitigen Lage dieser beiden temperaturabhängigen Kurven können nach [Schuler (1992)] drei Fälle unterschieden werden:

a) Beide Kurven schneiden sich in zwei Punkten. In diesen Schnittpunkten besteht ein thermisches Gleichgewicht mit stationärem, zeitlich unveränderlichem Temperaturverlauf.
b) Es tritt kein Schnittpunkt auf. Die Wärmeproduktion der Reaktion ist bei gleicher Temperatur größer als die Wärmeabfuhr, so daß die Temperatur als Folge des Bilanzungleichgewichtes ansteigt. Bei diesen Bedingungen geht die Reaktion durch.
c) Es tritt Berührung der Kurven auf. Dieser Sonderfall definiert die Selbstentzündungsgrenze des Reaktionssystems, welche die beiden anderen Fälle voneinander trennt.

Bei großtechnischen Rührkesselreaktoren liegt der wirtschaftlich interessante Betriebspunkt (nach [Ankel (1981)] fast immer in dem Temperaturbereich, der dem Mittelteil der Wärmeerzeugungskurve entspricht (Bild 5.22). Da bei großen Reaktoren die Wärmeabfuhrgerade relativ flach verläuft – nach einer hier nicht wiedergegebenen Ableitung hängt die Steigung dieser Geraden (Wärmeabfuhr pro Volumeneinheit) vom Verhältnis Kühlfläche zu Volumen ab, das mit zunehmender Reaktorgröße immer kleiner wird –, ist dieser Betriebspunkt zwangsläufig instabil und muß durch zusätzliche Maßnahmen d. h. durch eine Regelung stabilisiert werden. Instabilität beim Batch-Reaktor bedeutet keine Instabilität mit mehrfach stationären

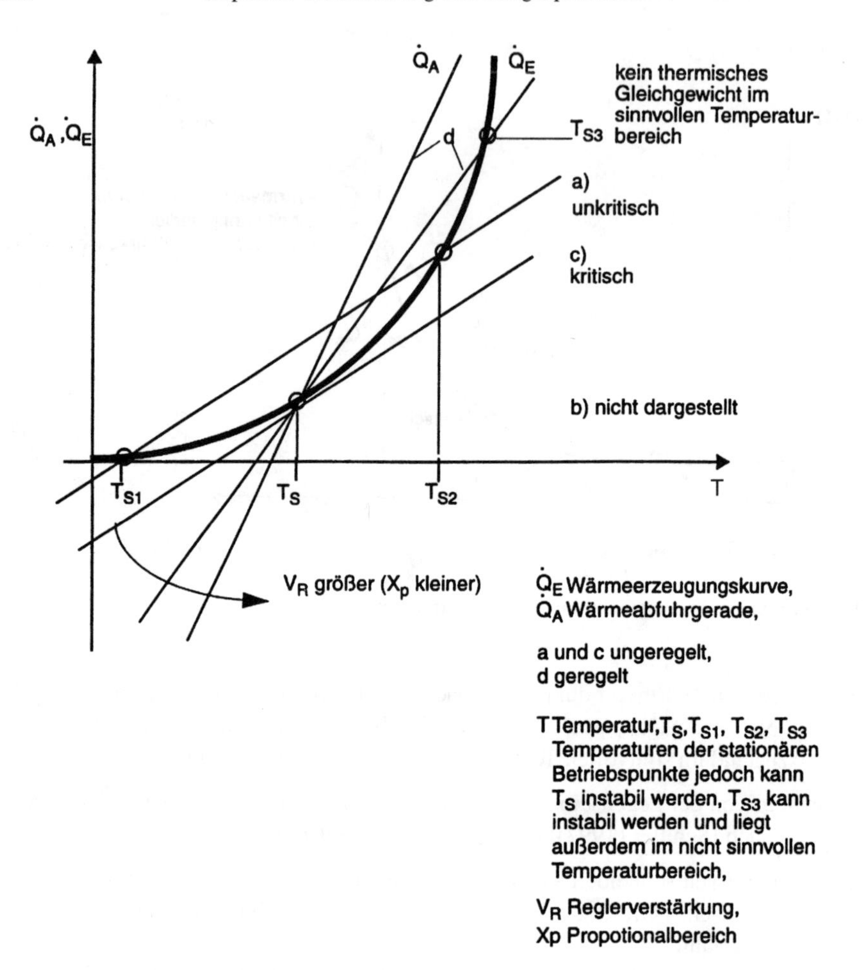

Bild 5.22 Stationäre Wärmebilanz eines Rührkesselreaktors

Zuständen wie beim kontinuierlichen Reaktor, sondern bedeutet Instabilität um einen stationären Betriebspunkt herum, siehe auch weiter unten.

Nach einer hier nicht wiedergegebenen Ableitung der stabilisierenden Wirkung am Beispiel eines idealen P-Reglers kann gezeigt werden, daß die Wirkung des P-Reglers in einer Drehung der Wärmeabfuhrgeraden um den Betriebspunkt in Richtung steileren Anstiegs besteht, wobei die Drehung mit steigender Reglerverstärkung (kleinerem P-Bereich) zunimmt. Ein ursprünglich instabiler Betriebspunkt wird auf diese Weise stabilisiert.

Bemerkenswert ist, daß mit zunehmender Reglerverstärkung die Stabilität verbessert wird, was genau im Gegensatz zur allgemeinen Theorie der linearen kontinuierlichen Regelsysteme steht. Diese Besonderheit, die für die ideale P-Regelung sogar beliebig hohe Reglerverstärkungen erlaubt, wird schnell eingeschränkt, wenn man die im realen Regelkreis stets vorhandenen Verzögerungen durch Fühler, Regler und Stellglied berücksichtigt. Insofern ergibt sich nach [Ankel (1981)] für die Regelung von Rührkesselreaktoren folgendes Bild:

Bei zu kleiner Verstärkung (zu großer P-Bereich) greift der Regler noch zu schwach ein, so daß die ursprüngliche Instabilität des Betriebspunktes überwiegt. Mit steigender Reglerverstärkung wird der Rührkessel stabil, bis bei zu hohen Verstärkungswerten – diesmal aber bedingt durch die Verzögerungen in der äußeren Rückführung – wieder Instabilität eintritt.

In jedem Fall ist aber diese Aussage nicht korrekt, die behauptet: „Damit vorübergehende Abweichungen von der Produkt-Solltemperatur nicht zu starken Änderungen des Sollwertes beim Folgeregler führen, sollte der P-Bereich des Führungsreglers relativ groß gewählt werden.“

Vielmehr hat der Autor für Rührkesselreaktoren von 20–30 m^3 gute Erfahrungen gemacht mit Werten für den:

Führungsregler von	P = 12–15%	Xp
	I = 12–15min	Tn
	D = 1–2min	Tv
Folgeregler von	P = 10–30–50%	Xp
	I = 4–6 min	Tn

Es soll noch vermerkt sein, daß aus verfahrenstechnischer Sicht die Wirkung der Regelung einer Vergrößerung der Reaktorkühlfläche entspricht, mit der ja auch eine steilere Wärmeabfuhrgerade und damit eine Stabilisierung erreicht werden kann. Insofern stellt dies ein eindrucksvolles Beispiel für den Ersatz einer verfahrenstechnisch apparativen und – soweit überhaupt realisierbar – recht teuren Maßnahme durch eine äquivalente, aber preislich wesentlich günstigere regelungstechnische Maßnahme dar.

5.2.1.4 Der Semibatch- oder Feed-Batch-Betrieb

Bei diskontinuierlichen Rührkesselreaktoren wird wie unter 5.2.1.2 besprochen die Innentemperatur über die Kühltemperatur geregelt. Bild 5.23 zeigt typische Temperaturverläufe bei einer einfachen exothermen Reaktion. Der Stellbereich der Mantelwassertemperatur liegt in dem betrachteten Beispiel zwischen ca. 10°C (Brunnenwasser-Temperatur) und 100°C. Wird die Soll-Temperatur auf 70°C eingestellt, so muß das Reaktionsgemisch zunächst aufgeheizt werden, d. h., die Manteltemperatur nimmt den Maximumwert ein. Obwohl die Kühltemperatur-Regelung sehr schnell reagiert, bewirken unvermeidbare Verzögerungen im Regelsystem beim Anspringen der Reaktion ein gedämpft oszillierendes Einschwingen auf die Solltemperatur.

Unter geringfügig schärferen Reaktionsbedingungen (höhere Startkonzentration oder Starttemperatur, schlechterer Wärmedurchgang zum Kühlmittel – Anbackungen an der Kesselinnenwand oder Verschmutzung (fouling) des Kühlmantels erge-

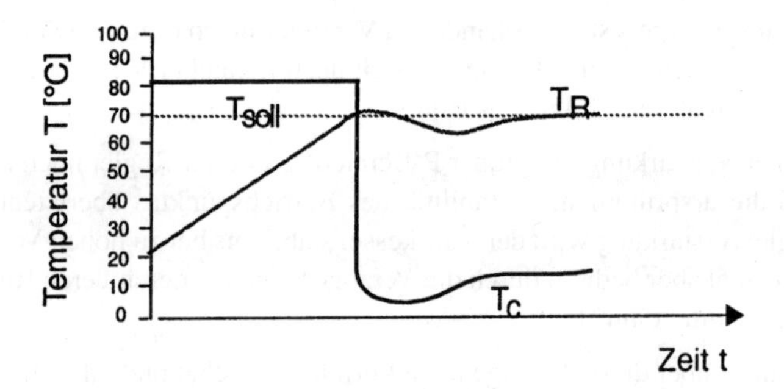

Bild 5.23 Rührkesselreaktor mit Kühltemperatur-Regelung. Starten der Reaktion durch Aufheizen des Reaktorinhaltes auf Solltemperatur. T_R Reaktor, T_c Manteltemperatur [Quelle: Eigenberger u. a. (1986)]

ben sich die Übergangsverläufe nach Bild 5.24. Im Fall 2 gerät die Kühltemperatur vorübergehend an ihren unteren Anschlag (es müssen nicht immer die Reaktionsbedingungen sein, die Kühlwassertemperatur kann im Sommer z. B. um 5–6°C höher liegen als normal). Die Kühlwirkung reicht aber noch aus, um die Reaktion zu kontrollieren. Das ist im Fall 3 nicht mehr möglich. Die Kühltemperatur verbleibt an ihrem unteren Anschlag, trotzdem kann die Solltemperatur nicht gehalten werden. Die Reaktion beginnt durchzugehen. Die stabilisierende Wirkung der Regelung ist am Ende. Das Durchgehen der Reaktion ist nur noch mit Notmaßnahmen abzubrechen (siehe auch im nächsten Kapitel Sicherheitskonzepte).

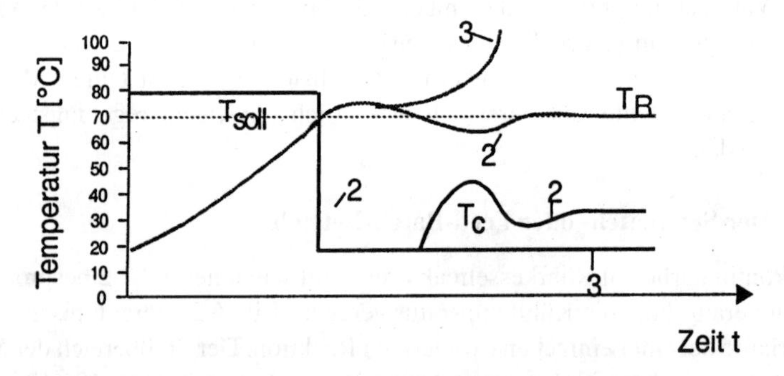

Bild 5.24 Rührkesselreaktor mit Kühltemperatur. Regelung, jedoch mit schärferen Reaktionsbedingungen. Im Fall 3 kann die Solltemperatur nicht mehr gehalten werden (Kühltemperatur T_c am unteren Anschlag). [Quelle: Eigenberger u. a. (1986)]

Die große Menge an unreagiertem Ausgangsgemisch, die beim Chargenprozeß zu Beginn vorliegt, stellt bei stärker exothermer Reaktionen stets ein latentes Risiko dar. In der Praxis werden solche Reaktionen daher in der Regel nicht im Ansatz-Betrieb, sondern im Feed-Batch-Betrieb durchgeführt.

– *Feed-Batch-Betrieb oder Zulaufverfahren*

Beim Feed-Batch-Betrieb oder Zulaufverfahren wird nur ein Teil des Reaktionsgemisches zu Anfang vorgelegt, während der andere Teil in der sogenannten Dosier- oder Zulaufphase allmählich zugegeben wird. Der Vorteil dieser Betriebsweise liegt darin, daß mit der Zudosiergeschwindigkeit eine weitere Eingriffsgröße vorliegt, mit der die Wärmefreisetzungs-Geschwindigkeit beeinflußt werden kann.

Betrachten wir dazu eine exotherme Reaktion nach dem Schema $A + B \rightarrow$ Produkte. Die Komponente A wird zu Beginn vollständig vorgelegt und der Reaktionsinhalt auf „Starttemperatur" aufgeheizt. Von diesem Zeitpunkt $t = 0$ ab bis zum Ende der Dosierzeit $t = 1$ wird die Komponente B entweder mit konstantem oder über die Zeit zwischen $t = 0$ bis $t = 1$ veränderlichem Volumenstrom durchflußgeregelt zudosiert.

In der Praxis sind verschiedene Methoden des Zudosierens üblich. Im allgemeinen wird die Dosierung bei gleichzeitiger Reaktorinnentemperaturregelung über die Wärmeabfuhr durchgeführt. Es gibt aber auch sehr einfache Strategien die unter Verzicht auf eine Regelung der Reaktorinnentemperatur eine weitgehend isotherme und sichere Betriebsweise erlauben.

Dazu gehört aber eine exakte Wahl der Betriebsbedingungen: hinreichend hohe Manteltemperatur, hinreichend niedrige Dosiergeschwindigkeit. Es kann sich so ein Gleichgewicht zwischen Zulauf und Abreaktion der Komponente B einstellen.

Bei ungünstigen Betriebsbedingungen, z. B. zu niedriger Manteltemperatur Tc oder zu schneller Zudosierung, kommt es zu einer *Akkumulation* des Stoffes B im Reaktor, bevor die Reaktion infolge Selbstaufheizung anspringt. Die Folge ist ein starkes Überschwingen der Reaktortemperatur eventuell mit Schädigung des Produktes.

Häufig ist es aus reaktionskinetischen Gründen nicht möglich, bestimmte Einsatzstoffe zu Beginn vollständig vorzulegen. Das gilt nach [Eigenberger u. a. (1986)] z. B. für solche Polymerisationsreaktionen, bei denen Monomeres und Initiator in konstantem Verhältnis zudosiert werden müssen. Eine übliche Strategie ist es, den Reaktor mit Innentemperatur-Regelung zu betreiben, und zu Beginn etwa 10% der Einsatzstoffe vorzulegen. Die Reaktion wird ähnlich wie beim reinen diskontinuierlichen Rührkesselreaktor gestartet. Nachdem sie angesprungen ist, wird der Rest der Einsatzstoffe mit konstanter Geschwindigkeit zudosiert. Während der Dosierphase stellt sich unter normalen Betriebsbedingungen ebenfalls ein Gleichgewicht zwischen Zufluß und Abreaktion ein, so daß die im Reaktor vorkommende Menge an nicht reagiertem Einsatzstoff („Reaktandenmenge") einen niedrigen und nahezu konstanten Wert annimmt.

Diese Betriebsweise hat zwei kritische Phasen. Die erste betrifft den *Zeitpunkt,* in dem nach dem Anspringen der Reaktion die kontinuierliche Zudosierung eingeschaltet wird. Beginnt man *zu früh* mit der Zudosierung, so erlischt die noch schwache Reaktion beim Zumischen des kalten Reaktandenstromes. Die kontinuierlich zugeführten Reaktanden können nicht abreagieren, sondern sammeln sich zunächst im Reaktor an. Springt die Reaktion schließlich an, so führt die akkumulierte Reaktandenmenge zu unkontrolliertem Überschwingen der Temperatur. Ähnliche Schwierigkeiten können bei einem *verspäteten* Beginn der Zudosierung auftreten. Das Ausreagieren der vorgelegten Reaktandenmenge alleine führt zu einem Überschwingen der Reaktortemperatur. Die Temperaturregelung wird jetzt die Manteltemperatur nach dem Anspringen der Reaktion stark erniedrigen. Werden in dieser Phase starker Kühlung die kalten Reaktanden zugeführt, dann reicht die Wärmeproduktion der bereits wieder schwächeren Reaktion nicht mehr für das Aufheizen des Zulaufs aus. Auch hier bricht die Reaktion zusammen und springt erst nach Anheben der Manteltemperatur und stärkerer Akkumulation der Reaktanden wieder an.

Schreiner berichtet in [Schreiner (1969)] von einer Temperaturregeleinrichtung, bei der ausgehend von einer Starttemperatur unterhalb der eigentlichen Solltemperatur der Temperatursollwert in möglichst kurzer Zeit nach Beginn des Monomereinlasses ohne Überschwingen erreicht werden soll.

Dabei konnten zwei Dinge zunächst nicht zufriedenstellend gelöst werden:

1. Das gelegentliche Überschwingen der Temperatur durch die Begrenzung des konstruktiv vorgegebenen Kühlmittel-Durchflusses,
2. Die zu große Zeit, die gebraucht wurde, um die Solltemperatur durch zu vorsichtiges Dosieren des Monomers zu erreichen.

Es wurde schließlich eine Schaltfunktion gefunden, die den Sollwert des Monomer-Durchflusses zu Beginn auf seinen maximalen Wert setzt, um zunächst einmal die Reaktion durch eine hohe Monomerkonzentration zu beschleunigen. Bei einer bestimmten Temperatur wurde dann die Monomer-Zugabe abgeschaltet, indem der Sollwert auf Null gesetzt wurde. Somit wurde die Monomer-Konzentration im Reaktionskessel auf einen maximalen Betrag begrenzt. Der dritte Schritt der Schaltfunktion wurde so ausgelegt, daß ein mittlerer Durchfluß entstand, der in gutes Gleichgewicht von Monomer-Konzentration, Reaktionsgeschwindigkeit und Wärmeabfuhr durch das Kühlmittel gewährleistet. Die mit dieser Maßnahme erzielte Temperaturübergangsfunktion ist in Bild 5.25 dargestellt.

Ein ähnliches Zulauf-Programm hat der Autor zusammen mit seinen Mitarbeitern entwickelt. Ausgehend von einer bestimmten Anfangsmenge an Reaktand wird der Sollwert des Zulauf-Durchfluß-Reglers alle z. B. fünf Minuten (das ist einstellbar) um eine bestimmte Menge erhöht, bis zum maximalen Wert, der etwa nach eineinhalb Stunden erreicht wird. Danach läuft der Reaktand mit maximaler Menge zu. Es entsteht so eine treppenförmige Rampenfunktion, die jedoch nur jeweils um den nächsten Schritt erhöht wird, wenn die Reaktionstemperatur nicht ansteigt (Erfassung der Änderungsgeschwindigkeit der Reaktionstemperatur). Im anderen Fall verbleibt der Sollwert auf der zuletzt vorgegebenen Menge bzw. wird noch erniedrigt. Erst beim nächsten Schritt, nach der die Reaktionstemperatur unverändert auf ihrem Sollwert verblieben ist, wird die Reaktandenmenge wieder erhöht.

Hierbei entsteht noch ein anderes Problem. Der gesamte Zulauf muß in einer bestimmten Zeit abgelaufen sein, z. B. zwei oder drei Stunden. Bei Unterschreitung bzw. Überschreitung dieser Zeit von $t = 0$ bis $t = 1$ kann sich unliebsames Nebenprodukt bilden bzw. nur unvollständiger Umsatz resultieren.

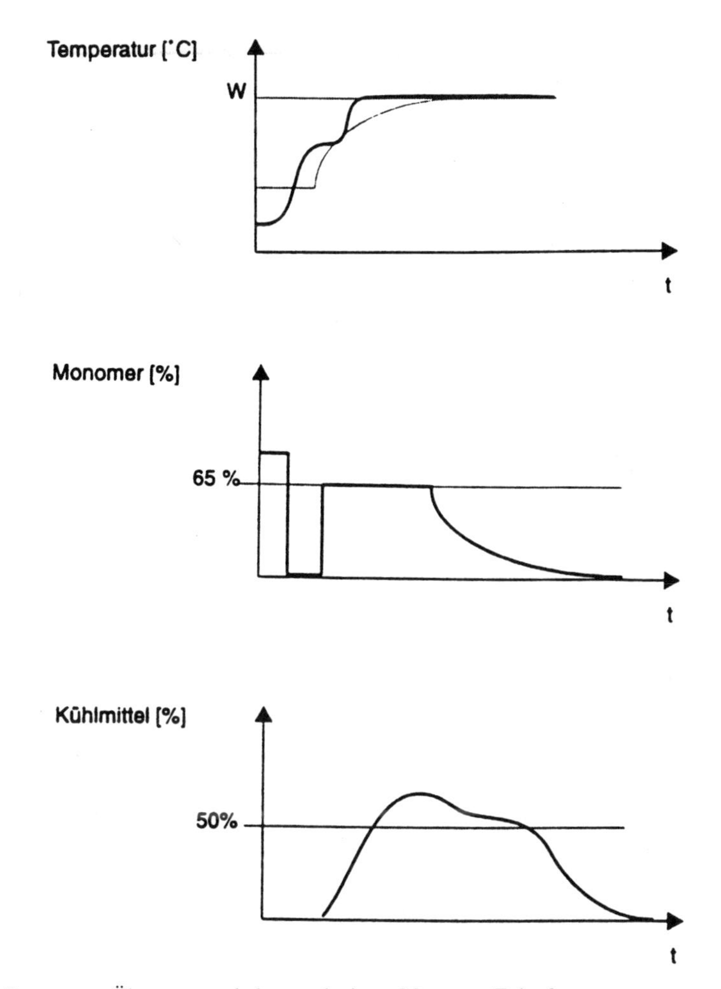

Bild 5.25 Temperatur-Übergangsverhalten nach einem Monomer-Zulaufprogramm

Ein weiterer kritischer Zustand kann auftreten, wenn die Reaktion während der Dosierphase infolge Initiator- bzw. Katalysatorschädigung zusammenbricht oder wenn z. B. eine wäßrige Reaktanden-Lösung teilweise durch Para-Formation substituiert wird und dadurch die Reaktivität erhöht wird. Im ersten Fall läuft das Monomer ungestört weiter zu und es kommt wieder zur Akkumulation mit anschließend plötzlich freigesetzter Wärmemenge, die von der Kühlung unter Umständen nicht mehr vollständig abgeführt werden kann. Im zweiten Fall kann es zur explosionsartigen Reaktion kommen. Eigenberger u. a. [Eigenberger u. a. (1986)] berichtet, daß die Mehrzahl der in den vergangenen Jahren bekannt gewordenen Unglücksfälle als Folge durchgehender Reaktoren auf derartige Ursachen zurückzuführen sind, wobei der Autor das noch insbesondere im Zusammenhang mit verunreinigten Reaktanden bestätigen möchte.

Das unterstreicht nach [Eigenberger u. a. (1986)] die Notwendigkeit, Methoden zu entwickeln, mit denen das „Einschlafen“ einer Reaktion und die Gefahr eines späteren Durchgehens schon sehr frühzeitig erkannt wird (siehe hierzu auch den Abschnitt Sicherheitskonzepte). Eine direkte Messung der Reaktandenkonzentration ist meist mit einer zu großen Meßtotzeit behaftet. Andererseits ist es häufig möglich, durch eine globale Wärmebilanzierung des Reaktors die momentane Umsetzungsgeschwindigkeit zu ermitteln. Die Umsetzungsgeschwindigkeit ist die fehlende Größe, um in einer Sollbilanz die reagierten und die akkumulierten Reaktandenmengen zu bestimmen. Ergebnisse entsprechender Art können jedoch nur mit „gehobenen Funktionen“ der Regelungstechnik erzielt werden.

5.2.1.5 Gehobene Funktionen der Reaktorregelung

Es wurde schon erwähnt, daß aufgrund höherer Anforderungen an die Wirtschaftlichkeit und Anlagensicherheit neue komplexe Verfahren der Reaktorregelung und Überwachung den Automatisierungsingenieur in Zukunft häufiger mit der Notwendigkeit konfrontieren werden, gehobene Funktionen der Regelungstechnik einzusetzen.

Diese sogenannten gehobenen Funktionen basieren sehr oft auf prozeßspezifischem Know-how, d. h., es handelt sich hauptsächlich um Funktionen, bei denen anlagenspezifisches Wissen in die Informationsverarbeitung einfließt. Oft müssen zur Weiterverarbeitung dieses Wissens komplexere mathematische Operationen durchgeführt werden, die den prozeßspezifischen Problemen genau anzupassen sind. Diese Funktionen zielen darauf ab, aus den Meßdaten aussagefähige Informationen über den Prozeß zu gewinnen und diese für eine gezielte, möglichst optimale Beeinflussung zu benutzen. Vor einer Realisierung sind häufig zusätzliche Entwicklungsarbeiten durchzuführen. Insbesondere muß manchmal ein mathematisches Modell des gesamten Prozesses oder einzelner Teilprozesse erstellt und in Betriebsmessungen verifiziert werden. Eine sehr schöne Zusammenstellung gehobener Funktionen, insbesondere auch für die Reaktorregelung geben Magin/Wüchner in [Magin Wüchner (1987)] „Digitale Prozeßleittechnik“.

Der Zustand vieler Prozesse läßt sich oft schon durch die Angabe einfacher Kennzahlen charakterisieren. Beispiele solcher anlagentypischen Kennzahlen sind Wirkungsgrade, Effektivitäten, Qualitätsparameter, Ausbeuten sowie Umsätze und Selektivitäten von Reaktionen. Diese *Datenkomprimierung* ist ein sehr einfaches Beispiel einer gehobenen Funktion, die sich in sehr vielen Prozessen vorteilhaft anwenden läßt.

Neben dieser Informationsverdichtung läßt sich auch vorteilhaft die Aufgabe der *Datenreduktion* zur Verbesserung der Prozeßkenntnis heranziehen. In vielen Anwendungsfällen sorgt nämlich die unübersichtliche Datenfülle aller verfügbaren Meßgrößen eher für Verwirrung als für einen klaren Einblick in das Prozeßgeschehen. Aus diesem Grund ist es oft erforderlich, für die Prozeßkenntnis nebensächliche Größen in einem Überblick wegzulassen. Dazu müssen die relevanten Größen prozeßspezifisch ausgewählt werden, so daß die Dimension der Prozeßzustandsinformation auf ein faßbares Maß reduziert werden.

Die relevanten Informationen können durch *gehobene Protokollierung* dem Interessenten (Anlagenfahrer, Betriebsleiter usw.) in der gewünschten Form ausgegeben werden.

Ein verbesserter Überblick über die Prozeßdaten läßt sich manchmal schon durch eine geschicktere Informationsdarstellung erreichen. Die heute noch gebräuchliche Trenddarstellung von Meßgrößen lehnt sich noch stark an die signalorientierte Darstellung auf Dreifach-Linienschreibern in den alten Meßwarten an, in denen Zeitfunktionen geschrieben wurden. Eine verbesserte Einsicht erreicht man, indem man die relevanten Meßgrößen selbst übereinander aufträgt oder wenn schon nur als Zeitfunktion sollte man zusammengehörige und miteinander verkoppelte Meßgrößen in eine Trenddarstellung übereinander bringen. Dazu eignen sich insbesondere vier Größen:

1. Die Reaktortemperatur,
2. die Mantelwassertemperatur,
3. der Reaktanden-Zuflußstrom
4. der Reaktordruck (Unterdruck und Überdruck)

Nach dieser Methode lassen sich sehr gut die Gründe für das Einhalten oder Nichteinhalten der Reaktortemperatur bzw. des Reaktionsverlaufes beurteilen.

Von einer anderen Methode zur Beurteilung des Reaktionsverlaufes auf der Basis eines *modellgestützten Auswerteverfahrens* der Prozeßsignale berichtet Schuler in einem bis jetzt noch unveröffentlichten NAMUR-internen Bericht: „Die Temperatur eines Chargen-Reaktors konnte in gewissen Phasen des Produktionsablaufs nicht beherrscht werden. Das Weglaufen der Temperatur erniedrigte die Selektivität der Reaktion, führte also zu einer Einbuße an Wertprodukt. Es wurde angenommen, daß kinetische Ursachen zu diesem Selektivitätsverlust führen. Der Einsatz eines *modellgestützten Auswerteverfahrens* der Prozeßsignale widerlegte diese Hypothese. Es konnte zweifelsfrei ein Zusammenbruch des Wärmeüberganges festgestellt werden, der durch einen Viskositätsanstieg und in der Folge durch unvollständige Durchmischung bedingt war. Als Maßnahme wurde die Rührerdrehzahl angehoben, welche einen normalen Mischungszustand wiederherstellte. Mit dieser Maßnahme konnte die Ausbeute der Reaktion deutlich gesteigert werden.

In diesem Beispiel wurde eine komplizierte gehobene Funktion angewendet, die zu einer sehr einfachen Maßnahme führte. Der Nutzen ist durch die Ausbeutesteigerung beträchtlich, das Produkt ist ein Wirkstoff. Der ROI (reflux on investment) betrug wenige Monate."

Es wurde schon im vorhergehenden Abschnitt erwähnt, daß die Führung von Reaktoren mit exothermer chemischer Reaktion in der Praxis einige Probleme bereiten kann, weil der momentane Reaktionsverlauf nur mit eingeschränkter Deutlichkeit in der verfügbaren Meßgröße sichtbar ist. Insbesondere kann beim Feed-Batch-Betrieb bzw. Zulaufverfahren das Anspringen der Reaktion oder ihr eventuelles Einschlafen nicht immer rechtzeitig und mit der erforderlichen Deutlichkeit erkannt werden. Zur besseren Beurteilung kann ein *modellgestütztes Meßverfahren* herangezogen werden, das auf eine laufende Auswertung der Energiebilanz beruht. Es liefert den aktuellen Wert der Produktionsrate und bei guter Prozeßkenntnis zusätzlich den Momentanwert des erzielten Umsatzes. Aus dem Verlauf der Produktionsrate kann deutlich das Anspringen der Reaktion ersehen werden.

Dieses modellgestützte Überwachungssystem kann auch die Grundlage eines Exothermiewarnsystems bilden.

In einigen Chemiefirmen werden an Chargenreaktoren Diagnose-Systeme eingesetzt, welche aufgrund von Modellrechnungen die Neigung der Reaktion zum Durchgehen abschätzen.

Mahiout u. a. berichteten auf der Jahrestagung der Verfahrensingenieure, 25. bis 27 September 1991 in Köln [Mahiout u. a. (1991) von einer *modellgestützten Prozeßführung* von Batch-Reaktoren. Für die Aufheiz- und Abkühlvorgänge von Rührkesselreaktoren wurde ein dynamisches Prozeßmodell für die Erstellung und Optimierung von Prozeßführungskonzepten entwickelt. Mit diesem Modell wurde eine modellgestützte Prozeßführung zum schnellen Erreichen und Einhalten der Reaktortemperatur entwickelt. Modell- und Regelstrategie wurden als Rechenprogramme implementiert. Das Prozeßmodell wurde auf einen vorhandenen stahlemaillierten Rührkesselreaktor von 8 m^3 Inhalt angewandt. Das Reaktionsgemisch sollte möglichst schnell auf die Reaktionstemperatur gebracht werden, ohne diese zu überschreiten, da sonst eine Beeinträchtigung der Produktqualität nicht zu vermeiden war. Bei Verwendung der konventionellen Regelungstechnik trat ein Überschwingen der Reaktorsolltemperatur um bis zu 15 K auf. Teile des Prozeßmodells (z. B. die Steigung der Aufheizkurve) konnten in einem Prozeßleitsystem implementiert werden. Das Überschwingen der Reaktortemperatur wurde dadurch auf maximal 3 K reduziert.

Literatur zu Kapitel 5.2.1

[Ankel (1981)]: Ankel, Th.: Regelung von Reaktoren. Messen, Steuern, Regeln in der chemischen Technik, Band III, Springer Verlag 1981

[Eigenberger u. a. (1986)]: Eigenberger, B.; Schuler, H.: Reaktorstabilität und sichere Reaktionsführung. Chem.-Ing.-Technik 58 (1986) Nr. 8, S. 655–665

[Hanisch (1992)]: Hanisch, H.-M.: Petri-Netze in der Verfahrenstechnik. R. Oldenbourg Verlag München/Wien 1992

[Magin u. a. (1987)]: Magin, R.; Wüchner, W.: Digitale Prozeßleittechnik. Buchverlag Würzburg 1987

[Molter u. a. (1990)]: Molter, E.; Schoff, H.: Die Absicherung von Druckbehältern mit den Mitteln der Meß- und Regeltechnik – eine Alternative zur Druckentlastung. Chem.-Ing.-Technik 62, 1990, Nr. 7, S. 530–536

[NAMUR NE 31 (1993)]: NAMUR-Empfehlung: Anlagensicherung mit Mitteln der Prozeßleittechnik NE 31. 01.01.1993

[Netter (1993)]: Netter, P.: Anlagensicherung mit Mitteln der Prozeßleittechnik. Automatisierungstechnische Praxis 35 (1993) 1, S. 45–51

[Ruppert (1990)]: Ruppert, K. A.: Sicherheitsanalytische Vorgehensweise für Alt- und Neuanlagen. Chem.-Ing.-Technik 62 (1990) Nr. 11, S. 916–927

[Strohrmann (1991)]: Strohrmann, G.: Automatisierungstechnik, Band II, Oldenbourg Verlag 1991

[Strohrmann (1992)]: Strohrmann, G.: Automatisierungstechnik, Band I, Oldenbourg Verlag 1992

[Thier (1989)]: Thier, B.: Integrierte Systeme zum Heizen und Kühlen von Chargen in der Verfahrenstechnik. Sonderdruck aus „3R International", 28. Jahrgang, H. 7, 1989

5.2.2 Sicherheitskonzepte

Problem

Vom Standpunkt einer Risiko-Betrachtung her stellt innerhalb eines Chargenprozesses der Rührkessel-Reaktor mit exothermer Reaktion immer ein latentes Risiko dar.

Im vorhergehenden Abschnitt wurde das Problem des „Durchgehens" eines Reaktors mit exothermer Reaktion ausführlich behandelt. Als mögliche Ursachen für ein Durchgehen wurden ausgemacht:

- die große Menge an unreagiertem Ausgangsgemisch bei reiner Batch-Fahrweise
- höhere Startkonzentration
- höhere Starttemperatur
- verunreinigte Reaktanden oder geschädigter Katalysator
- schlechterer Wärmedurchgang zum Kühlmittel
- Verzögerungen im Übertragungsverhalten des Kühlkreislaufes
- nicht ausreichende Kühlmitteltemperatur (im Sommer)
- Ausfall des Kühlmittels
- schlechte Durchmischung im Rührkessel
- Ausfall des Rührers
- Einschlafen der Reaktion und Akkumulation von Reaktanden mit heftiger Nachreaktion
- Zudosiergeschwindigkeit des zudosierten Reaktanden größer als die Wärmeabfuhr beim Feed-Batch-Betrieb bzw. Zulaufverfahren.

Zusammengefaßt kann man sagen, daß das *Gefahrenpotential* eines solchen Prozesses zunächst vom Zustand der darin vorkommenden Stoffe abhängt. Der stoffliche Zustand wird durch die intensiven und extensiven Größen, also vornehmlich durch Temperatur, Druck, Konzentration und Volumen bestimmt. Der Anlagenbetrieb kann darüber hinaus durch technisches Versagen von Anlageteilen (Rührer) und durch Maßnahmen menschlichen Irrtums sowie durch naturbedingte oder umfeldbedingte äußere Gefahren gestört werden.

Umfeldsituation

„Sanfte Chemie" ist keine Alternative. Die chemische Reaktion im besonderen und die Chemie im allgemeinen braucht Stoffe mit hoher selektiver Reaktivität, nicht zuletzt, um die knappen Ressourcen möglichst schonend einzusetzen. Die Reaktivität der Stoffe ist oft gepaart mit unerwünschten Eigenschaften wie Toxizität, Explosivität oder Brennbarkeit.

Deshalb ist es unerläßlich, mögliche technische Fehler und menschliches Versagen durch entsprechende *Sicherheitsmaßnahmen* aufzufangen. Die Technik (Verfahrenstechnik und Prozeßleittechnik) muß die Hülle schaffen, in der die kritischen chemischen Prozesse gefahrlos ablaufen.

Die Schlagzeilen in der Presse über Chemieunfälle haben jedoch die Öffentlichkeit zweifeln lassen, daß die chemische Industrie in Deutschland alles in ihrer Kraft Stehende unternimmt, um die Risiken zu minimieren.

Die staatliche Vorsorge in der Bundesrepublik, technische Schutzbestimmungen, behördliche Aufsicht und die von der Industrie selbst gestellten Sicherheitsanforderungen und ihre eigene technische Überwachung gewährleisten ein im internationalen Vergleich herausragende und umfassende sichere Ausführung und den sicheren Betrieb der Anlagen. Seveso und Bophal sind eben nicht überall.

In Bild 5.26 wird nach Ruppert [Ruppert (1990)] gezeigt, wie der verwirrende Sternenhimmel der bundesdeutschen Gesetzgebung in die Unternehmen „gestaltend und ordnend" eingreift. Dazu gehört auch die Festlegung der gesetzlich zulässigen Stoff- und Energiefreisetzungen im *bestimmungsgemäßen Betrieb.* Störfälle können im Gegensatz zum erprobten bestimmungsgemäßen Betrieb nur errechnet werden. Auf dieser Basis sind individuelle Regelungen für die Vorsorgemaßnahmen mit den Behörden abzustimmen. Hierfür sind die herausragend in Bild 5.26 gekennzeichneten Gesetzeswerke richtungweisend:

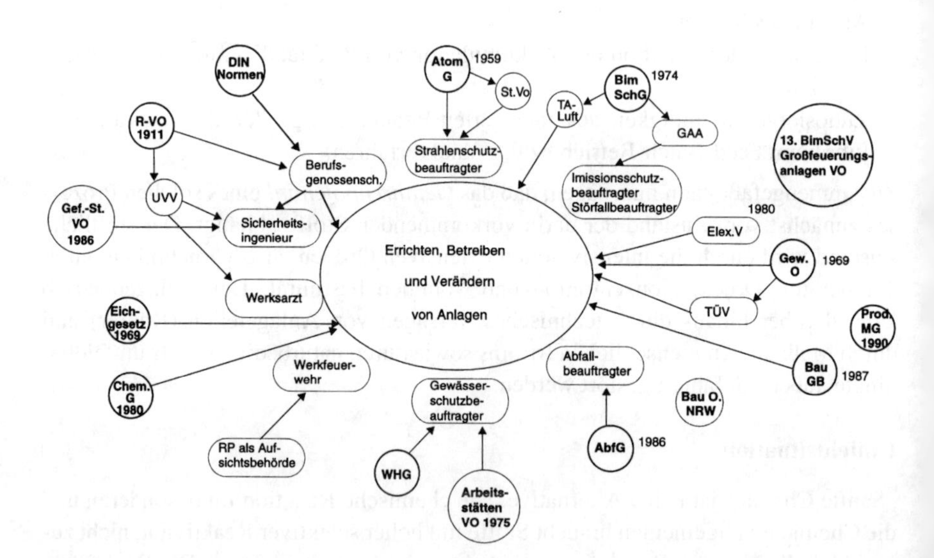

Bild 5.26 Gesetzgebung zur Sicherheitstechnik in der Bundesrepublik Deutschland [Ruppert (1990)]

- Gewerbeordnung 1869
- Reichsversicherungsordnung 1911
- Atomgesetz 1959
- Bundesimmissionsschutzgesetz 1974
- Chemikaliengesetz 1980
- Abfallgesetz 1986
- Gefahrstoffverordnung 1986
- Wasserhaushaltsgesetz 1986
- Bundesbaugesetz 1987
- Gentechnikgesetz 1990 und
- Gesetz zur Umweltverträglichkeitsprüfung 1990.

Weiter befinden sich noch in Vorbereitung:

- Bundesnaturschutzgesetz und
- Umwelthaftungsgesetz.

Die neuen Rechtsvorschriften sind maßgebend durch verallgemeinerte Einzelvorfälle, wie z. B. Seveso (1975) und Basel (1986) geprägt worden.

Trotzdem bleibt bei der hohen Komplexität heutiger chemischer Verfahren und Anlagen ein *Restrisiko* für Personen und Umwelt bestehen. Doch dieses Risiko ist im Vergleich zu Risiken des täglichen Lebens recht gering. Verkehrsunfälle und Haushaltsunfälle liegen deutlich über dem Risiko, durch einen typischen Chemieunfall ums Leben zu kommen. Dies gilt auch für die Gefährdung der Bevölkerung im Umfeld eines Chemiewerkes. Bild 5.27 zeigt eine Informationsbroschüre eines Unternehmens zur Unterrichtung der Nachbarschaft nach § 11a Störfallverordnung über die Anlagen seines Werkes und die getroffenen Sicherheitsmaßnahmen.

Das Restrisiko im Umgang mit chemischen Prozessen ist von technischen Laien kaum einschätzbar. Die öffentliche und politische Diskussion um dieses Grenzrisiko wird wohl nie enden. Die Medien übernehmen hierbei teilweise eine entmutigende Rolle, indem selbst unbedeutende „Störfälle" in der Chemie hochstilisiert werden.

Nach § 2 Störfallverordnung ist jedoch der *Störfall* eine Störung des bestimmungsgemäßen Betriebes, durch die ein Stoff nach Anhang II (dieser Verordnung) frei wird, entsteht, in Brand gerät oder explodiert und eine Gemeingefahr hervorgerufen wird. Undeutlich ist jedoch, ab welchen Immissionen Beeinträchtigungen der Gesundheit oder gar Schädigungen zu befürchten sind bzw. wie das Grenzrisiko zu qualifizieren ist.

Die Einschätzung des Risikos wird immer technischen Experten vorbehalten bleiben müssen.

> Sicherheit muß geplant werden.
> Sicherheit muß konstruiert werden.
> Sicherheit darf nicht erst bei der Überwachung der Anlagen im Betrieb einsetzen. Sie darf sich auch nicht nur auf einzelne Apparate oder Teilprozesse beziehen. Vielmehr ist eine gesamtheitliche Betrachtung des Produktionsprozesses notwendig [Bundesarbeitgeberverband Chemie e.V. (1988)].

Bild 5.27 Ausschnitt aus einer Informationsbroschüre über die Gefährdung der Nachbarschaft im Umfeld eines Chemiewerkes nach § 11a Störfallverordnung

Deshalb ist eine enge und zeitlich aufeinander abgestimmte Zusammenarbeit zwischen allen Fachdisziplinen erforderlich. Verfahrensentwicklung, Anlagenplanung, Anlagenbetreiber und Anlagenüberwachung leisten hierbei gleichermaßen einen entscheidenden Beitrag (siehe Bild 5.28).

Verfahrensentwicklung	⇨ Anlagenplanung	⇨ Anlagenbetrieb
Anlagenüberwachung		
Ermittlung des Gefahrenpotentials durch Analyse der Stoff- und Reaktionseigenschaften.	Konstruktive Auslegung der Anlage unter Berücksichtigung der sicherheitstechnischen Daten.	Regelmäßige Überprüfung des Sollzustandes (Revision und Inspektion, Instandsetzung vor Ausfall).
Analyse der Folgen bei Überschreitung sicherheitstechnischer Grenzen.	Systematische Sicherheitsbetrachtung der Gesamtanlage	qualifizierte Betriebspersonal
Maßnahmen zur Beherrschung kritischer Situationen.		regelmäßige intensive Schulung des Betriebspersonals
Suche nach alternativen Verfahren mit geringen Gefahrenpotential.		

Bild 5.28 Maßnahmen zur Sicherheit chemischer Produktionsprozesse nach [Bundesarbeitgeberverband (1988)]

Begriffe

Der Begriff *Sicherheit* ist heute in aller Munde und jeder meint zu wissen, was Sicherheit ist, jedoch wird dieser Begriff häufig noch mit dem Begriff *Zuverlässigkeit* verwechselt. Sie zu definieren ist aber so einfach nicht, und erst DIN 31000, Teil 2, hat Klarheit geschaffen. Danach ist

- Sicherheit eine Sachlage, bei der das Risiko nicht größer als das Grenzrisiko ist.

Das *Grenzrisiko* wiederum ist das größte noch vertretbare Risiko eines technischen Vorganges oder Zustandes.

Gefahr ist eine Sachlage, bei der das Risiko größer als das Grenzrisiko ist (siehe Bild 5.29).

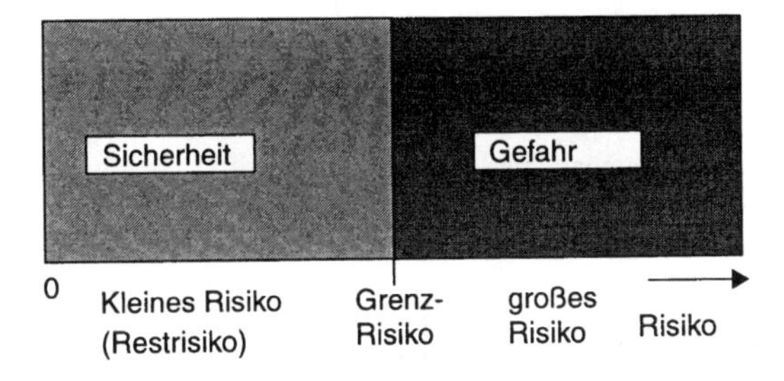

Bild 5.29 Zur Definition der Begriffe „Sicherheit" und „Gefahr" durch Einführung eines gerade noch vertretbaren Grenzrisikos nach [Lauber (1989)]

Schutz ist die Verringerung des Risikos durch Maßnahmen, die entweder die Eintrittshäufigkeit oder das Ausmaß des Schadens oder beide verringern (siehe Bild 5.30).

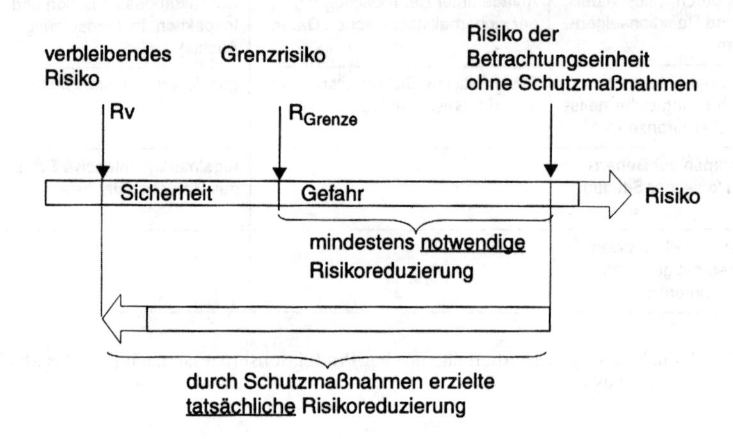

Bild 5.30 Risikoreduzierung durch Schutzmaßnahmen

– Weitere Begriffe aus [NAMUR NE 31 (1993)]

Bestimmungsgemäßer Betrieb. Der bestimmungsgemäße Betrieb ist die Gesamtheit aus *Gutbereich* und *zulässigem Fehlbereich.* Dem entgegen steht der *unzulässige Fehlbereich* (VDI/VDE 2180). Der bestimmungsgemäße Betrieb ist der Betrieb, für den eine Anlage nach ihrem technischen Zweck bestimmt, ausgelegt und geeignet ist; Betriebszustände, die den behördlichen Genehmigungen oder nachträglichen Anordnungen nicht entsprechen, gehören nicht zum bestimmungsgemäßen Betrieb. Dieser Sachverhalt ist in Bild 5.31 dargestellt.

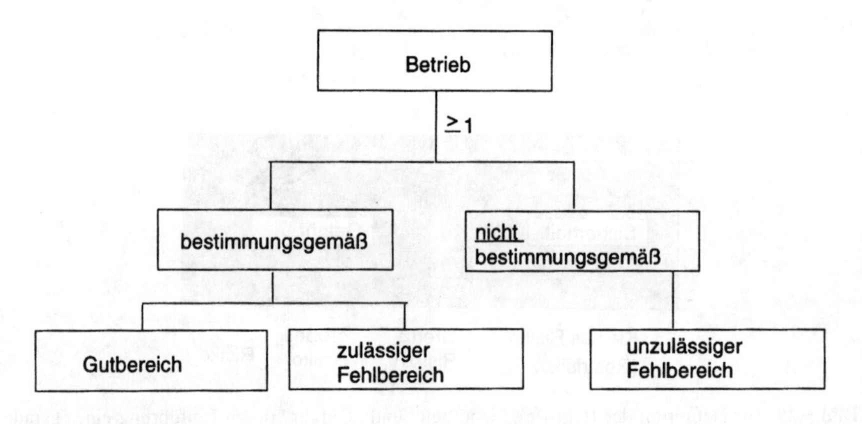

Bild 5.31 Übersicht über den bestimmungsgemäßen und nicht bestimmungsgemäßen Betrieb

Zulässiger Fehlbereich. Der Wert einer Prozeßgröße befindet sich in einem zulässigen Fehlbereich, wenn sie den Gutbereich verlassen hat, aber die Anlage noch keinen Schaden nimmt und Güte und Menge der Erzeugnisse noch innerhalb erweiterter Toleranzen für die vorgesehenen Anforderungen liegen (VDI/VDE 2180).

Unzulässiger Fehlbereich. Der Wert einer Prozeßgröße befindet sich in einem Bereich, in dem die Anlage größeren Schaden nehmen oder verursachen kann oder Güte und Menge der Erzeugnisse nicht mehr den vorgesehenen Anforderungen entsprechen (VDI/VDE 2180).

Sicherheitskonzept. Das Sicherheitskonzept im Sinne dieses Kapitels stellt die Summe aller sicherheitstechnischen Betrachtungen und die daraus abgeleiteten Maßnahmen dar, die den sicheren Betrieb einer Anlage zum Inhalt haben. Die Maßnahmen zur Erhöhung der Anlagensicherheit heißen allgemein: Anlagensicherung.

5.2.2.1 Anlagensicherung mit Mitteln der Verfahrenstechnik

Maßnahmen zur Anlagensicherung mit den Mitteln der Verfahrenstechnik sind: die Substitution von Verfahren durch Verfahren, die am Kern eines chemischen Prozesses, der chemischen Reaktion, ansetzen; ist die Substitution von Stoffen durch Produkte mit geringerem Gefahrenpotential; ist die Verringerung der reagierenden Menge durch Verringerung der Anlagengröße, z. B. beim Übergang von Batch- auf Feed-Batch- oder Konti-Betrieb oder die Substituierung kritischer Verfahrensparameter, z. B. bei der Lagerung von Gasen, d. h., statt Drucklagerung Tiefkaltlagerung.

Weitere verfahrenstechnisch grundsätzlich mögliche Schutzmaßnahmen sind Druckentlastungssysteme, druckfeste Bauweise des Behälters, die automatische Eindosierung eines Abstoppers oder die Notkühlung des Reaktors.

Darüber hinaus dienen seit langem zur Vorsorge gegen die Folgen von Störungen chemischer Produktionsanlagen bei bestimmungsgemäßem Betrieb Sicherheitsventile, Berstscheiben, Auffangtassen etc. In jüngerer Zeit gibt es infolge der Weiterentwicklung der Technik bei erhöhten Anforderungen zunehmend Situationen, in denen die zuletzt genannten unmittelbar wirksamen Schutzeinrichtungen nicht anwendbar (Toxizität, Explosionsgefahr, Entzündung) oder allein nicht ausreichend sind. In diesen Fällen werden immer häufiger MSR- bzw. PLT-Geräte eingesetzt, die man dann als MSR- oder PLT-Schutzeinrichtungen bezeichnet.

5.2.2.2 Anlagensicherung mit Mitteln der Prozeßleittechnik

Unter diesem Titel ist von der NAMUR (Normenarbeitsgemeinschaft für Meß- und Regelungstechnik der chemischen Industrie) eine Empfehlung NE3l mit Stand vom 01.01.1993 erstellt worden bzw. eine Kurzfassung von Netter [Netter (1993)], dem Obmann zu obigem Arbeitskreis, in der atp erschienen.

Zweck dieser Empfehlung ist es, basierend auf der VDI/VDE-Richtlinie 2180 und einem Leitfaden der DECHEMA [DECHEMA (1988)] eine Hilfestellung für die Ausführung von PLT-Einrichtungen zur Anlagensicherung zu geben. Die Arbeitsergebnisse sollten mit dazu verhelfen, den Gutachterinstitutionen und Aufsichtsbehörden einheitliche Sprache und Konzeption durch Fachexperten anbieten zu können und eine bessere Vergleichbarkeit der Erfahrungen in den verschiedenen Unternehmen der chemischen Industrie zu erzielen.

Methodik der Verfahrensweise

Sicherheitsüberlegungen werden üblicherweise in einem interdisziplinär besetzten Sicherheitsgespräch nach folgender Grundstruktur durchgeführt:

Schritt 1: Abschätzung des abzudeckenden Risikos

Schritt 2: Festlegung von Anforderungen

Schritt 3: Zuordnung technischer und organisatorischer Maßnahmen.

Dabei deckt die Prozeßleittechnik (PLT) meist nur einen Teil des von der verfahrenstechnischen Anlage ausgehenden Risikos ab, der andere Teil wird von Nicht-PLT-Maßnahmen übernommen. Die Zusammenhänge sind schematisch in Bild 5.30 („Schutzmaßnahmen") dargestellt.

- Klassifizierung der PLT-Einrichtungen
  PLT-Einrichtungen in verfahrenstechnischen Anlagen werden eingeteilt in:
  - PLT-Betriebseinrichtungen
  - PLT-Sicherungseinrichtungen, und nach der NAMUR-Empfehlung wird eine neue Klasse eingeführt als
  - PLT-Schadenbegrenzungseinrichtungen.

  Ferner wird die Sicherheitseinrichtung unterteilt in:
  - PLT-Überwachungseinrichtungen und
  - PLT-Schutzeinrichtungen,

  letztere mit den Schutzzielen:
  - Personengefährdung
  - Sachschäden
  - Umweltschäden.

  Diese Klassifizierung ist in Bild 5.32 dargestellt.
  Diese unterschiedlichen Einrichtungen werden vier Ebenen zugeordnet:
  - der Betriebsebene
  - der Überwachungsebene
  - der Schutzebene
  - der Schadenbegrenzungsebene.

PLT-Betriebseinrichtungen

Sie dienen dem *bestimmungsgemäßen Betrieb* der Anlagen *in ihrem Gutbereich*. Hierin sind die zur Produktion erforderlichen Automatisierungsfunktionen realisiert. Dazu gehören das Messen, Regeln und Steuern aller für den Betrieb relevanten Größen einschließlich dazugehöriger Funktionen wie Registrieren und Protokollieren. In zunehmendem Maße kommen höhere Regelalgorithmen, komplexe Ablaufsteuerungen, automatische Rezeptfahrweisen und Optimierungsstrategien zum Einsatz.

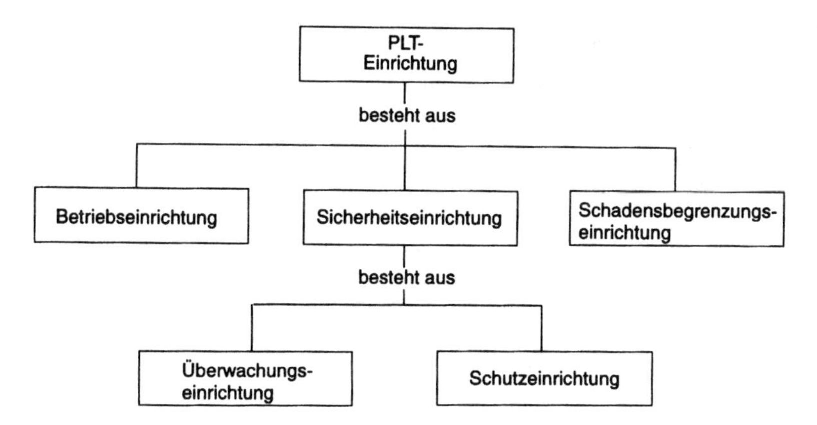

Bild 5.32 Übersicht über die PLT-Einrichtungen zur Anlagensicherung durch PLT-Mittel

Zur Erfüllung dieser Aufgaben ist eine Vielzahl binärer und analoger Signale zu verarbeiten.

Da die Funktionen der PLT-Betriebseinrichtungen bei laufendem Betrieb ständig oder häufig angefordert werden und vielfach auch redundant installiert sind, unterliegen sie einer ständigen Plausibilitätskontrolle durch das Betriebspersonal, und Ausfälle oder Fehlfunktionen können unmittelbar erkannt werden. PLT-Betriebseinrichtungen sind im allgemeinen nach DIN 19227 mit dem Kennbuchstaben „C“ (control) gekennzeichnet.

Für PLT-Betriebseinrichtungen werden, soweit es eben möglich ist, nur bewährte Geräte- und Apparatetechniken eingesetzt. Die Anlage wird für höhere als die erwartete Beanspruchung ausgelegt, möglichst eigensicher, und es werden Regelungs- und Steuerungseinrichtungen vorgesehen, die den Anlagenfahrer von kritischen Eingriffen entlasten.

PLT-Überwachungseinrichtungen

Sie sprechen im *bestimmungsgemäßen Betrieb* einer Anlage bei solchen Zuständen an, bei denen eine oder mehrere Prozeßvariablen *den Gutbereich verlassen,* aber einer Fortführung des Betriebes aus Gründen der Sicherheit nichts entgegenspricht, d. h., sie sprechen an der Grenze zwischen Gutbereich und zulässigem Fehlbereich von Prozeßgrößen an.

PLT-Überwachungseinrichtungen melden dem Anlagenfahrer eine erste unkritische Abweichung vom Gutbereich, um erhöhte Aufmerksamkeit (Kennzeichen „A“ nach DIN 19227 für Alarm) oder einen manuellen Eingriff durch den Anlagenfahrer zu veranlassen, oder die Überwachungseinrichtung greift selbsttätig ein („C“ für regelnd oder „S“ für schaltend), um Prozeßgrößen *in den Gutbereich zurückzuführen.*

PLT-Schutzeinrichtungen

Sofern unmittelbar wirksame Schutzeinrichtungen wie Sicherheitsventile, Berstscheiben, Auffangräume, Abmauerungen und andere aus verfahrenstechnischen Gründen nicht anwendbar oder allein nicht ausreichend sind, werden PLT-Schutzeinrichtungen zur *Vermeidung von nicht bestimmungsgemäßen Betriebszuständen* eingesetzt. Im Gegensatz zu den Funktionen der PLT-Betriebs- und PLT-Überwachungseinrichtungen liegt die Funktion der PLT-Schutzeinrichtung darin, einen *unzulässigen Fehlzustand* der Anlage zu *verhindern.*

Typische Funktionen der PLT-Schutzeinrichtungen sind:

- automatische Einleitung von Schaltvorgängen
  (für Schaltfunktionen ist anstelle von „S“ ein „Z“ zu verwenden)
- Alarmierung des ständig anwesenden Betriebspersonals zur Durchführung notwendiger Maßnahmen.

Die Funktionen der PLT-Schutzeinrichtungen haben in jedem Fall Vorrang gegenüber Funktionen der PLT-Betriebs- und -Überwachungseinrichtungen und sollen prozeßnah, das heißt mit möglichst einfacher und übersichtlicher Schaltungstechnik ausgeführt werden. Prozeßleitsysteme werden nur für Betriebs- und Überwachungsfunktionen eingesetzt. Funktionen der Schutzeinrichtungen werden wie bisher in Einzelgerätetechnik und fest verdrahtet realisiert. Die Hauptargumente dafür sind:

- Der Aufbau hat einfach und übersichtlich zu sein.
- Die PLT-Schutzeinrichtung wird während ihres Betriebes nie (oder nur selten) geändert.
- In einer verfahrenstechnischen Anlage sind nur wenige PLT-Einrichtungen PLT-Schutzeinrichtungen.

Mehr und mehr werden für komplexere Schutzeinrichtungen mit vielfachen Verriegelungen speicherprogrammierbare Steuerungen (SPS) eingesetzt. Es sind jedoch nur zertifizierte (sicherheitstechnisch abgenommene) bzw. sicherheitsgerichtete Systeme sowohl für ein- als auch für mehrkanalige Schutzeinrichtungen zulässig, entsprechend den im Prüfungsschein zugelassenen Anwendungsbereichen und geforderten Bedingungen.

Es muß darüber hinaus Vorsorge getroffen werden, daß an den erstellten Programmen der Verriegelungs- und Verknüpfungssteuerung nachträglich keine Änderungen mehr vorgenommen werden können, insbesondere das Verstellen von Alarm- und Schalt-Grenzwerten.

In Bild 5.33 wird am Beispiel der Temperaturverläufe der Bilder 5.23 und 5.24 des vorhergehenden Kapitels der zeitliche Verlauf einer Prozeßgröße und die Klassifizierung der davon abgeleiteten PLT-Sicherungseinrichtungen gezeigt.

Beim Verlauf T1 bewirken unvermeidbare Verzögerungen im Regelsystem beim Anspringen der Reaktion ein gedämpft oszillierendes Einschwingen auf die Solltemperatur. Die PLT-Betriebseinrichtung (hier eine Kühltemperatur-Kaskadenregelung) reagiert hier so, daß der unzulässige Fehlbereich nicht erreicht wird. Die Temperatur verbleibt im *Gutbereich.*

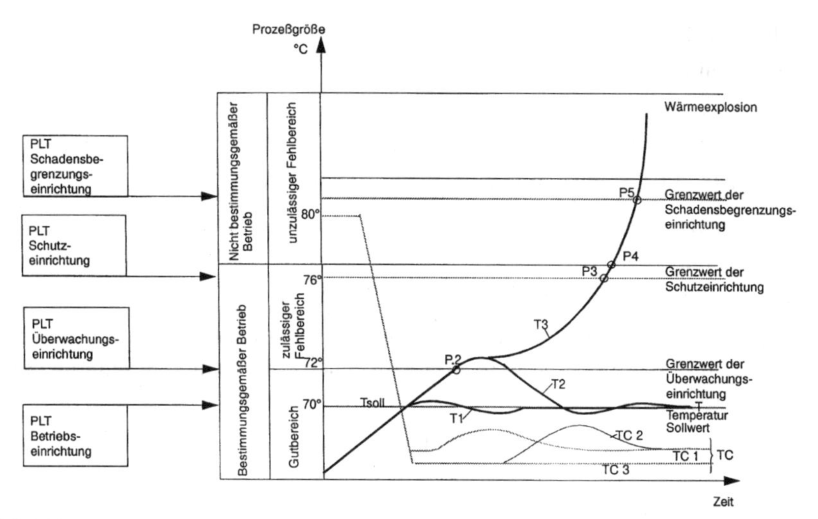

Bild 5.33 Darstellung der Wirkung von Schutzeinrichtungen

Unter geringfügig schärferen Reaktionsbedingungen (höhere Startkonzentration oder Starttemperatur, schlechter Wärmedurchgang zum Kühlmittel) ergeben sich die Übergangsverläufe nach Kurve T2 und T3. Im Fall 2 gerät die Kühltemperatur Tc vorübergehend an ihren unteren Anschlag, die Kühlwirkung reicht aber noch aus, um die Reaktion zu kontrollieren und die Prozeßgröße wieder in den Gutbereich zu bringen.

Die vorübergehende Abweichung der Reaktortemperatur verbleibt noch im *zulässigen Fehlbereich.* Eine Überwachungseinrichtung wird aber am Punkt P2, dem Grenzwert der Überwachungseinrichtung, das vorübergehende Verlassen des Gutbereiches melden und den Anlagenfahrer so über den Zustand des Reaktionsverlaufes warnen, so daß er evtl. über die Regelung hinaus rechtzeitig Maßnahmen ergreift, um die Reaktortemperatur wieder in den Gutbereich zu führen.

Das ist im Fall 3 nicht mehr möglich. Die Kühltemperatur verbleibt an ihrem unteren Anschlag, trotzdem kann die Temperatur durch die PLT-Betriebseinrichtung – der Kühltemperaturregelung – nicht mehr gehalten werden. Die Reaktion beginnt durchzugehen, Punkt P4 des Temperaturverlaufes.

Vorher sollten jedoch am Punkt P3 PLT-Schutzmaßnahmen verhindern, daß die Prozeßgröße den *unzulässigen Fehlbereich* erreicht. Das kann erreicht werden z. B.:

- durch Abschalten der Reaktanden oder des Katalysator-Zulaufs beim Feed-Batch-Betrieb
- Einleitung einer Notkühlung oder u. U.
- durch Evakuieren des Reaktorinhaltes

Kann ein Überschreiten der Prozeßgrößen über die Grenze zum *unzulässigen Fehlbereich* nicht verhindert werden – Punkt P4 des Temperaturverlaufs –, so treten andere Sicherungseinrichtungen wie:

- Sicherheitsventile
- Berstscheiben
- Schnellöffnungsventile
- Schnellschließventile

in Aktion bzw. PLT-Schutzeinrichtungen veranlassen das

- Eindüsen von Abstoppflüssigkeit
- eine Notentleerung
- oder Druckentlastung in ein Druckentlastungssystem.

Letztere Maßnahmen sind aber immer mit einer Produktschädigung bzw. – was noch schlimmer ist – mit einem Produktverlust verbunden, der dann mühselig und teuer entsorgt werden muß.

Die vollständige Bezeichnung unseres Temperaturregelkreises lautet jetzt im R+I-Schema

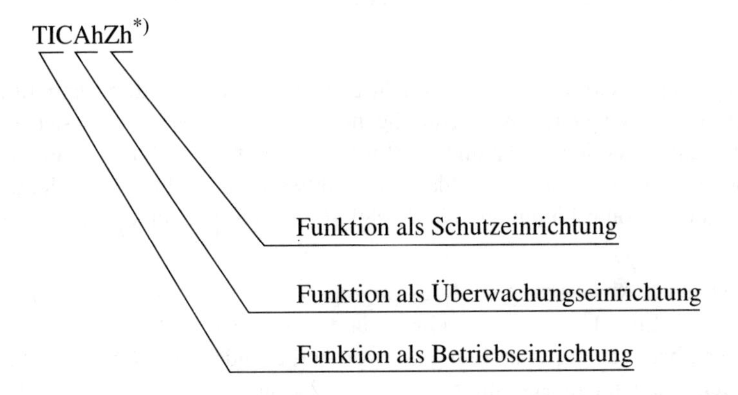

*) anstelle von h ist es nach DIN 19227 zulässig, ein + (Plus) zu setzen. Beim Kopieren und Verkleinern von Zeichnungen geht jedoch häufig die Eindeutigkeit bzw. Lesbarkeit dieser Bezeichnung verloren.

Kommt es jedoch zum Schlimmsten – Punkt P5 des Temperaturverlaufs –, z. B. einer Wärmeexplosion, so sind die Schäden für die Umwelt, Mensch und Anlage zu begrenzen. Schutzmaßnahmen hierzu sind:

- Auffangsysteme, um ein Einsickern der gefährlichen Stoffe in das Grundwasser zu verhindern.
- Sprühwände, die die austretenden giftigen Gase umweltfreundlich neutralisieren.
- Warnsysteme und Ampelanlagen, die Menschen warnen und vor Betreten eines Gefahrenbereiches schützen sollen.

Hierzu dient auch die Störfallverordnung mit ihrem § 11a, die den Betreibern von Anlagen, die unter die Störfallverordnung fallen, auferlegt hat, die Nachbarschaft über das richtige Verhalten im Störfall zu informieren (siehe Bild 5.34).

ALARM (Notfallblatt)

In geschlossene Räume begeben

- **Nicht die Kinder aus Schule oder Kindergarten holen**
- **Nehmen Sie hilflose Passanten auf**

Fenster und Türen schließen

- **Klimaanlage oder Belüftung ausschalten**
- **Nicht rauchen, keine Funken verursachen**

Radio und Fernsehgerät einschalten

	(Antenne)		(Kabel)	
Radio DU	92,2	MHz	101,75	MHz
Antenne Ruhr	92,9	MHz (Mülheim)	102,65	MHz
	106,2	MHz (Oberhausen)		
Radio KW	91,7	MHz	107,60	MHz
WDR 2	99,2	MHz	101,05	MHz

Fernsehen: ARD (Regionalprogramm West3)

-Auf Lautsprecherdurchsagen achten

Nicht telefonieren

- **Greifen Sie nur im äußersten Notfall zum Telefon**
- **Verwenden Sie dann den bekannten Notruf**

Bild 5.34 Alarm (Notfallblatt)

PLT-Schadenbegrenzungseinrichtungen

Aus obigen Gründen hat die NAMUR eine neue Klasse „PLT-Schadenbegrenzungseinrichtungen" eingeführt. Sie wirken im *nicht bestimmungsgemäßen* Betrieb und verringern beim Eintritt des unerwünschten Ereignisses die *Auswirkungen* auf Personen oder Umwelt. In diesen äußerst seltenen Fällen halten sie dadurch das Ausmaß des Schadens in Grenzen.

Zur Erkennung des unerwünschten Ereignisses wird nicht eine Prozeßgröße, wie z. B. Druck oder Temperatur, überwacht, sondern andere Größen, z. B. die Konzentration von möglicherweise freiwerdenden Gasen in der Umgebungsluft; werden

Stellglieder betätigt, so ist üblicherweise ebenfalls nicht der Prozeß betroffen, sondern der gefährdete Bereich außerhalb der Behälter, Apparate und Rohrleitungen (Beispiel: Auslösung eines Wasservorhanges zur Niederschlagung von Ammoniak). PLT-Schadenbegrenzungseinrichtungen sind häufig mit Nicht-PLT-Schadenbegrenzungseinrichtungen und organisatorischen Maßnahmen gekoppelt.

5.2.2.3 Sicherheitsanalyse

Die Anlagensicherung durch Verwendung von PLT-Einrichtungen setzt zunächst eine umfassende Analyse des Prozeßablaufes unter Beachtung aller möglichen Abweichungen einer Prozeßgröße vom Sollzustand voraus. Für die so erkannten sicherheitsrelevanten Größen sind dann Maßnahmen festzulegen, die die Einhaltung der Sollwerte gewährleisten. Bei der Umsetzung der Maßnahmen in Überwachungs- und Schutzeinrichtungen bedingt dies – ausgehend vom Sensor bis hin zum Aktor – u. U. eine redundante Ausführung, da durch den Ausfall eines Bauteiles nicht die gesamte Maßnahme wirkungslos werden darf.

Unterschiedliche Methoden stehen für eine Sicherheitsanalyse zur Verfügung. Das sind in der Bundesrepublik Deutschland u. a.:

- Themenchecklisten
- Fehlerbaumanalyse nach DIN 25424, Teil 1
- Ergebnisablaufanalyse DIN 25419
- Ausfalleffektanalyse nach DIN 25448 und

das von der Berufsgenossenschaft Chemie empfohlene und in der Chemie am meisten angewandte [IVSS (1990)]

- PAAG-Verfahren.

PAAG-Verfahren ist die Abkürzung für:

- **P**rognose
  Auffinden der Ursachen
  Abschätzen der Auswirkungen
  Gegenmaßnahmen.

Bei der Sicherheitsbetrachtung wird für jedes Anlageteil bzw. jede Technische Funktion (im Sinne NAMUR NE 33) einer Anlage eine Störung angenommen und gefragt:

1. Welche Auswirkung hat diese Störung auf die Sicherheit der Anlage?
2. Welche Gegenmaßnahmen bestehen, und reichen sie aus?
3. Welches sind die möglichen Ursachen der Störung?

Dem Ergebnis der Sicherheitsanalyse entsprechend müssen Zusatzmaßnahmen getroffen werden, um die Sicherheit der Anlage sicherzustellen.

Methodisches Vorgehen zur Erkennung von unzulässigen Abweichungen vom Sollzustand

Hierzu ein einfaches Beispiel (Bild 5.35):

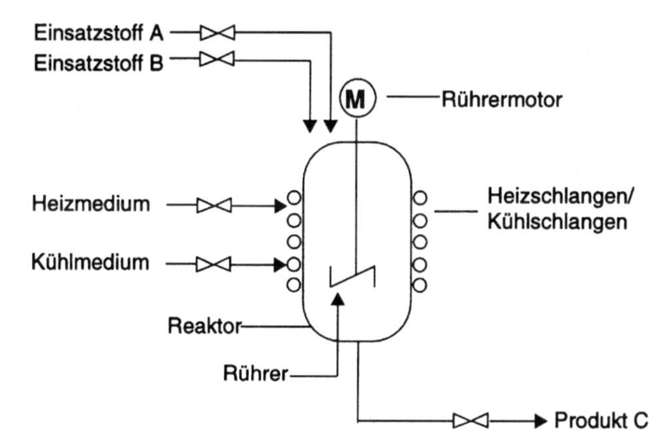

Bild 5.35 Mögliche Störungsursachen und Maßnahmen gegen Temperaturanstieg in einem Reaktor aus [Blätter für Vorgesetzte, Bundesarbeitgeberverband e. V. (1988)]

Gefragt ist nach möglichen Störungsursachen und Maßnahmen gegen Temperaturanstieg in einem Reaktor.

Störung:

Temperaturanstieg durch exotherme Reaktion

Ursachen	**Maßnahmen**
Ausfall des Kühlmediums	Kühlmittelüberwachung
Ausfall des Rührers	Drehzahlüberwachung
Fehldosierung	Mengenüberwachung der Einsatzstoffe
...	...

Natürlich sind die Analysenmethoden nach dem PAAG-Verfahren viel tiefergehender; bis auf das Anlageteil oder die Technischen Funktionen.

Hierzu ein weiteres Beispiel [IVSS (5/1990)] (Bild 5.36). Man denke sich die in Bild 5.35 skizzierte Anlage, in der die Chemikalien A + B miteinander reagieren, um das Produkt C zu bilden. Nehmen wir an, daß die Konzentration des Einsatzstoffes B niemals die von A überschreiten darf, da sonst eine Explosion stattfinden kann.

Wir untersuchen

a) hierzu zunächst die Technische Funktion „Fördern von A“ (Bild 5.36). Seine Sollfunktion wird wie folgt definiert:
   „Fördere Stoff A bei 20 bis 25°C mit 3 m^3/h unter einem Druck von max. 3 bar aus dem Vorratsbehälter in den Reaktor.“
b) Mögliche Abweichungen von dieser Sollfunktion werden durch Leitwerte wie NEIN, NICHT oder GEHT NICHT auf diese Sollfunktion angewendet.
   Die *verneinende* Sollfunktion heißt verkürzt:
   „Keine Förderung von A“.

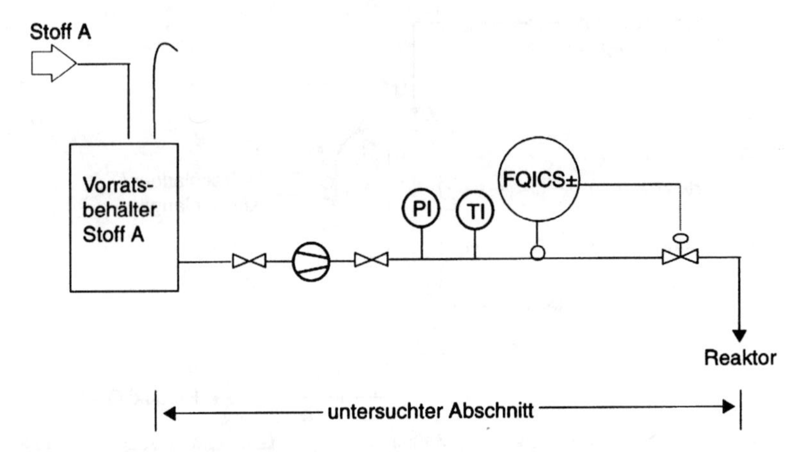

Bild 5.36 Technische Funktion „Fördern von A aus Vorratsbehälter in Reaktor"

c) Durch Fragen nach möglichen Ursachen für „Keine Förderung von A" werden die *realistischen* Störungen ausgewählt. Diese Ursachen können z. B. sein:
   - Vorratsbehälter ist leer
   - Pumpe fördert nicht
   - maschineller Schaden
   - elektrischer Schaden
   - Pumpe ist abgeschaltet usw.
   - Rohrleitung ist gebrochen
   - Absperrventil ist geschlossen
   - Durchflußregelung ist defekt.
d) Als nächstes betrachten wir die Auswirkungen der als realistisch erkannten Störungen. Ein völliger Ausfall der Komponente A würde sehr bald in dem Reaktionsbehälter zu einem Überschuß von B über A führen und dementsprechend das Risiko einer Explosion zur Folge haben. Wir haben also eine Gefahrenquelle entdeckt. Eine weitere Störung könnte sein, daß bei geschlossenem Absperrventil die Pumpe heißläuft, dadurch geschädigt wird und Stoff A austritt. Auch dies kann eine Gefährdung darstellen, wenn Stoff A z. B. toxisch oder brennbar ist.
e) Anschließend wird überprüft, ob die vorgesehenen oder bereits realisierten Gegenmaßnahmen ausreichen. Ist dies nicht der Fall, müssen zusätzlich Sicherheitsmaßnahmen festgelegt werden, die – im Falle einer Störung – das Erreichen oder die Beibehaltung des sicheren (Betriebs-)Zustandes gewährleisten. Die Auswahl der Schutzmaßnahmen muß dabei in jedem Einzelfall anhand der Gegenüberstellung der sicherheitstechnischen, verfahrenstechnischen und wirtschaftlichen Belange erfolgen. Dies soll am folgenden Beispiel nach [Molter u. a. (1990)] verdeutlicht werden.

Wir gehen wieder von dem in Bild 5.35 dargestellten Rührkesselreaktor aus. Das Beispiel wird jedoch jetzt um den interessanten Fall des Feed-Batch-Betriebes bzw. Zulaufverfahrens erweitert.

Es erfolgt die Polymerisation des Stoffes A mit der Monomerenlösung B zu dem Endprodukt C im Zulaufverfahren. Zusätzlich ist für den Start und die Aufrechterhaltung der Reaktion der Aktivator D notwendig (nicht in Bild 5.35 gezeigt). Für den bestimmungsgemäßen Ansatz wird zunächst ein Teil der insgesamt eingesetzten Menge des Stoffes A in den leeren Reaktor vorgelegt und auf die Reaktionstemperatur von 120°C aufgeheizt. Anschließend werden die Monomerlösung B (FQICS±) und der Aktivator D (FQICS±) mit der restlichen Menge des Stoffes A FQIS+ mengengeregelt in den Reaktor bei Umgebungsdruck eindosiert.

Beachte: Stoff A wird nur als Menge absolut (FQIS+), jedoch die Stoffe B und D durchflußgeregelt (FQICS±) zudosiert. Die entstehende Reaktionswärme wird über den Kühlmantel des Reaktors abgeführt. Die Zufuhr der Einsatzstoffe erfolgt jeweils über eine Rohrleitung. Diese enthält die Einrichtung zur Messung des aktuellen Mengenstromes (FQ) sowie zu dessen Begrenzung (Regelung) bzw. Abschaltung (Grob-Fein-Dosierung) ein pneumatisch angesteuertes Regelventil und ein pneumatisches Dosierventil. Zur Kühlung bzw. Aufheizung des Reaktorinhaltes ist, wie schon bekannt, ein Wasserzirkulationssystem vorgesehen, in das Kaltwasser bzw. Dampf eingespeist wird. Der Behälterdruck wird mittels automatischer Stickstoffeinspeisung bzw. Entspannung in die Abgasleitung während des bestimmungsgemäßen Betriebes auf Umgebungsdruck gehalten (Bild 5.37). Als Prozeßgrößen wer-

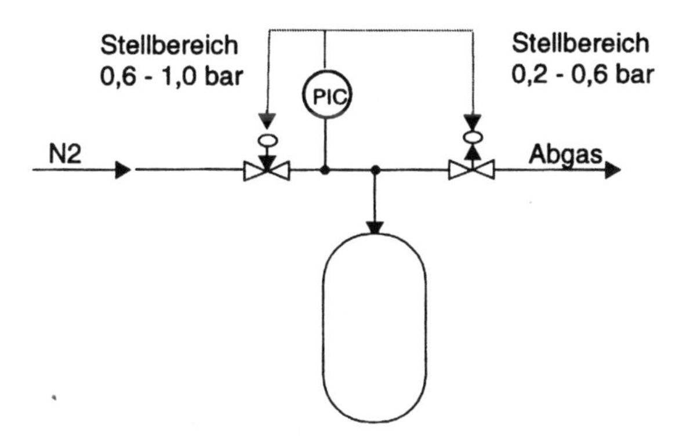

Bild 5.37 Druckregelung eines Reaktors über Inertenabzug

den im Behälter Druck, Temperatur und Füllstand erfaßt. Im Heiz-Kühl-Kreislauf erfolgt die Messung der Vorlauftemperatur. Die Verarbeitung der einzelnen Meßsignale für den bestimmungsgemäßen Betrieb wird in einem Prozeßleitsystem durchgeführt. Eine erste Abschätzung, welche Auswirkung ein nicht bestimmungsgemäßer Verlauf hat, zeigte, daß allein bei *Ausfall der Kühlung* und weiterlaufender Reaktion aufgrund der damit einhergehenden Erwärmung des Behälterinhaltes ein Druckanstieg über den zulässigen Behälterdruck möglich ist. Jedoch, eine Installation aller betroffenen Reaktoren einer Anlage in *druckfester* Ausführung als Schutzmaßnahme schließen die Autoren aus Gründen hoher Investitionskosten aus.

Ebenso kann ein *Ausfall des Rührers* nie ausgeschlossen werden. Eine für das Erliegen der Reaktion hinreichende Verteilung eines in diesem Fall *eingedüsten Abstoppers* als Schutzmaßnahme wird von den Autoren verworfen, weil die Viskosität des Reaktionsgemisches um Größenordnungen höher ist als bei Wasser, so daß auch die Mischwirkung aufsteigender Gasblasen nicht genutzt werden kann.

Die Installation einer *Notkühlung* als Schutzmaßnahme ist bei der hier betrachteten Reaktion aufgrund der maximal möglichen *Wärmeproduktionsrate* nicht anwendbar.

Die Auslegung der als weitere Alternative möglichen *Druckentlastungseinrichtung* zeigte, daß bereits für die bestimmungsgemäßen Einsatzmengen der Reaktionskomponenten zur Abführung des sehr hohen Wärmestromes durch Siedekühlung eine *Berstscheibe von DN 300* vorgesehen werden müßte. Im Ansprechfall würde dies zu Rückstoßkräften führen, die eventuell über den zulässigen Belastungen liegen. (Der Autor hat in einem ähnlichen Fall erlebt, wie bei einer solchen Gelegenheit ein Hallendach abgedeckt wurde.)

Weiterhin kommt es aufgrund der hohen Viskosität der flüssigen Phase zu einem Austrag von Dampf und Flüssigkeit aus dem Reaktor. (In dem oben geschilderten Fall bildete das ausgetragene Produkt eine Säule von bis zu 50 Metern Höhe, so daß es in Kilometern Entfernung noch – zum Glück ungefährliche – Produktteilchen regnete.)

In dem hier geschilderten Beispiel bedingen jedoch die Stoffeigenschaften ein hohes Gefährdungspotential für Mensch und Umwelt, so daß die während der Entspannung ausgetragenen Stoffe in ein geeignetes *Auffangsystem* entsorgt werden müßten.

Der hohe apparative und damit auch finanzielle Aufwand sowie die Tatsache, daß die für die Auslegung der Entlastungseinrichtung zugrunde gelegten Randbedingungen, wie der *maximale Füllgrad* oder das *Mengenverhältnis der Einsatzstoffe,* bereits durch Schutzmaßnahmen abgesichert werden müssen, lassen es hier zweckdienlich erscheinen, die *Anlagensicherung* vollständig *mit Mitteln der Prozeßleittechnik* durchzuführen.

Die Absicherung des Reaktors mit Mitteln der Prozeßleittechnik setzt – wie schon weiter oben dargestellt – ein Erkennen aller Einflußgrößen auf das mögliche Entstehen eines über dem zulässigen Wert liegenden Druckes im Behälter voraus. Für das dargestellte Verfahren wurde daher eine systematische Überprüfung nach der Operabilitäts-Methode [Operability Studies (1977)] vorgenommen. Die Vorgehensweise ist ähnlich der PAAG-Methode. Bild 5.38 zeigt auszugsweise eine Darstellung der Ergebnisdokumentation dieser Sicherheitsbetrachtung.

Insgesamt zeigte die durchgeführte Sicherheitsbetrachtung und eine parallel dazu durchgeführte „ARC-Kalorimetrie“, daß für eine sichere Betriebsweise des Reaktors fünf unabhängige *Schutzaufgaben* zu lösen sind:

1. Mindestmenge der Komponente A vorlegen, danach Zudosieren der Monomerenlösung B
2. Reaktionsbeginn überwachen

Sicherheitsbetrachtung Beispiel							
Betrieb: XYZ-Betrieb		Apparate: Reaktor RO 1		Mitarbeiter: Müller		Blatt-Nr. 1 Von: 25 Datum: 03.04.1985	
Nr.	**Abweichung vom Sollzustand**	**Erkennung der Abweichung**	**Mögliche Ursachen**	**Auswirkung der Störung**	**Bestehende Gegenmaßnahmen**	**Erforderliche Zusatzmaßnahmen**	**Bemerkungen**
1.1	Heiztemperatur zu hoch	(TIR) (TI)	Fehler in der Heiztemperatur -regelung	heftige exotherme Reaktion, Temperatur und Druck im Reaktor steigt	Eingriff von Hand: Umschalten auf max. Kühlleitung	TIR und TI mit A^+ versehen automatisches Abschalten der Heizung bei $T_{max} = 90°C$ (TIA^+S^+)	Prüfung der Funktionssicherheit des Heizkreislaufes vornehmen
1.2	Komponente 2 im Überschuß	Mengenzähler (FQIR), (LI)	falsche Menge eingestellt, Meßgerät defekt	heftige exotherme Reaktion, Temperatur und Druck im Reaktor steigt	Eingriff von Hand: Zufluß zu, Umschalten auf max. Kühlleistung	Festwerteinstellung für Komponente, Standmessung LI mit A^+ (LIA^+) versehen	Überprüfung der Druckentlastungseinrichtung vornehmen

Bild 5.38 Auszugsweise Darstellung der Ergebnisdokumentation einer Sicherheitsbetrachtung nach [Molter u. a. (1990)]

$T_{Kreislauf} < T_{Behälter}$ nach max. 30 Minuten

3. Verhältnis von Aktivator- zu Monomerstrom gewährleisten
4. Temperatur im Behälter überwachen
   ($110°C \leq T_{Behälter} \leq 125°C$)
5. Druck in Behälter überwachen
   ($P_{Behälter} \leq 1{,}2$ bar)

Die hierzu festgelegten Schutzmaßnahmen finden in den in Bild 5.39 dargestellten Sicherungseinrichtungen, die das Erkennen einer Abweichung vom Sollzustand bzw. das Einleiten von Gegenmaßnahmen ermöglichen, ihre technische Realisierung. Nach DIN 19227, Teil 1, ist jedoch für Schutzmaßnahmen eine Schaltfunktion anstelle von S mit Z zu bezeichnen.

1. Zur Absicherung, daß die Menge an Monomeren stets kleiner als 10% der aktuellen Masse im Behälter ist, muß zunächst der Stoff A in ausreichender Menge vorgelegt werden. Erst danach darf der Start der Dosierung für die beiden anderen Stoffe B und D erfolgen. Dies wird durch die Verarbeitung der Impulse des Mengenzählers FQIS+ für Stoff A in der Ablaufsteuerung gewährleistet. Die geforderte Redundanz (zur Mengenzählung) wird durch die hardwaremäßige Auswertung des Grenzwertes der Füllstandsmessung (LZ^+A^+) erreicht. Erst nach Vorliegen der erforderlichen Menge an Stoff A können die in den Zulaufleitungen der Stoffe B und D redundant angeordneten Kugelhähne geöffnet werden (anstelle von zwei Kugelhähnen kann je nach Stoffart eine Armatur gefordert werden, die eine doppelte Absperrung jedoch mit einer dazwischen liegenden Entleerung zur Erkennung von Leckagen hat) (block and bleed-Ausführung).
2. Damit sich nach Start der Dosierung durch das Ausbleiben der Reaktion keine gefährlich hohe Konzentration des Stoffes D im Behälter einstellt, muß das „Anspringen" der Reaktion überwacht werden. Dies erfolgt hier durch die Messung

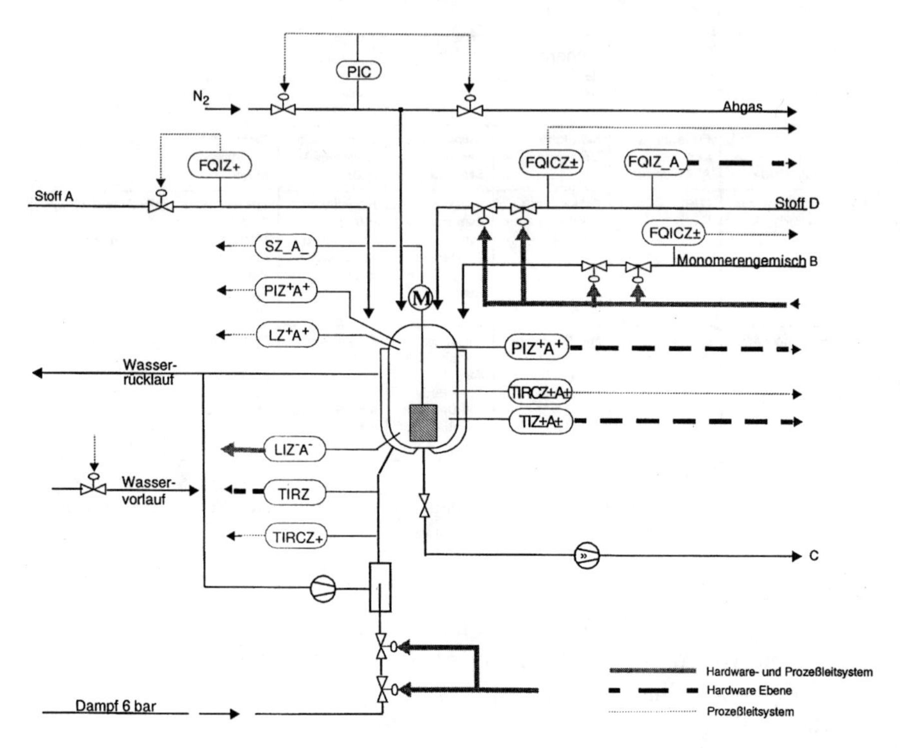

Bild 5.39 PLT-Betriebs- und Sicherungseinrichtungen für Reaktor mit Zulaufverfahren

der Temperaturen im Heiz-/Kühlkreislauf sowie im Behälter. Die Verarbeitung des Istwertsignals der Temperaturdifferenz zwischen Reaktor und Kreislauf wird in der Ablaufsteuerung sowie davon unabhängig in der Hardware-Ebene (TIRZ$^+$ resp. TIZ±A±) durchgeführt. Liegt nach 30 min die Temperatur im Kreislauf nicht hinreichend unter der Kesseltemperatur, werden die Kugelhähne in den Zulaufleitungen geschlossen.

3. Eine deutliche Reduzierung oder der Ausfall der Zudosierung an Aktivator D führt zu einer Verringerung der Reaktionsgeschwindigkeit und in der Folge zu einer Akkumulation von nicht abreagierten Monomeren B. Dies gilt besonders während des Anfahrens der Reaktion. Ein Wiedereinsetzen der Dosierung des Aktivators D und/oder der Ausfall der Kühlung können dann einen gefährlichen Reaktionsverlauf zur Folge haben. Durch die Auswertung der Mengenzähler-Impulse für Stoff B und D in der Ablaufsteuerung wird das Mengenverhältnis überwacht. Abweichungen vom Sollwert lösen den Stop der Dosierung (FQICZ±) für beide Stoffe aus. Durch einen zweiten Mengenzähler (FQIZ_A_), dessen Impulse hardwaremäßig verarbeitet werden, wird der Mengenstrom des Stoffes D redundant überwacht. Bei Unterschreitung eines unteren Grenzwertes wird ebenfalls die Zufuhr der beiden Mengenströme B und D unterbrochen.

4. Der Temperaturbereich für eine optimale Reaktionsführung liegt zwischen 110 und 125°C. Unterhalb von 110°C besteht die Gefahr, daß durch die dann langsamer ablaufende Reaktion eine Akkumulation der nicht abreagierten Komponenten auftritt. Dies kann bei Wiederanstieg der Temperatur zu einem nicht mehr beherrschbaren Zustand im Reaktor führen. Temperaturen oberhalb von 125°C als Folge eines Kühlungsausfalles oder zu hoher Dosiergeschwindigkeit stellen ebenfalls unerwünschte Gefahrenpotentiale dar. Bei Unter- oder Überschreitung der Temperaturgrenzwerte (TIZ±A±) wird daher die Eindosierung der Komponenten B und D unterbrochen sowie die Dampfeinspeisung in den Heiz-/Kühlkreislauf verriegelt.
5. Bei einer über dem Sollwert liegenden Dosiergeschwindigkeit und ausreichender Kühlung, also einer im Gutbereich liegenden Kesseltemperatur, steigt der Druck im Reaktor aufgrund des höheren Anteils an nicht abreagierten Monomeren B an. Auch bei Ausfall der Rührung (SZ_-A_-), wenn die eindosierten Komponenten nicht mehr in das Reaktionsgemisch eingerührt werden, stellt sich ein höherer Behälterdruck ein. Bei Überschreiten des auf 1,2 bar festgelegten Grenzwertes (PIZ^+A^+) erfolgt die Verriegelung der Kugelhähne in den Leitungen für die betreffenden Stoffströme.

– Klassifizierung der Prozeßgrößen

Die in dem vorhergehenden Beispiel aufgeführten Prozeßgrößen lassen sich in Betriebseinrichtung (BE), Überwachungseinrichtung (ÜE) und Schutzeinrichtung (SE) einteilen. Zu beachten ist, daß dieselben Prozeßgrößen Betriebs-, Überwachungs- und Schutzeinrichtungen sein können. Gemeinsame Komponenten für PLT-Betriebs-, -Überwachungs- und -Schutzeinrichtungen sind jedoch nach den Maßstäben für Schutzeinrichtungen auszulegen und zu betreiben. In nachstehender Tabelle 5.3 sind alle Prozeßgrößen, ihre Verwendung als Prozeßparameter und ihre Klassifizierung nach Betriebs- und Sicherungseinrichtungen dargestellt.

Die Verfasser des letzten Beispiels kommen zu dem Ergebnis, daß die hier eingesetzten PLT-Schutzmaßnahmen den vorher genannten Schutzmaßnahmen wie druckfester Behälter, Abstopper, Notkühlung, Druckentlastungssystem überlegen sind, weil sie *direkt* auf die Prozeßsteuerung einwirken, d. h. unerwünschte Zustände verhindern und nicht lediglich deren Folgen abmildern.

5.2.2.4 Konzeption von PLT-Schutzeinrichtungen

Die aufgabengerechte Planung und Errichtung von PLT-Schutzeinrichtungen muß stets davon ausgehen, daß bei technischen Einrichtungen immer mit Fehlzuständen gerechnet werden muß, die ihre bestimmungsgemäße Funktion einschränken oder gar außer Kraft setzen. Bei Sicherungs- bzw. im speziellen Fall der Schutzeinrichtungen ist daher Vorsorge zu treffen, daß es trotz möglicher Fehlzustände der ihnen zugrundeliegenden technischen Einrichtungen zu keiner Beeinträchtigung oder zum Ausfall der Sicherheitsfunktion kommen kann.

Tabelle 5.3 Verwendung der Prozeßgrößen und ihrer Parameter

		BE	ÜE	SE
1. Innentemperatur-Regelung	TIRCS±A±	x	x	
2. Heiz-/Kühlkreislauf-Temp.-Regelung	TIRCS+	x	x	
3. Anspringtemperatur				
– gebildet aus der Diff. der Reaktor-Temperatur	TIZ±A±		x	x
– zur Heiz-/Kühlkreislauftemperatur	TIRZ$^+$		x	x
4. max. Reaktortemperatur (125°C)	TIZ$^+$A$^+$		x	x
5. min. Reaktortemperatur (110°C)	TIZ–A–		x	x
6. ausreichende Kühlung	TIZ$^+$A$^+$		x	x
7. Stoffmenge A	FQIS	x	x	
8. Stoffmenge B	FQICZ±	x	x	x
9. Stoffmenge D	FQICZ±	x	x	x
10. Redundante Stoffmenge D	FQIZ–A–	x	x	x
11. Ausfall oder Reduzierung Stoff D				
– Auswertung Mengen-Impulse D	FQICZ–			x
– Auswertung Mengen-Impulse B	FQICZ–			x
– Unterschreitung Stoff D	FQIZ–A–		x	x
12. oberer Grenzwert Füllstand	LS$^+$A$^+$	x	x	
13. unterer Grenzwert Füllstand	LIZ–A–		x	x
14. Rührerdrehzahl bzw. Ausfall	SZ–A–		x	x
15. Reaktordruckregelung	PIC	x		
16. Reaktorinnendruck	PIS$^+$ A$^+$	x	x	
17. Reaktorüberdruck	PIZ$^+$ A$^+$		x	x

Damit konzentrieren sich die Überlegungen zum Entwurf und Betrieb von PLT-Schutzeinrichtungen auf die ausreichende Sicherstellung der geforderten Schutzfunktion, d. h. auf deren *sicherheitstechnische Verfügbarkeit.*

Im Rahmen der notwendigen Fehlerbetrachtung sind zunächst die möglichen d. h. die nicht unbegründet ausschließbaren Fehler innerhalb der PLT-Schutzeinrichtung zu unterscheiden nach:

– Fehler ohne Einfluß auf die Schutzfunktion
– Fehler mit Einfluß auf die Schutzfunktion.

Bei Fehler *mit Auswirkung* auf die Schutzfunktion wird hinsichtlich ihrer Erscheinungsform unterschieden zwischen den Fehlerarten:

– Aktiver Fehler

Definition nach DIN 19237

„Fehler, der bei Fortfallen einer oder mehrerer der programmgemäß festgelegten Bedingungen Steuerfunktionen – in diesem Zusammenhang also die PLT-Schutzfunktion – *auslöst*".

Es ist möglich, daß dieser Fehler die Schutzfunktion unnötig auslöst und dadurch die Produktionsverfügbarkeit vermindert.

– Passiver Fehler

Definition nach DIN 19237

„Fehler, der trotz programmgemäß erfüllter Bedingungen Steuerfunktionen – in diesem Zusammenhang also die PLT-Schutzfunktion – *blockiert*".

Diese Fehlerart wird auch als blockierender oder als funktionshemmender Fehler bezeichnet. Diese Fehler können somit die Abwehr von unzulässigen Fehlzuständen der Chemieanlage verhindern. Zum Beispiel können Stellgeräte durch Festsitzen blockieren.

Bei passiven Fehlern gibt es ein weiteres wichtiges Unterscheidungsmerkmal zwischen:

- selbstmeldenden Fehlern, das sind solche, die sich im Moment des Auftretens bemerkbar machen, und
- nichtselbstmeldenden Fehlern, das sind solche, die sich im Moment des Auftretens nicht zwangsläufig durch eine Auswirkung bemerkbar machen.

In Kenntnis der Auswirkung der Gerätefehler lassen sich mit Maßnahmen zur *Fehlervermeidung* und mit Maßnahmen zur *Fehlerbeherrschung* Sicherheitsbedingungen des Prozesses erfüllen.

– Maßnahmen zur Fehlervermeidung

Die nächstliegende Maßnahme zur Erzielung der erforderlichen sicherheitstechnischen Verfügbarkeit der PLT-Schutzeinrichtung besteht darin, das Auftreten von Fehlern von vornherein soweit wie möglich auszuschließen oder doch so unwahrscheinlich wie möglich zu machen. Geeignete Vorgehensweisen hierfür sind:

- *Einsatz* bewährter und zuverlässiger Geräte- und Installationstechnik.
- Hierzu zählen auch Geräte mit behördlicher Zulassung für bestimmte Anwendungsfälle wie z. B. Überfüllsicherungen nach VbF oder VAWS, DVGW-Zulassung.
- Einsatz von Betriebsmitteln, die für höhere als die im Betrieb zu erwartenden Beanspruchungen hinsichtlich Dimensionierung und Werkstoffauswahl ausgelegt sind.
- Ausschaltung schädlicher Umgebungseinflüsse wie z. B. durch
  - Kapselung oder Verguß als Schutz gegen Korrosion oder Verschmutzung.

- Mechanische Schwingungsdämpfung oder -entkopplung.
- Maßnahmen zur Erhöhung der elektromagnetischen Verträglichkeit (EMV).

– Maßnahmen zur Fehlerbeherrschung

Lassen sich Fehler nicht mit hinreichender Wahrscheinlichkeit ausschließen, können technische Maßnahmen zur

Fehlererkennung oder
Fehlertolerierung

vorgesehen werden.

Zur *unmittelbaren Fehlererkennung* sollten PLT-Schutzeinrichtungen so konzipiert werden, daß zu erwartende Fehler soweit wie möglich selbstmeldendes Fehlerverhalten aufweisen.

Zur Erkennung nicht selbstmeldender Fehler kann häufig selbstüberwachte Gerätetechnik, z. B. mit zyklischem Eigentest, Antivalenz-, Äquivalenzüberwachung, eingesetzt werden. Angewandte Prinzipien zur *Fehlertolerierung* sind in der Hauptsache:

Fail-Safe-Auslegung und
Redundanz-Auslegung

Fail-Safe-Auslegung

Das Fail-Safe-Prinzip ist dadurch gekennzeichnet, daß alle als möglich erkannten Fehler nur eine definierte Ausfallrichtung der Sicherheitseinrichtung – nämlich das Auslösen der Sicherheits- bzw. Schutzfunktion – bewirken.

Diese Auslegung kann *unmittelbar* durch den Fehler selbst erfolgen, woraus sich für diese Fehler selbstmeldendes Fehlverhalten ergibt. Somit ist in diesem speziellen Fall die sicherheitstechnische Verfügbarkeit unabhängig von der Gerätezuverlässigkeit. Typische Beispiele für dieses unmittelbare Fail-Safe-Prinzip sind:

- *Ruhesignalprinzip* beim Fehler Leitungsbruch (Thermoelement-Bruchsicherung)
- *Federrückstellung* eines Stellgerätes mit pneumatischem Antrieb – dem Paradebeispiel in den Chemiebetrieben nach [Strohrmann (1991)] –, das bei den Fehlern Ausfall der Hilfsenergie, Steuerluftausfall oder Ausfall der Steuerspannung für das zugehörige Magnetventil unmittelbar seine Ruhelage einnimmt. Meist schließen sie, z. B. für Heizung, Katalysator und/oder Reaktandenzulauf (siehe vorhergehendes Beispiel für die Stoffe B und D), manche, z. B. die für Kühlzwecke oder für Entspannungen, können aber auch öffnen (siehe hierzu auch Bild 5.40).

Die Anwendung ist in chemischen Produktionsanlagen – insbesondere bei Chargenprozessen mit ihren vielen Auf/Zu-Ventilen –, aufgrund deren Verfahren und der speziellen Gerätetechnik in der überwiegenden Anzahl der Fälle möglich und üblich.

Beim *mittelbaren* Fail-Safe-Prinzip erfolgt die Auslösung der Schutzfunktion aufgrund von zyklischem Eigentest (z. B. durch Anlegen einer Wechselspannung im kHz-Bereich), Antivalenz- oder Äquivalenzüberwachung. In diesem Falle sind also

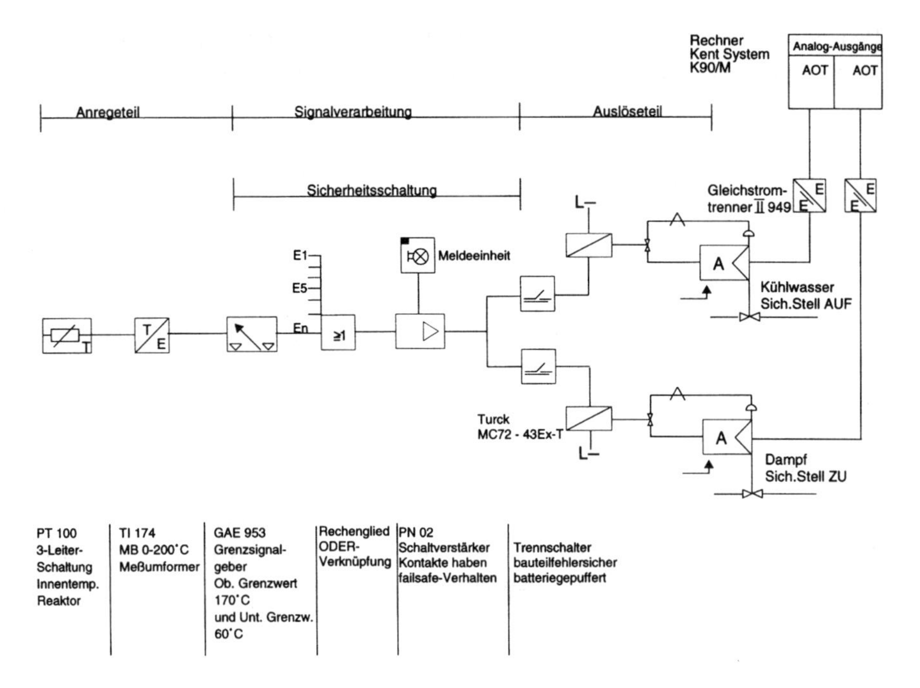

Bild 5.40 Einkanalige Schutzeinrichtung TIZ±A± Bildzeichen nach DIN 19227, Teil 2

für die Fehlererkennung und zum Ab- oder Umschalten zusätzliche Einrichtungen erforderlich.

– Bauteilfehlersicherheit

Die oben genannten Geräte werden als *bauteilfehlersicher* bezeichnet und sind so konzipiert, daß alle nicht ausdrücklich ausgeschlossenen Fehler ein Fail-Safe-Verhalten haben, also zu einem definierten Zustand des Ausgangsverhaltens führen. Besonders binäre Steuerungen lassen sich bauteilfehlersicher realisieren.

Ein typisches Beispiel für das mittelbare Fail-Safe-Prinzip mit Antivalenzüberwachung liegt vor bei einem Stellungsrückmeldekontakt – die zu Hunderten in Chargenprozessen vorkommen –, der nicht als Einfachkontakt, sondern als Wechselkontakt ausgeführt ist. Bei Fehlern, wie z. B. Leitungsbruch, Kurzschluß, zu hoher Konkakt-Übergangswiderstand, ist die Antivalenz der durch den Wechselkontakt erzeugten Signale nicht mehr gegeben und kann dann durch eine geeignete Antivalenzüberwachungseinrichtung festgestellt werden.

Redundanz

Als redundante Auslegung wird die mehrfache Bereitstellung einer Komponente für eine bestimmte Aufgabe bezeichnet. Bei Ausfall einer Komponente übernimmt eine in Reserve stehende Komponente deren Aufgabe.

Redundanz bei der Automatisierung von Chargenprozessen bedeutet, daß Systemkomponenten wie Sensoren (z. B. für Temperatur und Druck), Meßumformer, Aktoren (z.B. Absperrventile), Bedien- und Beobachtungseinheiten und/oder Bussysteme doppelt oder mehrfach vorhanden sind.

Zur Gewinnung redundanter Informationen über den Prozeß gibt es verschiedene Methoden.

– Homogene Redundanz

Bei gleichartigem Aufbau der Informationskanäle liegt homogene Redundanz vor. Gleichartigkeit der Kanäle bedeutet hierbei gleiche physikalische Größen (z. B. Füllstand bei einem Behälter) und gleiche Meßmethode (z. B. Schwimmer-Prinzip).

– Diversitäre Redundanz

Arbeiten die redundanten Kanäle nach unterschiedlichen *physikalischen Größen,* so spricht man von diversitärer physikalischer Redundanz (z. B. Temperatur (TIZ±A±) und Druck (PIZ+A+) des Polymerisations-Reaktors im vorhergehenden Beispiel bzw. Verarbeitung von Mengenimpulsen des Mengenzählers für Stoff A (FQIS) und Grenzwert des Füllstandes (LIZ+A+) im gleichen Beispiel (Bild 5.39)).

Diversitäre *methodische* Redundanz ist gegeben, wenn zur Informationsgewinnung zwar die gleiche physikalische Größe (z. B. Höhenstand) genutzt wird, aber unterschiedliche Meßmethoden (Schwimmer bei dem einen, Einperl-Methode bzw. hydrostatisches Bodendruck-Prinzip bei dem anderen Höhenstand) zur Anwendung kommen. Diversitäre Redundanz sollte vorrangig eingesetzt werden, da sich hiermit auch Fehler gemeinsamer Ursache (Verstopfen, Verkrusten, Verschleiß, Erstarren etc.) vermeiden lassen.

In den chemischen Produktionsanlagen werden redundante analoge Prozeßgrößen in der Regel nicht unmittelbar „analog" bewertet, z. B. in Form von Minimal-, Maximal- oder Mittelwertauswahl. Vielmehr wird die Auslösung der PLT-Schutzfunktion von Grenzwertüberschreitungen dieser analogen Prozeßgrößen abgeleitet. Die so entstehenden Binärsignale werden dann einer geeigneten *Bewertung* unterzogen.

– Bewertung redundanter Binärsignale

Die Bewertung redundanter Binärsignale erfolgt durch m-von-n-Wertungsschaltungen. Dabei müssen mindestens m Signale übereinstimmend vorliegen, damit die aus der jeweiligen Bedingung abgeleitete Funktion – Auslösen der Schutzfunktion – ausgeführt wird. Übliche Bewertungen sind 1-von-2- und – mit entsprechend hohem Aufwand – 2-von-3-Schaltungen, bei denen eine hohe sicherheitstechnische Verfügbarkeit gepaart ist mit einer hohen Verfügbarkeit der Anlage.

In unserem Beispiel der Polymerisations-Reaktion wurden in den Leitungszug der Stoffströme B und D jeweils zwei Stellgeräte hintereinander angeordnet, da es den Ansprüchen dieser Anlage genügt, „nur" eine 1-von-2-Bewertung vorzunehmen.

Zusammengefaßt kann man jetzt die Schutzaufgabe und Schutzeinrichtung des Polymerisationsreaktors im vorhergehenden Beispiel wie folgt beschreiben:

Das Schutzziel ist es, Personenschäden oder größere Umweltschäden durch das Bersten des Reaktors zu vermeiden. Einen unzulässigen Druckanstieg mit der Gefahr des Berstens des Behälters und der Freisetzung toxischer Stoffe zu verhindern ist die zu lösende Schutzaufgabe. Die Risikobewertung im interdisziplinären Sicherheitsgespräch ergibt, daß bei der Auslegung der Schutzeinrichtungen Redundanz erforderlich ist. Die Stoffe B und D sind maßgeblich verantwortlich für die chemische Reaktion und für einen unzulässigen Druckanstieg. Zur Vermeidung des nichtbestimmungsgemäßen Betriebes ist daher das Unterbrechen der Zuläufe von Stoff B und D geeignet.

– *Auswahl der Prozeßsicherungsgröße*
Zur Erkennung des nichtbestimmungsgemäßen Betriebes (Druck und Temperatur zu hoch) stehen die Prozeßgrößen TIZ±A± und PIZ+A+ zur Verfügung. Sie können zur Anlagensicherung herangezogen werden und sind daher Prozeßsicherungsgrößen.

– *Ausführung der PLT-Schutzeinrichtungen*
In diesem Beispiel sind die Prozeßsicherungsgrößen Druck PIZ+A+ und Temperatur TIZ±A± als gleichwertig anzusehen. Entsprechend läßt sich so eine *diversitäre physikalische redundante* PLT-Schutzeinrichtung realisieren. Für die Signalverarbeitung kommen ebenso wie für die Initiatoren der anzeigenden Grenzsignalgeber bauteilfehlersichere Komponenten zum Einsatz. Die Stellgeräte werden hintereinander im Leitungszug vom Stellstrom B und D angeordnet, da eine 1-von-2-Ausführung den Anforderungen genügt. Wird eines der beiden Stellgeräte in den Leitungszügen auch zur Regelung des Durchflusses (Zulaufverfahren) verwendet, dann unterliegt dieses Stellgerät einer ständigen betrieblichen Überwachung. Es ist sowieso ein Vorteil von Chargenprozessen, daß sich von Ansatz zu Ansatz die Schutzeinrichtungen jedesmal wieder auf Plausibilität überprüfen lassen. Fehler, die auf beide Schutzeinrichtungen gemeinsam wirken (Energieausfall, -absenkung u. ä.), werden überwacht und führen bei Eintritt zur Auslösung der Schutzeinrichtung. Bezüglich Ausfall der Energie bzw. Hilfsenergie sind die Stellgeräte fail-safe ausgelegt, d. h., die Federkraft der Stellgeräte bewirkt in diesem Beispiel ihre sichere geschlossene Stellung.

Wichtige Grundsätze zur Lösung von Sicherungsaufgaben mit Mitteln der Prozeßleittechnik, siehe auch [Dechema (1988)]

Man wird in dem vorhergehenden Beispiel

- die Schutzeinrichtung einfach und übersichtlich aufbauen und nur bewährte Technik verwenden.
- Bei der Auswahl von Schutzfunktionen wird man mit Sicherheit auch die Rührerdrehzahl mit einbeziehen SOZ_A_. Dazu wird man die Drehzahl an der Rührerwelle und nicht einfach die Motordrehzahl erfassen. Während es bei einem Ausfall des Rührers während der Entleerung genügt, das Personal zu alarmieren „A_“, müssen umfangreiche Schutzmaßnahmen der oben beschriebenen Art oder noch zusätzliche Schutzmaßnahmen bei einem Ausfall des Rührers während der Reaktionsphase ergriffen werden. Dies muß in den Ablaufsteuerungen der Grundope-

rationen „Entleeren“ und „Zulauf von Stoff B und D“ berücksichtigt werden.

- Man wird auch den Lauf der Pumpen für Dosierung, Kühlwasser und Kühlwasserzirkulationssystem überwachen und bei ihrem Ausfall entsprechende Schutzmaßnahmen einleiten.
- Man wird ferner die Energien bzw. Hilfsenergien wie Dampf, Kühlwasser, elektrischer Strom, Inertgas überwachen (EZ_A_), wobei bei einem Ausfall bzw. einer Absenkung der Hilfsenergien die Schutzfunktion ausgelöst wird. Gegen den Ausfall der Hilfsenergie sind alle Stellgeräte fail-safe ausgelegt.
- Sicherheitskonzepte müssen auch Einfluß auf die Sicherung der Prozeßstromversorgung nehmen. Anzahl und Art der Einspeisungen, mehrschienige Fahrweisen, Umschalteinrichtungen und Ersatzstromsysteme – Batteriepufferung Notstromdiesel – hängen davon ab.
- Die Meßbereiche der Grenzwertgeber wird man so wählen, daß eine hinreichende Auslösung gewährleistet ist.
- Die Grenzwerte sollen einen solchen Abstand von den Meßbereichsendwerten haben, daß bei Meßfehlern innerhalb der zulässigen Toleranz eine sichere Auslösung gewährleistet ist.
- Die Grenzwertbildung bei für Schutzfunktionen relevanten analogen Prozeßgrößen sollte mit anzeigenden Grenzwertgebern erfolgen, am geeignetsten im Bedienungspult, im Tafelfeld der Leitwarte oder im EMR-Schaltraum angeordnet. Dadurch ist in den ersten beiden Fällen eine Plausibilitätskontrolle durch das Bedienungspersonal direkt mit der Folge kurzer Fehlererkennungszeiten und einfache Kontrolle des eingestellten Grenzwertes möglich. Bei einer Installation im EMR-Schaltraum ist durch eine sorgfältige Dokumentation dafür zu sorgen, daß der eingestellte Grenzwert immer mit dem aktuellen Wert übereinstimmt und kontrolliert werden kann.
- Die korrekte Einstellung der Grenzwerte ist gegen unbeabsichtigte Verstellung – aber auch gegen beabsichtigte Verstellung durch nicht autorisiertes Personal – zu schützen.
- Sicherheitsrelevante Prozeßgrößen sollten registriert werden. Auch sollte der charakteristische Zusammenhang von Prozeßgrößen, z. B. des vorhergehenden Beispiels wie Temperatur, Druck, den Stoffströmen der Stoffe B und D für den bestimmungsgemäßen Betrieb in einer gehobenen Informationsdarbietung dargestellt werden, z. B. als Trenddarstellung.
- Das selbständige Wiedereinschalten nach Auslösen der Schutzfunktion ist zu sperren.

  Zum Beispiel wäre nach einem ausgelösten Stop der Stoffströme B und D durch eine Probenahme erst einmal zu analysieren, welcher „Chemismus“ für das Ansteigen des Druckes, Abfallen der Temperatur usw. verantwortlich war. Erst danach wird der Verantwortliche des Betriebes die Freigabe erteilen wollen. Die Entriegelung sollte nur durch einen Schlüsselschalter möglich sein.
- Überbrückung in PLT-Schutzeinrichtungen zum Prüfen oder Instandsetzen sollen nur bei redundanten Strukturen vorgesehen werden. Daher ist darauf zu achten, daß niemals die gesamte PLT-Schutzeinrichtung gebrückt wird.
- Alle wichtigen Komponenten der PLT-Schutzeinrichtung sind in der Dokumen-

tation deutlich zu kennzeichnen, und für Schaltfunktionen ist der Folgebuchstabe „Z“ gemäß DIN 19227 zu verwenden. Alle Komponenten in der Anlage und EMR-Schaltraum, die Schutzfunktionen dienen, können darüber hinaus mit einem Klebebild gemäß Bild 5.41 gekennzeichnet werden, damit eine besondere Aufmerksamkeit bei allen Eingriffen in der Anlage und im Schaltraum erreicht wird.

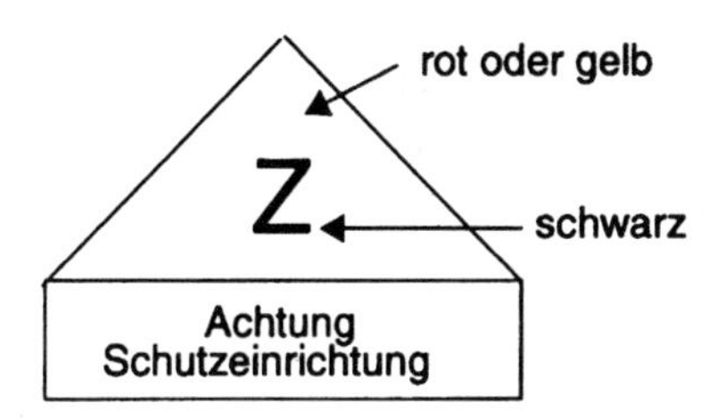

Bild 5.41 Klebebild zur Kennzeichnung von Schutzfunktionen

Organisatorische Maßnahmen

Der sicherheitstechnische einwandfreie Zustand einer Anlage muß über die gesamte Nutzungsdauer garantiert werden. Regelmäßige Inspektions- und Wartungsarbeiten helfen, die Abnutzung einzelner Anlageteile so frühzeitig zu erkennen, daß eine Instandsetzung der sicherheitstechnisch kritischen Anlageteile vor Ausfall möglich ist. Daher werden die PLT-Schutzeinrichtungen durch organisatorische Maßnahmen ergänzt, die in einer Betriebsvorschrift festgehalten werden. Passive Fehler z. B. können nur durch eine ständige betriebliche Überwachung und wiederkehrende Funktionsprüfung erkannt und durch sofortige Instandsetzung behoben werden. Im vorliegenden Beispiel des Polymerisationsreaktors müssen Temperatur und Druck für den bestimmungsgemäßen Betrieb in einem für das Verfahren charakteristischen Zusammenhang stehen. Dieser Zusammenhang ist durch das Betriebspersonal auf Plausibilität zu überprüfen.

Bei Stillständen werden durch Abdrücken des Behälters die Druckmessung und die Dichtigkeit der Ventile überprüft. Die Temperaturabschaltung wird durch Simulation mittels Prüfwiderstand am Thermometeranschlußkopf geprüft. In beiden Prüfvorgängen müssen die Stellgeräte schließen. Für die Prüfung sind feste Prüfintervalle abgesprochen (z. B. einmal jährlich). Die Prüfmethode wird in einer Prüfvorschrift dokumentiert, ebenso die Durchführung und das Ergebnis der durchgeführten Funktionsprüfung.

Mit der Durchführung dieser Arbeiten in den Betrieben dürfen nur Facharbeiter betraut werden, die mit den örtlichen Betriebsverhältnissen und den Gefahrenquellen in einer Anlage vertraut sind. Hierfür dienen regelmäßige Sicherheitsbelehrungen. Die Sachkundigsten hierbei sind zweifelsohne die, die den Betrieb direkt betreuen, d. h. das eigene Betriebspersonal. In diesem Zusammenhang sind Diskussionen, die eigenen Technischen Dienste aus „Kostengründen" abzubauen und statt dessen diese Aufgaben „fremdzuvergeben", sehr gefährlich. Der ideelle Schaden (oder Kosten), der bei einem tatsächlichen Störfall entsteht, ist sehr viel größer als der materielle Schaden (oder Kosten), der durch „aufwendige" Inspektion, Instandhaltung und Reparatur durch fach- und betriebskundiges Personal verursacht wird.

Störfall Bophal

Trotz der Maßnahmen, die die Chemie heute ergreift, um die Sicherheit chemischer Produktionsprozesse zu garantieren, bleibt ein Restrisiko bestehen, und es drängt sich die Frage auf, ob trotz aller sicherheitstechnischen Maßnahmen ein Störfall, wie er z. B. in Bophal eingetreten ist, in der deutschen Chemie denkbar wäre.

Dazu sei aus „Blätter für Vorgesetzte", herausgegeben vom Bundesarbeitgeberverband Chemie e. V., Ausgabe 10/1988, folgendes zitiert:

> „Im Dezember 1984 ereignete sich in Bophal/Indien einer der folgenschwersten Unglücksfälle im Bereich der chemischen Industrie. Durch die Freisetzung von ca. 20–30 t Methylisocyanat (MIC), einer schon in geringer Konzentration toxisch wirkenden Substanz, starben 2000 Menschen. Zu dem Vorfall in Bophal trugen folgende triviale Faktoren entscheidend bei:
>
> 1. Die Kühlung der Lagerbehälter für Methylisocyanat (MIC) (man erinnere sich an die „Substitution kritischer Verfahrensparameter" am Anfang des Kapitels) war schon längere Zeit abgestellt. MIC muß gekühlt, drucklos, mit einem ausreichenden Sicherheitsabstand vom Siedepunkt, der bei 40°C liegt, gelagert werden. MIC ist ein extrem reaktionsfreudiges Agens. Insbesondere mit Wasser treten sehr heftige Reaktionen auf. MIC neigt bei höheren Temperaturen zur Zersetzung. Das alles sind Tatsachen, die nicht neu sind.
> 2. Die Abgasbehandlung zum Niederschlagen von MIC-Dämpfen war ebenfalls abgeschaltet.
> 3. Die Fackel, die als 3. Sicherheitseinrichtung die bis zu ihr gelangten Dämpfe verbrennen sollte, war außer Betrieb, da die Rohrleitung korrodiert war und schon seit längerer Zeit ausgetauscht werden sollte.

Es muß also festgestellt werden, daß drei redundante Sicherheitseinrichtungen, die die Lagerung von MIC umschließen und damit sicher machen sollten, außer Betrieb waren. Das bedeutet letztlich, daß die Anlage unsachgemäß und nicht bestimmungsgemäß betrieben wurde. Offensichtlich war nicht ausreichend fachkundiges Personal vorhanden, und es gab keine Gefahrenabwehrplanung, die in diesem Fall wegen der dichten Bebauung mit Wohnsiedlungen in der Nähe der Anlage besonders notwendig gewesen wäre. Es zeigt, welche grundlegenden Voraussetzungen erfüllt sein müssen, um Chemietechnik sicherzumachen, und welche große Bedeutung Sicherheitskonzepte zum Betreiben von Chemieanlagen haben."

5.2.2.5 Gehobene Funktionen der Prozeßleittechnik zur Anlagensicherung

Im allgemeinen wird man bei der Auswahl der für die Schutzfunktion relevanten Prozeßgrößen solche bevorzugen, die unmittelbar nach einfachen erprobten Verfahren gemessen werden können. Das sind solche Verfahrensparameter wie z. B. Temperaturen, Drücke, Konzentrationen.

Die mittelbare Herleitung von Prozeßgrößen durch Verknüpfung von Meßsignalen sollte nur angewendet werden, wenn die direkte Messung der für die Schutzfunktion relevanten Prozeßgrößen nicht möglich ist oder keine hinreichend zuverlässigen Meßverfahren zur Verfügung stehen.

Um kritische Prozeßzustände möglichst frühzeitig zu erkennen, müßte man häufig über Daten verfügen, die nach dem heutigen Stand der Technik nicht direkt meßbar sind.

Man hilft sich mit modellgestützten Meßverfahren, auch *„Beobachter"* genannt. Beobachter sind, wie Bild 5.42 zeigt, mathematische Modelle der Strecke, die parallel zu dieser betrieben werden. An der Strecke nicht direkt meßbare Größen lassen sich daraus als Schätzwerte entnehmen. Fehler in den Anfangswerten des Modells, Ungenauigkeiten des Modells und der Modellparameter, Meßrauschen und unbekannte Prozeßstörungen führen dazu, daß Modell und Prozeß voneinander abweichen.

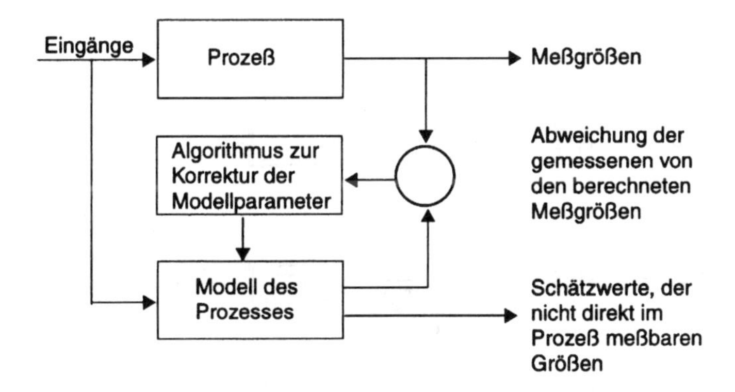

Bild 5.42 „Beobachter" zur Anlagensicherung

Man erhält einen Indikator für die Übereinstimmung von Prozeß und Modell, indem auch die meßbaren Größen geschätzt und diese mit den tatsächlich gemessenen verglichen werden. Mit dieser Abweichung können über einen entsprechenden Algorithmus die Modellparameter des Prozesses dynamisch so geändert werden, daß die Abweichung zwischen Modell und Prozeß möglichst klein bleibt.

Der Einsatz der Beobachterverfahren ist nur möglich, wenn der Prozeß durch ein mathematisches Modell mit hinreichender Genauigkeit beschreibbar ist. Dies ist heute für einige Teilprozesse der Fall.

Das vom Normalbetrieb abweichende Verhalten kann oft durch Kriterien charakterisiert werden, die den momentanen Gesamtzustand eines Prozesses beurteilen. Bewegt sich z. B. ein Signal mit unzulässig hoher Geschwindigkeit in eine unerwünschte Richtung, wird dies als ein Fehlverhalten angesehen. Die Beobachtung eines solchen Fehlverhaltens wird nach [Magin u. a. (1987)] als *Trendkontrolle* bezeichnet. Zur Durchführung der Trendkontrolle müssen Signale differenziert werden.

Eine exotherme chemische Reaktion mündet in ein selbstbeschleunigtes Durchgehen ein, wenn die erste zeitliche Ableitung der Differenz zwischen Innen- und Kühltemperatur des Reaktors und die zweite zeitliche Ableitung der Innentemperatur positive Werte annimmt.

$$\frac{d\,(TR - TM)}{dt} > 0 > \text{und} \frac{d^2TR}{dt^2}$$

Hierin ist TR die Reaktionstemperatur und TM die Temperatur der Umgebung, z. B. des Kühlmantels. Bild 5.43 zeigt das Signalflußbild der durchzuführenden Funktionen zur Bildung eines Schaltsignals. Das geschilderte Verfahren stellt eine einfache Methode zur frühzeitigen Erkennung kritischer Zustände von exothermen chemischen Reaktionen dar. Dieses Verfahren wird auch als *Exothermie-Warnsystem* bezeichnet.

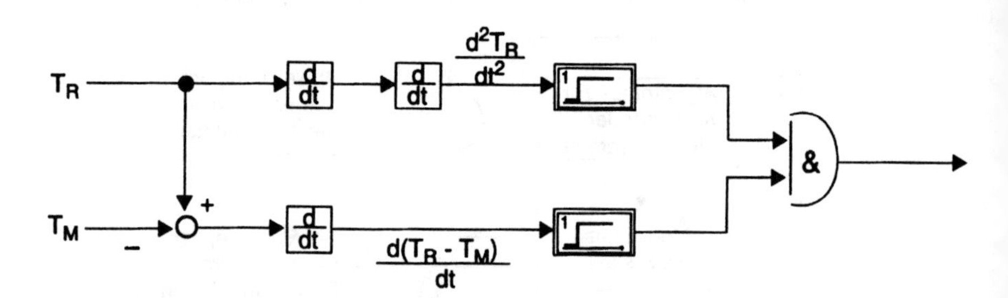

Bild 5.43 Signalflußbild der Überwachung exothermer Reaktionen auf beschleunigt ansteigende Temperaturverläufe nach [Magin u. a. (1981)]
TR = Reaktortemperatur
TM = Manteltemperatur

Die mit den Überwachungs- und Schutzfunktionen einhergehenden Verfahren der Fehlererkennung und Diagnose zeigen Abweichungen vom bestimmungsgemäßen Betrieb mit Statusmeldungen, Alarmen usw. an. Das Fehlverhalten eines Teilsystems wirkt dabei oft auch auf andere Teilsysteme in einer Weise ein, daß auch diese ihren bestimmungsgemäßen Betrieb verlassen. Die Folge ist eine Inflation von Alarmen, aus denen nur noch schwer die ursprüngliche Störungsursache abgelesen werden kann. Die Interpretation solcher komplexer Statusmeldungen bereitet erfahrungsgemäß einige Schwierigkeiten. Sie kann manchmal durch Erstwert/Letztwert-Auswertung oder mit Hilfe programmierter logischer Operationen, z. B. auf der

Grundlage von Fehlerbäumen, unterstützt werden [Magin u. a. (1987)]. Eine konventionelle Programmierung solcher logischer Entscheidungen ist in der Regel aber unflexibel und nachträglich nur schwer zu verstehen und zu ändern. In dieser Störungsinterpretation bzw. Störungsursachenfindung wird deshalb nach [Magin u. a. (1987)] ein künftiger Anwendungsschwerpunkt *echtzeitorientierter Expertensysteme* gesehen.

Literatur zu Kapitel 5.2.2

[Bundesarbeitgeberverband: Blätter für Vorgesetzte: Chemie e. V. (1988)]: Sicherheit chemischer Produktionsprozesse. Bundesarbeitgeberverband Chemie e. V., Wiesbaden, 10/1988

[DECHEMA (1988)]: Praxis der Sicherheitstechnik: Leitfaden für Planung, Bau und Betrieb chemischer Produktionsanlagen. DECHEMA 1988

[IVSS (5/1990)]: PAAG-Verfahren (HAZOP): Risikobegrenzung in der Chemie. Herausgeber: IVSS 5/1990, Heidelberg

[Lauber (1989)]: Lauber, R.: Prozeßautomatisierung, Band 1, Springer-Verlag 1989

[Magin u. a. (1987)]: Magin, R.; Wüchner, W.: Digitale Prozeßleittechnik. Vogel Buchverlag Würzburg 1987

[Mahiout u. a. (1991)]: Mahiout, S; Brüll, L.; Stracke, H.: Modellgestützte Prozeßführung von Batch-Reaktoren. Chem.-Ing.-Technik 64 (1992) Nr. 3, S. 296–297

[PROSEL]: Burton, P. I.: Folgesteuerung bei der Herstellung von Feinchemikalien, Kunststoffen und Farbstoffen. Chemische Industrie, September 1974, S. 559–563

[Schreiner (1969)]: Schreiner, F.: Regelung und Steuerung diskontinuierlicher Polymerisationsprozesse. Regelungstechnische Praxis 1969, Heft 1, S. 26–31

[Schuler (1992)]: Schuler, H.: Dynamik durchgehender Reaktionen in durchmischten Systemen. Chem.-Ing.-Technik 64 (1992) Nr. 8, S. 700–707

5.2.3 Steuerungskonzepte

Klassifizierung der Steuerung

In Verbindung mit der Steuerung von Chargenprozessen spricht man heute im allgemeinen – anwendungsbezogen – von einer Rezeptsteuerung. Funktionsbezogen handelt es sich um eine Ablaufsteuerung mit dem Ziel der Beeinflussung des technologischen Ablaufes jeweils eines sequentiellen diskontinuierlichen Prozesses – eines Chargenprozesses – durch die Realisierung der vorgegebenen Folge von Steueroperationen. Im angelsächsischen spricht man auch von einer Sequenz-Steuerung.

Die Aufeinanderfolge (Sequenz) der Steueroperationen stehen in der Reihenfolge, wie sie ausgeführt werden sollen, in der Verfahrensbeschreibung für den jeweiligen Chargenprozeß – der Rezeptur dieses Prozesses –, darum Rezeptsteuerung.

Die Besonderheit dieser Ablaufsteuerung – der Rezeptsteuerung – gegenüber anderen Arten von bekannten Ablaufsteuerungen, z. B. Waschmaschinen-, Spülmaschinen-, Filter-, Zentrifugen-, Analysegeräte-, Wäge-, Brennersteuerung usw. ist, daß bei unveränderter Anordnung von Befehlsleitungen zwischen der Anlage und dem Steuergerät sich die Konstellation und die Reihenfolge der Befehle und damit das Steuerungsprogramm mit jedem Produkt, das auf einer Mehrproduktanlage hergestellt werden kann, bzw. bei jeder Umstellung von einem Produkt auf ein anderes ändern kann.

Entgegen den anderen, oben genannten Ablaufsteuerungen muß daher das Steuerprogramm bei einer *Rezeptsteuerung* jederzeit austauschbar (gewechselt) und während des Ablaufes noch veränderbar sein, und das muß einfach durch das Bedienpersonal möglich sein.

Hierarchischer Aufbau von Rezeptsteuerungen

Bei einer Rezeptsteuerung arbeiten mehrere Steuerungsebenen miteinander. Gemäß dem Bild 5.44, dem Zusammenhang zwischen Verfahren und Rezept nach der

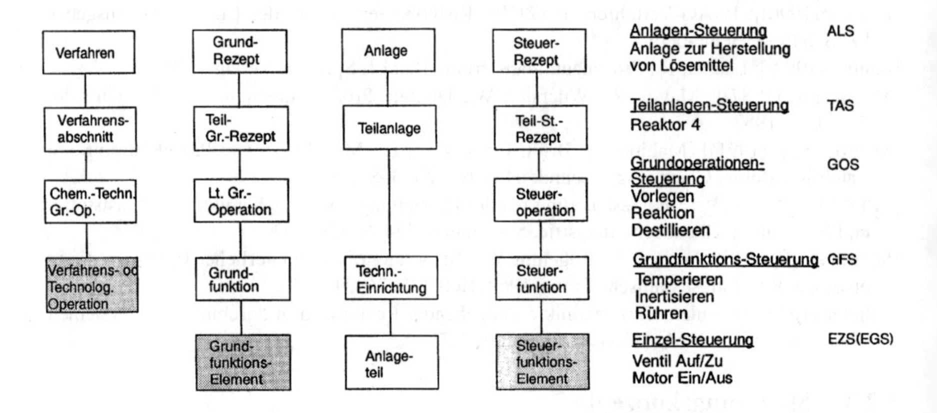

Bild 5.44 Zusammenhang zwischen Verfahren, Rezept und den zugehörigen Steuerungsebenen

NAMUR-Empfehlung NE33, bilden die Ausgangssignale der Steuerrezeptur die Eingangssignale für die Teilsteuerrezeptur und diese wieder für die Steueroperationen und diese für die untergeordneten Steuerfunktionen und für die in der NAMUR NE33 nicht gezeigten Grundfunktions- und Steuerfunktions-Elemente (in Bild 5.44 grau hinterlegt). Man spricht von einer hierarchischen Struktur, die durch unterschiedliche Ebenen von unterschiedlicher Bedeutung gekennzeichnet ist. In der untersten Ebene der ebenfalls in Bild 5.44 gezeigten Anlagenstruktur nach NAMUR NE33 stellen die Ausgangssignale der Einzelsteuerungen direkt die Befehle für die Anlagenteile – Stellgeräte und Antriebe – dar.

Die Benennung der verschiedenen Ebenen und der ihr zugeordneten Steuerungen ist grob in Bild 5.44 dargestellt. In der Praxis sind noch andere Benennungen und andere Strukturen von Ebenen je nach Komplexität der Anlagen üblich. Es gibt auch Unterschiede in der Struktur je nachdem ob die Ebenen aus einer Strukturierung nach der Anlage resultieren bzw. aus einer Strukturierung nach dem technologischen

Verfahren. Die Strukturierung nach NAMUR NE33 ist ein Mix aus beiden Strukturierungsmethoden.

Man kann aber auch die o.a. Steuerungsfunktionen, die Einzelsteuerung und die Grundfunktionssteuerung,

– einer prozeßnahen Ebene oder Ausführungsebene,

die Grundoperationen und die Teilanlagensteuerung

– einer Ablaufebene

und die Anlagensteuerung, aber auch zum Teil die Teilanlagensteuerung

– einer Koordinierungsebene bzw. Koppelebene

zuordnen.

5.2.3.1 Beispiel

Um die hierarchische Gliederung von Steuerungsaufgaben und -funktionen deutlich zu machen wird ein verfahrenstechnisches System zur diskontinuierlichen Synthese der 3. Vorstufe zur Feinchemikalie LMN analysiert (entnommen aus [VDI/VDE 3683 Entwurf (1984)].

– Verfahrensbeschreibung im Teil-Ur-Rezept (Anforderungen)

Die verbale Verfahrensbeschreibung für den Verfahrensabschnitt (VA) für die 3. Vorstufe zur Feinchemikalie LMN lautet wie folgt:

In Reaktor (4) werden unter ständigem Rühren drei flüssige Komponenten dosiert. Man destilliert anschließend das Leichtersiedende ab und kühlt den Rest im Reaktor herunter. Dann wird ein weiteres Reagenz langsam zugegeben; dabei ist Absorption der entstehenden Dämpfe sowie weitere Kühlung erforderlich. Ist die Nachreaktion abgeklungen, erfolgt eine Phasentrennung (flüssig/flüssig). Abschließend wird die leichte Phase in einen anderen Reaktor (5) abgelassen und weiterverarbeitet.

Täglich werden drei Chargen von je 3h 45 min in zwei Schichten produziert, Bild 5.45 und 5.46.

– Anlagenbeschreibung

Die Gesamtanlage (15 Reaktoren und Nebenanlagen) befindet sich in einem geschlossenen heizbaren Stahlbeton-Bau. Reaktor (4) steht auf der 8-m-Bühne (2. Obergeschoß) (siehe Bild 5.47).

– Teilanlagenbeschreibung

Reaktor (4) ist ein 2000-l-Rührwerksbehälter aus emailliertem Stahl. Heizung und Kühlung erfolgen durch Niederdruckdampf (3 bar) und Kühlturmwasser (15 bis 28°C) im Doppelmantel des Reaktors.

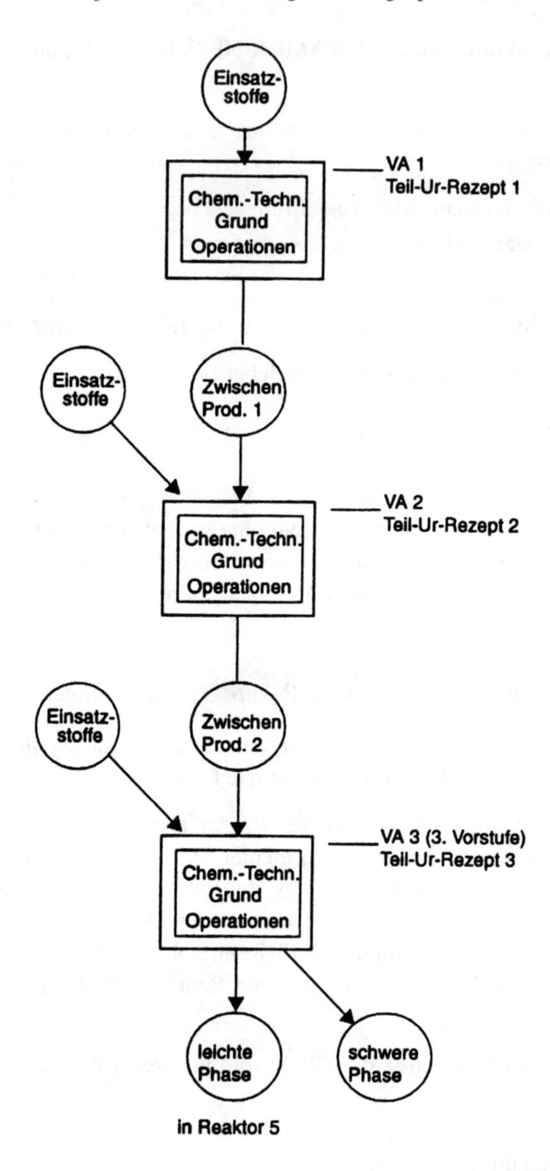

Bild 5.45 Graphische Darstellung des Ur-Rezeptes für Feinchemikalie LMN

Aufgesetzt ist eine Destillationskolonne aus Glas, DN 300, ca. 3,5 m hoch, mit Graphitkondensator, der durch Kaltwasser (12°C) gekühlt wird.

Die Vorlagen für die Reagenzien 1, 2 und 3 stehen auf der nächsthöheren Bühne (Stockwerk). Der Einlauf erfolgt durch Schwerkraft. Das Lösungsmittel M wird aus einem Erdtank hochgepumpt.

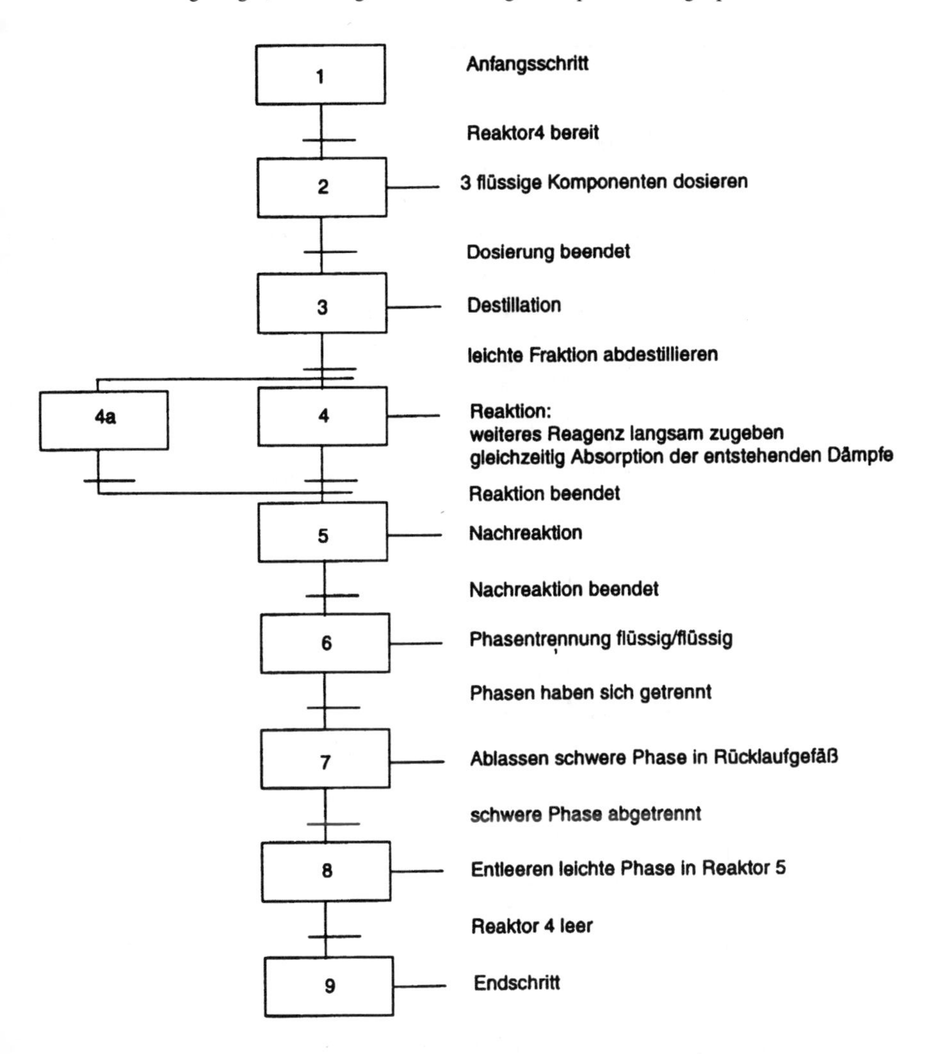

Bild 5.46 Verfahrensablaufplan (Überblick) der 3. Vorstufe des Ur-Rezeptes zur Feinchemikalie LMN

Die Absorptionsanlage steht neben dem Reaktor (4), sie wird bei Bedarf von zwei weiteren Reaktoren (1 und 7) benutzt; das darf aber nicht gleichzeitig geschehen!

Verriegelung, Belegung, Freigabe erforderlich! (das geschieht durch Koordinierungssteuerung: einer exklusiven Ressource).

Der empfangende Reaktor (5) steht unter dem abgebenden Reaktor (4). Die Rücklaufgefäße sind im Keller.

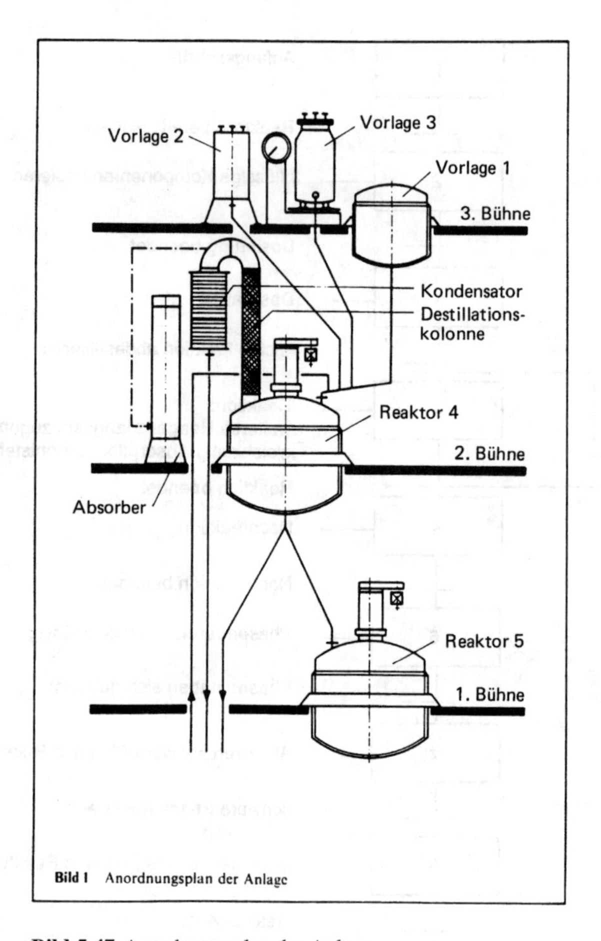

Bild 5.47 Anordnungsplan der Anlage

– Verfahrensbeschreibung im Teil-Grundrezept

a) Beschreibung des Ablaufs

1) Er werden ...L. Lösungsmittel M in Reaktor (4) vorgelegt.
2) Unter ständigem Rühren (bis Nr. 6) werden ...X...l von Reagenz 1 und ...X...l von Reagenz 2 zugegeben derart, daß die Zugabe von Reagenz 2 erst beginnt, wenn bereits ...Y...l von Reagenz 1 im Reaktor sind (Achtung: sonst exotherme Reaktion!).
3) Der Reaktorinhalt wird zum Sieden gebracht (81,5°C); die leichte Fraktion wird abdestilliert, bis die Siedetemperatur 86°C beträgt. Dauer (20´ + 25´)
4) Der restliche Reaktorinhalt wird auf 45°C abgekühlt. Dauer (40´)

5) Wenn der Absorber verfügbar ist (belegen, verriegeln, freigeben durch Koordinierungssteuerung einer exklusiven Ressource auf Teilanlagensteuerungsebene bzw. in der anfordernden technologischen Operation (Reaktion)), wird eine abzuwiegende Menge (in ≤ 5l/min) unter weiterer Kühlung (konstant 45°C) in den Reaktor eingegeben (Feed-batch-Reaktion); die sich dabei entwickelnden Dämpfe werden im Absorber niedergeschlagen. Dauer (8´)
   Die Nachreaktion (bei Temperaturkonstanz, mit Absorption) dauert 55 Minuten (Achtung: schädliche Dämpfe). Dauer (55´)
6) Das im Reaktor verbliebene inhomogene Gemisch absetzen lassen, bis sich eine stabile Trennschicht ausbildet (ca. 20 Minuten). Dauer (20´)
7) Die schwere Phase langsam in das Rücklaufgefäß, anschließend die leichte Phase schnell in Reaktor (5) ablassen. Dauer (15´ + 5´)

Dauer der Charge 3 h 45´

Bild 5.48 gibt die benötigte Anlagenstruktur der räumlichen Verteilung der Verfahrensschritte (Chem.-Techn. Grundoperationen) auf Teilanlagen (Apparate bzw. Prozeßeinheiten) für dieses Beispiel wieder. Hierbei wurden, entsprechend dem Beispiel, die Apparate fest zugeordnet. In einer automatisierten Rezeptfahrweise werden im Grundrezept die benötigten Apparate jedoch nicht fest vorgegeben, sondern

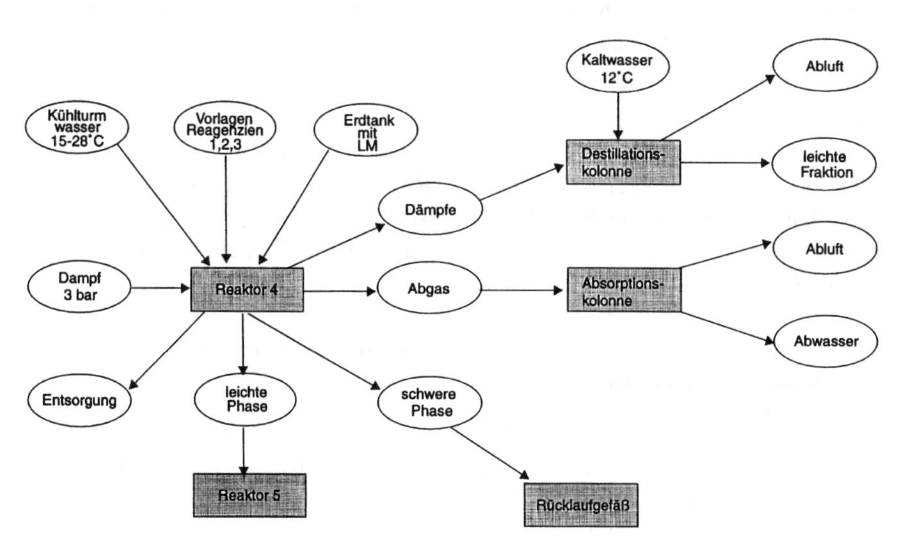

Bild 5.48 Anlagenstruktur der räumlichen Verteilung der Verfahrensschritte auf Teilanlagen und Apparate

nur der Typ (Reaktor, Vorlage, Absorptionskolonne usw.) Dimension, maximal zulässige Temperaturen, Drücke und Material (stahl-emailliert) beschrieben. Um das zum Ausdruck zu bringen wurden in der Beschreibung Apparatebezeichnungen wie Reaktor (4), Reaktor (5) usw. in Klammern gesetzt.

Erst bei der Überführung des Grundrezeptes in ein Steuerrezept wird eine konkrete Teilanlage zugewiesen. Die übergeordnete *Dispositionssteuerung* (hier nicht näher beschrieben) legt dabei die konkreten Apparate fest, in denen durch das Grundrezept beschriebene Produktion vonstatten gehen soll. Es ist Aufgabe der *Anlagensteuerung* diese Apparate zu verwalten.

b) Graphische Darstellung des sequentiellen Ablaufes im Teil-Grundrezept

Die graphische Darstellung (Bild 5.49) beschreibt die zeitliche Verteilung der Verfahrensschritte (chemisch-techn. Grundoperationen nach NAMUR) als kausale Folge von leittechnischen Grundoperationen, die während der Produktion auf der Teilanlage (hier Reaktor 4 und zugehörige Apparate) durchzuführen sind, wobei sich für dieses Beispiel eine gerade Ablaufkette ergibt. Die graphische Darstellung gibt eine gute Übersicht über den Ablauf des Herstellvorganges. Die leittechnischen Grundoperationen laufen sowohl sequentiell als auch parallel zueinander ab.

Diese sequentielle Teilsteuerung (Teilanlagensteuerung) der leittechnischen Grundoperationen wird der *Ablaufebene* zugeordnet und auch als Ablaufsequenz bezeichnet. Das Teilrezept wird vom Start ausgehend zum Ende hin bearbeitet, wobei die jeweiligen Weiterschaltbedingungen Teil der Grundoperationen sind, d. h. die einzelnen Grundoperationen laufen nacheinander ab, die vorhergehende Grundoperation (Vorlegen von LmM) schafft die Bedingung zum Eintritt der folgenden Grundoperation (zugeben von X Liter Reagenz 1) usw. Dabei tritt jeweils immer nur eine Grundoperation auf. Die Verknüpfung und Steuerung der Grundoperationen ist Aufgabe der Teilanlagen- bzw. Teilrezeptsteuerung.

In diesem Beispiel ergaben sich 14 leittechnische Grundoperationen, wovon die GOs 1, 8, 13, 14 Steuerschritte sind, wobei GO 8 ein Koordinierungsschritt ist. Die GOs 9, 9a, 10 beschreiben chemische Reaktionen (Chem.-Techn. GOs nach NAMUR), alle anderen GOs sind physikalische Operationen, bzw. verfahrenstechnische Grundoperationen nach DIN 28004 (bzw. ebenfalls chem.-techn. GOs nach NAMUR).

c) Graphische Darstellung des sequentiellen Ablaufes in den leittechnischen Grundoperationen (Bild 5.50)

Analog zum Ablaufplan eines Teilgrundrezeptes kann auch der sequentielle Ablauf einer leittechnischen Grundoperation als Feinstruktur eines Verfahrensschrittes der höheren Ebene – der Teilgrundrezeptebene – aufgefaßt werden. So beginnt der Ablauf in der GO 2 mit dem Transfer des Lösungsmittels vom Erdtank zum Reaktor (4). Wenn etwa 5% von LmM gefüllt ist (wenn also das Lager der Rührerwelle mit Flüssigkeit bedeckt ist), wird man mit dem Rühren beginnen. Das Rühren setzt sich

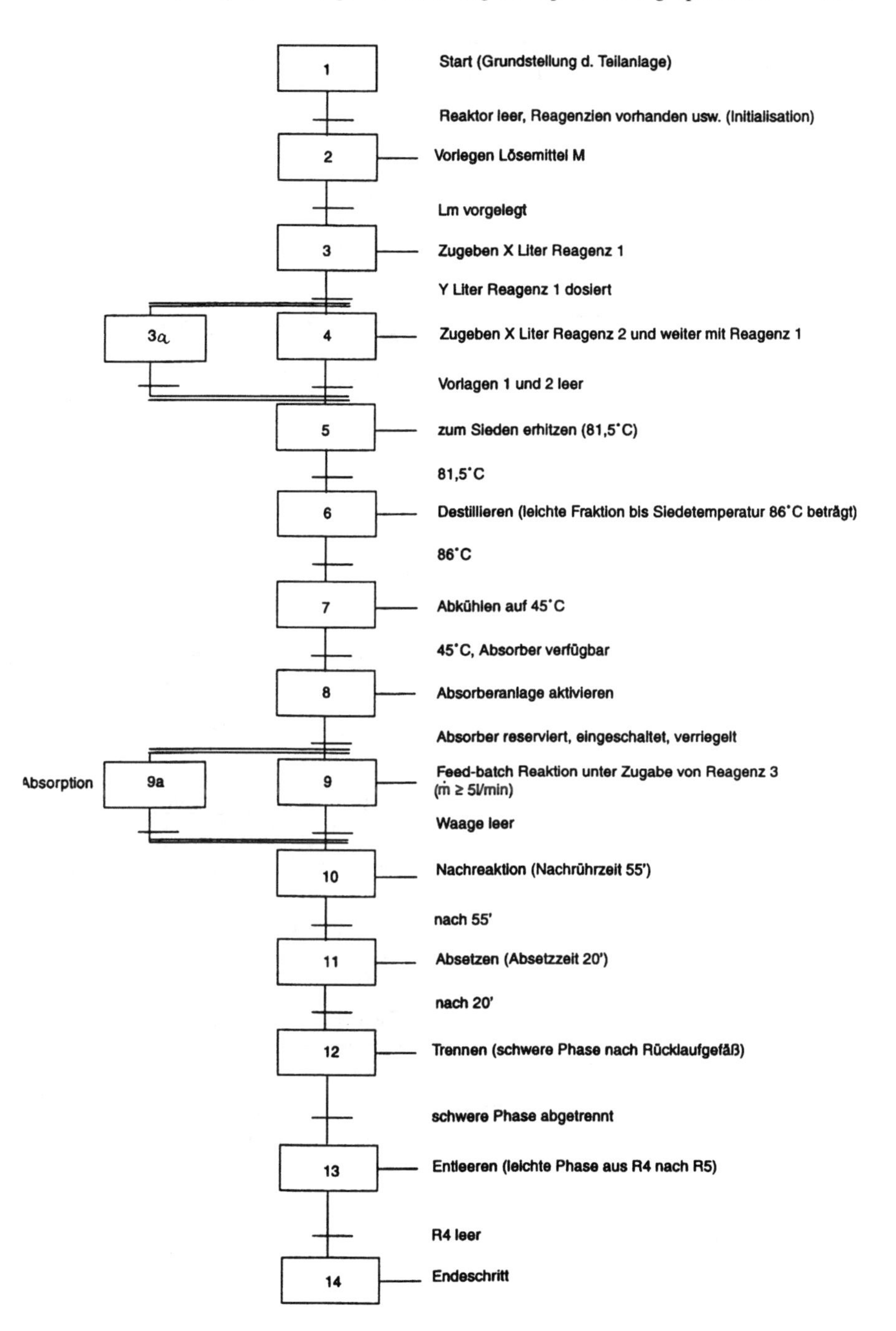

Bild 5.49 Darstellung des zeitlichen Ablaufs der Verfahrensschritte des Teilprozesses „3. Vorstufe" auf der Teilanlage Reaktor 4

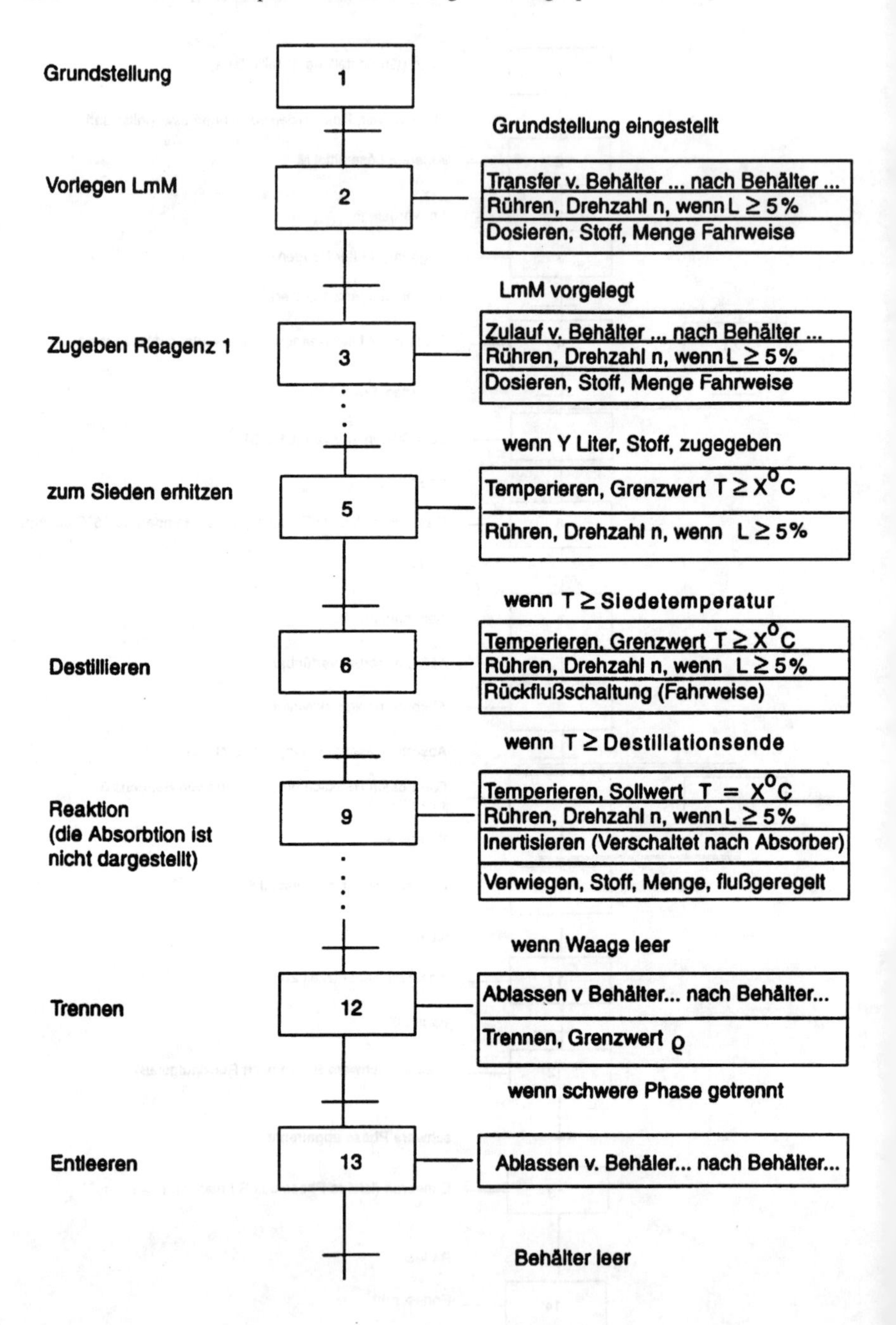

Bild 5.50 Feinstruktur der leittechnischen Grundoperationen, gegliedert nach „Technischen Funktionen“

bis zur GO 10 fort. Um die Lösemittel-Menge zu erfassen wird man eine Dosierung aktivieren.

Der sequentielle Ablauf der leittechnischen Grundoperationen besteht aus Technischen Funktionen, die zur Umsetzung der leittechnischen Grundoperation auf der Anlage benötigt werden. Nach [Hanisch u. a. (1993)] bildet die Anlage sozusagen die Hardware, auf der das in dem Grundrezept vorgegebene Programm aus leittechnischen Grundoperationen abläuft. Die Aktionen in den Grundoperationen entsprechen Aufrufen von Grundfunktionen, wobei neben den Bezeichnungen der Grundfunktionen die Parameter anzugeben sind. Mengenangaben beziehen sich dabei auf den Normenansatz, Temperaturen und Drücke stellen Absolutwerte dar.

Jeder Apparat der Teilanlage wie die Vorlagen, der Erdtank, Reaktor 4, Absorber, Rücklaufgefäß, Reaktor 5 hat für sich eine Anzahl von Funktionen (hier nur für den Reaktor 4 dargestellt). Durch die Kombination der Funktion des Reaktors, „Ablassen“ (von Reaktor 4 nach Reaktor 5) und „Füllstand messen“, sowie der Funktion des Reaktors 5 „Zulauf“ (von Reaktor 4 nach Reaktor 5) wird die Funktion „Reaktor 4 entleeren“ umgesetzt, die wiederum im Grundrezept der Grundoperation „Reaktor entleeren“ entspricht. Gleichzeitig wird durch die Zuordnung deutlich, daß zum Entleeren des Reaktors zwei Apparate notwendig sind. (Bild 5.51). Das gleiche

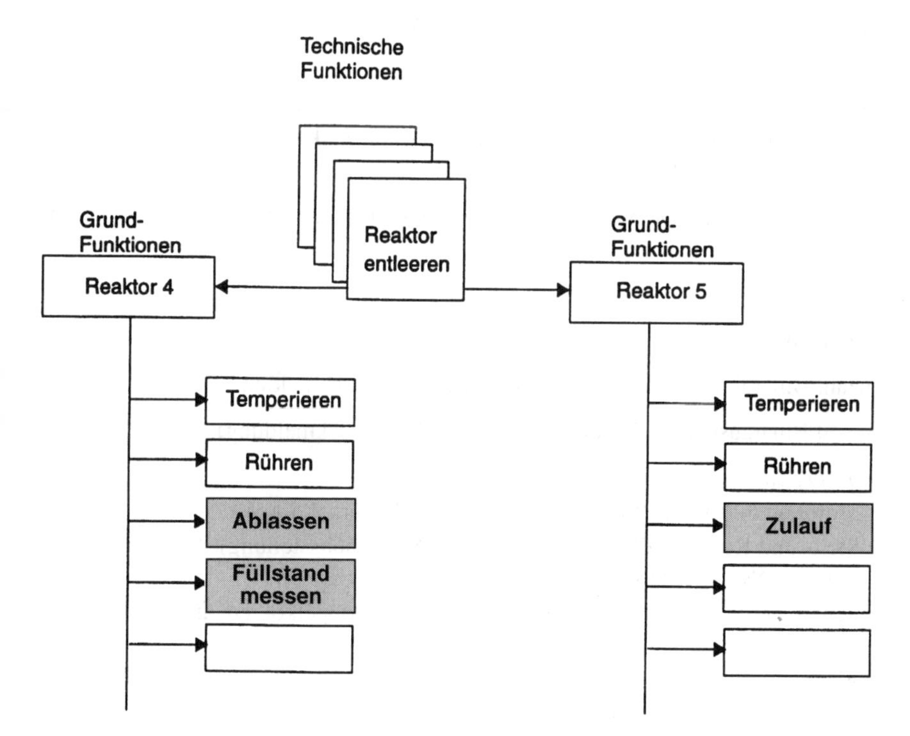

Bild 5.51 Technische Funktion und Grundfunktionen der Apparate der Grundoperation „Reaktor entleeren“

gilt für das „Vorlegen" Lösungsmittel M aus Erdtank („Fördern") in Reaktor 4, Grundoperation 2, oder „Zulauf" von Vorlage 1 („Ablassen" mit Schwerkraft) in Reaktor 4, Grundoperation 3, und „Inertisieren" des Reaktors durch den Absorber („Evakuieren"), Grundoperation 9a und 9.

Zur Bearbeitung solcher Anweisungen und zur Herbeiführung des gewünschten Prozeßzustandes P_k (z. B. „Reaktor Leer") sind jeweils eine ganze Gruppe von koordiniert arbeitenden Einzelfunktionen nötig. Einzelfunktionen sind *Stelleingriffe* (Operationsvariablen), wie z. B. das Öffnen oder Schließen eines Ventils oder das Ein- oder Ausschalten einer Pumpe, Rührwerk Regelung usw., und *Rückmeldungen* (Prozeßvariablen), wie Schaltzustände von Ventilen und Motoren, sowie Prozeßzustände, die durch Grenzwertgeber, Grenzkontakte, Schwellwerte analoger Größen erfaßt und als binäre Signale ausgegeben werden.

So muß um „Lösungsmittel M vorzulegen" vom Ziel zur Quelle hin:

- das Einlaßventil am Reaktor 4 geöffnet,
- der Dosierzähler aktiviert,
- der Dosier-Sollwert gesetzt,
- das Ablaßventil am Erdtank geöffnet und
- die Lösungsmittelpumpe eingeschaltet werden.

Der Prozeß ist in einen neuen Prozezustand P_k „Lösungsmittel M vorgelegt" übergegangen, sobald die Prozeßgröße „Menge LmM" den Schwellwert Pi = 1 für $m_{IST} \geq m_{SOLL}$ erreicht hat.

Dieser Vorgang ist im Bild 5.52 nach DIN 40719 Teil 6 dargestellt. Für den Vorgang der Destillation sind 8 Einzelfunktionen, davon sind 7 Aktionen (oi) und 1 Zustandsrückmeldung (pi), erforderlich.

Umfang der gesamten Steuerungsaufgabe des vorhergehenden Beispiels (Schätzung)

Anzahl Analogeingänge: 5,

Anzahl Analogausgänge: 3,

Anzahl Binäreingänge: 21 (ohne Ventil- und Motorrückmeldung).

Anzahl Binärausgänge: 25 (ohne Ventil- und Motorrückmeldung).

Antriebe, Stellgeräte

- Motoren: 500 V DS (Pumpen 1 ... 2 KW, Rührwerk 7,5 KW)
- Stell- und Regelventile (einfach wirkend, Sicherheitsstellung): Druckluft 0,2 ... 1,0 bar, DN 25 ... DN50, PN 16,
- Schaltventile, Kugelhähne usw., Einfach- oder Doppelkolbenantrieb, je nach Sicherheitsanforderungen: Druckluft 4 bar,
- Ansteuerung und Rückmeldung von Motorschützen (220 V WS) erfolgt durch Kammrelais: 24 V-, ca. 6 W (steuergeräteseitig),
- Ansteuerung der Stell-, Regel- und Schaltventile erfolgt durch 3/2- bzw. 5/2-Magnetventile: Ex-geschützt): 24 V-, ca. 8 Q.

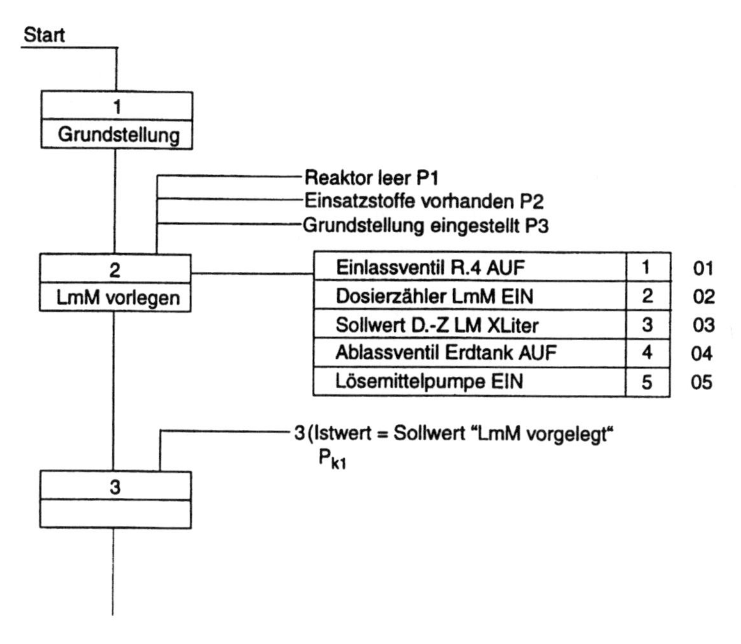

Bild 5.52 Darstellung der Einzelfunktionen (Aktionen und Rückmeldungen) für das Vorlegen von Lösemittel M
P_K = Prozeßzustand
P_i = Prozeßvariable
O_i = Operationsvariable

Aufnehmer, Geber

- Binärsignalgeber: acht Grenzwertgeber, potentialfreie Wechsler, 1A, Stromkreise, eigensicher EEx ib; sechs Näherungsschalter (DIN 19234), auch eigensicher EEx ib; sieben Kammrelaise, 24 V-, 2A potentialfrei, nicht Ex.
- Analoge Signalkreise: 20 mA Einheitssignal, eigensicher EEx ib, Potentialtrennung vorhanden.

Definition Gefahrloser Zustand, z. B. bei Not-Aus, Energieausfall in der gesteuerten Anlage, Medienausfall.

Durchweg ist der energielose, abgeschaltete Zustand (Stellglieder Zu, Antriebe Aus) der gefahrlose Zustand.

Ausnahme: Bei Ausfall des Absorbers (Beschreibung Verfahrensablauf Nr. 5, Prozeßablaufplan Grobstruktur Schritte 9 und 9a) sind die Kühlturmwasserventile zum Doppelmantel des Reaktors vollständig zu öffnen, damit die Reaktion abreißt, die Ventile für Reagenz 3 zu schließen.

Nach einer Störung im Zulauf von Reagenz 1 oder bei Ausfall des Rührwerks darf Reagenz 2 auf keinen Fall automatisch zulaufen.

Von Hanisch u. a. wird in [Hanisch u. a. (1993)] vorgeschlagen, das Grundrezept durch Einbeziehung der möglichen Störungen für jede Grundoperation zu erweitern.

Indem für jede Grundoperation (leittechnisch) eine Angabe über die möglichen Störungen und die Reaktion auf diese Störungen gemacht wird, da sich bei der Erstellung der Grundrezeptur Maßnahmen zur Störungsbehandlung am sinnvollsten einplanen lassen (Bild 5.53)

Weiterfahrt nach Störungen

Bei Unterbrechung der elektrischen Energie von weniger als 1 min Dauer darf die Steuerung in Selbstart wiederanlaufen und vom Zustand der Unterbrechung an den Prozeß zu Ende fahren.

Ausnahme: Bei Unterbrechung der elektrischen Energie während der Zuläufe von Reagenz 1 und Reagenz 2 erfolgt keine Selbstart (dieses Beispiel zeigt, daß die Störungsbehandlung am besten auf der Ebene der leittechnischen Grundoperationen zu beschreiben ist).

Nach allen anderen Störungen, auch nach Not-Aus und wenn die Anlage durch die Automatik oder von Hand in den gefahrlosen Zustand gefahren wurde, insbesondere auch bei, oder Rührer-Störung während des Zulaufs der Reagenzien 1 und 2 nach Ausfall des Absorbers:

Nur der Meister/Schichtführer entscheidet über Weiterfahrt, Chargenaufbereitung usw. Alle diese Maßnahmen können *nur* durch Betätigung eines besonderen Schlüsselschalters eingeleitet werden; dies gilt für sämtliche Betriebsarten. Derselbe Schlüsselschalter muß bedient werden, bevor von Betriebsart Hand auf die Betriebsarten Automatik und Teilautomatik umgeschaltet werden kann (Ausnahme vor dem Anfahren im 1. Schritt).

Bedienung

Vor Ort, am Reaktor, in explosionsgeschützter Ausführung,

Betriebsartenwählschalter für:

1. Automatik
2. Teilautomatik (Schritt setzen mit Befehlsausgabe, mit oder ohne Weiterschaltbedingungen, letzteres durch Schlüsselschalter gesichert).

   Anmerkung des Autors:
   Es ist sehr unwahrscheinlich, daß man heute noch so im allgemeinen installieren würde.
3. Hand: außer den Dosierungen, Regler-Ansteuerungen, Umsteuerung Heizen/Kühlen/Aus, die als autarke Subsysteme zu betrachten und als Funktionsgruppe (heute würde man sagen „Grundfunktion") anzusteuern sind, müssen die Antriebe und Stellgeräte einzeln steuerbar sein.

   Anmerkung des Autors: Das ist sicher richtig für eine Handbedienung von der Meßwarte aus. Vor Ort sind solche Schalter nur als Wartungsschalter denkbar.

In der Meßwarte (Mindestanforderung)

Bedienungselemente für alle Betriebsarten, darunter Start, Wiederanfahren, Halt, Not-Aus, sowie Verfahrensschritt-Wähler (Grundoperation) und Bedienung im Handbetrieb.

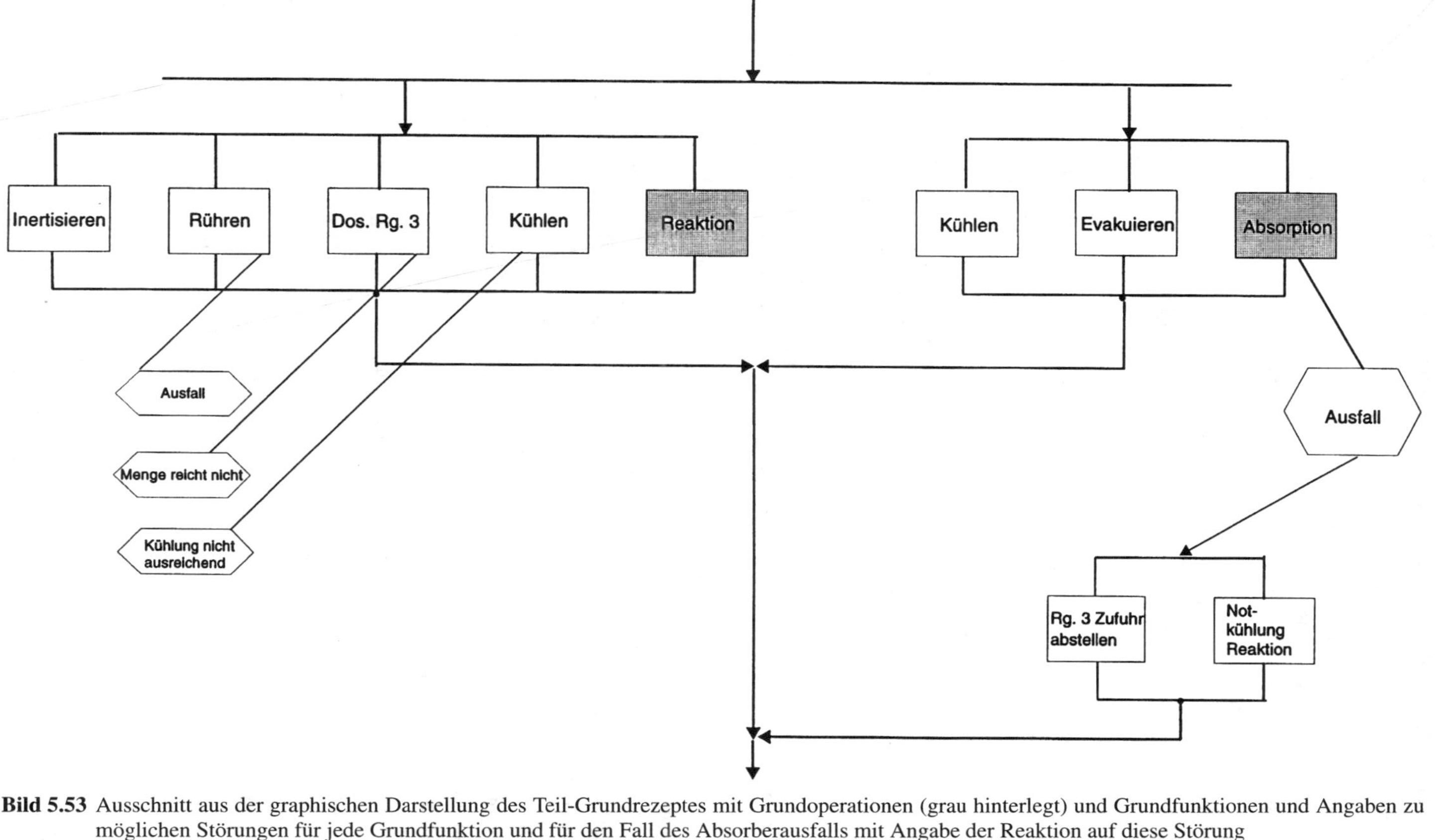

Bild 5.53 Ausschnitt aus der graphischen Darstellung des Teil-Grundrezeptes mit Grundoperationen (grau hinterlegt) und Grundfunktionen und Angaben zu möglichen Störungen für jede Grundfunktion und für den Fall des Absorberausfalls mit Angabe der Reaktion auf diese Störung

Anzeige der Betriebsart. Status der Ablaufsteuerung, Ein, Halt, Aus, Gestört.

Schrittanzeige des aktuellen Schritts in jedem Schritt:

- die für den nächsten Schritt noch zu erfüllenden Weiterschaltungen,
- die aktiven Ausgänge,
- die noch abzuwartenden Zeiten (Nachreaktionszeit, Absitzzeit) und noch nicht eindosierten Mengen (Soll-Istwert-Digitalanzeige) usw.,
- die aktuellen Soll-, Grenz- und Istwerte (Analoganzeige).

Zusammenfassende Betrachtung der Steuerungsaufgaben des Beispiels und Herleitung allgemeiner Steuerungsaufgaben zur Steuerung (Rezeptsteuerung) von Chargenprozessen.

Der Prozeß zur Herstellung der 3.Vorstufe zur Feinchemikalie LMN wird durch das entsprechende technologische Verfahren bestimmt, das bei dem hier vorliegenden Chargenprozeß in Form einer Verfahrensbeschreibung (Rezeptur) – hier der Verfahrensabschnitt zur 3. Vorstufe, durch eine Teilgrundrezeptur – fixiert ist und sich aus mehreren technologischen Operationen (Verfahrensschritte), die durch jeweils ein diskretes Abbruchkriterium und durch eine zeitliche Aufeinanderfolge gekennzeichnet sind, zusammensetzt (Vorlegen LmM, Zugeben Reagenz 1 und 2, Heizen, Destillieren, Reaktion usw.).

Diese technologischen Operationen werden im (Teil-)Grundrezept (nach NAMUR NE33) als leittechnische Grundoperationen beschrieben. Wobei, wie im Beispiel gezeigt, es selten eine 1:1-Abbildung der technologischen Operationen (bzw. der verfahrenstechnischen Grundoperationen nach DIN 28004) auf die leittechnischen Grundoperationen gibt. Vielmehr waren aus Gründen der Steuerbarkeit des Prozesses, zur Schaffung von sauberen Abbruchkriterien bzw. Bedingungen zum Eintritt des nachfolgenden Ereignisses zusätzlich ein paar leittechnische Grundoperationen als Steuerschritte erforderlich.

Die Verfahrensschritte (leittechnisch G.O.) werden durch entsprechende Schaltoperationen (Öffnen und Schließen von Ventilen, Ein- und Ausschalten von (Lösungsmittel-)Pumpen, Rührwerken, Regelkreise usw.) ausgelöst und beendet. Dadurch wird der Prozeß in den nächsten Zustand überführt.

In Abhängigkeit von der apparativen Ausrüstung, die vorwiegend aus

- der Teilanlage Rührwerksapparat (4), mit entsprechenden Zusatzeinrichtungen (Destillationsaufsatz, Heiz-/Kühlsystem usw.) zur Durchführung der chemischen Reaktion (leittechnische Grundoperation Nr. 9) und physikalischen Operation (Heizen, Abkühlen, Destillieren, Absitzen, Trennen, Vorlegen usw.)
- den Vorlagen, zur Speicherung der Reagenzien 1 bis 3 (die hier als zur Teilanlage Reaktor 4 zugehörig angesehen werden)
- der Teilanlage Absorber, zur Absorption der bei der Reaktion freiwerdenden HCL-Dämpfe
- der Teilanlage Reaktor (5), zur Nachbearbeitung der Charge

besteht, tritt neben der *zeitlichen Verteilung* in der Steuerung des Prozeßablaufs eine *örtliche Verteilung* der technologischen Operationen *(leittechnische Grundoperatio-*

nen) auf den Apparaten auf, derart, daß gleichartige Verfahrensschritte z. B. (Zugeben von Reagenz 1 und ab y Liter Reagenz 1 Zugeben von Reagenz 2) und unterschiedliche Verfahrensschritte (Destillation und Absorption) zeitlich parallel auf unterschiedlichen Apparaten ausgeführt werden. Die Apparate, die von den Chargen durchlaufen werden, sind dann zu sogenannten (Apparate-)„Straßen" mittels Rohrleitung verbunden. Die Aufeinanderfolge von technologischen Operationen in einer Teilanlage wird als Teilrezeptur beschrieben. Sie wurde in dem Beispiel nur für den Reaktor 4 dargestellt, außerdem wurde die steuerungstechnische Bereitstellung der Reagenzien 1 bis 3 in den Vorlagen nicht beschrieben.

Daraus resultieren Steuerungsaufgaben, denen man drei funktionelle Ebenen zuordnen kann:

- der prozeßnahen oder Ausführungsebene
- der Ablaufebene
- der Koordinierungs- oder Koppelebene

Dabei gehen jetzt nach (NAMUR NE 33) das Grundrezept in ein Steuerrezept, das Teilgrundrezept in ein Teilsteuerrezept, die leittechnische Grundoperation in eine Steueroperation, die Grundfunktion in eine Steuerfunktion und die Einzelfunktion (Grundfunktionselemente) in ein Steuerfunktionselement über.

Gebräuchlicher ist heute jedoch noch immer für Steueroperation der Begriff „Phase", der noch von vielen verwendet wird, und der Begriff „Steueranweisung" nach DIN 19237 oder „Instruktion" für die Auslösung einer Aktion.

5.2.3.2 Steuerungsfunktionen in der prozeßnahen oder Ausführungsebene

In die prozeßnahen oder Ausführungsebene fallen Steuerungsfunktionen zur

- Prozeßgrößenstabilisierung
- Prozeßgrößenführung
- Prozeßzustandsermittlung
- Prozeßzustandsänderung
- Prozeßgrößenüberwachung
- Operations- und Laufzeitenüberwachung

an.

Die Steuerung nimmt dazu als Einzelfunktion Zugriff auf Sensoren, Aktoren und Geräte (z. B. Regler, Dosierzähler, Waagen). Diese Art der Steuerung wird darum auch als

- *Einzelsteuerung* oder
- *Einzelgerätesteuerung*

bezeichnet.

Prozeßstabilisierung

Wie schon im Abschnitt Regelungskonzepte dargestellt kann die Aufgabe der Prozeßgrößenstabilisierung im Chargenprozeß wie folgt charakterisiert werden:

Es ist für ein *begrenztes Zeitintervall ein vorgegebener Wert (Sollwert)* der analogen Prozeßgröße xi innerhalb eines Toleranzbereiches trotz des Wirkens von Störungen aufrechtzuerhalten. Bei Chargenprozessen besteht dabei im Gegensatz zum kontinuierlichen Prozeß nur für relativ kurze Zeitintervalle innerhalb des Chargenzyklus die Forderung nach Einhaltung der Sollwerte einzelner Prozeßgrößen.

Typische Prozeßgrößen sind:

- Temperatur und Druck im Rührkesselreaktor
- Druck und Durchfluß in Versorgungsnetzen
- Durchfluß beim Dosieren von Einsatzstoffen

Die Aufgabe der Einzelfunktions- oder Einzelgerätesteuerung ist in diesem Fall die Vorgabe von Sollwerten, die im allgemeinen als Ziffernfolge in die Steueranweisung geschrieben werden, jedoch rechnerisch umgewandelt analog (DAU), BCD codiert, als Mantisse oder einem sonstigen Protokoll (z. B. Interbus S kompatibel) an externe Geräte wie Regler, Regelventile, Dosierzähler, Waagen usw. ausgegeben werden. Leider gibt es hierzu noch keinen Standard. Bei rechnerinterner (PLS-interner) Realisierung von Reglern und Dosierungen erfolgt die Verarbeitung intern, und nur das Ergebnis wird an die Stellventile (Regelventile, Grob/Fein-Dosierventile) ausgegeben.

Typische Einzelfunktionen bzw. Steueranweisungen (in diesem Sinne sind z. B. aus dem vorhergehenden Beispiel):

- während des „Vorlegen LmM" –GO2– (Zeitintervall 10 min)
  Setze: „Sollwert Dosierzähler Lösemittel M: X Liter „LmM"
- während des „Heizens auf Siedetemperatur" –GO5– (Zeitintervall 20 min)
  Setze: „Dampfventil Doppelmantel R4: 75% Auf
- während der „Reaktion" und „Nachreaktion" –GO9 u. GO10– (Zeitintervall 8 + 55 min)
  Setze: „Sollwert Reaktor-Innentemperatur : 45°C"
  Setze: „Sollwert Dosierwaage Vorlage 3 : X Liter Rg.3"
  Setze: „Sollwert Durchlauf Rg.3 ≤ 5 l/min"

Prozeßgrößenführung

Bestandteil zahlreicher Chargenprozesse sind chemische Umsetzungen. Dabei hat die gezielte Beeinflussung des zeitlichen Verlaufs von Prozeßgrößen wesentlichen Einfluß auf die Qualität und Menge des Endproduktes, auf den Energiebedarf und die Chargenzyklusdauer.

Die Aufgaben der Prozeßgrößenführung lassen sich (nach Metzing u. a. (1980)] wie folgt einordnen:

a) Realisierung technologisch begründeter Trajektorien x(t) der Prozeßgrößen (z. B. Vermeiden des „Überschwingens" der Reaktorinnentemperatur (siehe Regelungskonzepte).
b) zeit- oder energieoptimale Überführung des Prozesses in den Folgezustand unter Berücksichtigung von Beschränkung der Steuergrößen ui und der Prozeßgrößen

xi (z. B. schnellstmögliches Aufheizen der Reaktionsmasse auf Siedetemperatur (81,5°C) in GO5.

- hierzu gehören Temperatur- und Druck-Grenzwerte, als energieoptimale Überführungen des Prozesses in den Folgezustand bzw.
- Prozeßzeiten, als zeitoptimale Zustandsübergänge im Steuerungsobjekt.

Die Aufgabe der Einzelfunktions- oder Einzelgerätesteuerung ist hierbei die Vorgabe von Grenzwerten oder Zeiten an die Einzelgeräte (Grenzwertgeber, Zeitzähler).

Im Beispiel der 3.Vorstufe zur Feinchemikalie LMN waren das:

- der „Temperaturgrenzwert von 81,5°C" als energieoptimale Festlegung für die Beendigung des Schrittes „Heizen auf Siedetemperatur" (–GO5–) und als Zustandsübergang zur „Destillation",
- der „Temperaturgrenzwert 45°C" beim Kühlen (–GO7–),
- die „Wartezeit von 55 min" als zeitoptimale Festlegung für die Beendigung der Nachreaktion (–GO10–),
- und die „Wartezeit von 20 min" als zeitoptimale Festlegung für das Ende des „Absitzens" (–GO11–) und als Zustandsübergang zum „Trennen" (–GO12–).

Prozeßzustandsermittlung

Der Prozeßzustand P_k nach [Metzig, u. a. (1985)] kennzeichnet die technologische Situation des Prozesses. Er ergibt sich aus einer oder mehreren konjunktiv verknüpften binären Prozeßvariablen pi. In Tabelle 5.1 wird dieser Zusammenhang für das Beispiel zur Herstellung der 3.Vorstufe zur Feinchemikalie LMN gezeigt.

Liegen Prozeßvariable pi im Prozeß vor, die z. B. Schaltzustände von Stelleinrichtungen charakterisieren, so gilt die Vereinbarung:

$$pi = \begin{cases} 1 \text{ für geöffnet/eingeschaltet} \\ 0 \text{ für geschlossen/ausgeschaltet} \end{cases}$$

Für analoge Größen xi (Füllstand, Temperatur, Menge usw.) und Prozeßzeiten ti sind nach [Metzig u. a. (1985)] durch eine Diskretisierung (Vergleich mit den durch die Verfahrensvorschrift festgelegten Schwellwerte x_G bzw. t_G) die entsprechenden Prozeßvariablen pi zu bestimmen. Dabei gilt folgende Festlegung:

$$pi = \begin{cases} 1 \text{ für } x \geq X_G \text{ bzw. } t \geq t_G \\ 0 \text{ für } x < X_G \text{ bzw. } t < t_G \end{cases}$$

Sind einer Analoggröße mehrere Schwellwerte zugeordnet so ergeben sich mehrere Prozeßvariable. Für die Herstellung der Feinchemikalie LNN sind in Tabelle 5.2 einige Prozeßvariable dargestellt.

Tabelle 5.1 Darstellung von Prozeßzustand, Prozeßvariable und Schwellwert

Prozeßzustand	Prozeßvariable	Schwellwert
P_{K1} Grundstellung	Pl Füllstand im Reaktor 4 P2 Füllstand Vorlage 1 P3 Füllstand Vorlage 2 P3 Füllstand Vorlage 3 P4 Füllstand Erdtank	h = leer h = voll h = voll h = voll h = voll
P_{K2} Lösungsmittel M vorgelegt	P5 Istmenge LmM	m = Soll
P_{K3} Reagenz 1 zugegeben	P6 Füllstand Vorlage 1	h = leer
P_{K4} Reagenz 2 zugegeben	P7 Füllstand Vorlage 2	h = leer
P_{K5} Siedetemperatur erreicht	P8 Siedetemperatur	T_S = 81,5°C
P_{K6} Leichte Fraktion abdestilliert	P9 Destillattempertur	T_D = 86°C
P_{K7} Reaktionsmasse abgekühlt	P10 Kühltemperatur	T_K = 45°C
P_{K8} Reaktion beendet	P11 abgewogene IST-Menge	m = Soll
P_{K9} Nachreaktion beendet	P12 Nachreaktionszeit	t_R = 55′
P_{K10} Absitzen	P13 Absitzzeit	t_A = 20′
P_{K11} Getrennt	P14 Trennschicht	ϱ = 0,9 schwere Phase getrennt
P_{K12} Reaktor 4 entleert	P15 Füllstand Reaktor	h = leer

Tabelle 5.2 Diskretisierung zur Prozeßzustandermittlung

Prozeßgröße	binäre Prozeßvariable	Schwellwert	Pi = 1 für	Pi = 0 für
Füllstand im Reaktor 4	P1	h_G = leer	h ≥ voll	h < voll
Füllstand in Vorlage 1	P2	h_G = voll	h ≥ voll	h < voll
Siedetemperatur Reaktor 4	P8	T_G = 81,5°C	T ≥ 81,5°C	T < 81,5°C
Destillationstemperatur Reaktor 4	P9	T_G = 86°C	T ≥ 86°C	T < 86°C
Nachreaktionszeit	P12	t_{RG} = 55 min	t_R ≥ 55′	t_R < 55′
Absitzzeit	P13	t_{AG} = 20 min	t_{AG} ≥ 20′	t_{AG} < 20′
Trennschicht	P14	ϱ_G = 0,9	ϱ_G ≥ 0,9	ϱ_G < 0,9

Nicht immer ist es möglich oder sinnvoll die Prozeßvariable zur Weiterverarbeitung in der Steuerung zu diskretisieren. Das gilt insbesondere für externe Geräte wie Dosierzähler und Waagen. Bei Dosierzählern sind üblich Impulsfolgen mit einer Wertigkeit von 0,1 ... 1 Liter/Impuls. Die Impulsfrequenz übersteigt häufig die Abtastzeit des Rechners. Darum werden für externe Dosierzähler auf der Rechnerseite sogenannte Dosierzähler-Eingangskarten verwendet, die eine Aufsummierung und Vorverarbeitung der Impulse übernehmen.

Bei Waagen werden noch häufig BCD-Codes verwendet; neuerdings werden auch serielle Übertragungsprotokolle (z. B.: 3964R) eingesetzt.

Prozeßzustandsänderung

Nach [Metzing u. a. (1985)] hat die Ablaufsteuerung die Aufgabe, in Abhängigkeit vom erreichten Prozeßzustand P_K der Ablaufsequenzen (z. B. einer Steueroperation) eine Operation Oj so vorzunehmen, daß der Prozeß in den folgenden Prozeßzustand $(P_k + 1)$ übergehen kann. Eine Operation setzt sich aus einer oder mehreren, ab einem bestimmten Zeitpunkt gleichzeitig wirkenden binären Operationsvariablen oi (Öffnen und Schließen von Ventilen, Ein- und Ausschalten von Pumpen, Rührwerken, Regelungen usw.) zusammen.

Für die binären Operationsvariablen oi gilt die Vereinbarung

$$oi = \begin{cases} 1 \text{ für Auf/Ein} \\ 0 \text{ für Zu/Aus} \end{cases}$$

Die Ausführung der nächsten Operation(en) Oj +1 erfolgt immer dann, wenn die geforderten Werte der binären Prozeßvariablen pi erreicht sind $(P_k = 1)$. Ist das nicht der Fall $(P_k = 0)$, so bleibt die aktuelle Operation Oj erhalten. Operationen werden im steuerungstechnischen Sinn als Aktion, Befehl, Steueranweisung oder Instruktion bezeichnet.

Nach DIN 19237 ist eine Steueranweisung (Operation) die kleinste selbständige Einheit eines Steuerprogramms (Steueroperation), die eine Arbeitsvorschrift darstellt. Darum besteht eine Operation (Steueranweisung) aus zwei Teilen:

dem *Operationscode* (Operationsteil)

der Teil der Steueranweisung, der die auszuführende Operation beschreibt:

- was soll getan werden – z. B.: „Öffne", „Schließe", „Starte", „Stoppe", „Setze" (Ein/Auf - Aus/Zu)

und dem Operandenteil

der Teil der Steueranweisung, der die für die Ausführung der Operation notwendigen Daten enthält (Adresse und Parameter)

- womit soll dies getan werden – z. B. Adresse: „Lösemittel Pumpe", Adresse: „Reaktor Temperaturregler", Parameter: „W = 45°C"

Die Steueranweisungen stehen in der Reihenfolge, in der sie ausgeführt werden sollen, in der Steueroperation (oder nach DIN 19243 Teil 2 in der Phase) als das steuerungstechnische Abbild der leittechnischen Grundoperation. Der Ablauf wird in „Automatik" durch die Steueroperation koordiniert und hinsichtlich dem ungestörten Ablauf überwacht bzw. in ein definiertes Abweichen vom Normalverlauf bei

Störungen gefahren. In der Befehlsart „Hand“ hat der Operateur Zugriff auf jeden einzelnen Aktor und Regelkreis. Die Zustandsänderung des Prozesses liegt dann in der Verantwortung des Operateurs.

Darum ist es besonders für den Handbetrieb ganz nützlich eine Gruppe von koordiniert zusammenhängenden Einzelfunktionen mit technologischer Ausrichtung zum Beispiel für das Dosieren, Verwiegen, Regeln der Reaktorinnentemperatur mit Heizen und Kühlen sowie für das Evakuieren, Inertisieren oder Rückflußschaltung des Destillationsaufsatzes usw. in einen Steuerungsbaustein zusammenzufassen.

Denn in der Regel bilden mehrere technische Einrichtungen wie Ventile, Pumpen, Zähler, Regelkreise, Anlagenteile zusammen als Gruppe eine koordinierte Funktion zum Dosieren, Verwiegen oder Regelung z.B. der Innentemperatur eines Reaktors mit exothermer Reaktion usw.

Hierzu bieten einige Hersteller von PLS'n einen Steuerungsfunktionsbaustein (Softwarebaustein) an, der dem steuerungstechnischen Abbild der Grundfunktion in der verfahrenstechnischen Beschreibung des technologischen Ablaufes im Grundrezept entspricht.

Kann der Baustein über entsprechende Bedienbilder durch den Operateur (Anlagenfahrer) bedient und angezeigt werden, z.B. Aktivschalten des Bausteins aus einer übergeordneten Steuerung heraus, so spricht man von einer

– **Grundfunktionssteuerung** (Bild 5.54)

Nach [Horst u.a. (1989)] kann im PLS TELEPERM M mit dem Rezeptpaket BATCH TM jeder Grundfunktionsbaustein durch folgende Funktionen bedient werden

Blättern	Darstellungswechsel
Fahrweise	Anwahl bis zu 6 Fahrweisen
Automatik	Befehlsartenwechsel
Hand	In dieser Befehlsart kann die GF vom Anlagenfahrer beendet werden
Start	Starten der Grundfunktion
Abbruch	Abbrechen der Grundfunktion
Fortsetzen	Fortsetzen der Grundfunktion
Quittieren	Anwenderspezifische Funktion Quittierung

Im Bild 5.54 befinden sich zum Zweck der Bedienung der Grundfunktion „Dosieren“ durch den Anlagenfahrer alle Einzelgerätesteuerungen in Automatik, die Grundfunktion Dosieren in Hand. Bedient wird über das Bedienbild der Grundfunktion (siehe hierzu Bild 5.5). In der BA Automatik wird die Grundfunktion von der überlagerten Steuerung (Steueroperation) geschaltet.

Fahrweisen

Um mit einer Grundfunktionssteuerung verschiedene technologische Aufgaben erfüllen zu können, kann eine Grundfunktion (Steuerfunktion) in verschiedenen (nach

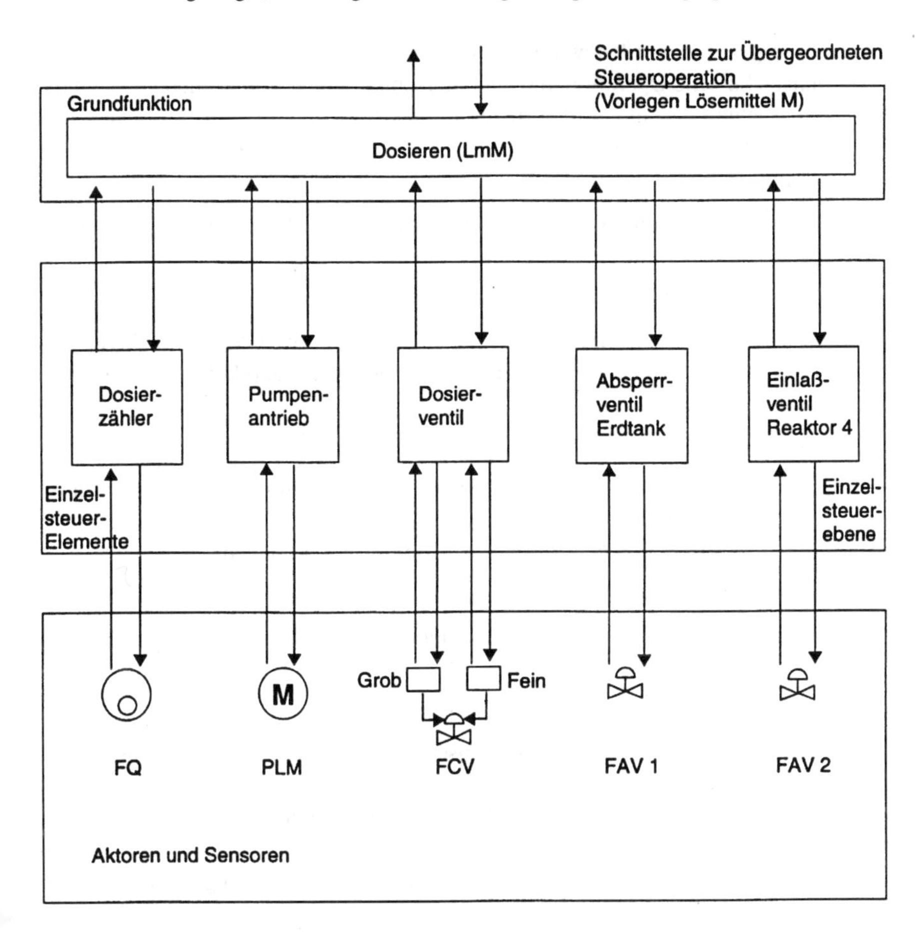

Bild 5.54 Funktionshierarchie der Grundfunktion (Lösemittel M) Dosieren. In diesem Beispiel befinden sich alle Einzelsteuergeräte in Automatik, die Grundfunktion in der Befehlsart „Hand".

NAMUR NE33) sogenannten Fahrweisen betrieben werden. Eine Fahrweise des Dosierens wäre beispielsweise „Grob/Fein" oder „Durchfluß geregelt" (z. B.: Zugeben Rg.3 in ≤ 5 l/min während der Reaktion GO9). Eine Fahrweise des Destillierens (GO6) wäre z. B. „Rückflußschaltung Nr. 4".

Die Wahl der Fahrweise und ihre Aktivierung findet in der Befehlsart Hand durch den Anlagenfahrer und in der Befehlsart Automatik durch die übergeordnete Grundoperations-(bzw. Steueroperations-)Steuerung statt. Die Algorithmen für die einzelnen Fahrweisen können z. B. bei BATCH X von Siemens über das Bedienungsbild (siehe Bild 5.5) eingegeben werden.

Bisher ist eine Standardisierung solcher Grundfunktionen bis auf das „Temperieren", „Inertisieren", „Rühren", „Dosieren" unterlassen worden, weil die Apparaturen und Teilanlagen oft uneinheitlich mit Armaturen, Anlageteilen, Regeleinrichtungen usw. ausgerüstet worden waren und es dementsprechend für sonst vergleichbare verfahrenstechnische Operationen recht unterschiedliche Installationen gegeben hat. Hier müßte auch erst eine Standardisierung der Apparate und deren Instrumentierung stattfinden. Hierdurch ließen sich aber Rationalisierungseffekte bei der Softwareerstellung erzielen.

In der Literatur wird von 35 bis 50 sogar bis zu 60 Grundfunktionen der Apparatur gesprochen. Sie haben im wesentlichen zu tun mit

- Einsatzstoffe-Handling,

wie die Zugabe von Feststoffen; Flüssigkeits-Dosierung mittels Dosierzähler, Waagen, Meßvorlagen; zum Einstellen von z. B. der pH-Werte durch Zugabe von Säure oder Lauge,

- der Handhabung der Apparatur

und das sind bei weitem die meisten Funktionen wie Rühren; Temperieren durch Heizen und Kühlen; Inertisieren durch Spülen, Abdecken; Evakuieren; Entlüften zur Atmosphäre, Verbrennung, Gaswäsche, Absorption; Rückflußschaltung,

- Stofftransport von Kessel zu Kessel

Ablassen, Zulauf (mit Schwerkraft), Ab- und Umpumpen, Rezirkulation, Phasen-Trennung, Vorlegen,

- Operateur Anlagen Interkommunikation

d. h. Integration von manuellen technologischen Bedienhandlungen wie der Aufforderung zur „Probenahme“ oder zum manuellen „Eintrag“ spezieller Einsatzstoffe - von Vorgängen, die nicht automatisierbar sind. Dem Anlagenfahrer muß dazu die Aufforderung zur Durchführung dieser Bedienhandlung angezeigt werden, nach deren Ausführung erfolgt eine Quittierung, und die Ablaufsteuerung setzt die Arbeit fort.

Prozeßgrößenermittlung, Prozeßgrößenüberwachung, Operations- bzw. Laufzeitenüberwachung

In der prozeßnahen Ebene sind neben der Prozeßgrößenstabilisierung, Prozeßgrößenführung und Prozeßzustandsänderung Aufgaben der Prozeßgrößen- bzw. Prozeßgrößenzustandsüberwachung analoger Größen und der Ausführungszeit-, Operationszeit- bzw. Laufzeitüberwachung von Stellbefehlen zu bearbeiten.

Die Rezeptursteuerung löst aufgrund ihres Zustandes und aus Prozeßsignalen (analoge, diskrete) Aktionen aus, die sowohl den inneren Zustand der Rezeptursteuerung als auch des Prozesses verändern (Bild 5.55). Die kontinuierlichen Größen im Prozeß ändern sich aufgrund der inneren Dynamik oder durch Stelleingriffe und werden durch Meßgeräte erfaßt. Die entsprechenden Meßgrößen können bei Erreichen von Grenzwerten eine oder mehrere Aktionen in der Rezeptsteuerung auslösen.

Treten dabei Störgrößen auf, so ist zur Vermeidung von technologischen Zuständen, die die Schutzziele Sache, Mensch, Umwelt verletzen können, ein definiertes Austreten aus dem Normalablauf der Steuerung erforderlich.

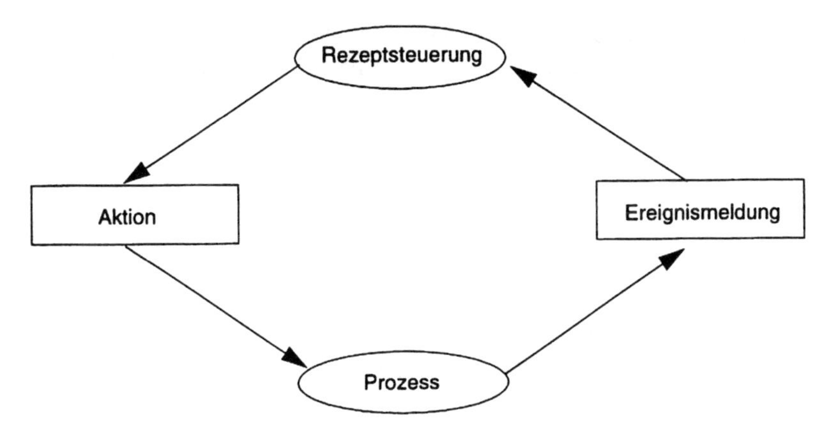

Bild 5.55 Steuerung und Rezept als Steuerkreis

Dazu dienen elementare Überwachungsmaßnahmen

- Prozeßgrößenüberwachung
- Operationszeitüberwachung

Bei der *Prozeßgrößenüberwachung* werden zum Zweck des Erkennens kritischer Werte durch die Steuereinrichtung analoge Prozeßgrößen x mit vorgegebenen Grenzwerten verglichen. Bei der *Operationszeitüberwachung* erfolgt eine Prüfung von Steueroperationen auf ihre Ausführung innerhalb einer vorgeschriebenen Zeitdauer. Dazu werden u. a. Rückmeldungen von diskreten Stelleinrichtungen pr genutzt.

Bei ausgewählten Ventilen und Motoren kann eine Operations-Zeitüberwachung innerhalb der Ablaufsteuerung selbst gemacht werden. Es kann aber auch zur Vermeidung einer Überfrachtung der Ablaufsteuerung ein Laufzeitüberwachungs-Programm zum Beispiel einmal pro Sekunde gestartet werden, das alle Ventile, Motore und sonstige diskreten Stelleinrichtungen abfragt, mit dem aktuellen Stellbefehl vergleicht und bei Diskrepanz von der befohlenen Stellung eine Meldung ausgibt oder Aktionen innerhalb der Ablaufsteuerung bewirkt.

Neuerdings werden direkt auf Einzelsteuerebene, als Hardwarebaustein oder als Softwarebaustein, autarke Überwachungen und deren Verarbeitung vorgenommen, nicht nur der Laufzeit, sondern auch der Stromaufnahme von Rührwerken und Motoren, von Überstrom, Übertemperatur, Fehlerstrom, Impulsüberwachungen bei Dosierzählern, Ventil- und Motorrückmeldekontakten, Drahtbruch, Drehzahl usw.

Es gibt heute Ventil-, Motor-, Dosierbausteine bzw. Grundfunktions-Elemente für diese Aufgabe. Die Einzelsteuerung wird darum zu einer Einzelgerätesteuerung, die im Falle z. B. eines Ventils die Ansteuerungslogik, Verriegelungslogik, die Laufzeit- und die Rückmeldelogik enthält.

Darüber hinaus gibt es nach [Graf (1991)] beim Prozeßleitsystem TELEPERM M von Siemens noch Grundfunktionselemente für Regeln, Stellen, Überwachen von

Analog- und Binärwerten. Weitere GFE-Typen sind geplant für zwei- und mehrstufige Antriebe, zum Anschluß von Prozeßanalysegeräten und Wägeeinrichtungen und zum Betrieb von intelligenten Feldgeräten.

So daß man sagen kann, die *Einzelgerätesteuerung* dient der Ansteuerung eines Aktors, der Aufnahme von Prozeßgrößen von einem Sensor und der gerätetechnischen Überwachung, Verriegelung des zugeordneten Aktor-/Sensorsystems. Jedem Aktor- oder Sensorsystem ist genau eine seinem Typ entsprechende Einzelgerätesteuerung zugeordnet.

Das Zusammenspiel zwischen den technologischen Grundfunktionen wie Temperieren, Transportieren, Dosieren, Evakuieren mit den Grundfunktionselementen, also den instrumentierungsspezifischen Einzelsteuergliedern Regler, Steller, Ventil, Motor, Zähler, Prozeßgrößenerfassung und Prozeßzustandsüberwachung wird von der Grundfunktionssteuerung übernommen.

Die *Grundfunktionssteuerung* (z. B. DOSIEREN im Bild 5.54) gibt Anweisungen an die ihr zugeordneten Einzelgerätesteuerungen und koordiniert als funktionelle Gruppe von Einzelfunktionen deren Eingriff in den Prozeß. Jeder technischen Einrichtung (nach NAMUR NE33) einer Teilanlage ist genau eine seinem Typ entsprechende Grundfunktionssteuerung zugeordnet. Eine Grundfunktionssteuerung kann in verschiedenen Fahrweisen betrieben werden.

Die Einführung von Grundfunktionen und der Grundfunktionssteuerung hat die bis jetzt noch bestehenden offenen Punkte des ehemaligen Grundoperationen-Konzeptes eindeutig ausgefüllt, was insbesondere die strukturellen Aspekte betrifft.

5.2.3.3 Steuerfunktionen der Ablaufebene

Auf der Ablaufebene ist einmal

- die Aufeinanderfolge von technologischen Operationen (Verfahrensschritte, leittechnische Grundoperationen),
- die jeweils durch ein diskretes Abbruchkriterium und durch eine zeitliche Aufeinanderfolge gekennzeichnet sind – in einem Apparat oder Teilanlage zu steuern (siehe Beispiel zur Herstellung der Feinchemikalie LMN auf Reaktor 4, Bild 5.49)

und

- die Ausführung einer technologischen Operation (Verfahrensschritt, leittechnische Grundoperation) durch entsprechende sequentielle Schaltoperationen (Öffnen und Schließen von Ventilen, Ein- und Ausschalten von Pumpen, Rührwerken, Regelkreisen usw.) auszulösen und zu beenden.

Die Aufeinanderfolge von technologischen Operationen in einem Apparat – Teilanlage – wird als „Ablaufsequenz“, und die dazugehörige Steuerung wird als *Teilanlagensteuerung* (TAS) bezeichnet.

Steuerung einer technologischen Operation

Die Steuerung einer technologischen Operation (Verfahrensschritt, leittechnische Grundoperation) hat die Aufgabe, in Abhängigkeit vom erreichten Prozeßzustand P_K der „Ablaufsequenz“ (z. B. LmM vorgelegt, Siedetemperatur (81,5°C) erreicht) sequentielle Operationen Oj (Schaltoperationen) auszulösen und so durchzuführen, daß der Prozeß in den folgenden Prozeßzustand übergehen kann (z. B. von LmM vorlegen in den Prozeßzustand Reagenz 1 zugeben usw.) und damit die technologische Operation zeitlich wieder beendet wird.

Die Operation setzt sich aus sequentiellen, ab einem bestimmten Zeitpunkt gleichzeitig (siehe Grundfunktion) wirkenden binären Operationsvariablen oi (Öffnen und Schließen von Ventilen, Ein- und Ausschalten von Pumpen, Rührwerken, Regelungen usw.) zusammen.

Unterstellt man, daß die Einzelsteuerung Bezug zum Gerät, die Grundfunktionssteuerung Bezug zum Apparat hat, so kann man folgern, daß die Steuerung einer technologischen Operation (leittechnische Grundoperation) prozeßbezogen ist.

Unter rein funktionellen Aspekten wird daher vorgeschlagen, die Steuerung einer technologischen Operation (Verfahrensschritt) als *Grundoperationssteuerung* (GOS) zu bezeichnen. Ihr steuerungstechnisches Abbild wird nach NAMUR NE33 mit Steueroperation bezeichnet. Noch sehr verbreitet ist außerdem der Begriff „Phase“ bzw. „Steuer-Phase“ für eine Steueroperation. Die so bestimmten Grundoperationen sind jedoch im allgemeinen nicht deckungsgleich mit den in der Verfahrenstechnik nach DIN 28004 üblichen Grundoperationen und den chemisch-technischen Grundoperationen nach NAMUR NE33. Nur im Fall der Destillation (GO 6 im Bild 5.49) besteht eine 1:1-Übereinstimmung zwischen der verfahrenstechnischen Grundoperation und der leittechnischen Grundoperation.

Die Grundfunktionssteuerung beschreibt, wie von außen auf den Apparat eingewirkt wird (Rühren, Temperieren, Füllen, Evakuieren usw.). Die Grundoperationssteuerung beschreibt, was im inneren eines Apparates geschehen soll (leichte Fraktion abdestillieren (GO6), Reagieren (GO9), Absorbieren von HCL-Dämpfen (GO9a) usw.). Dazu müssen die verschiedenen Grundfunktionen koordiniert, seriell und parallel miteinander verknüpft und mit entsprechenden Führungswerten und Parametern versorgt werden. Jedoch besitzt die Grundoperationssteuerung keinen Bezug zu einer konkreten Anlage.

Häufig kommt es vor, daß es eine über die Einzelsteuerung hinausgehende Zusammenfassung zu einer Grundfunktionssteuerung nicht gibt (dies hängt auch von dem verwendeten PLS ab). In solchen Fällen koordiniert die Grundoperationssteuerung den Ablauf der Einzelsteuerung derart, daß die verschiedenen Einzelsteuerungen seriell und parallel miteinander verknüpft und mit entsprechenden Führungswerten und Parametern (Operations- und Operandenteil einer Steueranweisung) versorgt werden, wobei die Einzelsteuerungen einen direkten Anlagenbezug haben, aber nicht unbedingt direkt adressiert werden müssen. Vielmehr ist es üblich bei standardisierten Apparaten und Teilanlagenelementen, die Einzelsteuerungen indirekt zu adressieren und die formalen Parameter im Operandenteil durch die konkreten Prozeßzustands- und Operationsvariablen, die in speziellen Parameterlisten erfaßt sind, während der Ablaufsteuerung zu ersetzen.

Die Funktionselemente einer Grundfunktionssteuerung werden technisch durch verschaltete Geräte (Einzelgerätesteuerung) und Softwarebausteine (Grundfunktionssteuerung), die Grundoperationssteuerung jedoch selbst durch ein (Steuer-)Programm realisiert.

Aufbau der Grundoperationssteuerung

– Aufbau des Steuerprogramms

Forderung:
Das Programm beschreibt eine grundlegende verfahrenstechnische Aufgabe, eine technologische Operation. Das Programm muß daher als autarker steuertechnischer Ablauf mit definierten Start-, Zwischen- und Endbedingungen beschrieben werden. Ein solches Programm muß nicht nur den funktional vorgegebenen Normalablauf der miteinander verknüpften Grundfunktionen bzw. letztendlich der Einzelsteuerglieder wie Stellventile und Antriebe beschreiben (Beschreibung des ungestörten Ablaufes); es beinhaltet auch die *Betriebszustandsdefinition*. Diese beschreibt alle Ausnahmen- und Störungssituationen (Beschreibung des gestörten Ablaufs) innerhalb einer Grundoperationssteuerung und ist abschnittbezogen festgelegt. Das Programm muß einen Kommunikationsteil haben, um Störungen oder Abweichungen der Rezeptsteuerung zur Protokollaufarbeitung zu übergeben.

Das Steuerprogramm ist so zu erstellen, daß unabhängig von der Rezeptsteuerung der Anlagenfahrer die Möglichkeit hat, eine rezeptunabhängige Bedienung einer Grundoperationssteuerung vorzunehmen. Dazu gehört das Starten und Beenden einer Grundoperationssteuerung. Änderung von Parametern und natürlich die Bedienung über die Einzelsteuerungsebene. Der Operateur kann somit teilautomatisierte komplexe Vorgänge, wie im Beispiel der Herstellung der Feinchemikalie LMN, „Vorlegen LmM“ oder „Destillieren“ komfortabel (d. h. Masken-geführt) bedienen. Nach Handbetrieb einer Grundoperation darf der Übergang auf Vollautomatik (bzw. Rezeptsteuerung) nur an bestimmten Punkten der Ablaufsequenz, das ist immer am Beginn einer Grundoperation, unter definierten Bedingungen gestartet werden.

Die Anwahl einer Grundoperationssteuerung muß über den Namen der Grundoperation möglich sein. Man kann daher die Forderung von weiter oben erweitern in dem Sinn, daß eine Grundoperationssteuerung

– durch das Betriebspersonal handhabbar
– apparateneutral
– und in mehreren Rezepturen verwendbar ist.

Um die Qualität der Steuerprogramme kostengünstig zu gewährleisten, sind diese soweit wie möglich zu standardisieren. Man kann z. B. ein „Reagenz 1 oder 2 oder 3 zugeben“ so beschreiben, daß das Programm den gesamten Funktionsumfang abdeckt, der für ein „Zugeben“ erforderlich ist. Durch Zuweisung der Grundoperation zu den Apparaten oder Teilanlagen und durch das Ersetzen der formalen Parameter durch aktuelle, produktspezifische Werte entsteht aus dem standardisierten (deshalb auch der Begriff Grundoperation) Programm ein komplettes Steuerprogramm für die Durchführung einer konkreten Operation auf einer konkreten Anlage. Man sollte jedoch nicht versuchen (bzw. es ist fast unmöglich), auch die Namen für die Grundoperationen zu standardisieren. Vielmehr ist es möglich und auch üblich, selbst für eine immer gleiche standardisierte Kombination von Grundfunktionen, der Grundoperation unterschiedliche *betriebsindividuelle Bezeichnungen* zu geben, z. B. wird betriebsindividuell einmal von einer „Nachreaktion" gesprochen, andere bezeichnen dies als ein „Nachrühren" und noch andere bezeichnen es schlicht als ein „Warten".

Ein und dieselbe Grundoperation kann als entsprechendes Steuerprogramm verschiedene Inhalte (Namen, Parameter) bei verschiedenen Apparaten haben. Für das Betriebspersonal ist es jedoch chemisch-verfahrenstechnisch immer das gleiche.

Schon die Altmeister der Grundfunktions- und Grundoperationsidee Prins und Stäheli haben in dem Aufsatz: Zur Automatisierung von diskontinuierlichen Vielzweckanlagen in Chemiebetrieben 1978 gefordert [Prins u. a.(1978)], für standardisierte Grundfunktionen ein entsprechendes apparate- und produktunabhängiges „Teilprogramm-Skelett" zu erstellen, in dem nur die Apparate- und Prozeßdaten, darunter auch die Daten für die Start- und Anschlußbedingungen, also für das Verknüpfen fehlen. Werden diese fehlenden Daten in die Lücke des Skeletts eingegeben, so entsteht aus dem immer wieder abrufbaren Teilprogrammskelett ein produktspezifisches Teilprogramm. Die Verknüpfung solcher Teilprogramme ergäbe dann Programme, die weitgehend den Verfahrensbeschreibungen entsprechen. Das Betriebspersonal könnte damit Umstellungen und Änderungen ohne betriebsfremde Hilfe durchführen. Auf Vorschlag des NAMUR-Arbeitskreises „Automatisierung diskontinuierlicher Prozesse" wurde deshalb zur Automatisierung und zur Verfahrensbeschreibung die Verwendung bestimmter verfahrenstechnischer „Grundoperationen" vorgeschlagen. Die damit vorprogrammierte Verwirrung und Verwechselung mit den verfahrenstechnischen Grundoperationen nach DIN 28004 wurde erst in der NAMUR NE33 durch Einführung von chemisch-technischen Grundoperationen, leittechnischen Grundoperationen und Grundfunktionen aus der Welt geschaffen.

Struktur der Grundoperationssteuerung

Ein Grundoperations-Steuerprogramm (bzw. Steueroperation) gliedert sich grob in vier Abschnitte

1. Name der Grundoperation
2. Steuerteil (Ablaufteil)
   - Schrittfolge des ungestörten Ablaufs
     - mit Angabe der Anfangsbedingungen
     - der Schritte (Grundfunktionen) und ihrer Verknüpfung
     - der Endbedingung
   - Schrittfolge für gestörte Abläufe

- dazu sind Überwachungen erforderlich,
- welche Maßnahmen enthalten
  - die nur zu einem vorübergehenden Halt des Verfahrensschrittes führen
  - die zum Abbruch des Verfahrensschrittes führen

3. Parameter (soweit diese nicht in der Grundfunktionssteuerung hinterlegt sind)
   - Name von Einsatzstoffen
   - Normalzeit für diese Grundoperation
   - Prozeßvariablen (z. B. Mengen, Soll- und Grenzwerte für Prozeßgrößen)
   - erforderliches Niveau, bevor Rührer eingeschaltet wird
   - erforderliche Prozeßvariable, Füllstand, Temperatur, bevor eine Operation ausgeführt werden darf
   - Wartezeit (z. B. bis Probenahme)
   - Quittierung (z. B. der Probenahme)
   - Zulässiger Bereich von Analysewerten
   - Zulässige Bedienungseingriffe
   - Operateuranforderungen
   - Chargendaten für das Chargenprotokoll
   - Textausgabe für Betriebs- und Störungsprotokoll
4. Kommunikationsteil
   - für Meldungen beim Beginn und Ende der Grundoperation
   - bei Störungen
   - Darstellung des aktuellen Zustandes der Grundoperation
   - Bereitstellung von Daten für das Chargenprotokoll

Der Name der Grundoperation ist auch gleichzeitig der Name der entsprechenden Steueroperation. Jedoch kann unter dem gleichen Namen eine Grundoperation und/oder Steueroperation je nach Teilanlage-Apparat verschiedene Inhalte (Steuerschritte, Parameter) haben. Namen werden betriebsindividuell vergeben und können unter verschiedenen Namen aber gleiche Inhalte haben.

Typische Namen für Grundoperationen siehe Beispiel zur Feinchemikalie LMN

- Vorlegen LmM
- Zugeben Reagenz 1, 2
- Heizen (auf Siedetemperatur 81,5°C)
- Destillieren
- Kühlen (auf 45°C)
  usw.

Die Grundoperationssteuerung als Ablaufgraph

Es läßt sich zeigen, daß alle Grundoperationensteuerungen eine relativ allgemeine Ablaufstruktur aufweisen. Zu ihrer Darstellung werden am besten Ablaufgraphen verwendet. Besonders dann, wenn die zu entwerfende Steuerung auch auf Störungen richtig reagieren soll, ist es notwendig, die zu steuernden Grundoperationen sehr gründlich zu durchdenken. Gerade in diesen Fällen hat der Ablaufgraph gegenüber anderen Darstellungsformen (z. B. Funktionsplan) wesentliche Vorzüge.

Nach Hanisch in [Hanisch (1993)] ist der Ablaufgraph ein *gerichteter Graph* mit zwei Arten von Knoten, die graphisch als *Langrunde* und *Rechtecke,* verbunden durch *Pfeile,* notiert werden.

In der *Langrunde* werden einzelne *Prozeßvariablen* oder *logische Ausdrücke* eingetragen. Prozeßvariable sind charakteristische Funktionen von Prozeßbedingungen. Langrunde müssen grundsätzlich zwei abgehende Kanten haben. Diese Kanten müssen mit „1“ bzw. „0“ beschriftet sein.

Langrunde können beliebig viele, müssen jedoch mindestens eine ankommende Kante aufweisen. In die *Rechtecke* werden *Operationen,* gekennzeichnet durch eine Wertebelegung binärer Steuergrößen (Operationsvariable), eingetragen. Dabei wird vereinbart, daß allen in den Operationskästchen enthaltenen Operationsvariablen der Wert „1“ und allen nicht enthaltenen Operationsvariablen der Wert „0“ zugeordnet ist. Ein Rechteck kann beliebig viele, muß jedoch mindestens eine ankommende Kante und genau eine abgehende Kante haben. Zwischen den Beschriftungen der Langrunde und Rechtecke existiert ein wesentlicher qualitativer Unterschied:

- den Langrunden werden Variable zugeordnet
- den Rechtecken werden Werte von Variablen zugeordnet.

Eine beliebige Folge durch Kanten verbundener Knoten (Langrund/Rechteck) des Graphen heißt *Pfad;* eine *geschlossene Folge* wird als *Schleife* bezeichnet. Schleifen, die genau eine Operation enthalten, werden *Situationen* genannt. Die in einem Pfad enthaltenen Langrunde kennzeichnen eine Menge von Prozeßvariablen, die mittels der bewerteten Kanten zu einem logischen Ausdruck verknüpft sind.

Der Darstellung im Ablaufgraphen von Bild 5.56 „Grundstruktur einer Grundoperation (Verfahrensschrittes)“ liegt nach Hanisch [Hanisch u. a.(1984)] folgende Vorstellung zugrunde:

In dem durch die Grundoperation beschriebenen Verfahrensschritt laufen unter der Wirkung binärer und analoger Steuergrößen analoge Veränderungen aller für den Verfahrensschritt charakteristischen Zustandsgrößen, zusammengefaßt im Zustandsvektor, ab. Für einige ausgewählte Komponenten des Zustandsvektors können technologisch vorgegebene Werte (Grenzwerte oder Sollwerte und Toleranzbereiche) existieren. Damit der Verfahrensschritt das gewünschte Ziel (PS = 1) erreicht, müssen die geforderten Werte des Zustandsvektors angenommen werden. Das ist im Bild 5.56 durch die 1-Ausgänge der P-Knoten (Langrund) symbolisiert. Die Operationen werden im Graphen durch Rechtecke dargestellt (0-Knoten), sie repräsentieren die zielgerichteten Veränderungen von Stellgrößen. Der Ablaufgraph nach Bild 5.56 ist für eine allgemeine Grundoperation wie folgt zu interpretieren:

Zustand PA:

Vor Beginn eines jeden Verfahrensschrittes (Grundoperation) müssen gewöhnlich vom Technologen geforderte Werte von Prozeßgrößen vorliegen. Es muß geprüft werden:

- ist der Einsatzstoff vorhanden,
- ist die Starttemperatur erreicht,
- ist der Absorber verfügbar usw.

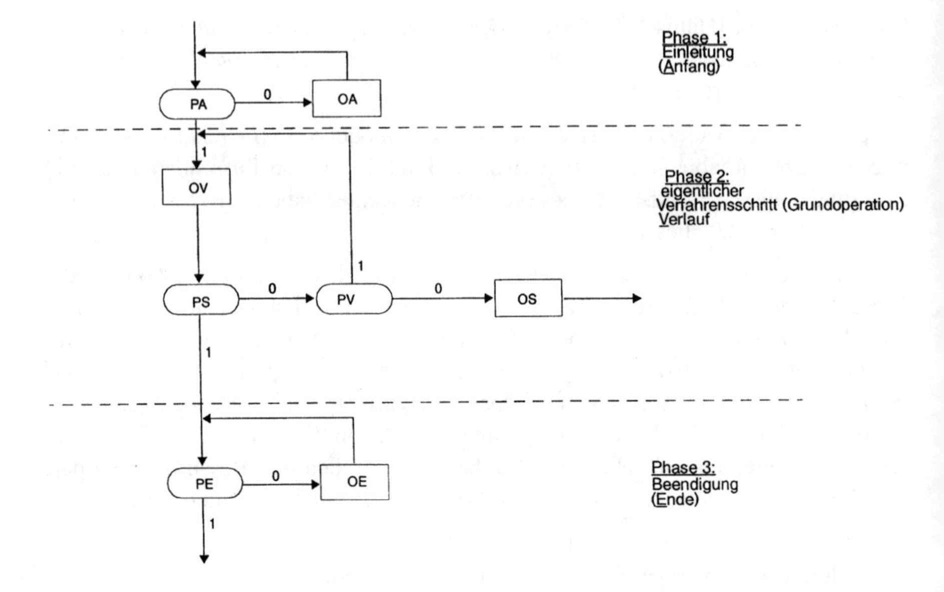

Bild 5.56 Grundstruktur einer Grundoperation (Verfahrensschritt) als Ablaufgraph nach [Hanisch u. a. (1984)]

Sind die Bedingungen erfüllt, wird der Knoten PA durchlaufen. Die Operation OA wird nur dann wirksam, wenn PA nicht erfüllt ist, und dient dazu, den Prozeß in PA zu überführen, sofern das innerhalb des Verfahrensschrittes möglich ist.

Zustand PS:
Dieser Zustand entspricht dem für diesen Verfahrensschritt formulierten Ziel. Nach Vorliegen von PA wird der Prozeß durch Auslösen der Operation OV veranlaßt, in den Zustand PS überzugehen. Für das Beispiel zur Herstellung der Feinchemikalie LMN würde OV in der Realisierung z. B.

- des Zuflusses von Lösemittel M und
- dem gleichzeitigen Rühren und
- Temperieren von Reaktor 4 bestehen.

Aufgrund der Prozeßdynamik wird PS nicht sofort erreicht.

Zustand PV:
Während des Überganges des Prozesses von PA nach PS wird für ausgewählte Prozeßgrößen das Einhalten der in PV formulierten Bedingungen überwacht. Auf der Prozeßebene werden bei diesem Übergang auftretende Stabilisierungsaufgaben (z. B. Einhaltung der Temperatur, Dosiergeschwindigkeit, Rührerdrehzahl usw.) formuliert. Es ist dennoch denkbar, daß der Prozeß während seines Überganges von PA nach PS die geforderten Bedingungen verletzt (0-Ausgang des PV-Knotens). In diesem Fall wird eine Operation OS ausgelöst, der Prozeß realisiert damit nicht mehr

sein Sollverhalten. Maßnahmen, die durch OS symbolisiert werden, werden in der *Betriebszustandsdefinition* behandelt (siehe weiter unten).

Zustand PE:

Der Prozeß muß durchaus nach Erreichen des Zustandes PS nicht darin verharren. Daher ist es notwendig, einen Endzustand (PE) zu formulieren, in dem der Prozeß aus Zustand PS durch die Operation OE übergehen kann. OE würde in dem o.a. Beispiel im Stoppen der Zudosierung von Lösemittel M (Schließen der Ventile) bestehen.

Phase 1 und 3 werden im Normalfall relativ schnell durchlaufen, eine wesentlich größere Zeit erfordert Phase 2. Dabei werden die meisten binären Stelleingriffe gerade in Phase 1 und 3 ausgelöst (z. B. Freigabe und Sperren von Rohrleitungsverbindungen, An- und Abfahren von Pumpen). Den weitaus größeren Programmumfang nimmt jedoch die Beschreibung von Maßnahmen, die durch OS symbolisiert werden, ein.

Von den System-Herstellern wird erwartet, daß sie mit ihrer Standard-Software (Firmware) dem Anlagenbetreiber die Mittel in die Hand geben, um für jede technologische Operation in seinem Betrieb eine entsprechendes apparate- und produktunabhängiges Teilprogrammskelett der gezeigten Grundstruktur zu erstellen, in dem nur die Grundfunktionen, die Apparate- und Prozeßdaten, darunter auch die Daten für die Start- und Anschlußbedingungen, also für das Verknüpfen, fehlen. Werden diese fehlenden Daten in die Lücken des Skeletts eingegeben, so entsteht aus dem immer wieder abrufbaren Teilprogrammskelett für die betreffende Grundoperation ein prozeßspezifisches Teilprogramm.

Die Auswahl des jeweils in einem Verfahren benötigten Teilprogrammskeletts sowie das Einsetzen der Grundfunktionen der Apparate-, Produkt- und Verknüpfungsdaten in dieses Skelett ist eine Aufgabe, die im Betrieb von der normalen Mannschaft als Bedienungsaufgabe geleistet werden kann. Durch die technologische Interpretierbarkeit solcher Teilprogramme wird die Arbeit des Technologen sehr erleichtert, und es ist ein leichtes für ihn daraus Grundrezepturen zu erstellen.

Das Erstellen der aus den Grundoperationen resultierenden Steueroperationen und deren Eingabe in das PLS ist zweifellos eine Aufgabe für Spezialisten, entweder für Mitarbeiter der EMR-(MSR-, PLT-)Abteilung des Anwenders oder, in Zusammenarbeit mit diesen, für den Software-Lieferanten bzw. das Software-Haus. Es ist dies aber gleichzeitig die umfangreichste und anspruchsvollste Arbeit während der gesamten Implementierungsphase. Siehe hierzu Kapitel Entwurfsmethoden.

Betriebszustandsbehandlung innerhalb einer Grundoperationensteuerung

Für jede Grundoperation ist eine Angabe über die möglichen Störungen im technologischen Ablauf und die Reaktion auf diese Störungen zu machen. Die Reaktion auf solch eine Störung kann vom vorübergehenden *Halt* mit dem gezielten Austreten aus dem Soll-Ablauf und die Steuerung des weiteren technologischen Ablaufs mit dem Ziel des Wiedereintretens in den vorhergehenden Soll-Ablauf bis zum *Abbruch,* zur Vermeidung von Zuständen, die zur Minderungen des Produktionsergebnisses führen oder z. B. des Durchgehens einer Reaktion führen.

Bei Automatikfahrweise muß daher vorausgesetzt werden, daß solche Störungen und Ausnahmesituationen durch die Steuerung beherrscht werden. Dazu werden unterschiedliche Betriebszustände definiert, in der sich eine technologische Operation bzw. die sie beschreibende Grundoperationssteuerung befinden kann.

Normal-(Soll-)Ablauf nach [Brombacher (1993)]:

(LAUF)

Dieser Ablauf besteht in der Durchführung der durch die Grundoperation beschriebenen technologischen Operation, z. B. einer Reaktion! Diese Operation ist beendet, wenn der Prozeß in einen neuen Prozeßzustand P_{K+1} überführt wurde. Bis zum Erreichen dieses Zustandes sind Ventile zu öffnen und zu schließen, Pumpen und Motoren zu starten und stoppen.

Unterbrechung

(HALT)

Die jeweilige Maßnahme ist abhängig von der jeweiligen technologischen Operation, z. B. werden bei aktueller Dosierung die Einsatzprodukteflüsse unterbrochen.

Fortsetzen nach kurzer Unterbrechung

(FORTS)

Ausgehend von HALT sind die jeweiligen Maßnahmen wieder abhängig von der jeweiligen technologischen Operation. Bei unterbrochener Dosierung z. B. werden normalerweise die verbleibenden Restmengen nachdosiert, bzw. bei einer Unterbrechung der elektrischen Energie von weniger als 1 Min. darf die Steuerung in Selbststart wiederanlaufen und vom Zustand der Unterbrechung an den Prozeß zu Ende fahren.

Einfrieren, nach längerer Unterbrechung:

(EINGEF)

Wenn HALT zu lange dauert, müssen z. B. zur Erhaltung des Produkts Temperatur und Rührintensität abgesenkt werden (Eine Reaktion wird durch Kühlen „eingefroren".)

Abbruch:

(ENDE)

Auch dieser Vorgang ist operationsspezifisch zu behandeln. Während des Entleerens eines Reaktors genügt bei einem Rührerausfall eine Mitteilung an den Anlagenfahrer. Während einer Reaktion ist dagegen bei einem Rührerausfall die weitere Bearbeitung sofort abzubrechen. Reaktanden sind zu stoppen, Kühlwasserventile sind zu öffnen, evtl. sind Stopperlösung zuzugeben und so der Ansatz zu vernichten, in jedem Fall muß die Reaktion abgebrochen werden. Eine automatische Weiterfahrt ist nicht erlaubt. Aber auch eine Weiterfahrt von Hand darf nur durch den Meister/

Schichtführer entschieden werden. Alle diese Maßnahmen können nur durch Betätigung eines besonderen Schlüsselschalters eingeleitet werden.

Die ebenfalls bekannten Betriebszustände An-/Abfahren und Laständerungen scheiden für Chargenprozesse aus, da sich die Betriebszustandsbearbeitung bei Chargenprozessen im wesentlichen auf den Bereich der Störungsbehandlung beschränken. Bild 5.57 zeigt einen Betriebszustandsgraphen mit den üblichen von der Automatik

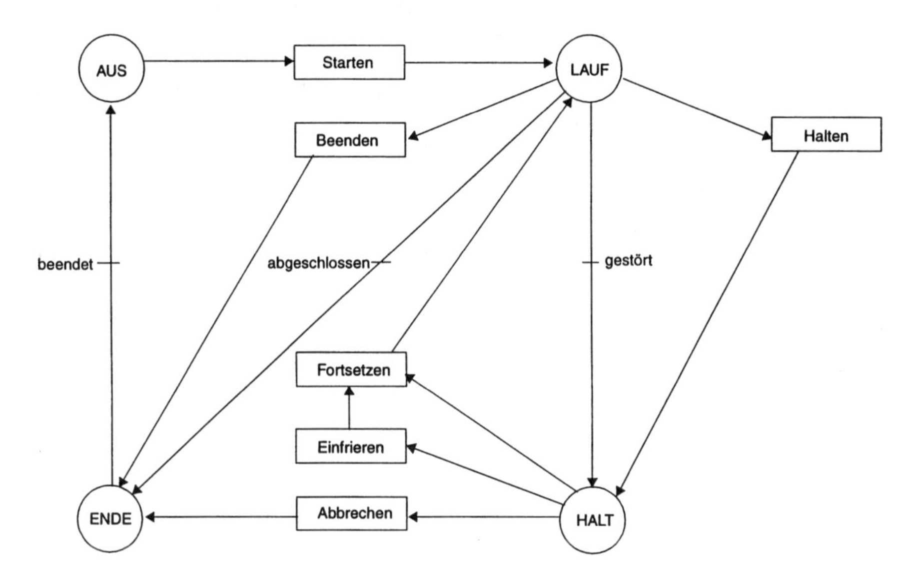

Bild 5.57 Betriebszustandsgraph für Grundoperationen

unterstützten Übergängen. Die Einleitung erfolgt automatisch oder über den Anlagenfahrer aufgrund höherer Einsicht. HALT bedeutet eine beliebige Unterbrechung an einer beliebigen Stelle innerhalb der Grundoperationensteuerung, von der ein Fortsetzen unter operationsspezifischen Bedingungen möglich ist. EINFRIEREN stellt sich nach operationsspezifisch ermittelter Dauer von HALT ein. ENDE kann von allen Betriebszuständen aus erreicht werden und erlaubt eine automatische Fortsetzung der Produktion nicht. Nach Handbetrieb bzw. nach einer längeren Unterbrechung oder Stopp darf der Übergang auf Vollautomatik nur am Beginn derselben oder einer neuen Grundoperation beginnen. Ein Beispiel soll das Zusammenwirken von Normal-(Soll-)Ablauf und gestörtem Ablauf und den entsprechenden Maßnahmen erläutern. Beispiel der Beschreibung einer Grundoperationssteuerung für den ungestörten und gestörten Ablauf.

Beispiel

Verfahrensbeschreibung aus dem Beispiel zur Herstellung der Feinchemikalie LMN

– Beschreibung Normal-Verlauf

Die verbale Beschreibung der Grundoperation 9 „Reaktion“ lautet wie folgt:

Nach dem Füllen des Reaktors (4) mit Lösemittel, Reagenz 1 und 2 und der Trennung der Leichtersiedenden aus dem Gemisch findet die Reaktion statt.

Dazu ist zuerst die Rohrleitung zur Absorptionskolonne freizuschalten. Die Reaktortemperatur muß bei ≤ 45°C liegen. Ist die Temperatur größer als 45°C, so ist der Reaktorinhalt vor Beginn der Reaktion abzukühlen.

Hat der Reaktorinhalt die geforderte Temperatur und ist die Rohrleitung zur Absorptionskolonne freigeschaltet (und gegen R1 und R7 verriegelt), so wird die Reaktion durch Einleiten von Reagenz 3 aus Waage-Vorlage 3 gestartet. Zur Durchführung der Reaktion werden m = x L. Reagenz 3 (flüssig) langsam (in ≤ 5 l/min) unter weiterer Kühlung (TIC 01/TIC 02-Kaskade) konstant mit 45°C in den Reaktor eingegeben. Hat das eingeleitete Reagenz 3 x Liter erreicht, wird bei konstanter Temperatur mit Absorption 55 min nachreagiert.

Mögliche Störungen sind nun:

- Menge Reagenz 3 reicht nicht
- Rührerausfall
- Kühlleistung nicht ausreichend
- Ausfall des Absorbers

Störungsbehandlung:
Nach Ausfall von Reagenz 3: Abbruch der Reaktion; nur Meister/Schichtführer entscheiden über eine Fortsetzung (FORTS).

Bei Rührerausfall oder zu hoher Temperatur (größer 50°C) (Kühlleistung nicht ausreichend) muß die Dosierung von Reagenz 3 gestoppt werden. Steigt die Temperatur weiter bis 60°C, so sind die Kühlturmwasserventile zum Doppelmantel vollständig zu öffnen und 200 Liter Kühlwasser direkt in den Reaktor zu geben, um ein Durchgehen der Reaktion zu verhindern. Das Produkt ist dann nach Abkühlung als Fehlcharge zu verwerfen (Betriebzustand ENDE). Steigt im Störfall die Temperatur nicht bis 60°C, so wird solange weitergekühlt, bis die Solltemperatur (45°C) wieder erreicht ist. Dann kann die weitere Dosierung von Reagenz 3 bis zum Abschluß der Reaktion erfolgen.

Bei Ausfall des Absorbers sind die Kühlturmwasserventile zum Doppelmantel des Reaktors vollständig zu öffnen. Die Ventile für Reagenz 3 sind zu schließen, damit die Reaktion abreißt. Nur der Meister/Schichtführer entscheidet über Fortsetzung/Chargenaufbereitung usw. Das bedeutet Betriebsart HALT. Bei längerem HALT, einfrieren EINGEF des Reaktionsinhaltes. Die Tabelle 5.3 enthält die Bedeutung der Prozeß- und Operationsvariablen. Die verwendeten Meßstellen-Bezeichnungen wurden einfach (aus Erfahrung) angenommen (gemäß DIN 19227 Bl. 1).

Tabelle 5.3 Festlegung der binären Variablen

P1	0 < Wägung ≤ w max (WIS01)	05	Zusatzkühlung	AUF (KS1.1)
P2	T > 45°C (TIS02)	06	Ventil z. Absorption	AUF (KS1.2)
P3	T < 45°C (TIS02)	07	Rg.3 Zufluß	AUF (KS1.3)
P4	50°0 ≤ T < 60°C (TIZ02)	08	Rg.3 Einlaß	AUF (KS1.4)
P5	Ventil zur Absorption ist voll geöffnet (GS04)	09	Kühlwasser	AUF (KS1.6)
P6	Wägung Rg. 3 ≥ X Liter (WIS01)	010	Temperaturregelung	EIN (KS1.7)
P7	$M_{Zusatzkühlung}$ ≥ 200 Liter (FQS11)	011	Rührer	EIN (KS1)
P8	Rührerdrehzahl > n_{min}(SIS03)	012	Timer	EIN (KS1.8)
P9	Nachrührzeit ≥ 55 min (KIS1)			

Der Entwurf eines Ablaufgraphen erfolgt nach [Hanisch (1980)] zweckmäßig in mehreren Schritten. Dabei wird als erstes der Ablaufgraph für den ungestörten Soll-Ablauf entworfen. Danach werden Schritt für Schritt die möglichen Störfälle, auf die die Steuerung reagieren soll, in dem Ablaufgraph übernommen.

– Beschreibung des ungestörten Ablaufes

Ausgegangen wird von der Funktion der Grundoperation. Diese besteht in der Durchführung der Reaktion. Die Reaktion ist beendet, wenn die vorgeschriebene Menge an Reagenz 3 in den Reaktor eingeleitet worden ist. Bis zum Erreichen dieser Menge müssen das Ablaßventil der Vorlage 3 und das entsprechende Einlaßventil am Reaktor 4, das der Kühlturmwasserleitung und das zur Absorption offen sein. Alle anderen Ventile müssen geschlossen sein.

Damit die Reaktion beginnen kann, ist zweierlei notwendig:

- Freischalten der Rohrleitung zur Absorption
- Temperatur im Reaktor gleich 45°C

Diese zwei Bedingungen müssen vor Beginn der Reaktion (Stoffwandlung) geprüft und im Falle ihres Nichtvorliegens durch Steuereingriff hergestellt werden (Phase 1. Einleitung der Grundstruktur, Bild 5.56), Bild 5.58 zeigt die zugehörigen Ablaufgraphen.

– Einbeziehung von gestörten Abläufen

Die Verfahrensbeschreibung sagt aus, daß mit Störungen während der Reaktion gerechnet werden muß. Diese können in einem Rührerausfall oder in einer unzulässigen Erhöhung der Temperatur bestehen. In beiden Fällen kann es zum Durchgehen der Reaktion kommen. Dies ist unter allen Umständen zu vermeiden. (Der harmlosere Fall, daß Reagenz-3-Menge nicht reicht, wird darum hier nicht betrachtet.) Die

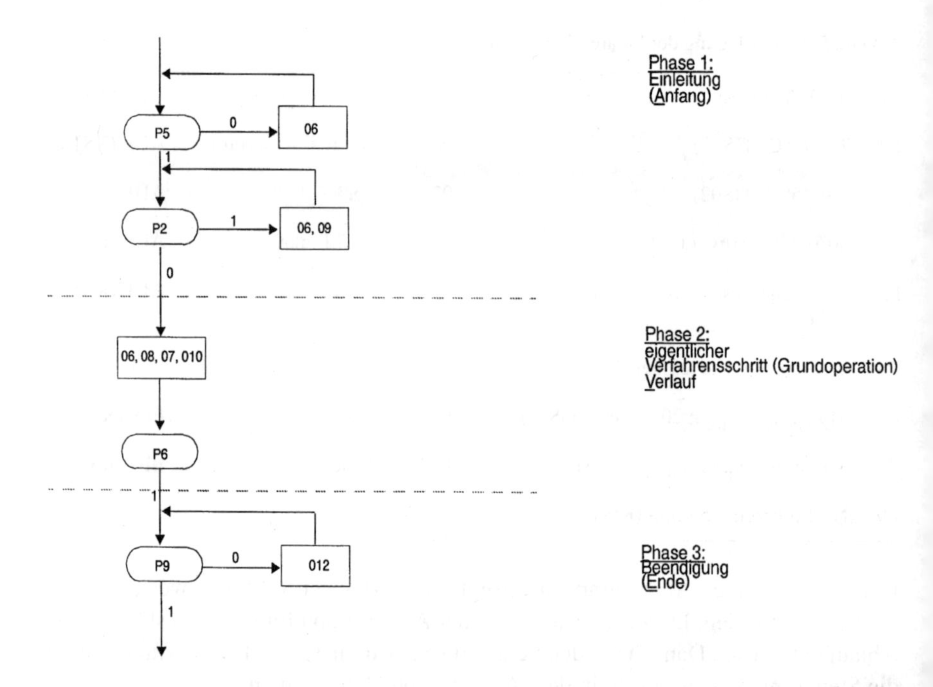

Bild 5.58 Ablaufgraph des ungestörten Ablaufs der Grundoperation GO9 „Reaktion" ähnlich [Hanisch (1993)]

Operation 06, 07, 08, 010 darf daher nur ausgeführt werden, wenn der Rührer arbeitet und die Temperatur *nicht zu hoch* ist (Bild 5.59 links). Der Pfad P6 P3 P8 beschreibt den Übergang vom normalen zum gestörten Ablauf. Die Verfahrensbeschreibung fordert, daß bei Störungen grundsätzlich die Dosierung zu unterbrechen ist (siehe auch Regelungs- und Sicherheitskonzepte bei Feed-Batch-Betrieb).

Damit ergibt sich der im Bild 5.59 rechts oben gezeigte Ablaufgraph-Ausschnitt.

Die Pfade $P_3\overline{P}_8$ und $\overline{P}_3P_4$, die jeweils mit 06, 09 eine Situation bilden, drücken die zwei möglichen Arten von Störungen aus, denen durch 06, 09 begegnet werden soll ($P_3\overline{P}_8 \ldots$ Rührerausfall; $\overline{P}_3P_4 \ldots$ Temperatur zu hoch, unabhängig davon, ob der Rührer ausgefallen ist oder nicht). Falls der Rührer nicht ausgefallen ist oder wieder in Betrieb genommen werden kann, besteht die Möglichkeit, über den Pfad P_3 P_8 wieder in den normalen Ablauf überzugehen.

Der Pfad $\overline{P}_3\overline{P}_4$ beschreibt den Übergang zur Gefahrensituation, in der die Zusatzkühlung in Betrieb genommen werden muß und anschließend die Charge zu verwerfen ist. Bild 5.59 unten zeigt die Aufnahme dieser Aktivitäten in den Ablaufgraph des gestörten Ablaufes. Damit sind bis auf – Menge Reagenz 3 reicht nicht und Absorberausfall (aus Gründen der Übersichtlichkeit) – alle in der Verfahrensbeschreibung angegebenen Störungsmöglichkeiten und die entsprechenden Maßnahmen dokumentiert.

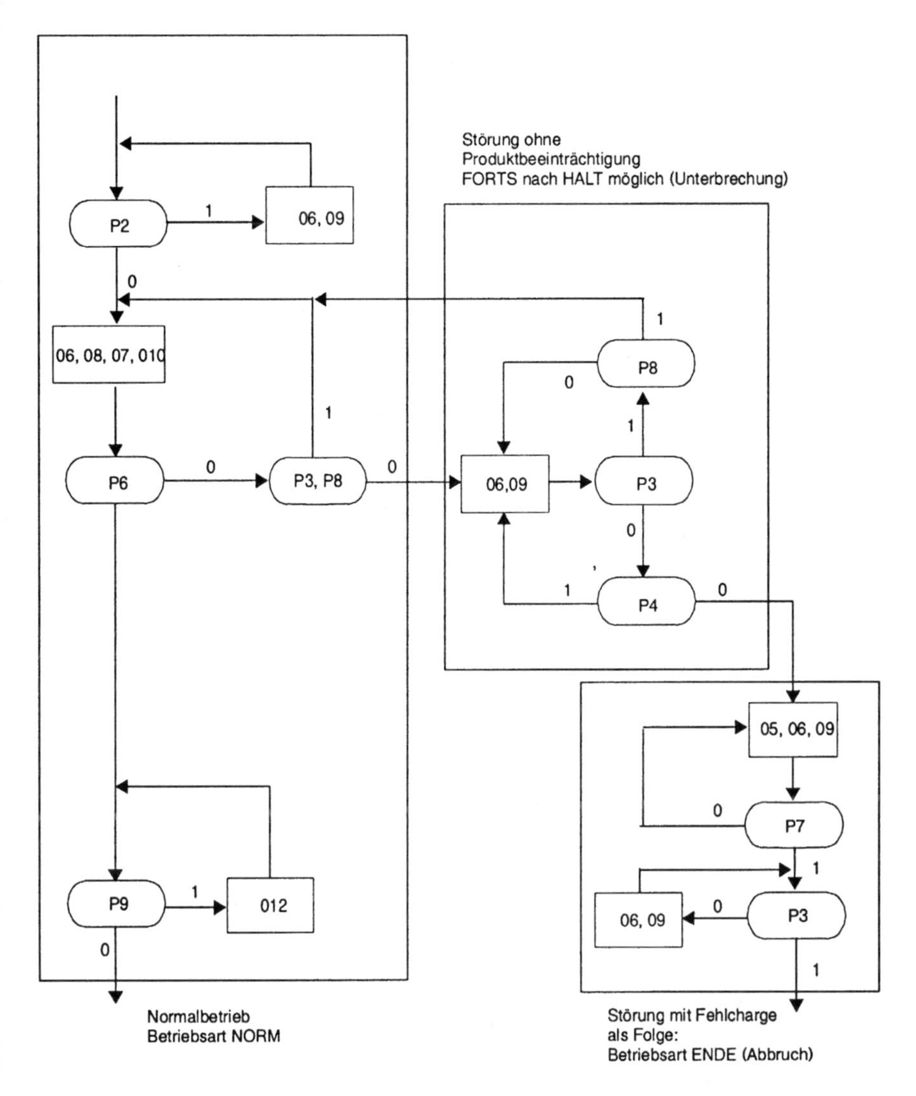

Bild 5.59 Ablaufgraph des gestörten Ablaufs der Grundoperation GO9 „Reaktion“ ähnlich [Hanisch (1993)]

Aus dem Ablaufgraphen läßt sich nun ein Steuerprogramm für eine Steueroperation erstellen, das die beschriebenen Abläufe realisiert. Bild 5.60 zeigt einen Ablaufgraphen mit den entsprechenden Betriebszustandsübergängen.

Nach einem internen Papier des NAMUR AK 2.3 „Funktionen der Betriebs- und Produktionsleitebene“ (Protokollführer: Kersting) wird zur Behandlung von Ausnahmesituationen vorgeschlagen, daß eine Verfahrensvorschrift neben einer Vorschrift für den regulären Betrieb auch Vorschriften zur Behandlung von Ausnahme-

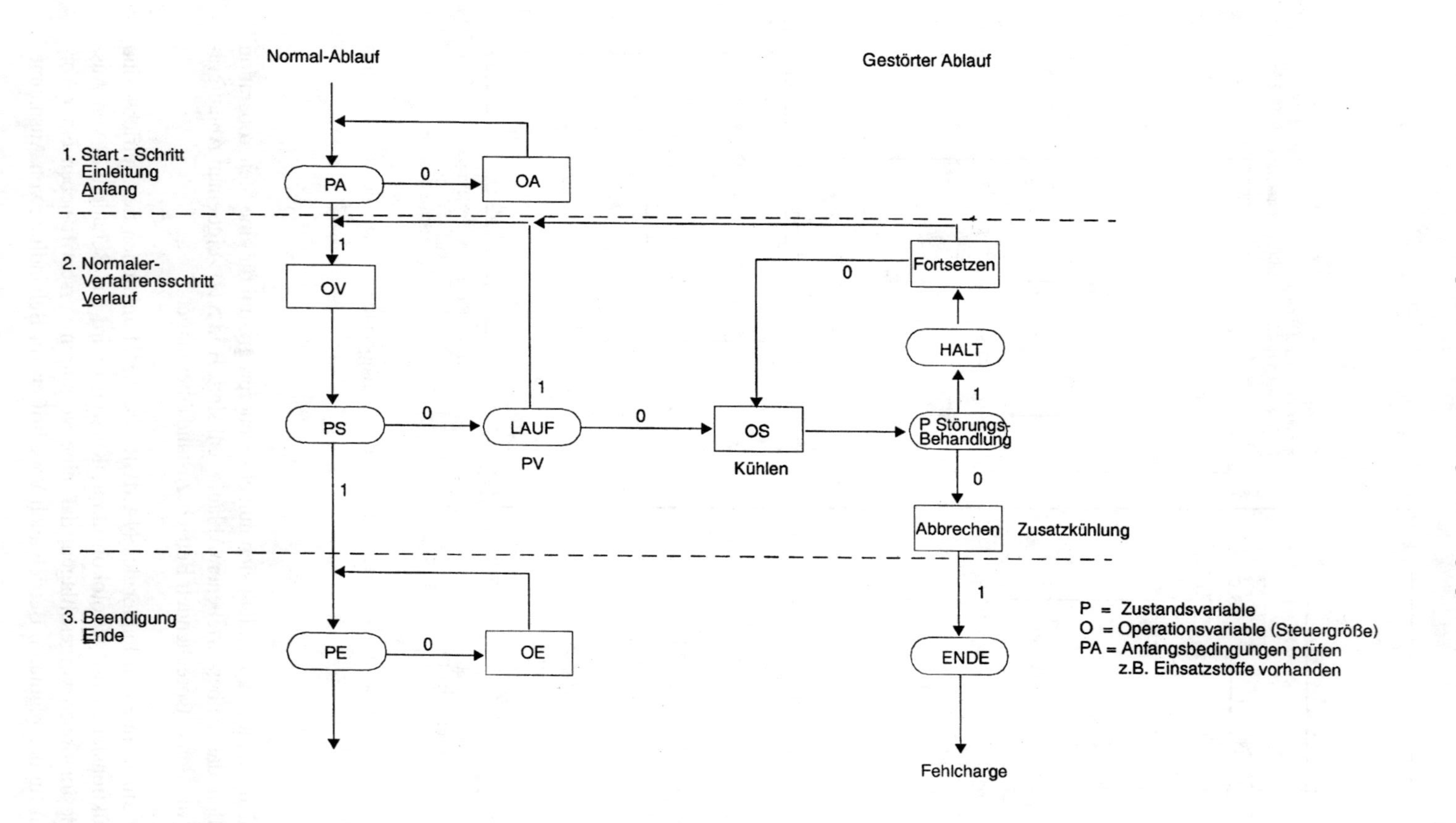

Bild 5.60 Grundstruktur einer Steueroperation für den ungestörten und gestörten Ablauf, hier dem Zugeben von Reagenz 3 und zu hoher Temperatur

situationen beinhalten sollte. Es wäre empfehlenswert, den regulären Betriebsablauf von den Betriebsabläufen zur Behandlung der Ausnahmesituation deutlich zu trennen. Deswegen sollte sowohl für den normalen Betriebsablauf als auch für jede bestimmbare Ausnahmesituation eine eigene Verfahrensvorschrift erstellt werden. Eine übergeordnete Überwachungseinrichtung erkennt die Betriebssituation und schaltet im Bedarfsfall von einer Verfahrensvorschrift zur nächsten (Bild 5.61)

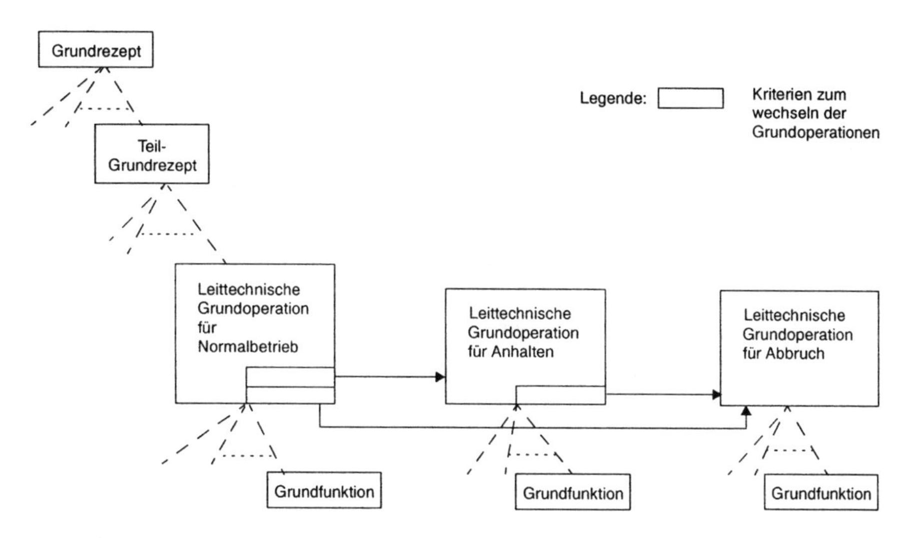

Bild 5.61 Grundoperationen zur Ausnahmebehandlung (nach einem Entwurf von Bruns und Weber, Hoechst AG)

Eine Ausnahmebehandlung kann dabei nicht nur bei speziellen Situationen im Prozeß erforderlich sein, sondern auch bei durch Geschäftsprozesse bedingten Ereignissen. Deshalb müssen bei der Ausnahmebehandlung neben den Prozeßereignissen auch Ereignisse aus der Betriebsebene, wie Einsatzstoff nicht rechtzeitig bereitgestellt oder nächste Teilanlage nicht verfügbar, berücksichtigt werden können.

Zum Erkennen der Betriebssituation muß der Zustand des Prozesses und der Anlage mit für das Verfahren beschriebenen Kriterien geprüft werden. Sehr übersichtliche Strukturen erhält man, wenn man die Zustände und Kriterien auf der Ebene der Grundoperationen ! beschreibt und wenn in einem Teilrezept immer nur eine Grundoperation aktiv ist.

Die Zahl der leittechnischen Grundoperationen für die Ausnahmebehandlung kann theoretisch maximal die Zahl der Ebenen zur Ausnahmebehandlung sein. Zur Reduktion wird empfohlen, eine möglichst geringe Zahl von leittechnischen Grundoperationen zur Ausnahmebehandlung einzusetzen. Es ist mindestens eine leittechnische Grundoperation zur Ausnahmebehandlung, z. B. zum Anhalten der Anlage in beliebigen Zuständen erforderlich.

Ausnahmesituationen können wie folgt beschrieben werden:

Jede leittechnische Grundoperation trägt in ihrer Beschreibung von der sonstigen Beschreibung getrennte Kriterienteile, in denen der Ersteller der leittechnischen Grundoperation die zu überwachenden Prozeßvariablen, deren zulässige Grenzwerte sowie eventuelle Verknüpfungen und Bewertungen festlegt.

Steuerung einer Ablaufsequenz

Die sequentielle Steuerung einer Grundoperation (Verfahrensschritt) wurde der Ablaufebene zugeordnet und als Grundoperationensteuerung (GOS) bezeichnet. Die sequentielle Steuerung von (meist mehreren) Grundoperationen auf einer Teilanlage wird ebenfalls der Ablaufebene zugeordnet. Als Beispiel möge der im Reaktor 4 ablaufende Prozeß zur Herstellung der 3. Vorstufe zur Feinchemikalie LMN betrachtet werden (Bild 5.3). Die einzelnen Ereignisse (Verfahrensschritt bzw. der sie beschreibenden Grundoperationen) laufen nacheinander ab, das vorhergehende Ereignis (Vorlegen von Lösemittel M) schafft die Bedingung zum Eintritt des folgenden Ereignisses (Zugeben Reagenz 1). Dabei trat jeweils nur immer ein Ereignis auf. Eine solche Ordnung von Ereignissen wird als sequentieller Prozeß bzw. als Ablaufsequenz (auf einer Teilanlage) bezeichnet und durch die sogenannte *Teilanlagensteuerung* (TAS) überwacht und koordiniert.

Teilanlagensteuerung (im angelsächsischen auch als unit-sequence bezeichnet)

Es existieren soviel Teilanlagensteuerungen wie es Teilanlagen (gemäß Definition nach NAMUR NE 33) gibt. Das heißt, jeder Teilanlage ist als Funktionseinheit genau eine Teilanlagensteuerung zugeordnet. Bis auf Kopplungen mit anderen Teilanlagen verlaufen die einzelnen Teilanlagensteuerungen völlig unabhängig voneinander. Vollkommen unverkoppelte Teilanlagensteuerungen lassen sich auch unabhängig voneinander steuern. Das technologische (Teil-)Ziel einer Teilanlagensteuerung ist in der Teilrezeptur beschrieben. Die Teil-Grundrezeptur gibt an, welche Grundoperationen in welcher Verknüpfung zu durchlaufen sind; ist also prozeßbezogen und noch nicht anlagenbezogen. Der Anlagebezug entsteht durch Bilden der Teil-Steuerrezeptur und Laden der (den prozeßbezogenen Grundoperationen entsprechenden) Steueroperationen (Phasen) für genau diese Anlage.

Die Führungswerte, Adresse, Parameter werden für das entsprechende Teilrezept dabei Parameterlisten entnommen. Die Teilanlagensteuerung verwaltet den Ablauf der technologischen Operationen in der Teilanlage derart, daß jede beliebige Teilrezeptur, die auf dieser Teilanlage laufen kann, geladen und bearbeitet werden kann.

Noch zur Abarbeitungszeit können Parameter geändert werden. Dies geschieht über die normale Bedienoberfläche. Im Original-Teilrezept nicht enthaltene (Grundoperationen) Steueroperationen können per Bedienung eingefügt werden. Innerhalb der Steuerung kann vorwärts und rückwärts gesprungen werden, jedoch immer nur an den Beginn einer (Grundoperation) Steueroperation.

Bei besonderen Vorkommnissen kann der Ablauf jederzeit unterbrochen werden, fortgesetzt (an einem sicheren Zustand) und abgebrochen werden. Hieraus können Handeingriffe auf Grundfunktions- oder Einzelsteuerebene vorgenommen werden.

Zu jedem Zeitpunkt befindet sich eine Teilanlagensteuerung immer genau in einer Steueroperation. Die Organisation einer Teilanlagensteuerung muß daher den Ablaufsequenz-Start (was ist die erste Grundoperation), das Ablaufsequenz-Ende (letzte Grundoperation) und den laufenden Stand in der Ablaufsequenz (gerade laufende Steueroperation, Grundoperation), sowie das zugehörige Grundrezept (Rezeptliste) und die Teilanlagen-Adreß-Liste (Geräteliste) kennen (Bild 5.62).

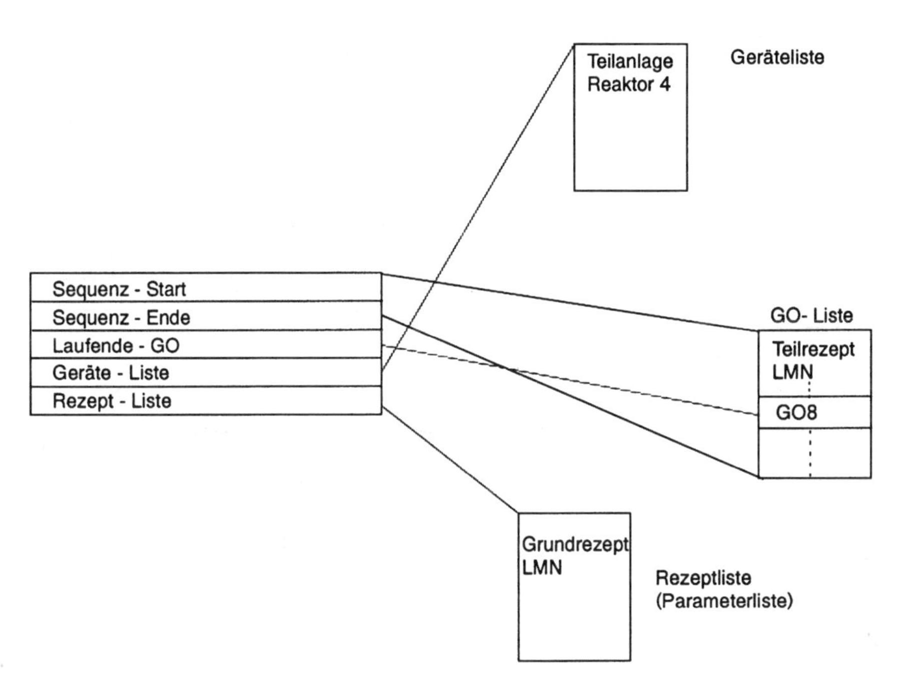

Bild 5.62 Teilanlagensteuerung-Organisation

Im Automatikbetrieb ist immer die übergeordnete Funktionseinheit (die Anlagensteuerung) Befehlsgeber für die Teilanlagensteuerung. Im Teilautomatikbetrieb wird jeweils nur eine Steueroperation bearbeitet. Hier gibt es noch keine Standards. Das Problem muß daher Anwender- und/oder PLS-spezifisch gelöst werden. Im Handbetrieb hat die übergeordnete Steuerung keinen Zugriff auf die Teilanlagensteuerung. Sie kann aber durch den Anlagenfahrer durch Anweisung der Grundrezeptur zu einer Teilanlage aktiviert werden. Häufig ist noch die Chargen-Nr. und die Anzahl der Chargen, die produziert werden sollen, hinzuzufügen.

Zur Kommunikation mit der Teilanlagensteuerung ist es neben der Anweisung von Grundrezepturen auf einer Teilanlage erforderlich, den Zustand der Steuerung einerseits als auch den Fortschritt im gesteuerten Prozeß zu kennen.

Für die Darstellung des Zustandes der Steuerung lassen die heutigen PLS'e kaum noch Wünsche offen. Das gilt eigentlich für die Darstellung des Prozeßzustandes ebenso, wenn man bedenkt, daß auch die angebotenen Darstellungsmöglichkeiten kaum noch Wünsche offen lassen. Jedoch sind eine Vielzahl von Einflußfaktoren zu berücksichtigen. Neben den bekannten Standarddarstellungen, wie

– Anlagenbilder, Fließbilder oder technologische Schemata (Bild 5.63),

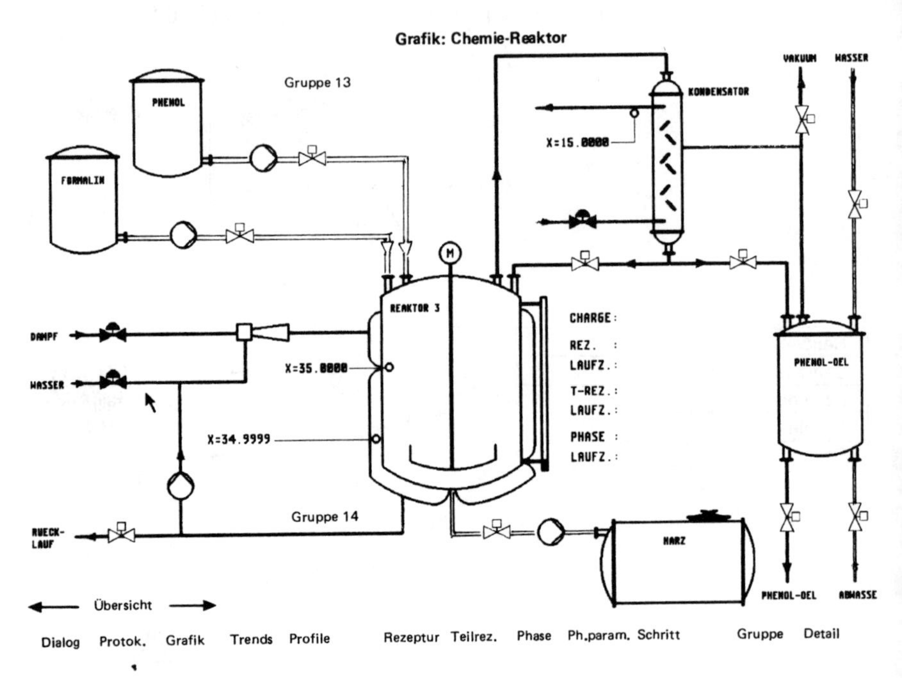

Bild 5.63 Fließbilddarstellung eines Reaktors (nach Eckardt AG)

– Übersichtsdarstellungen,
– Gruppendarstellungen (Grundfunktionen),
– Einzeldarstellungen (einzelne PLT-Stellen mit Trenddarstellung der Prozeßgröße),

sind ablauforientierte Darstellungen des Prozesses auf dem Bildschirm für den Anlagenfahrer besonders informativ. Sie basieren auf graphische Darstellungsmittel z. B. einer Übersichtsdarstellung eines Verfahrensablaufplanes (ähnlich dem Verfahrensablauf für die Herstellung der Feinchemikalie LMN Bild 5.49) mit evtl. Angabe des zeitlichen Fortschritts und der noch verbleibenden Restzeit. Besonders informativ sind aber dynamische Funktionsplandarstellungen. Sie zeigen den jeweils aktuellen sowie den vorhergehenden und nachfolgenden Schritt der Ablaufsequenz an. Erfüllte Weiterschaltbedingungen und Befehle können entsprechend farblich hervorgehoben werden. Zur Darstellung des augenblicklichen Prozeßzustandes des Ablaufschrittes (Grundoperation) interessiert z. B. bei einer Dosierung neben dem Sollwert die bereits dosierte Menge, und die noch zu dosierende Menge – oder bei einer Nachrührzeit oder Absitzzeit interessieren die bereits abgelaufene Zeit und die noch verbleibende Zeit bis zum Übergang in einen neuen Prozeßzustand. Wegen der starken technologischen Ausrichtung der Anlagenfahrer ist darum besondere Sorgfalt auf Informationen aus dem Prozeß zu richten (Bild 5.64).

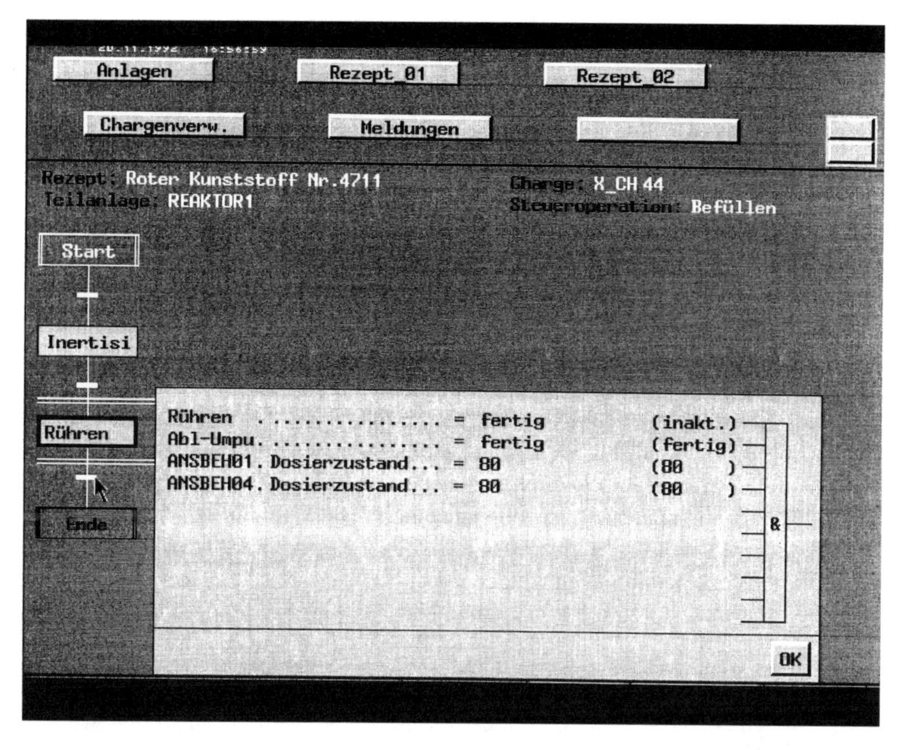

Bild 5.64 Dynamische Funktionsplandarstellung für die Steueroperation „Befüllen" nach [Siemens Batch X]

Zusammengefaßt gehören hierzu:

- Ablaufmeldungen über
  aktivierte und beendete Verfahrensschritte, belegte Apparate
- Störmeldungen, Alarme
  Operationszeitüberschreitungen, Grenzwertverletzungen
- Statusinformationen
  Status der Stellglieder: Zuteilstellglieder für Stoffströme (Pumpen) und Drosselventile, Status der Rührwerke, Füllstände von Vorlagen

- Verlaufsinformationen
  Verlaufe analoger und diskreter Prozeßgrößen
- Zusatzinformationen
  technologische Aufgabenstellung (Dosiermenge, Siedetemperatur, Starttemperatur, Behälterstand usw.), Zeitangaben (Nachrührzeit, Nachreaktionszeit, Absitzzeit, Reaktionszeit usw.).

5.2.3.4 Steuerungsfunktion der Koordinierungsebene

Es ist typisch für Chargenprozesse,

1. daß zur Herstellung *eines* Produktes oft mehrere Prozesse auf unterschiedlichen Teilanlagen zeitlich parallel zueinander (nebenläufig) ablaufen oder
2. daß innerhalb einer Straße *mehrere* Produkte bei multivalenter Apparatenutzung gleichzeitig hergestellt werden.

Das bedingt zwei unterschiedliche Arten von Kopplungen der sequentiellen Prozesse (Teilanlagensteuerungen) untereinander.

Die eine Art der Kopplungen, die aus 1. resultiert, besteht nach [Hanisch u. a. (1984)] infolge der Stoff- und Energieflüsse von einer Teilanlage in die andere (Grundoperation: Transfer, Vorlegen, Ablassen, Zugeben usw.). Sie erfolgen im Unterschied zu Kopplungen bei Fließprozessen nicht kontinuierlich, sondern diskontinuierlich, zu einem Zeitpunkt beginnend und eine gewisse Zeitspanne andauernd. Dazu ist es erforderlich, daß bei allen an einer solchen Kopplung beteiligten Prozessen zu einem Zeitpunkt definierte Werte von Prozeßgrößen vorliegen, die die Kopplung und damit den gleichzeitigen Übergang der Prozesse zu ihren jeweils folgenden Prozeßzuständen ermöglichen (z. B. Rührwerksapparat gefüllt/ bereit zum Entleeren). Diese Koppelbedingungen werden nach [Hanisch u. a. (1984)] als *Anschlußbedingungen* bezeichnet. Ihrer Realisierung heißt Zustandssynchronisation.

Die zweite Art der Kopplungen, die sich vorrangig aus 2. ableitet, besteht in der exklusiven Zuteilung von Apparaten (Verknüpfung von Reaktor 1, 4 und 7 mit Absorber), also einem typischen Ressourcenverteilungsproblem. Demzufolge werden diese Kopplungen nach [Hanisch u. a. (1984)] als *Ausschlußbedingungen* bezeichnet. Ihre Realisierung heißt Sperr-Synchronisation.

Koordinierungssteuerung

Aus diesen genannten Problemen ergibt sich eine weitere relevante Steuerungsaufgabe, die Koordinierungssteuerung. Diese Steuerung ist der Vorgang der zeitlichen Koordinierung der sequentiellen Prozesse (bzw. der sie steuernden Teilanlagensteuerungen) durch gezielte Freigabe von Verfahrensschritten (Grundoperationen) mit den Zielen der Minimierung der Chargenzykluszeit und der Vermeidung von Wartezeiten. Die Koordinierungssteuerung besteht in Entscheidungen hinsichtlich der nachfolgend auszuführenden Verfahrensschritte (Grundoperationen) und des Zeitpunktes der Freigabe des Verfahrensschrittes (Grundoperation). Besondere Bedeutung kommt der Entscheidungsfindung zu, wenn infolge des Wirkens von Störgrößen Verzögerungen im technologischen Ablauf entstehen oder aufgrund apparativer Redundanzen Alternativen bei der Apparatebelegung gegeben sind.

In flexiblen Mehrzweckanlagen, in denen mehrere Produkte unter multivalenter Apparatenutzung parallel hergestellt werden, erhält die Kopplungsproblematik einen so komplexen Charakter, daß eine verbale Beschreibung des Zusammenwirkens von Teilsystemen nicht mehr ausreicht.

Zur eindeutigen, Zweifel möglichst ausschließenden Formulierung der Aufgabenstellung für den Prozeßbetrieb sowie zur Gestaltung einer automatischen Steuerung empfiehlt sich deshalb eine Modellierung mit Petri-Netzen. Siehe hierzu Petri-Netze in der Verfahrenstechnik von H.-M. Hanisch (Oldenbourg Verlag 1992).

Anlagensteuerung

Die Anlagensteuerung bildet die zentrale Funktion zur Koordinierung der bis hierher vorgestellten Aufgaben zwischen der Rezeptverwaltung und den Teilanlagensteuerungen. Kennzeichnend für dieses Hierarchieprinzip ist dabei, daß die Anlagensteuerung nicht jede Einzelheit der Abläufe in den Teilanlagensteuerungen kennen muß. Für die Koordinierungsaufgaben sind lediglich solche Zustände und Zustandsübergänge der Teilanlagensteuerungen von Interesse, die die Kopplung der Teilanlagen verändern. Dazu empfängt die Anlagensteuerung von den Teilanlagensteuerungen binäre Rückmeldegrößen (oder auch einfach Synchronisationsmarken) und sendet binäre Führungsgrößen (oder Führungsgrößendaten) an die Teilanlagensteuerung (siehe Bild 5.65). Rückmeldegrößen geben Information darüber, daß eine Folge von Zustandsänderungen der Teilanlagensteuerung vollzogen wurden, und Führungsgrößen w dienen dazu, weitere Zustandsübergänge in die Teilanlagensteuerungen zu erlauben bzw. zu verbieten.

Um eine klare hierarchische Struktur des Steuerungssystems zu erhalten, wird nach Hanisch die Kommunikation von Teilanlagensteuerungen gleicher Hierarchieebenen verboten. Die Kommunikation von Teilanlagensteuerungen erfolgt ausschließlich über die Anlagensteuerung. Weiter unten wird ein Beispiel gegeben, wo hingegen die Kommunikation zwischen Teilanlagensteuerung erfolgt.

Mit anderen Worten besteht die wesentliche Aufgabe einer Anlagensteuerung darin, die Steuerung eines kompletten Prozesses für den Ablauf so zu verwalten, daß die einzelnen Teilanlagen nach einem vorgegebenen Plan (Steuerrezept) initiiert (gestartet), überwacht und beendet werden. Dabei können die einzelnen Teilanlagensteuerungen zum gleichen Zeitpunkt oder zu unterschiedlichen Zeitpunkten gestartet werden. Eine weitere Aufgabe besteht in der Überwachung und Bereitstellung von Puffern und Vorlagen (Ressourcen) zur Sicherstellung der Versorgung von Teilanlagen mit Einsatzstoffen und zur Entsorgung (Transfers) der Zwischen- und Endprodukte. Ganz wesentlich ist aber, daß die Anlagensteuerung die einzelnen Teilanlagensteuerungen mit den zu verwendenden Teilrezepten versorgt. Werden innerhalb einer Produktionsstraße mehrere Produkte gleichzeitig hergestellt, so ist von der Anlagensteuerung eine Teilrezeptänderung so zu organisieren, daß in der Reihenfolge der Bearbeitung bestimmte Teilanlagen bereits nach dem neuen Rezept, andere noch

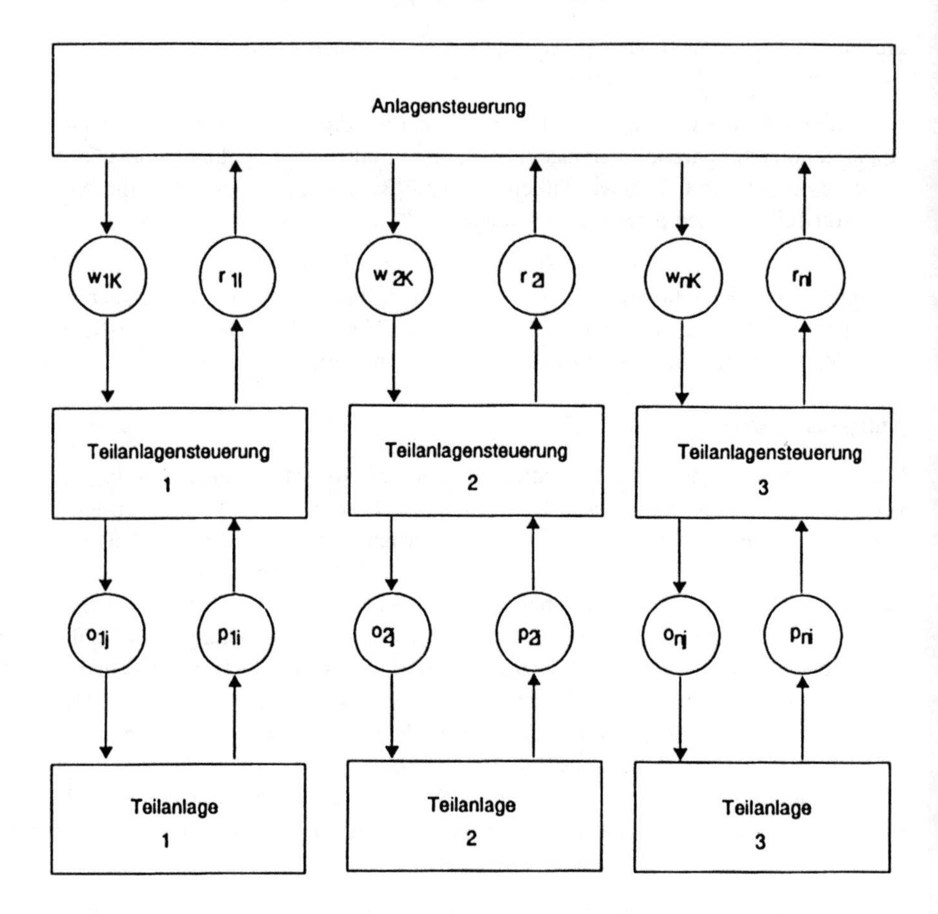

Bild 5.65 Hierarchisches Steuerungssystem nach [Hanisch (1993)]

nach dem vorhergehendem Rezept produzieren können. Die Änderung der Rezeptur erfolgt mit fliegendem Wechsel, d. h. ohne Anhalten der Produktion. Dabei ist zu beachten, daß unter Umständen Stoffrückflüsse geändert werden müssen und Ressourcen nur beschränkt vorhanden oder zugänglich sind. Eine rechtzeitige Reservierung einer Ressource ist zu koordinieren.

Beispiel

Ein einfaches Beispiel zur Zustandssynchronisation von miteinander verkoppelten Teilanlagen sei an einem Prozeß gezeigt, der nicht unbedingt einen Mehrproduktprozeß darstellt, aber ganz gut die Problematik der Zustandssynchronisation zwischen Teilanlagensteuerungen wiedergibt.

Die Anlage besteht aus drei Teilanlagen (Bild 5.66), einem Mischer, einem Reaktor und einem Filter. In der Teilanlage 1 werden die Einsatzstoffe A, B und C (alles

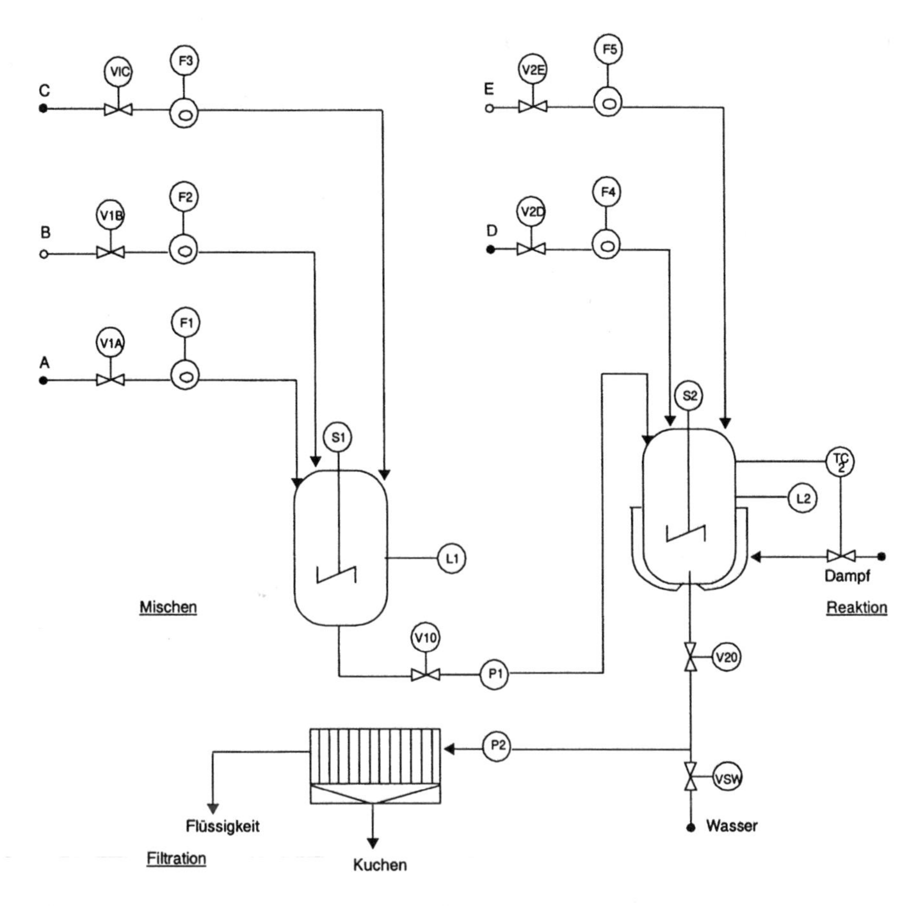

Bild 5.66 Anlage zum Mischen, Reagieren, Filtrieren eines Farbstoffes

Flüssigkeiten) gemischt. Die Mischzeit ist innerhalb gewisser Grenzen einzuhalten. Nach dem Mischen werden das Gemisch in den Reaktor (Teilanlage 2) gepumpt, wo zwei weitere Einsatzstoffe D und E zugegeben werden. Der Reaktorinhalt wird auf Reaktionstemperatur aufgeheizt und für eine gewisse Zeit bei dieser Temperatur gehalten. Die Reaktion ist eine endotherme (es muß also keine Wärme abgeführt werden). Teilanlage 3 bzw. der Teilprozeß 3 bildet die Filtration. Der Inhalt des Reaktors wird nach der Reaktion auf das Filter gepumpt. Wenn der Reaktor leer ist, wird der Filterkuchen gewaschen und dann entfernt. Die Entfernung des Filterkuchens ist eine Operation, die nicht zu automatisieren ist. Dem Anlagenfahrer wird die Aufforderung zur Durchführung dieser Bedienhandlung angezeigt, nach deren Ausführung erfolgt eine Quittierung und das Filter steht für die nächste Filtration bereit. Dies kann durchaus nebenläufig zu den anderen Operationen geschehen. Muß aber abgeschlossen sein bevor der nächste Filterzyklus angefordert wird.

Eine weitere Operateur-Aktivität ist die Anforderung eines neuen Produktes. Bevor eine neue Charge gestartet wird, erhält der Operateur über die Anlagensteuerung eine Mitteilung (Druckerauszug), welches Produkt hergestellt werden soll. Wird vom Operateur eine andere Charge verlangt, muß er die entsprechenden Funktionstasten betätigen. Die Anlagensteuerung überprüft, ob noch eine Charge in der Anlage läuft. Falls ja, muß der Operateur warten bis die augenblicklich laufende Charge beendet ist. Erst dann gibt die Anlagensteuerung die Anwahl einer neuen Charge frei.

Jede Teilanlage hat ihre eigene Teilanlagensteuerung. Die Anwahl einer neuen Charge und der Start der Teilanlagensteuerung wird von der Anlagensteuerung überwacht und initiiert. Die Kommunikation zwischen den Teilanlagensteuerungen ist über Synchronisationsmerker organisiert (siehe Bild 5.67).

Zu Beginn einer neuen Charge weist die Anlagensteuerung den Teilanlagensteuerungen die relevanten Teilrezepturen bzw. die dazugehörigen Parameterlisten zu. Dann werden alle Merker der vorhergehenden Charge gelöscht und die Teilanlagensteuerungen gestartet. TAS1 prüft zunächst den Prozeß-Anfangszustand (PA) z. B. Mischer 1 leer?. Nach Vorliegen von PA wird der Rührer gestartet, die Sollwerte für die Dosierzähler A, B, C (wie in der Teilrezeptur definiert) gesetzt und die Einlaßventile geöffnet usw. Nach Erreichen des für das Mischen formulierten Ziels (PS) wird der Merker 1, Flag) gesetzt, als Zeichen für die Reaktor-Steuerung, daß die Mischung bereit zum Transfer in den Reaktor ist.

Gleichzeitig wird in der TAS1 abgefragt, ob schon Merker 2 gesetzt wurde, d. h. ob der Reaktor bereit zur Übernahme ist. Die TAS1 verbleibt solange in einer Abfrage-Schleife bis das Ergebnis eingetreten ist.

TAS2 prüft zunächst den Prozeß-Anfangszustand PA: Reaktor leer? und Merker 1 gesetzt: ist die Mischung fertig? Die TAS2 verbleibt solange in einer Abfrage-Schleife (Operation OA) bis das Ergebnis eingetreten ist, um dann den Prozeß in PA zu überführen. Dieser Zustand wird nicht sofort erreicht. Die TAS2 muß warten bis der Teilprozeß 1 den für die Kopplungsbedingung erfüllten Prozeßzustand (Mischung beendet) erreicht hat. Es entsteht so eine unproduktive Wartezeit.

Es ist dies aber der typische und häufige Fall eines „Fixen-Starts“ einer Produktionsanlage im Gegensatz zu dem komplexeren Problem eines „Rollenden-Starts“, d. h. der Bereitstellung oder Start einer Teilanlage zum Zeitpunkt der tatsächlichen Anforderung.

Ist die Prozeßzustandsänderung, gekennzeichnet durch Merker 1, eingetreten, beginnt das Entleeren des Mischers in den Reaktor. Die TAS2 startet dazu den Rührer des Reaktors, die Pumpe Pl und öffnet das Ablaßventil V10 am Mischer.

Ob man das wirklich von der TAS2 ausführen läßt, ist eine Frage wie man die Grenze einer Teilanlage und damit zu der Teilanlagensteuerung definiert. Wenn man so verfährt wie hier beschrieben, ist die Pumpe Pl und das Ventil V10 der Eingang von Teilanlage 2. Dies hatte bei den früheren zentralen Rechnern mit einer gemein-

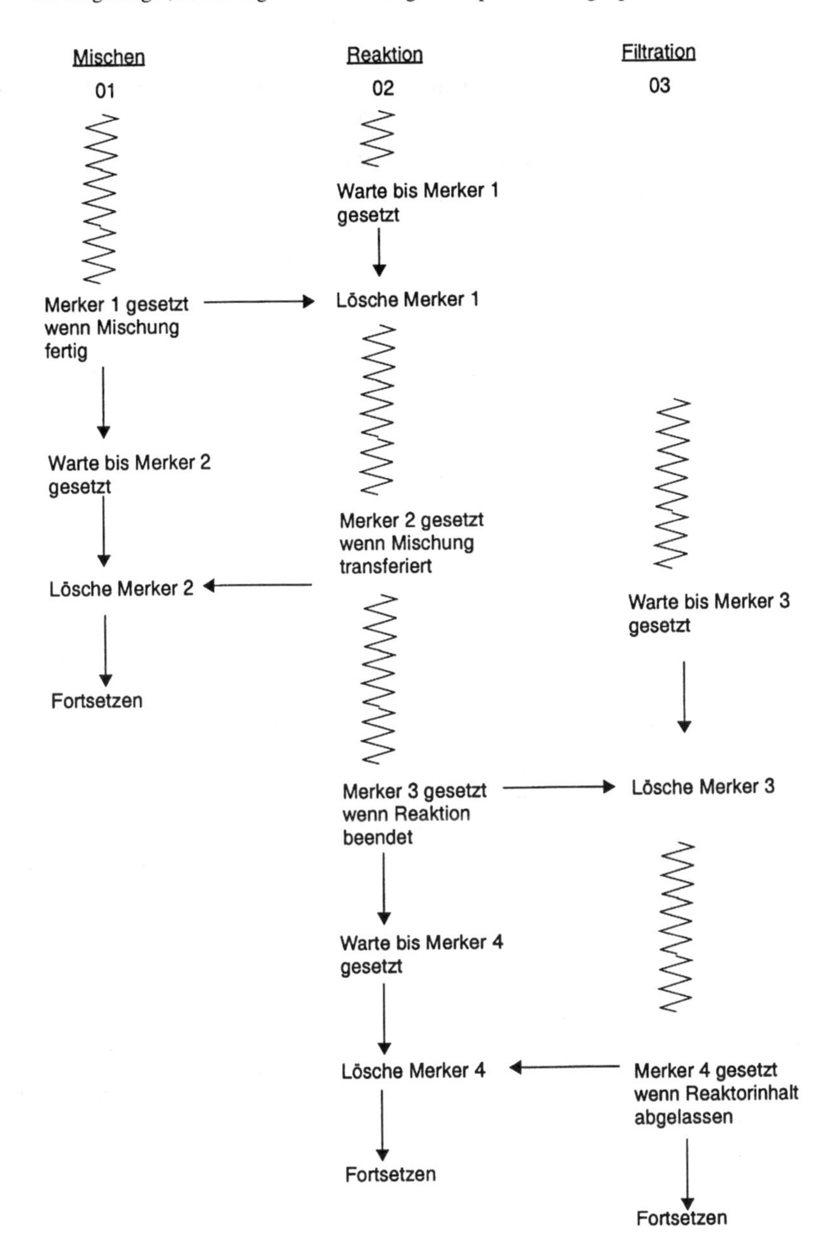

Bild 5.67 Ablaufplan und Darstellung der Kopplungen zwischen den Teilanlagen

samen Datenbasis keine Bedeutung; kann jedoch bei den heutigen verteilten Systemen ein Problem werden.

Der Merker 1 wird zurückgesetzt, da die Teilprozesse 1 und 2 nun ihre Zustände ändern. Ist der Mischer entleert (laufende Abfrage des Höhenstandes LI am Mischer), wird in der TAS1 der Merker 2 gelöscht. Der Teilprozeß 1 geht durch die Operation OE in den Endzustand PE. OE würde in dem Beispiel im Stoppen des Rührers S1 von Mischer 1 bestehen. Die TAS1 wird inaktiv.

Mit dem Erreichen des Endzustandes PE für den Teilprozeß 1 steht die Teilanlage 1 wieder für einen neuen Ansatz bereit.

Der Teilprozeß 2 wird durch die Operationen Zudosieren von Stoff D und E, Aufheizen auf Reaktionstemperatur und Reagieren für eine im Teilrezept definierte Zeit in das für diesen Prozeß formulierte Ziel PS überführt und danach der Merker 3 gesetzt: „Reaktion beendet".

Der Prozeß verharrt nun im Zustand PS und wartet darauf, daß der Merker 4 gesetzt wird, der anzeigt, wenn der Reaktorinhalt komplett auf das Filter gepumpt wurde.

Die TAS3-Filtration wurde auch bereits gestartet. Zu Beginn dieses Prozesses wird geprüft, ob der Filterkuchen beseitigt wurde (Operateur-Bestätigung: Filterpresse ist in Ordnung) und ob die Filterpresse korrekt geschlossen wurde (Abfrage eines Schalters). Wenn dem nicht so ist, ergeht Mitteilung an den Operateur: „Die Presse zu schließen".

Die TAS3 prüft dann eine weitere Prozeß-Anfangsbedingung: Wurde Merker 3 gesetzt? (Reaktion beendet). Die TAS3 verbleibt solange in einer Abfrage-Schleife (Operation OA) bis das Ereignis eingetreten ist, um dann den Prozeß in PA zu überführen. Auch hier muß die TAS3 warten bis der Teilprozeß 2 den für die Kopplungsbedingungen erfüllten Prozeßzustand (Reaktion beendet) erreicht hat.

Ist die Prozeßzustandsänderung, gekennzeichnet durch Merker 3, eingetreten, wird der Reaktorinhalt auf das Filter abgelassen. Dazu wird das Ventil V20 geöffnet und die Pumpe P2 gestartet. Wir haben hier wieder das gleiche Abgrenzungsproblem von Teilanlagen.

Das für diesen Verfahrensschritt (Filtration) formulierte Ziel PS ist erreicht, wenn der Reaktor leer ist (Abfrage von Höhenstand L2).

Es wird dann der Merker 4 gesetzt, damit die Teilanlagensteuerung 2 weiterlaufen kann.

Die TAS2 wird durch OE in den Endzustand PE überführt. Auch hier besteht OE wiederum im Stoppen des Rührers S2 des Reaktors und des Löschens von Merker 4. Dann wird die TAS2 inaktiv gesetzt.

In der Teilanlage 3 (der Filterpresse) wurden zur gleichen Zeit die Pumpe P2 gestoppt und das Ventil V20 geschlossen. Das für diesen Verfahrensschritt formulierte Ziel PS wurde damit erreicht.

Der Endzustand des Teilprozesses 3 ist jedoch erst erreicht, wenn die Filterpresse für 10 Minuten mit Wasser gespült und wenn der Filterkuchen entfernt wurde. Die Ende-Operation OE besteht darum im Öffnen des Spülventils und im Starten der Pumpe P2. Nach 10 Minuten Spülzeit werden diese Operationen wieder rückgängig gemacht. Das Entfernen des Filterkuchens ist eine manuelle Operation. Deren Beendigung wird durch Quittieren bestätigt. Die TAS3 wird dann inaktiv gesetzt.

In dem schon weiter oben zitierten NAMUR AK 2.3 externen Papier wird eine Synchronisation anhand von Prozeßereignissen diskutiert. Derartige Synchronisationen könnten nach dem Kommunikationsmodell der IEC 1131-3 über Zugriffspfade realisiert werden. Dazu heißt es im einzelnen:

Prozeßereignisse werden in der Regel zur Synchronisation von Grundoperationen und Grundfunktionen innerhalb derselben Teilanlage benötigt. Sie sind über Teilanlagen hinaus zur Synchronisation, aber auch mindestens dann notwendig, wenn für zwei mindestens aufeinanderfolgende Teilrezepte unterschiedliche Teilanlagen belegt werden, so daß der notwendige Produkttransfer synchronisiert werden muß. Darüber hinaus ist es in einer Reihe von Fällen erforderlich, eine Synchronisation über Teilrezepte und damit über Teilanlagen hinaus zu ermöglichen (z. B. das rechtzeitige Ansetzen eines Verdickers für die Endeinstellung in einer parallelen Teilanlage). Derartige Synchronisationen können nach dem Kommunikationsmodell der IEC 1131-3 über Zugriffspfade realisiert werden (Bild 5.68).

Prozeßereignisse können mit den in der IEC 1131-3 definierten Elementen der Verknüpfungslogik (Funktionsbausteinsprache, Kontaktplan, Anweisungsliste und strukturierter Text) aus Prozeßsignalen abgeteilt werden. Vornehmlich sollten hierbei die grafischen Sprachen Verwendung finden. Die so abgeleiteten Prozeßereignisse können nach dem ebenfalls in der IEC 1131-3 beschriebenen Kommunikationsmodell mit der Möglichkeit der Datenflußverbindung über globale Variable für die Transitionen in den Funktionsplänen der Grundoperationen bzw. Grundfunktionen zur Verfügung gestellt werden.

Zusammenfassung

Die Teilanlagensteuerungen der einzelnen Teilanlagen sind im Sinne der Führung von Anlagen insgesamt zu koordinieren. Dazu dient die hierarchisch überlagerte Anlagensteuerung. Insgesamt erhält man auf diese Weise, ausgehend von den einzelnen Aktoren einer Teilanlage, eine an der verfahrenstechnischen Aufgabe orientierte hierarchische Struktur über fünf Ebenen (Bild 5.69)

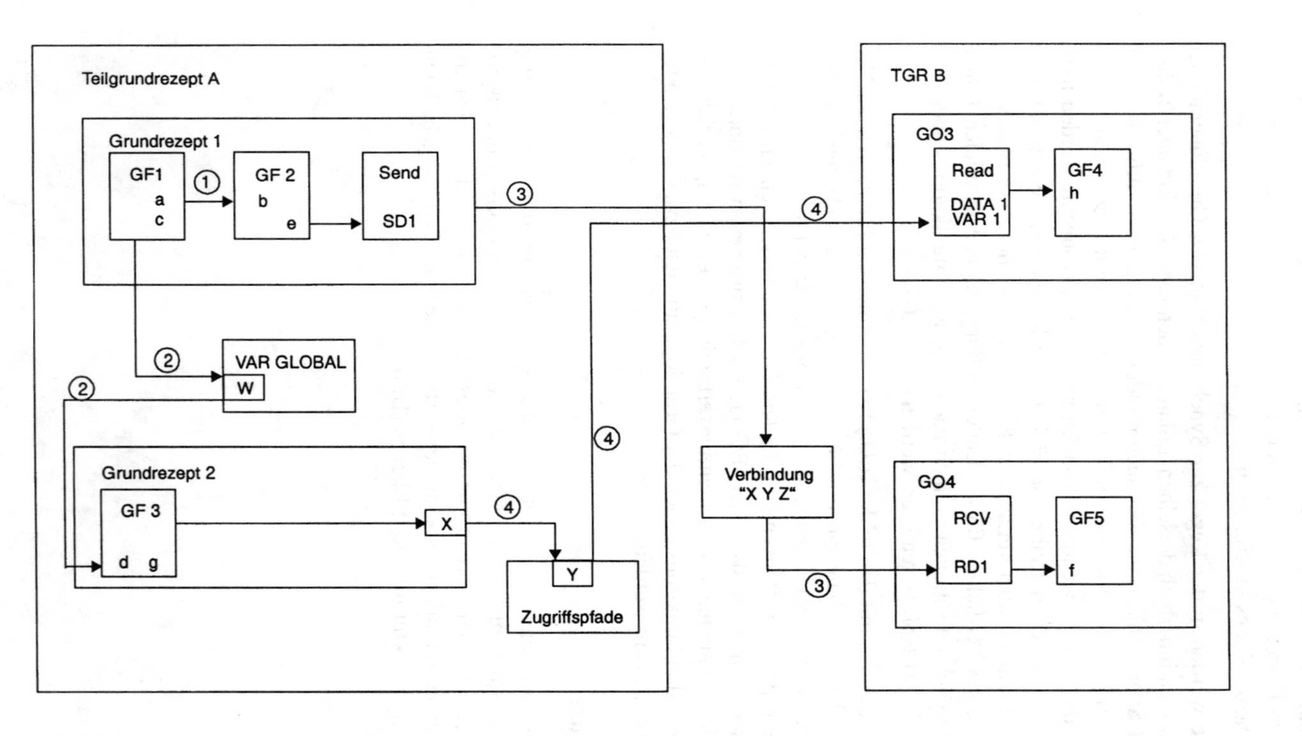

Bild 5.68 Synchronisation von Grundoperationen und Grundfunktionen mittels Kommunikationsmodell der IEC 1131-3 (nach einer Idee von Kersting, Obmann des NAMUR AK 2.3)

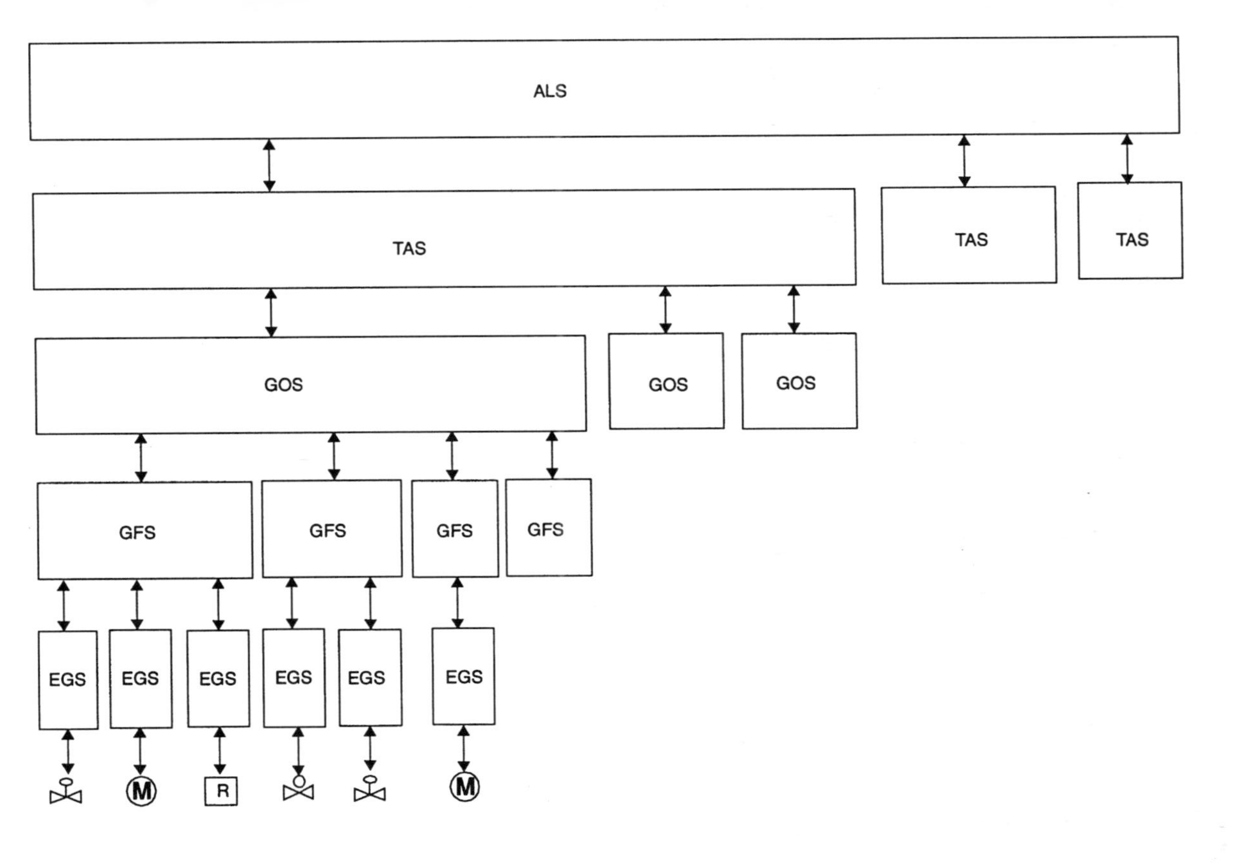

Bild 5.69 Hierarchischer Aufbau aller Steuerungsebenen zur Prozeßführung

Literatur zu Kapitel 5.2.3

[Brombacher (1993)]: Brombacher, M.: Ein Konzept zur Validierung von Prozeßleitsystemen in Anlagen der pharmazeutischen Produktion. Automatisierungstechnische Praxis 35, Jg. 1993, Heft 12, S. 656–665

[Graf (1991)]: Graf, O.: Standardisierte Grundfunktionen verringern Softwareaufwand bei TELEPERM M. Engineering & Automation 13 (1991), Heft 3, S. 10–13

[Hanisch u. a. (1984)]: Hanisch M.-M.; Helms, A.: Formalisierte Beschreibung der Aufgabenstellung zur Ablaufsteuerung von Chargenprozessen in Anlagen mit flexibler Struktur. Messen, Steuern, Regeln Berlin, 27 (1984) 5, S. 200–203

[Hanisch (1993)]: Hanisch, H.-M.: Hierarchische Modellierung und Analyse diskreter Steuerungssysteme. Mitteilung aus dem Fachbereich Chemietechnik, Lehrstuhl für Anlagensteuerungstechnik, Universität Dortmund

[Hanisch u. a. (1993)]: Hanisch, H.-M.; Wöllhaf, K.: Modellierung, Analyse und Simulation rezeptgesteuerter Chargenprozesse. Mitteilung aus dem Lehrstuhl Anlagensteuerungstechnik, Fachbereich Chemietechnik, Universität Dortmund

[Horst u. a. (1989)]: Horst, K.-M.; Lieners, J.-J.: Modulare Software für die Automatisierung von funktionellen Verfahrensbereichen mit dem Prozeßleitsystem TELEPERM M. Automatisierungstechnische Praxis 31 (1989), Heft 6, S. 282–286

[Metzing u. a. (1985)]: Metzing, P.; Stephan, K.: Steuerungsaufgaben und Steuerungsentwurf bei Chargenprozessen der Chemieindustrie. Chem.-Techn. 37, September 1985, Heft 9, S. 10–13

[Prins u. a. (1987)]: Prins, L.; Stäheli, J.: Zur Automatisierung von diskontinuierlichen Vielzweckanlagen in Chemiebetrieben. Regelungstechnische Praxis, 1987, Heft 9, S. 256–261

Kapitel 6: Entwurfsmethoden für die Steuerungsaufgaben in Chargenprozessen

6.1 Die Situation

Die Entwurfssituation ist zur Zeit noch weitgehendst durch eine *intuitive Vorgehensweise* gekennzeichnet. Dies liegt unter anderem auch an den unmethodischen und nur verbalen Verfahrensbeschreibungen. Diese sind meistens nicht hinreichend detailliert, oft unvollständig und überdies noch während der Vorbereitung der Produktion häufigen Änderungen unterworfen. Erfahrungsgemäß ist es sehr schwer, auf dieser Basis in nur einem Schritt zu einer Darstellung des Prozesses als Folge exakt definierter Werte der Prozeßgrößen und Operationen zu gelangen.

Die bisher bekannten Entwurfsmethoden und -verfahren werden den Anforderungen bei komplexen Chargenprozessen nicht hinreichend gerecht. Vor Einführung des NAMUR-Grundoperationen-Konzeptes (und vielfach ist das noch heute der Fall) entwickelte ein Betrieb oder die zugehörige Forschungsabteilung auf „Wunsch des Marktes" und vorhandener Anlagenstrukturen eine Verfahrensvorschrift (Rezept), das gleich speziell auf die vorhandene Anlage bezogen ist. Sofern diese Anlage automatisiert werden sollte, erzeugte ein EMR-Fachmann aus dieser Verfahrensvorschrift und einem technologischen Schema oder auch R & I-Schema bzw. auch nur durch Anlagenwissen ein Steuerprogramm (Steuerrezept) als monolithische Folge von Steueranweisungen, rein Hardware-orientiert, für ein Steuerungssystem (Prozeßrechner, Prozeßleitsystem, speicherprogrammierbare Steuerung, PC). Dieses Steuerprogramm war (ist) nicht auf andere Anlagen übertragbar; auch für kleinste Änderungen mußte (muß) der Steuerungsfachmann hinzugezogen werden. Wegen des bekannten Software-Flaschenhalses blieb es vielfach bei diesem einen Programm, und die Anlagen wurden nach Produktänderungen meistens nicht mehr nach Steuerprogrammen, sondern von Hand gefahren.

Die neue Vorgehensweise ist wohlbekannt. Der Betrieb soll aus leittechnischen Grundoperationen ein Rezept erstellen können, das sich mittels einer einmalig durch die EMR (PLT) realisierten Umsetzung in Steueroperationen (Phasen) im Steuerungssystem (meistens ein PLS) automatisch in ein Steuerrezept übertragen läßt. Der Betrieb soll in bezug auf Umstellungen oder Neuerstellung von Rezepturen völlig autark sein.

Voraussetzung ist eine rationale Zerlegung des Prozesses (Verfahrens) in leittechnische Grundoperationen, die jeweils genau eine technologische Operation (Verfahrensschritt) umfassen. Mit der leittechnischen Grundoperation muß sich eine technologische Operation vollständig beschreiben lassen, wobei darauf zu achten ist, daß die leittechnischen Grundoperationen apparateneutral definiert sind. Die Anzahl der je Charge notwendigen und immer wieder gleichen leittechnischen Grundoperationen liegt im allgemeinen zwischen 10 und 30. Man wird sich daher bemühen, die

Grundoperationen als mehrfach verwendbare Standardlösungen zu beschreiben, deren formale Parameter in der Ablaufstruktur beim Übergang zur Steueroperation durch konkrete Prozeßzustands- und Operationsvariable, die in speziellen Listen erfaßt sind, ersetzt werden.

Mit den erstellten leittechnischen Grundoperationen läßt sich dann jeder (zumindest für eine Produktklasse) Prozeß im Betrieb in einem Grundrezept beschreiben. Die Schnittstellen zum und vom Rezept sollen eindeutig definiert sein, wodurch jedes Rezept jederzeit auf verschiedene Anlagen übertragbar wird.

Zur optimalen Bestimmung von leittechnischen Grundoperationen als apparateneutrale, verfahrensbezogene Einheitsfunktionen müssen geeignete Entwurfsmethoden eingesetzt werden, die in enger, fachgebietsübergreifender Zusammenarbeit von Fachleuten aus der Chemie, Verfahrenstechnik und Automatisierungstechnik bei der Formulierung der technologischen Aufgabenstellung beginnen und mit der technischen Realisierung der Steuerung enden.

Wie schon erwähnt, orientiert sich die traditionelle Entwurfsmethode an der vorgegebenen Anlagenstruktur, auch als Bottom-up-Methode beschrieben. Die zu automatisierende Anlage wird ausgehend von den im R & I-Schema dargestellten Einheiten strukturiert. Nach dem Beispiel zur Herstellung der Feinchemikalie LMN in der dritten Vorstufe ergäben sich folgende Strukturblöcke:

- Vorlagen 1, 2 und 3
- Erdtank
- Reaktor 4
- Destillationsaufsatz
- Absorber und
- Reaktor 5 (Bilder 5.3.4 und 5.3.5).
- Die Ermittlung der Grundoperationen erfolgt dann ausgehend von der jeweiligen Teilanlage bzw. Apparatur durch:
  - verbale Beschreibung des Verfahrens, z.B. der dritten Vorstufe (um im Beispiel zu bleiben), Bild 5.3.3
- Auflistung aller verschiedener Schritte als Grundoperation (Bild 5.3.6) wie
  - Vorlegen Lösemittel M
  - Zugeben Reagenz 1 und 2
  - Aufheizen auf Siedetemperatur
  - Destillieren usw.
- Beschreibung der den Grundoperationen zugeordneten Grundfunktionen, Befehle und Parameter (Bilder 5.3.7 und 5.3.9).

Der Nachteil der beschriebenen Methode liegt darin, daß die Grundoperationen ausgehend von der gegebenen Anlagenstruktur, also auf empirischem Wege, ermittelt werden. Die entstandene Software ist somit lediglich auf den seltenen Fall ausführungsidentischer Prozesse und installationsidentischer Anlagen übertragbar.

Die allgemeine Zielsetzung ist aber eine apparateneutrale verfahrensbezogene Einheitsfunktion bzw. mehrfach verwendbare Standardlösung, die auf alle Verfahren (zumindest einer Produktklasse) anwendbar und auf unterschiedliche Anlagen übertragbar ist. Geibig hat darum in [Forst, H. J. (1989)] die Ableitung von Grundoperationen mit Hilfe von Struktur- und Flußdiagrammen (Top-down-Methode) vorgeschlagen. Ein hierzu geeignetes Hilfsmittel ist die aus der Software-Entwicklung her bekannte „Structured Analysis and Design Technique"-(SADT-)Methode.

Die SADT-Methode

Das Verfahren beruht auf der hierarchischen Zerlegung des Gesamtprozesses unter systematischer Eliminierung nicht disjunkter Funktionen und gliedert sich in folgende Schritte:

- Zerlegung des zu analysierenden Problems in widerspruchsfreie Teilmengen,
- Darstellung der Teilmengen in Strukturdiagrammen,
- verbale Beschreibung der Strukturblöcke,
- Darstellung der Zusammenhänge zwischen den Strukturblöcken in Flußdiagrammen,
- Erarbeitung von Ablauf- bzw. Funktionsplänen.

Bei aller Systematik der SADT-Methode ergibt sich jedoch keine so klare Gliederung in Ebenen, wie sie z. B. die NAMUR NE33 vorsieht. Im Gegenteil, nach einer Arbeitsregel (ICOM-Code) dieser Methode (Bild 6.1) ergeben sich grundsätzlich drei Arten von Operationen (Bild 6.2):

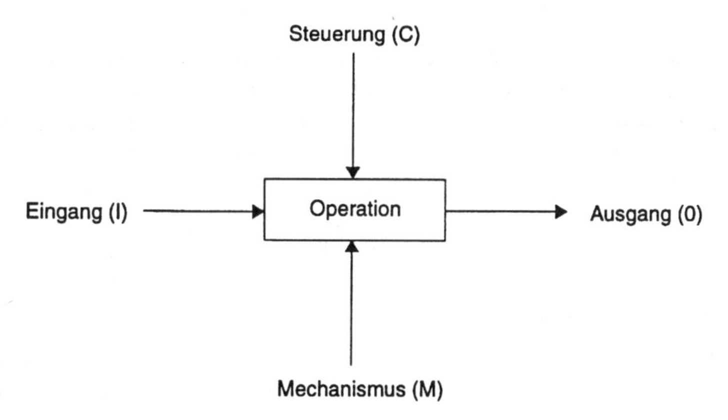

Bild 6.1 Arbeitsregel zur Darstellung in Datenflußdiagrammen, genannt ICOM (Input, Control, Output, Mechanism) nach [Geibig (1989)]

- komplexe Operationen, die im Stoffstrom liegen (aus Grundoperationen zusammengesetzt), z. B. Ansatz fahren; sie werden im Flußdiagramm in der Diagonalen dargestellt;
- Grundoperationen, die mit Energie- und Stoffeintrag verbunden sind, z. B. Heizen, Kühlen, Rühren; sie werden links unten dargestellt;

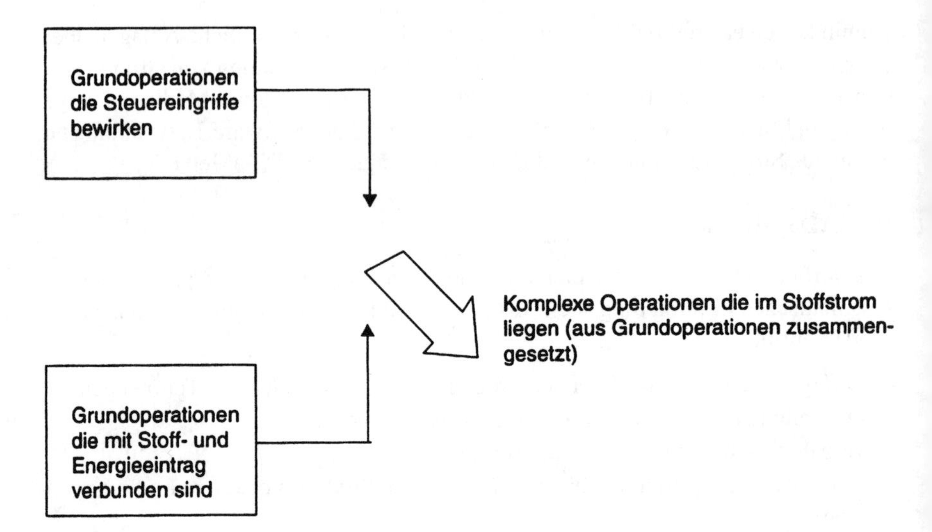

Bild 6.2 Anordnung der Operationen nach der SADT-Methode [Geibig (1989)]

- Grundoperationen, die Freigabe- und Steuerbedingungen darstellen, z. B. Betriebsbedingungen prüfen; sie werden nach dieser Methode links oben dargestellt.

Die so ermittelten Grundoperationen beschreiben konsequent nicht, was im Inneren eines Apparates geschieht, sondern wie von außen auf den Apparat eingewirkt wird.

Dies wird aber nach den Grundsätzen der NAMUR NE33 anders vorgegeben. Demnach sind die Operationen, die im Stofffluß liegen, die in der NE33 definierten leittechnischen Grundoperationen, und die von außen auf den Apparat einwirkenden Funktionen sind Grundfunktionen im Sinne der NE33. Wobei man jedoch nach der SADT-Methode die Grundfunktionen jetzt gliedern kann in Grundfunktionen mit Energie- und Stoffeintrag und Funktionen, die Freigabe-, Quittierungs-, Befehlsarten- und Betriebszustandsbedingungen für die Grundoperationen darstellen (Bild 6.3). Denn es kann Funktionen geben, die nicht mit einer Technischen Funktion verknüpft sind, sondern z. B. einen Dialog mit dem Anlagenfahrer abwickeln.

Die SADT-Methode beschreibt eine zweckmäßige Gliederung allerdings für andere Anwendungen als für die Ermittlung von Grundoperationen. Vor allem enthält sie keinen Hinweis darauf, auf welcher Ebene der Zerlegung die Ermittlung der Grundoperationen vorgenommen werden soll. Diese Stufe wird vorgegeben durch die in der NAMUR-Empfehlung NE33 festgelegten Ebenen und Grundsätze, die jedoch auch keine Angaben darüber enthalten, *wie* die Grundoperationen zu ermitteln sind.

Fassen wir zusammen: was ist gegeben, und wie ist das Gegebene beschaffen:

- Wir beschreiben einen Prozeß in einem Verfahren.
- Ein Verfahren wird durch *räumliche Dekomposition* in Verfahrensabschnitte (Teilprozesse) unterteilt, die jeweils auf einer autarken Teilanlage (Prozeßeinheit, Apparat) ablaufen,

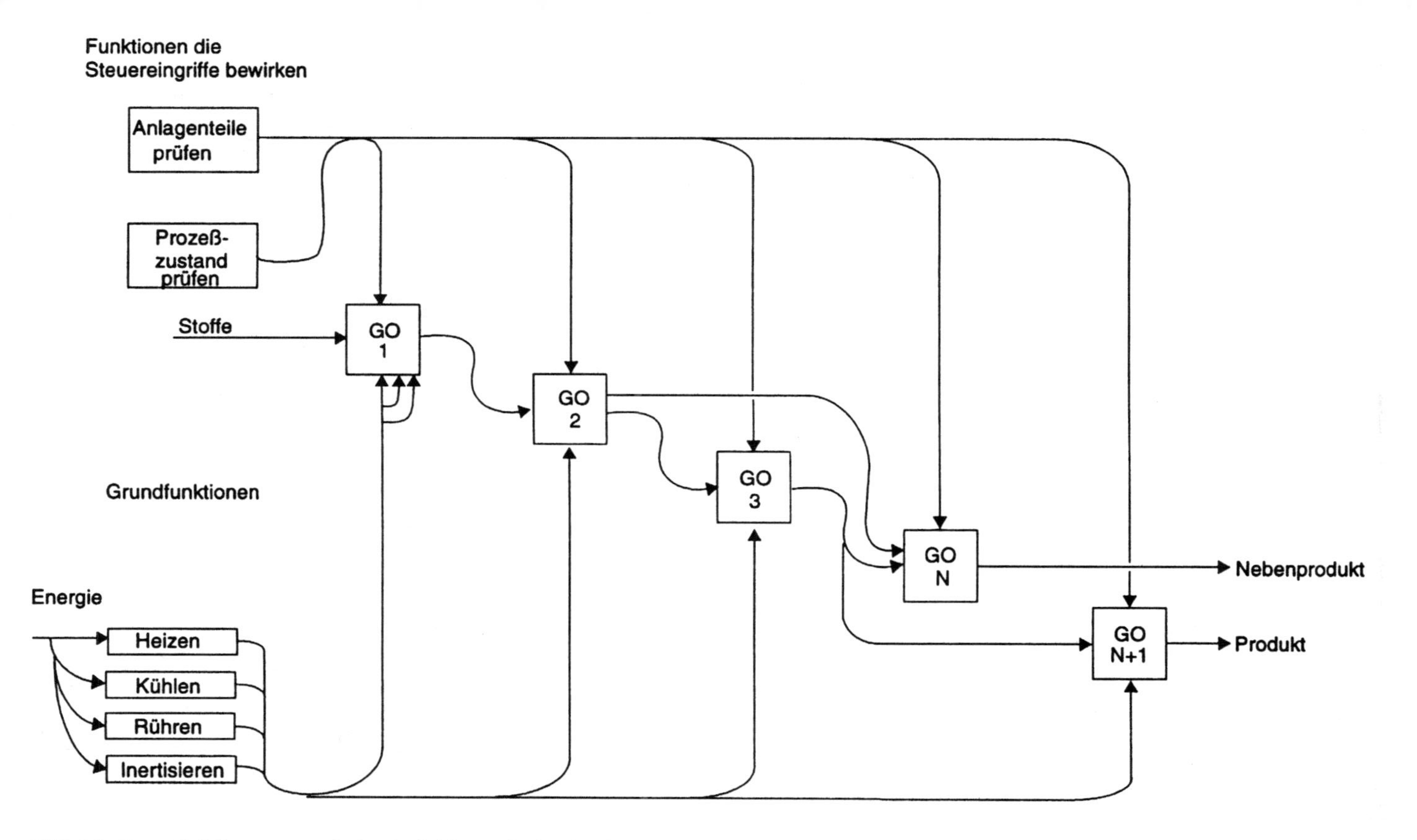

Bild 6.3 Datenflußdiagramm nach den Definitionen der NAMUR NE 33

– und durch *zeitliche Dekomposition* in Verfahrensschritte bzw. chemisch-technische Grundoperationen bestimmt, die zeitlich nacheinander auf einer Teilanlage (Prozeßeinheit, Apparat) ablaufen (Bild 6.4).

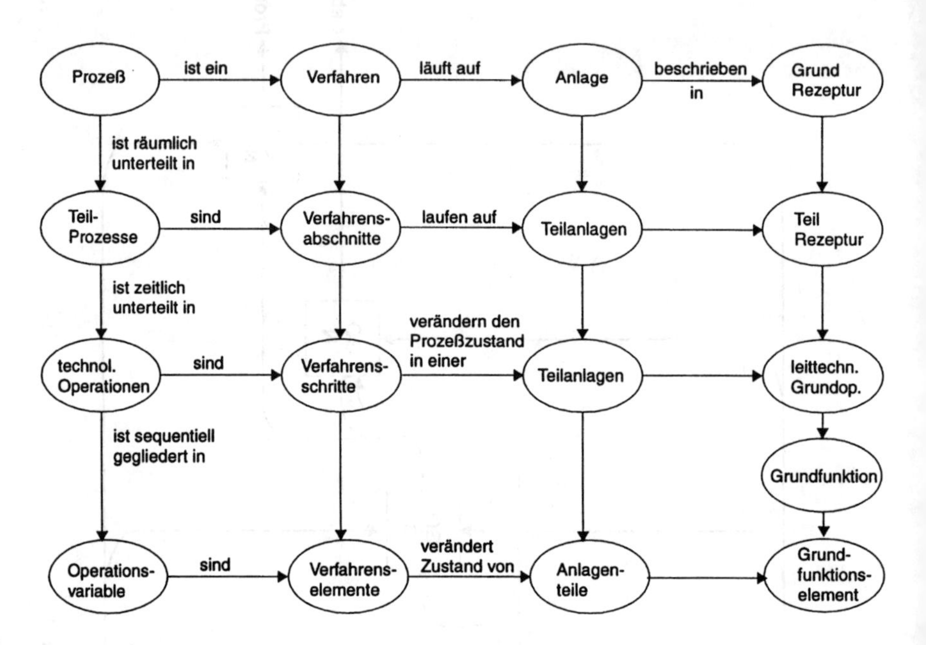

Bild 6.4 Gegenüberstellung der Begriffe Prozeß, Verfahren, Anlage, Rezeptur

Der Verfahrensschritt

Der Begriff Verfahrensschritt ist an dieser Stelle besonders geeignet, da man damit in der Begriffswelt des Verfahrens, Verfahrensabschnitt – Verfahrensschritt, bleibt. Andererseits legt man sich mit dem Begriff Verfahrensschritt nicht so sehr fest wie mit dem Begriff chemisch-techn. Grundoperation. Es fällt darum auch leichter, von einem Verfahrensschritt – der in jedem Fall eine technologische Operation darstellt – eine (möglichst 1:1) Beziehung zu einer leittechnischen Grundoperation herzustellen, als es von einer chemisch-technischen Grundoperation aus, oder was noch schwieriger wäre, von einer verfahrenstechnischen Grundoperation nach DIN 28004 aus möglich wäre. Überhaupt zeigt es sich immer wieder, daß die Einbeziehung des Begriffs der „Verfahrenstechnischen Grundoperation" keine Erweiterung des Verständnisses bei dem Entwurf von Steuerungen für Chargenprozesse gebracht hat.

Dagegen läßt sich nach [Helms u. a. (1989)] ein Verfahrensschritt definieren als ein Teil des Chargenprozesses, in dem der Wert einer wesentlichen Prozeßgröße zielgerichtet so geändert wird, daß er einen gewünschten Bereich erreicht. Das Erreichen dieses Bereiches wird als Abbruchkriterium des Verfahrensschrittes bezeichnet, löst eine qualitative Veränderung in der Ablaufsequenz des Prozesses aus und beendet den Verfahrensschritt.

6.2 Eine theoretisch fundierte und praktisch erprobte Entwurfsmethode nach [Helms u. a. (1989)]

Es ist dies eine Methode, die sehr gut zur Ermittlung von Grundoperationen geeignet ist. Diese Methode beruht auf der systematischen Zerlegung eines Verfahrens in Verfahrensschritte. Dazu ist es meist vorteilhaft, das gesamte Verfahren [den einzelnen Chargenprozeß,, besser noch die Mengen von Chargenprozessen, die das diskontinuierliche, verfahrenstechnische System z. B. einer Produktklasse (z. B. alle Verfahren der Phenol-Harz-Herstellung) bilden] in einzelne Verfahrensschritte zu unterteilen.

Strukturierung von Verfahrensschritten

Die Verfasser halten es jedoch nicht für sinnvoll, hier zwingende Kriterien anzugeben, nach denen eine Unterteilung des Verfahrens in Verfahrensschritte zu erfolgen hat. Hier sollen Erfahrungen und Intuition, in gewissem Maße auch die vertrauten Denkweisen des Betriebes ihre Anwendung finden. Oberstes Ziel ist die **technologische Anschaulichkeit.**

Zur Beschreibung eines jeden Verfahrensschrittes gehören Angaben über:

- den Apparatetyp, in dem der Verfahrensschritt abläuft
- die notwendigen MSR-(PLT-)Stellen (entsprechend dem technologischen Schema)
- die Stellung wichtiger binärer Stellglieder bzw. Bedingungen bei Beginn und Ende des Verfahrensschrittes (siehe auch Bild 5.3.15 Ablaufgraph des ungestörten Ablaufs der Grundoperationssteuerung G09 „Reaktion“)
- evtl. bereits bekannte Details zu einzelnen Operationen innerhalb des Verfahrensschrittes
- die mittlere Dauer des Verfahrensschritts (falls bekannt)
- das Abbruchkriterium des Verfahrensschritts.

Von besonderer Bedeutung ist die Wahl des Abbruchkriteriums. Es sollte sich nach Möglichkeit auf eine meßbare Prozeßgröße beziehen, also z. B. „Siedetemperatur ≥ 81,5°C“. Die Angabe eines zeitlichen Abbruchkriteriums, z. B. „Absitzzeit: ≥ 20 min“, kann grundsätzlich nur ein Ersatz für nicht meßbare oder nicht gemessene Größen (hier Trennschicht) sein. Bild 6.5a zeigt eine Möglichkeit, diese Angaben in einer strukturierten Form zu erfassen. Sie wurde vom Autor noch um Kriterien für den Halt bzw. Abbruch beim gestörten Verlauf des Verfahrensschrittes ergänzt. Bild 6.5b zeigt ein Beispiel.

Damit sind in eindeutiger Weise Informationen zur Bildung standardisierfähiger Grundoperationen gemacht. Die Diskussion um mächtige oder weniger mächtige

<table>
<tr><td colspan="3">Name und Nummer des Verfahrensschrittes
Bedingungen zum Beginn des Verfahrensschrittes
Zeitdauer
Bedingung zur Beendigung des Verfahrensschrittes</td></tr>
<tr><td>Während des Verfahrensschrittes belegte Apparate</td><td colspan="2" rowspan="1">zu betätigende Stellglieder</td></tr>
<tr><td>benötigte Meßstellen</td><td>zu Beginn des Verfahrensschrittes</td><td>zum Abschluß des Verfahrensschrittes</td></tr>
<tr><td colspan="3">Bedingung die zum HALT führt
Bedingung die zum ABBRUCH führt</td></tr>
</table>

Bild 6.5a Allgemeiner Aufbau der Struktur eines Verfahrensschrittes (Verfahrensablaufplan-Detail) nach [Helms u. a. (1989)]

<table>
<tr><td colspan="5">Reaktion (+ Nachreaktion) 09
- Rohrleitung zur Absorption freischalten
- Temperatur im Reaktor < 45 °C
- Reagenz 3 einleiten
- Dauer: 08' + 55'
- Ende: .....kg Reagenz 3 eingeleitet, Wartezeit 55' abgelaufen</td></tr>
<tr><td>Rührwerksreaktor
Absorptionskolonne
Waagenvorlage</td><td rowspan="2">A.-Ventil zu Absorption
A.-Ventil Kühlwasser
A.-Ventil Waagevorlage
A.-Ventil Reaktoreinlaß</td><td rowspan="2">1
1
1
1</td><td rowspan="2">A.-Ventil zu Absorption
A.-Ventil Kühlwasser
A.-Ventil Waagevorlage
A.-Ventil Reaktoreinlaß</td><td rowspan="2">0
0
0
0</td></tr>
<tr><td>Waagevorlage WIS01
Temp.-Kaskadenregelung TIC01/02
Temp.-Grenzwert TIS01</td></tr>
<tr><td>Menge Reagenz 3 reicht nicht
Rührerausfall
Ausfall des Absorbers
Temperaturerhöhung > 50 °C

Temperaturerhöhung > 60 °C</td><td colspan="4">- HALT
- HALT, Reagenz 3 gestoppt
- HALT, Reagenz 3 gestoppt
- HALT, Reaganz 3 gestoppt,

- Abbruch, Reagnez 3 gestoppt,
- 200 l Wasser in Reaktor</td></tr>
</table>

Bild 6.5b Beispiel eines VAP-Details, entsprechend dem Verfahrensschritt „Reaktion zur Herstellung der Feinchemikalie LMN"

Grundoperationen erübrigt sich damit. Die so gewonnene Grobstruktur des – bis hierhin nur hinsichtlich der technologischen Operation, seiner Anfangs- und Endebedingung formulierten – Verfahrensschrittes bzw. Grundoperation wird nun durch Einfügen der erforderlichen Grundfunktionen, zur Ausführung dieser technologischen Operation, präzisiert.

Als ein formalisiertes Darstellungsmittel ist der Funktionsplan nach DIN 40719 Teil 6 geeignet. Den Schritten werden Grundoperationen zugeordnet. Den Aktionen bzw. Befehlen werden Grundfunktionen mit ihren Parametern zugeordnet (Bild 6.6).

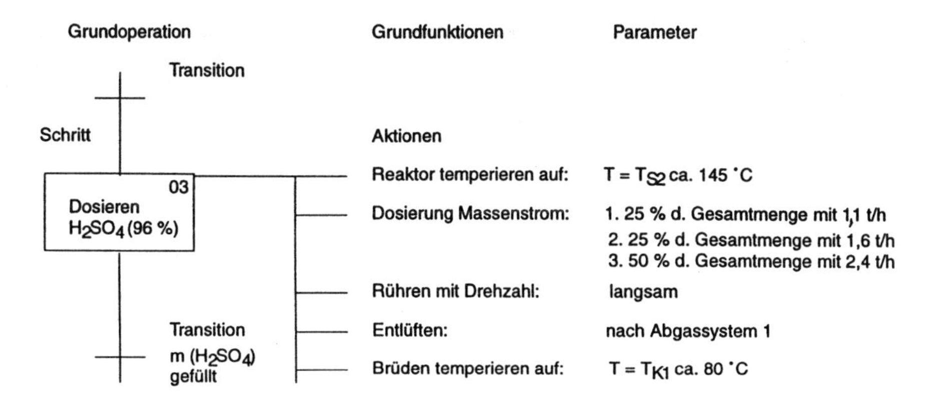

Bild 6.6 Darstellung einer Grundoperation zum Dosieren von H_2SO_4 mit den zugehörigen Grundfunktionen

Diese Methode ist aus eigener Erfahrung auch eine geeignete Darstellungsform für erste Gespräche zwischen Technologen, Verfahrens- und Automatisierungstechnikern während der Projektphase. Nach Art eines „fill in the blank“ versieht man ein vorformatiertes Blatt mit den Elementen eines Funktionsablaufplanes, den Schritten, Weiterschaltbedingungen und Befehlen (Aktion).

An die Schritte, die Grundoperationen darstellen sollen, schreibt man zunächst nur die vom Technologen benutzte betriebsindividuelle Bezeichnung. An die Befehlsausgänge (Aktionen) trägt man aus Erfahrung oder durch Befragung alle erforderlichen Grundfunktionen für den gedachten Prozeß ein. Nicht erforderliche Grundfunktionen werden im Gespräch gestrichen. Erforderliche Grundoperationen werden durch Parameter ergänzt. Es ist somit auch sichergestellt, daß bereits in den Vorgesprächen eine große Präzisierung des Problems erfolgt. Dies ist besonders im Hinblick auf die nur verbalen Verfahrensbeschreibungen wichtig.

Strukturierung des Gesamtverfahrens

Für die Beschreibung eines Gesamtverfahrens werden die Verfahrensschritte (Grundoperationen) entsprechend der technologischen Reihenfolge geordnet. Eine solche Ordnung kann grafisch ähnlich einem Funktionsablaufplan notiert werden. Die Verfahrensschritte werden als Rechtecke dargestellt und sind nur noch mit ihrem Namen und ihrer Nummer beschriftet. Die übrigen Angaben sind dem Verfahrensschritt-Detail (s. o.) zu entnehmen bzw. werden jetzt in der Diskussion mit dem Verfahrensgeber Stück für Stück mit den aktuellen Daten ausgefüllt.

Mit den formellen Mitteln aus den Funktionsablaufplänen nach DIN 40719 oder IEC können Alternativen bei der Nutzung gleichartiger Apparate (nebenläufige Produktion) oder Bedingungen, unter denen Verfahrensschritte oder Folgen von Verfahrensschritten mehrmals ausgeführt werden müssen (z. B. mehrmaliges Waschen eines Produktes), gekennzeichnet werden.

Damit entsteht nach [Helms u. a. (1989)] ein Verfahrensablaufplan-Überblick. Für das Beispiel zur Herstellung der Feinchemikalie LMN ist der VAP-Überblick in Bild 6.7 dargestellt.

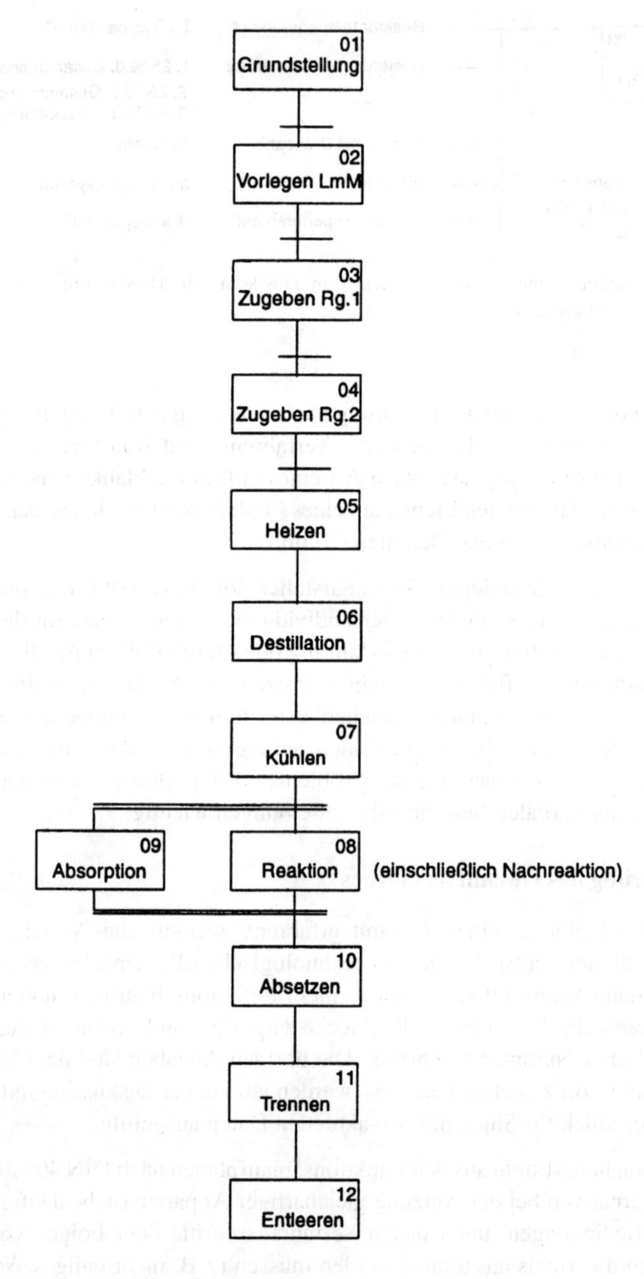

Bild 6.7 Verfahrensablaufplan-Überblick zur Feinchemikalie LMN

Der VAP ist nach Darstellung der Verfasser bewußt als recht frei zu handhabendes Darstellungsmittel konzipiert worden; formale Zwänge existieren kaum. Das wäre auch in dieser Phase der Aufgabenformulierung verfrüht. Der VAP soll im wesentlichen die verbale Verfahrensbeschreibung ergänzen oder ersetzen und – wo möglich – konkretisieren und vervollständigen. Meist ist ein VAP qualitativ viel höherwertiger als eine verbale Beschreibung. Der VAP (Detail eines Verfahrensschrittes und Überblick) bietet zusammen mit einem um die MSR-Stellen ergänzten technologischen Schema eine ausreichende Grundlage für weitere Detaillierung der diskreten Steuerungsaufgaben. Mit der Aufstellung des VAP werden so bereits grundlegende Aufgaben für die Zerlegung und Strukturierung des Gesamtprozesses gelöst. Parallele Abläufe und deren Verkopplungen können im VAP-Überblick bereits erkannt, allerdings noch nicht exakt dargestellt werden. Dazu sind die zu den Verfahrensschritten gehörenden technologischen Operationen im VAP-Detail erfaßt; sie müssen nunmehr bis in jede Einzelheit durchdacht und dokumentiert werden.

Hierbei wird man feststellen, ob es für alle geforderten Verfahrensschritte bereits die entsprechenden leittechnischen Grundoperationen und die ihnen entsprechenden Steueroperationen gibt.

Die bis hierher beschriebene Methode muß als Stufe der Grobbeschreibung angesehen werden und dient der Formulierung der technologischen Aufgabenstellung. Die Ergebnisform ist einmal die detaillierte Darstellung des Verfahrensschrittes (Verfahrensablaufplan-Detail) Bilder 6.5a und 6.5b, aus der sich die leittechnischen Grundoperationen herleiten lassen, und die Ermittlung der zeitlichen Aufeinanderfolge der Verfahrensschritte – die Strukturierung des Verfahrens – der Ablaufsequenz. Als Ergebnis ergibt sich der Verfahrensablaufplan-Überblick (Bild 6.7).

Es folgt nun im allgemeinen die Analyse der apparativen Ausrüstung hinsichtlich der Apparate, Stoff- und Energieströme. Die Ergebnisform ist ein Stoffflußschema und/oder ein Grundfließbild nach DIN 28004 (Bild 6.8).

Umsetzung der Grundoperationen in Steueroperationen (Phasen)

In dieser Phase erfolgt die bis in jede Einzelheit zu formulierende Festlegung der Operationsvariablen und zu überwachenden Prozeßvariablen. Hierzu gehören Angaben zur Operationszeitüberwachung, Sicherheitssteuerung (Betriebszustände und -übergänge) und Organisation der Mensch/Maschine-Kommunikation, wozu die Festlegung der erforderlichen Eingriffe des Anlagenfahrers, Quittierungen von und Meldungen an den Anlagenfahrer gehören. Zur vollständigen Beschreibung einer Operation (Phase) gehören die in Tabelle 6.1 aufgeführten Informationen.

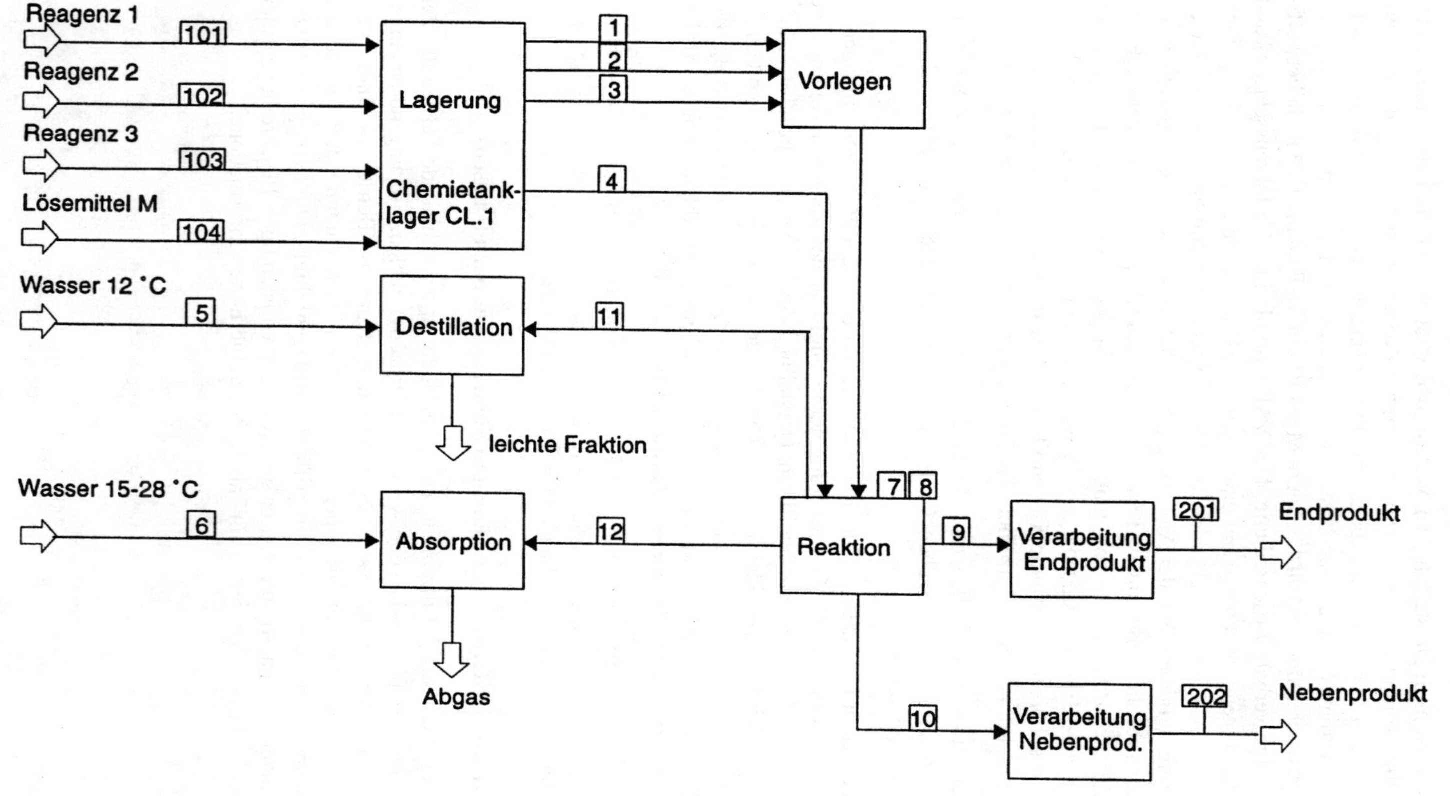

Bild 6.8 Grundfließbild der 3. Vorstufe zur Feinchemikalie LMN (auf Mengenangaben wurde verzichtet)

Tabelle 6.1 Struktur einer Steueroperation (Phase)

Name der Operation	Beispiele Lösemittel vorlegen Reaktion Destillation Phasen-Trennen
Steuerteil (Ablaufteil)	Schrittfolge für den Normalfall (anlagenbezogen) mit Angabe der Anfangsbedingungen, der Schritte und ihrer Verknüpfung, der Endbedingungen bei ungestörter Ausführung der Operation Schrittfolge für Störungen Parallel zum Ablauf sind Überwachungen erforderlich, welche Maßnahmen enthalten, die für den Fall einer Störung wirksam werden
Parameter	Für eine chemische Reaktion können diese Parameter z. B. sein Namen der Einsatzstoffe Normalzeit für diese Operation Prozeßvariablen (z. B. Mengen, Soll- und Grenzwerte für Prozeßgrößen) erforderliches Niveau, bevor Rührer eingeschaltet wird erforderliche Temperatur, bevor Katalysator zugegeben wird maximale Lagerdauer Temperaturbereich während der Lagerung Wartezeit (z. B. bis Probenahme) Zulässige Bedienungseingriffe Operatoranforderungen Chargendaten für das Chargenprotokoll Textausgabe für Betriebs- und Störungsprotokoll
Kommunikationsteil	Für Meldungen beim Beenden der Operation Bei Störungen Darstellung des aktuellen Zustandes der Operation Bereitstellung für Betriebs- und Chargenprotokoll

Beispiel einer Steueroperation (Phase)

An dem einfachen Beispiel der Dosierung eines Einsatzstoffes über Dosierzähler wird im folgenden die Struktur einer Steueroperation (Phase) nach [Brombacher (1985)] im Detail beschrieben.

a) Verbale Beschreibung

Von einem Meßgefäß M ist über einen volumetrischen Zähler eine bestimmte Menge eines flüssigen Einsatzproduktes schnellstmöglich in einen Reaktor R einzudosieren.

b) Operationsspezifische Grundrezeptur-Parameter

- GO-Name: EINSATZ,
- Name des Produktes,
- Eigenschaften-Anforderungen an das Einsatz-Produkt (nur bei operationsspezifischer Disposition), z. B.
  - zulässige Wertebereiche der Analysen,
  - maximale Lagerdauer,
  - Temperaturbereich während der Lagerdauer und
  - Menge (Volumen, Masse).

c) Ablaufteil

Schrittfolge	Überwachungen Betriebsartenbearbeitung
00 Anfangsbedingungen prüfen: • Einsatzprodukt in Toleranz	Operationsdauer
• Rührer des aufnehmenden Behälters	Rührer-Zustand
• Temperatur des aufnehmenden Behälters	Produkt-Temperatur
	Produktfluß-Wege
• Druck des aufnehmden Behälters Bei Nichteinhaltung Meldung	Behälter-Druck
01 Ermittlung des Behälters, der das Einsatzprodukt enthält	
02 Produktflußweg anfordern, sofern es mehrere gibt	
03 Warten, bis Produktflußweg zugeordnet	
04 Sollmenge an Dosierzähler vorgeben Bei Nichteinhaltung HALT	
05 Produktweg freischalten, Meldung und Überwachung neu definieren.	Wenn Produktweg nicht korrekt, Betriebsart HALT
06 Zustands-Information (Dosiermenge, Flußwege für Anzeige ermitteln)	
07 Warten, bis Sollmenge eingesetzt (Rückmeldung Dosierzähler)	
08 Produktfluß sperren (durch Dosierzählerlogik) und Produktweg freigeben, Meldung und Überwachung neu definieren	Wenn Produktweg nicht korrekt, Betriebsart HALT
09 Chargen-Daten abspeichern Zustandsinformation ermitteln	
10 Endbedingungen prüfen • Operationsdauer • Rührer • Temperatur • Druck Bei Nichteinhaltung Meldung	

Operationsspezifische Zustands-Daten

- Abgebender Behälter,
  - Name,
  - Menge,
- Produkt-Name,
- Zustand des Produktflußweges,
- zu transferierende Soll/Ist-Menge,
- aufnehmender Behälter,
  - Name,
  - Menge.

Operationsspezifische Chargen-Daten

- Name und Menge des transferierten Produktes,
- Entnahme-Behälter,
- Partie/Chargen-Nummer des transferierten Produktes,
- Eigenschaften des transferierten Produktes,
- Maximum und Minimum der Produkttemperatur im aufnehmenden Behälter während der Operation.

Für die Darstellung von Steueroperationen ist das geeignete Darstellungsmittel ein Funktionsplan, z. B. nach DIN 40719, Teil 6, IEC 848, modifiziert von 1992. Diese Aufgabe ist vom Automatisierungstechniker zu lösen. Dabei wird zur Umsetzung in ein Steuerprogramm die vom Hersteller mitgelieferte Programmiersprache benutzt.

6.3 Entwurfsmethoden für Koordinierungssteuerungen (Anlagensteuerung)

Für Prozesse, die auf vollkommen unverkoppelten Teilanlagen ablaufen, wäre die Entwurfsarbeit hiermit erledigt. Für über Ressourcen verkoppelte Teilprozesse, bei denen sich eine Koordinierung der einzelnen Teilprozeßsteuerungen (Teilanlagensteuerungen) ergibt, ist der Entwurf einer Koordinierungssteuerung erforderlich.

Nach [Hanisch (1992)] gibt es zwei Zielsetzungen für einen Entwurf, die man mit der Entwurfsmethodik (Modell) erreichen möchte:

1. Man möchte sich selbst oder anderen am Steuerungsentwurf beteiligten Personen „ein Bild davon machen", wie sich das gesteuerte Produktionssystem verhalten soll. Das setzt voraus, daß das gewünschte Verhalten (Sollverhalten) bekannt ist. Es muß durch ein formales Modell beschrieben werden.
2. Man möchte für das System ein Verhalten finden, das ein Produktionsziel möglichst gut erfüllt. Voraussetzung hierfür ist, daß das ungesteuerte Produktionssystem hinsichtlich seiner Reaktionen auf Steuereingriffe modelliert wird. Solch ein Modell beschreibt dann nicht ein spezielles, genau vorgegebenes Verhalten, sondern eine Menge unterschiedlicher Verhaltensweisen, aus der dann eine möglichst gute herauszufinden ist, die mittels Steuerung realisiert werden soll.

Die angemessenste Entwurfsmethodik zu diesem Problem sind Petri-Netze, da deren Stärke genau auf dem Gebiet der Modellierung und Analyse von Kopplungen paralleler Abläufe liegt.

Diese Problematik ist in [Hanisch (1992)] sehr gut dargestellt worden, und es ist nicht die Absicht dieses Buches, sie hier noch einmal umfassend zu behandeln.

Literatur zu Kapitel 6

[Brombacher (1985)]: Brombacher, M.: Das Lastenheft als Grundlage der Automatisierung chemischer Verfahren und seiner Darstellung als Expertensystem. Dissertation an der Technischen Universität München, Fakultät für Elektrotechnik 1985

[Forst, M. J. (1989)]: Geibig, K. F.: Systematischer Entwurf der Automatisierungsstruktur bei Projekten mit Rezepturverarbeitung. In Forst, M. J.: Rezepturfahrweisen mit Prozeßleitsystemen. Berlin und Offenbach, vde-Verlag 1985

[Hanisch (1992]: Hanisch, H. M.: Petri-Netze in der Verfahrenstechnik. R. Oldenbourg Verlag, München/Wien, 1992

[Helms u. a. (1989)]: Helms, A.; Hanisch, H. M.; Stephan, K.: Steuerung von Chargenprozessen. Verlag Technik, Berlin, 1989

Kapitel 7: Ein Projektierungsbeispiel

7.1 Von der Produktentwicklung bis zum Entwurf von Grundoperationen, Grundfunktionen und Steueroperation

Das vorliegende Beispiel betrifft ein Verfahren zur Herstellung eines Verflüssigungsmittels für mineralische Bindemittel auf der Basis von wasserlöslichen Kondensationsprodukten von Phenolkörpern mit Formaldehyd [Europäische Patentschrift (1984)] (siehe auch den Abschnitt „Produktentwicklung"). Diesem Beispiel liegt das NAMUR-Arbeitspapier NA 46 zur Erläuterung der NAMUR-Empfehlung NE33 zugrunde [Kersting (1994)]. Einige Passagen und Bilder wurden darum aus diesem Beispiel entnommen bzw. interpretiert.

7.2 Beschreibung des Verfahrens

7.2.1 Kurzbeschreibung (modifizierte Form der Patentschrift)

Bei dem vorliegenden Verfahren zur Herstellung eines Verflüssigungsmittels für mineralische Bindemittel werden im ersten Verfahrensabschnitt durch *Cokondensation* von Phenol oder Phenolgemisch mit Carbazol und Formalin im alkalischen Bereich wasserlösliche Resoltypen hergestellt, die danach im zweiten Verfahrensabschnitt mit Schwefelsäure *sulfoniert* werden. Das erhaltene Sulfonsäure-Produkt wird im dritten Verfahrensabschnitt mit Natronlauge *neutralisiert.* Als Reaktionsprodukt entsteht eine wäßrige Lösung mit bestimmten Feststoffgehalt. Um ein verkaufsfähiges Produkt zu erhalten, muß zuvor der Feststoff im vierten Verfahrensabschnitt noch *abgetrennt* werden, z. B. mit Filterpressen oder Dekanter. (Darüber kann aber erst im Technikumsversuch nach der Untersuchung der Einschränkungen wie Dichte, Zähigkeit, Filtrierbarkeit, Temperatur, Druck usw. entschieden werden.)

Damit kristallisieren sich die für den Syntheseweg, vom Einsatzstoff bis zum Produkt, relevanten Verfahrensabschnitte heraus (siehe auch Bild 7.1). Es sind dies:

Cokondensation
Sulfonierung
Neutralisierung
Feststoff-Trennung

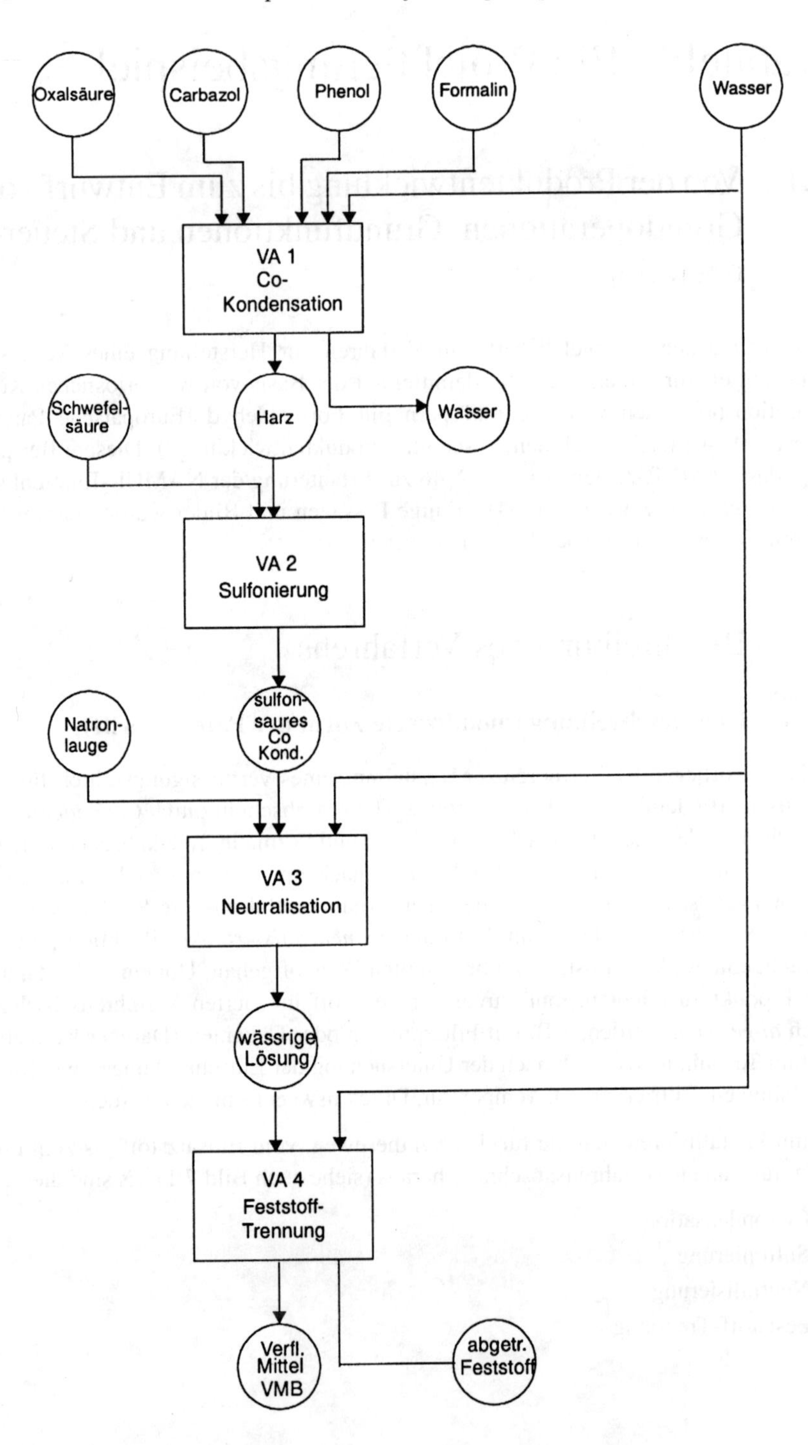

Bild 7.1 Verfahrensabschnitte des Verfahrens zur Herstellung von „VMB“

7.2.2 Beschreibung der Verfahrensabschnitte anhand der Produktentwicklung (Syntheseweg und Reaktionsbedingungen)

VA1) Cokondensation

173,4 g Phenol, 115,6g Carbazolfraktion mit einem Carbazolgehalt von 76% und 3,2 g Oxalsäure, gelöst in 17 g Wasser, werden in einem Rundkolben mit Rührwerk, Tropftrichter und Rückflußkühler zum Sieden erhitzt.

Innerhalb von 90 min wird mit 131g 38%iger Formalinlösung versetzt und danach 150 min lang bei Siedehitze gerührt.

Anschließend erfolgt eine Destillation unter Normaldruck, die in 54 min auf 130°C führt. Danach wird noch eine Minute im Vakuum weiterdestilliert. Man erhält ein klares, gut fließendes Harz.

VA2) Sulfonierung

Das erhaltene Harz wird in einem Rundkolben mit Rührer, Tropftrichter, Rückflußkühler und Kontaktthermometer bis 140°C in 30 min mit 129 g konzentrierter Schwefelsäure versetzt. Es wird 10 min lang bei 140°C nachgerührt.

VA3) Neutralisation

Zum sulfonsauren Cokondensat werden langsam 1116 g Wasser zugegeben und dann mit 300 g 40%iger Natronlauge bis pH-Wert 8,00 versetzt.

VA4) Trennen (im Falle einer Filtration)

Filtration bei 60°C und 8–9 bar
Pressen des Filterkuchens mit maximalem Druck,
Entnahme des Filterkuchens aus der Filterpresse,
Aufschlämmen des Filterkuchens mit Wasser
3 × waschen mit Wasser

7.3 Prozeßsynthese

Aufgabe der Prozeßsynthese ist es nun, aus den Daten der Produktentwicklung ein technisches Produktionsverfahren zu entwerfen. Hierzu gehört die Erstellung eines Ur-Rezeptes (Bild 7.2) und der Entwurf einer sinnvollen Kombination von Apparaten, Puffern und Lagerbehältern. Das daraus resultierende Grundfließbild nach DIN 28004 (Bild 7.3), bestehend aus den Verfahrensabschnitten sowie den Hauptstoffflüssen mit Benennung der Ein- und Ausgangsstoffe, dient dann als Basis zur Weiterentwicklung des Verfahrenskonzeptes und der technischen Realisierung.

7.3.1 Aufbau eines Ur-Rezept

Ein Ur-Rezept definiert nach der NAMUR NE33 die Aufgabe und den Aufbau eines Verfahrens. Die Aufgabe wird festgelegt, indem die Ausgangsstoffe und die Endprodukte angegeben werden. Der Aufbau ist durch Zwischenprodukte und Verfahrens-

Urrezeptkopf			
Bezeichnung	Verflüssigungsmittel VMB		
Beschreibung	Herstellung eines Verflüssigungsmittels für mineralische Bindemittel auf Basis wasserlöslicher Kondensationsprodukte		
Version	1.0 16.1.93 / Bearbeiter		
Bezugsgröße für Normansatz	1328 kg		
Einsatzstoffe		**Eigenschaften**	**Menge**
Phenol			173,4 g
Carbazol		76 %	115,6 g
Oxalsäure			3,2 g
Wasser			1133 g
Formalinlösung		38 %	131 g
Schwefelsäure			129 g
Natronlauge		40 %	300 g
Produkte		**Eigenschaften**	**Menge**
Harz		Erst.Punkt: 64 °C	300 g
sulfonsaures Cokondensat			429 g
wäßrige Lösung		28 % Feststoff	1845 g
ausgefallener Feststoff			517 g
Verflüssigungsmittel VMB			1328 g

Bild 7.2 Informationen zum Urrezept

abschnitte mit ihren Ein- und Ausgängen und die verbindenden Stoff- und Energieströme gegeben (Bild 7.1 und 7.3). Ein Ur-Rezept enthält folgende Informationen (Bild 7.2):

Den *Rezeptkopf* – er dient der Verwaltung der Ur-Rezepte.

Die *Einsatzstoffliste* – sie beschreibt alle zur Produktion benötigten Einsatzstoffe.

Die *Produktliste* – sie beschreibt alle Stoffe, die bei der Anwendung des Ur-Rezeptes erzeugt werden, einschließlich der Nebenprodukte und Nebenausträge. Einsatzstoffe und Produkte sind als gleichrangig anzusehen. Das bedeutet, daß Produkte eines Verfahrensabschnittes Einsatzstoffe eines anderen sein können. Deshalb müssen für Einsatzstoffe und Produkte die gleichen Informationen verfügbar sein. Dies gilt insbesondere im Hinblick auf spätere Dispositionen, bei denen die Frage nach Verfügbarkeit von Einsatzstoffen, Ressourcen und Abnahmekapazitäten von Entsorgungssystemen (Abluft, Abgas, Abwasser, Aufbereitung) gleichrangig sind. Die Mengenverhältnisse der einzusetzenden und zu erzeugenden Stoffe sind im Sinne eines Normenansatzes relativ zu der Bezugsgröße anzusehen. Die Bezugsgröße soll frei wählbar sein.

Die *Verfahrensvorschrift* – sie beinhaltet zunächst nur je Verfahrensabschnitt die zugehörige chemisch-technischen Grundoperationen und deren Verknüpfung. Bei diesem Beispiel besteht jeder Verfahrensabschnitt nur aus einer chemisch-technischen Grundoperation (Bild 7.1). Dabei sind die VAe Cokondensation, Sulfonierung und Neutralisation Reaktionsstufen, die eine Stoffumwandlung herbeiführen. Der VA Trennen ist eine typische verfahrenstechnische Grundoperation nach DIN 28004 Teil 1.

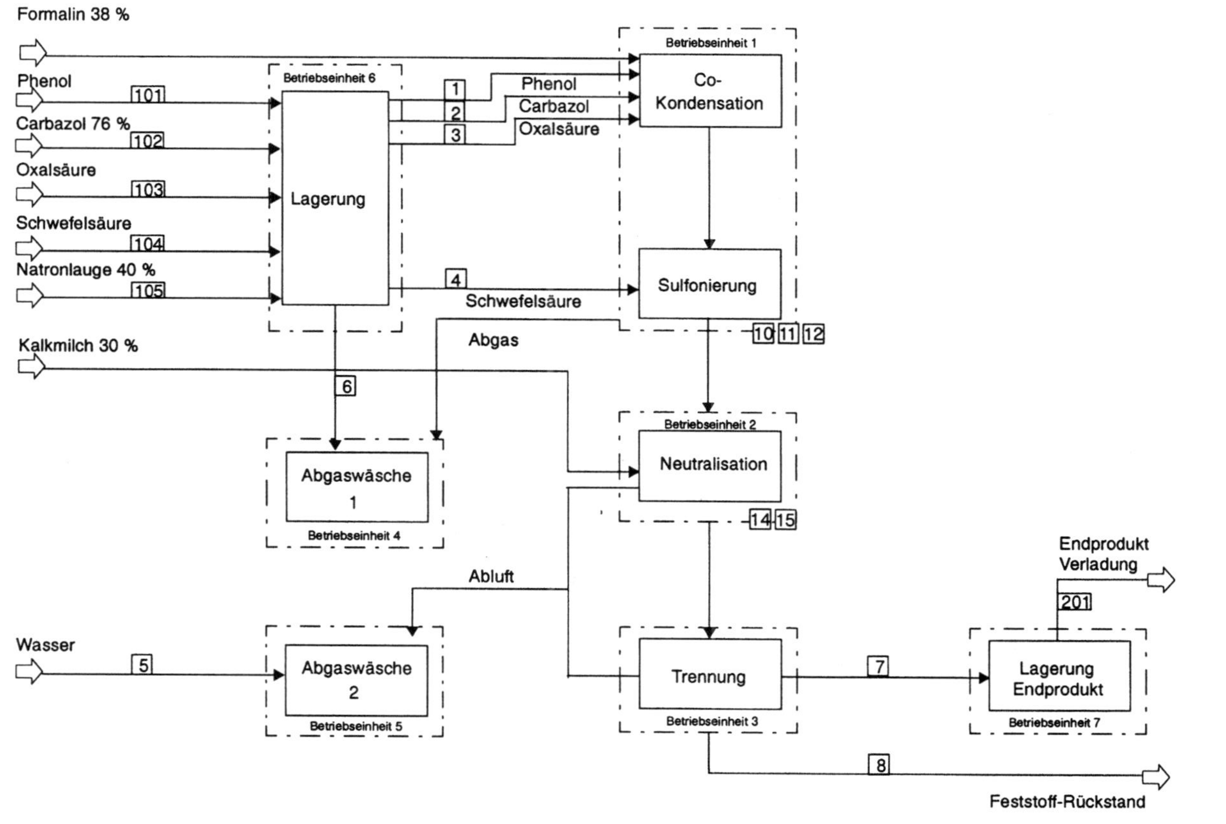

Bild 7.3 Grundfließbild der Anlage zur Herstellung von „Verflüssigungsmittel MB“

Bild 7.2 zeigt die Informationen:

- Rezeptkopf
- Einsatzstoffliste
- Produktliste

zum Ur-Rezept des Verfahrens zur Herstellung eines Verflüssigungsmittels für mineralische Bindemittel.

Die Beschreibung der Verfahrensabschnitte zeigt Bild 7.1. Die Angaben der charakteristischen Prozeßvariablen, der Mengenverhältnisse der Einsatzstoffe der technologischen Operationen der Prozeßzustände und der Prozeßzustandsänderungen sind im Abschnitt 7.2.2 beschrieben.

Das technologische Schema zum Ur-Rezept ist im Grundfließbild Bild 7.3 beschrieben. Hierzu gehört noch ein Mengenfließbild mit Darstellung der Kapazitäten, Betriebsstunden, Chargenzykluszeit (hier nicht dargestellt). Im Grundfließbild wird aus Gründen des Genehmigungsverfahrens der Begriff „Betriebseinheit" für die Teilanlagen verwendet.

7.4 Beschreibung der Anlage

7.4.1 Anlagenschema

Scale-up, das Mengenfließbild, die geforderten Kapazitäten, die möglichen Betriebsstunden und die Chargenzykluszeit liefern die Auslegungsdaten für Apparate und Maschinen der Großanlage. Dies führt im allgemeinen zum Verfahrensfließbild nach DIN 28004.

Das vereinfachte Verfahrensfließbild (ohne die Benennung von Stoffströmen und Prozeßeigenschaften) zeigt Bild 7.4.

Zur Kennzeichnung der strukturellen Eigenschaften nach Kapitel 3 lassen sich folgende Merkmale angeben:

Es handelt sich um den Einzelstrang einer Mehrstranganlage, wobei zwischen den Einzelsträngen nach jeder Teilanlage mehrere Produktwege möglich sind, die durch feste Kopplungen verschaltet werden können. Die Anlage ist als Mehrproduktanlage ausgelegt.

Die Darstellung der anlagentechnischen Gegebenheiten zusammen mit den möglichen Verfahrensabschnitten kann als eine typische erste Betrachtung einer Projektierungsaufgabe angesehen werden, um die erforderliche Strukturierung in Teilanlagen und Einzelstränge vorzunehmen. Das Ergebnis ist das Rohrleitungs- und Instrumentenfließbild (R&I-Fließbild).

Der in Bild 7.4 dargestellte Einzelstrang läßt sich in drei Teilanlagen aufteilen, in denen sich zu gleicher Zeit unterschiedliche Chargen befinden können. Für die Teilanlage 1 ergab die Prozeßsynthese, sowohl den Verfahrensabschnitt Cokondensation

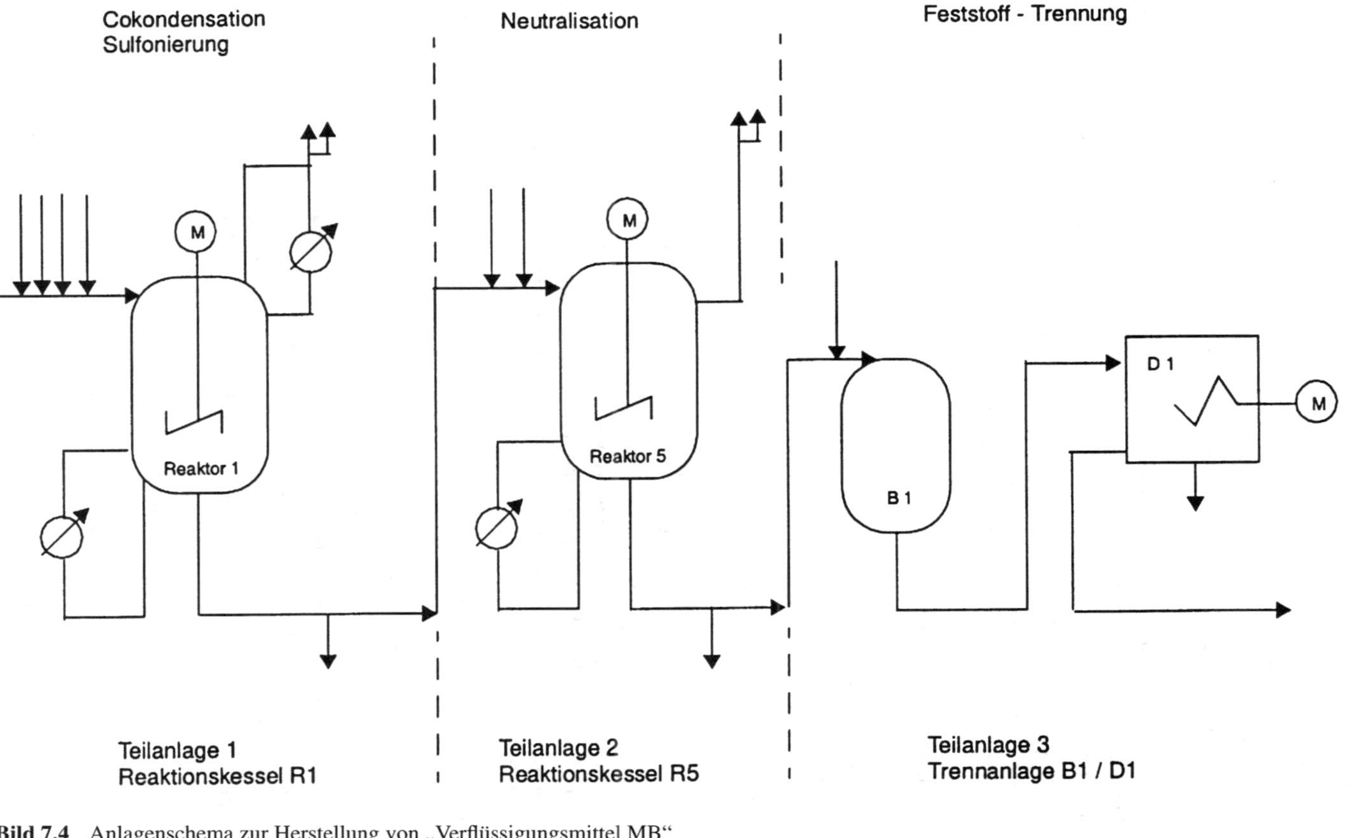

Bild 7.4 Anlagenschema zur Herstellung von „Verflüssigungsmittel MB“

als auch den Verfahrensabschnitt Sulfonierung in dieser Teilanlage nacheinander auszuführen.

Die Teilanlage 1 besteht (entsprechend der Forderung im Ur-Rezept nach einem Rundkolben) aus einem Rührkessel mit einem Mantel-Heiz-/Kühlsystem (entsprechend der Forderung nach einer Temperaturregelung im Ur-Rezept) zur Stabilisierungs- und Führungsregelung der Reaktortemperatur, mehreren Dosiereinrichtungen, Entlüftungs- (zu schalten auf Abgassystem 1 und 2), Rühr- und Ablaßeinrichtung sowie einer Einrichtung zum Kondensieren der Brüden durch Temperieren. Die Teilanlage 2 ist ähnlich aufgebaut, allerdings mit weniger Dosiereinrichtungen und ohne Einrichtung zur Kondensation der Brüden. Die dritte Teilanlage besteht aus einem kontinuierlich arbeitenden Dekanter, der über einen vorgeschalteten Pufferbehälter B1 von den diskontinuierlichen Teilprozessen entkoppelt ist (die Prozeßsynthese hatte aufgrund der Restriktionen für dieses Trennproblem eine Trennung durch einen Dekanter ergeben). Darum können diese beiden Anlagenteile der Teilanlage 3 nicht unabhängig disponiert und betrieben werden und sind deshalb zu einer Teilanlage zusammengefaßt.

Für die Teilanlagen ist angegeben, welche Verfahrensabschnitte zur Herstellung eines Cokondensationsproduktes jeweils auf welcher Teilanlage ausgeführt werden können. Auf der Teilanlage 1 kann dabei sowohl der Verfahrensabschnitt Cokondensation als auch der Verfahrensabschnitt Sulfonierung ausgeführt werden.

7.4.2 Strukturierung einer Teilanlage

Bei der Strukturierung einer Teilanlage werden Anlagenteile zu einer Technischen Einrichtung zusammengefaßt. Diese repräsentiert eine Technische Funktion, die ein bestimmtes Verhalten besitzt und einem verfahrenstechnischen Zweck dient. Der verfahrenstechnische Zweck wird in der Regel durch die Bezeichnung der Technischen Funktion ausgedrückt.

Im Bild 7.5 sind zur Teilanlage 1 die Technischen Einrichtungen mit ihren Anlagenteilen und der Bezeichnung der Technischen Funktion angegeben. Bei den Dosierungen sind zwei unterschiedliche Arten dargestellt.

Die Dosiereinrichtung zur Technischen Funktion „Dosieren 1" besitzt neben der Mengenmessung auch eine Durchflußregelung (für den Feed-Batch-Betrieb), so daß die Technische Funktion neben dem Parameter Menge (Masse, Volumen) auch den Parameter Fluß (Massenstrom, Volumenstrom) als Sollwert für die Durchflußregelung besitzt. Beim Dosieren mit der Technischen Funktion „Dosieren 2" wird hingegen lediglich der Füllstand als Meßgröße herangezogen, aus dem sich der Parameter Dosiermenge (Volumen) ergibt. Eine solche Dosierung ist jedoch nur für grobe Messungen geeignet. Diese technische Funktion ist daher eher im Sinne von Vorlegen (auch Zugeben) zu interpretieren. Eine exaktere Dosierung, insbesondere für kleine Mengen, die ebenfalls in dieser Teilanlage eingesetzt wurde, liefert eine Methode, bei der der Füllstrom mit voller Geschwindigkeit bis zu einem Wert, der etwa 95% der abzumessenden Menge ausmacht, zuläuft. Die restlichen 5% fließen dann bei gedrosseltem Stellglied zu, so daß es leichter ist, im richtigen Moment das Stellglied –

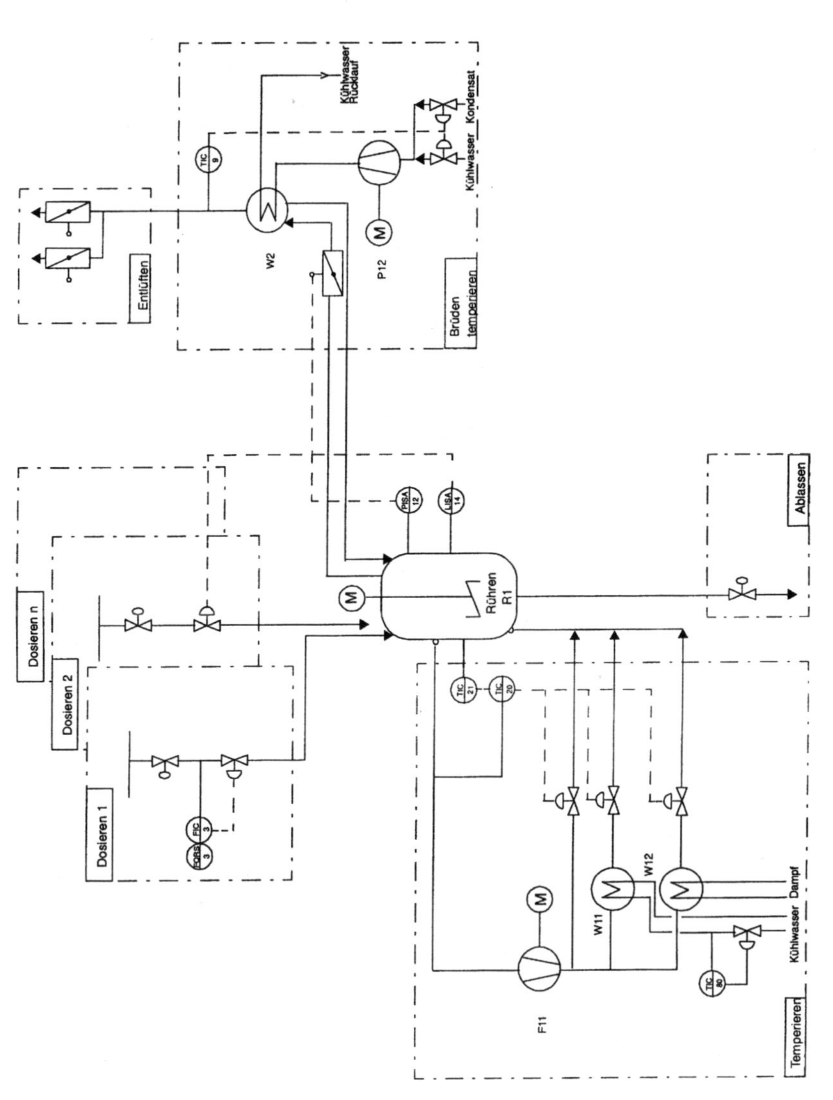

Bild 7.5 Detaildarstellung der Teilanlage 1 mit Reaktionskessel R 1

ein Zwei-Stufen-Ventil – zu schließen und so eine hohe Dosiergenauigkeit zu erreichen. Eine solche Dosierung wird auch als Grob/Fein-Dosierung bezeichnet.

Die durchgeführte Strukturierung der Teilanlage 1 in Technische Einrichtungen mit Technischen Funktionen (die übrigens für alle Teilanlagen und Apparate durchgeführt werden muß) folgt dem anzustrebenden Idealfall, daß alle Anlagenteile eindeutig nur einer Technischen Einrichtung zuzuweisen sind. Ausnahmen sind bei solchen Technischen Einrichtungen denkbar und zugelassen, die nur selten und/oder kurz gebraucht werden. In diesem Falle werden üblicherweise nur eine oder wenige Teilanlagen damit ausgestattet (z. B. ein Destillationsaufsatz für die TF destillieren), so daß alle Produkte, die diese entsprechende Technische Funktion benötigen, dort produziert werden müssen.

Alternativ zur Ausstattung einer oder weniger Teilanlagen mit solchen speziellen Technischen Einrichtungen kann auch der Einsatz mobiler Einrichtungen sinnvoll sein, die übrigens häufiger im Chargenprozeß eingesetzt werden, als man gemeinhin denkt (z. B.: fahrbare Pumpen mit Dosiereinrichtung, Filter, Siebe, Trockner, Nutsche, Container, Abfülleinrichtungen, Big Bags usw.). Dann muß jedoch die Terminfein- und Anlagenbelegungsplanung in der Lage sein, diese mehrfach, ausschließlich genutzten Ressourcen so zu disponieren, daß eine optimale Kapazitätsauslastung gegeben ist.

7.4.3 Verhalten der technischen Funktion

Von den drei Aspekten einer Technischen Funktion, „verfahrenstechnischer Zweck", „beteiligte Anlagenteile" sowie „Verhalten", werden die beiden ersten bereits bei der Strukturierung einer Teilanlage festgelegt.

Zum Festlegen des „Verhaltens" in Form eines Steuerprogramms können die in der DIN IEC 1131-3 [DIN IEC 1131, Teil 3 (1992)] beschriebenen Programmiersprachen verwendet werden. Damit läßt sich das „Verhalten" als Verknüpfungs- oder Ablaufsteuerung realisieren. Bei der Realisierung sollte den grafischen Programmiersprachen der Vorzug gegeben werden. Gebräuchlich ist bei den Ablaufsteuerungen der Funktionsplan mit Ablaufsprache.

Im Bild 7.6 ist beispielhaft zur Realisierung des Verhaltens der Technischen Funktion „Dosieren 1" der Funktionsplan benutzt worden. Ebensogut könnte das Verhalten in der Funktionsbausteinsprache beschrieben sein.

In dieser Form gibt Bild 7.6 einen nützlichen Überblick über Form und Inhalt einer Technischen Funktion, ohne deren Detaillierungsgrad in der Detailplanung zur Beschreibung einer Grundfunktionssteuerung anzustreben. Insbesondere in bezug auf vorhandene Meßstellen und deren verwendbare Signale (siehe hierzu Abschnitt Steuerungskonzepte).

Dargestellt sind hier lediglich die wichtigsten Eigenschaften:

- reduzierter Durchfluß gegen Ende der Dosierung zum genauen Einhalten der Dosiermenge (Grob/Fein-Dosierung)
- Überwachung und Meldung einer möglichen gestörten Dosierung
- Alarm bei gestörter Dosierung.

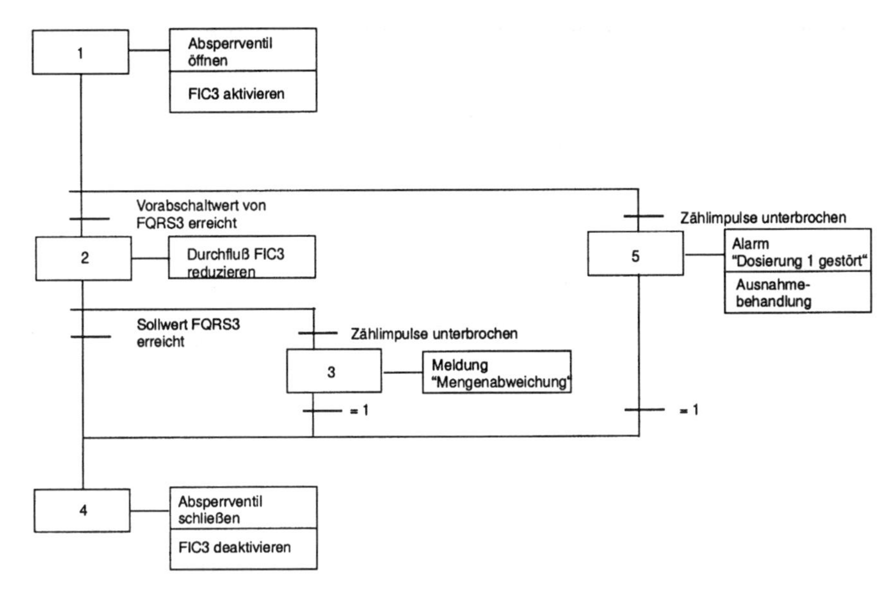

Bild 7.6 Funktionsplan für die Technische Funktion „Dosieren 1"

Abläufe und Verknüpfungen, die sich aus den verschiedenen Befehlsarten (Hand, Automatik, Teilautomatik usw.) und aus anderen Anforderungen ergeben, sind hier nicht dargestellt (siehe Steuerungskonzepte, Kapitel 5.2.3). Diese werden auch zum großen Teil durch die Grundfunktionen in der Firmware des Systemlieferanten bestimmt. Darüber hinaus gibt es allerdings auch solche Abläufe und Verknüpfungen, die projektbezogen und sogar funktionsbezogen definiert werden müssen (z. B. Unterbrechbarkeit einer Funktion). Durch das Festlegen des Verhaltens der Technischen Funktion ergeben sich auch die Parameter, die Bestandteil der Grundfunktionen werden müssen. Hier sind es der Durchfluß FIC3 und die Menge FQRS3.

7.5 Strukturierung des Grundrezeptes

Parallel zu den Arbeiten zur Strukturierung der Teilanlagen wird man die Verfahrensvorschrift für das Gesamtverfahren und für die einzelnen Teilanlagen strukturieren, die dann die Vorgabe für das Grundrezept und die Teilgrundrezepte bilden.

Zunächst jedoch ist ein Grundrezept die Konkretisierung des Ur-Rezeptes im Hinblick auf einen bestimmten Maßstab und Arbeitsweise. Es beinhaltet alle Informationen des Urrezeptes und darüber hinaus Handlungsanweisungen zu den Verfahrensabschnitten in Form der Verfahrensvorschrift und einer Vorschrift über die verwendeten Apparate. Bei Rezeptkopf, Einsatzstoffliste und Produktliste sind die Informationsunterschiede nicht sonderlich groß, wie ein Vergleich der Bilder 7.2 und 7.7 zeigt. Die Mengen sind jetzt auf einen Normenansatz bezogen. In der Darstellung und Detaillierung der Verfahrensvorschrift gibt es allerdings wesentliche Unterschiede.

Grundrezeptkopf		
Bezeichnung	Verflüssigungsmittel VMB	
Beschreibung	Herstellung eines Verflüssigungsmittels für mineralische Bindemittel auf Basis wasserlöslicher Kondensationsprodukte	
Version	1.0 1.2.93 / Schmidt	
Variante	12	
Status	freigegeben	
Erstbearbeitung	20.1.93 / Müller	
Laufzeit	16 Std. bei Normansatz	
Normansatz	1000 kg	

Einsatzstoffe	Eigenschaften	Menge
Phenol		130,2 kg
Carbazol	76 %	87 kg
Oxalsäure		2,4 kg
Wasser		853 kg
Formalinlösung	38 %	98,6 kg
Schwefelsäure		97,1 kg
Natronlauge	40 %	225,9 kg (bis pH 8)

Produkte	Eigenschaften	Menge
Harz	Erst.Punkt: 64 °C	225,9 kg
sulfonsaures Cokondensat		323,9 kg
wäßrige Lösung	28 % Feststoff	1389 kg
ausgefallener Feststoff		389 kg
Verflüssigungsmittel VMB		1000 kg

Apparateanforderungen

für Cokondensation und Sulfonierung:

Rührkessel (emailliert) mit

- Mantel-Heiz-/Kühlsystem
- Brüdenkondensator

für Neutralisation:

Rührkessel (V4A) mit

- Solekühlung

für Trennung:

- Pufferbehälter
- Dekanter

Bild 7.7 Information zum Grundrezept

7.5.1 Darstellung der Verfahrensvorschrift des Grundrezeptes als VAP-Überblick im Funktionsplan

Entsprechend DIN 40719-6 beginnt der Funktionsplan zur Verfahrensvorschrift im Bild 7.8 mit einem Anfangsschritt ohne Aktionen. Er dient als Sperr-Synchronisation innerhalb der Anlagensteuerung. Wenn die zur Transition „Cokondensation bereit" gehörenden Bedingungen erfüllt sind, wird die Teilrezeptur exklusiv einer Tei-

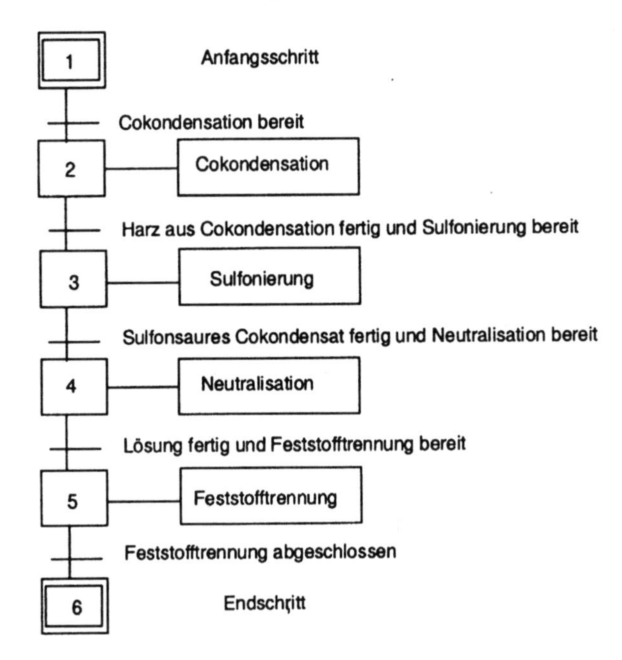

Bild 7.8 Verfahrensschritt des Grundrezeptes „Verflüssigungsmittel MB“

lanlage zugewiesen und der Schritt 2 wird gesetzt, der als Aktion den Aufruf des Teilgrundrezeptes „Cokondensation“ besitzt. Ebenso besitzen auch die anderen Schritte als Aktionen den Aufruf eines Teilgrundrezeptes. Die nachfolgenden Transitionen – mit Ausnahme der letzten – beinhalten als Bedingungen den Abschluß des jeweils vorhergehenden und die Bereitschaft des jeweils nachfolgenden Teilgrundrezeptes.

7.5.2 Darstellung eines Teilgrundrezeptes als VAP-Überblick im Funktionsplan

Der Ablaufplan eines Teilgrundrezeptes kann als Feinstruktur eines Schrittes der höheren Grundrezept-Ebene verstanden werden. Deshalb beginnt der Ablaufplan auch nicht mit einem Anfangsschritt zur Sperr- oder Zustandsynchronisation mit der Anlagensteuerung, sondern der erste Schritt besitzt bereits als Aktion den Aufruf einer leittechnischen Grundoperation. Auch alle anderen Aktionen zu den jeweiligen Schritten im Funktionsablaufplan entsprechen hier leittechnischen Grundoperationen.

Ein Teilgrundrezept sollte immer mit der Grundoperation „Ausgangsstellung einstellen“ oder auch einfach „Grundstellung“ beginnen. Die „Grundstellung“ entspricht dem „Rundgang“ des „Anlagenfahrers um seine Anlage“ zur Sicherstellung, ob auch alles in Ordnung ist, oder dem Check eines Piloten vor dem Start eines Flugzeuges.

In der Grundstellung sind alle Ventile geschlossen, alle Pumpen und Motore ausgeschaltet, ferner wird geprüft, ob alle erforderlichen Energien (Dampf, Wasser, Strom) anstehen.

Dann sollte nach Meinung der NAMUR AK2.3 die nächste Grundoperation „Stoff übernehmen“ sein und die letzte Grundoperation eines Teilgrundrezeptes sollte mit „Stoff puffern und übergeben“ die Ablaufsequenz der Grundoperationen beenden, damit bei der Disposition von Produktionsanforderungen und Teilanlagen genügend Freiheitsgrade für die Teilanlagenbelegung existieren. Bei solchen Teilgrundrezepten, bei denen ausdrücklich kein Teilanlagenwechsel erlaubt oder erforderlich ist, werden die Parameter dieser Grundoperationen zu Null gesetzt und damit übersprungen (Bild 7.9). Die Frage, ob bei der Produktion nun tatsächlich Stoff übernommen bzw. übergeben wird und somit die zugehörigen Technischen Funktionen oder Grundfunktionen zur Ausführung kommen, wird erst durch die Teilanlagenbelegung festgelegt. Dabei wird nämlich bestimmt, ob dem Teilgrundrezept „Sulfonierung“ dieselbe Teilanlage zugeordnet wird wie dem vorhergehendem Teilgrundrezept „Cokondensation“, denn diese Entscheidung fällt unter Umständen erst während des Chargenzyklusses.

Soweit sind schon drei Grundoperationen für die Ablaufsequenz des Teilgrundrezeptes festgelegt. Es müssen jetzt noch, nach dem Schema und Kriterien von Kapitel 6 „Entwurfsmethoden“, die übrigen leittechnischen Grundoperationen aus der Beschreibung der technologischen Operationen der Verfahrensabschnitte im Ur-Rezept (siehe Abschnitt 7.2.2) ermittelt werden.

Im Verfahrensabschnitt Cokondensation z. B. werden erst einmal drei flüssige Komponenten Phenol, Carbazol und in Wasser gelöste Oxalsäure zudosiert. Wegen der geringen Menge an in Wasser gelöster Oxalsäure und wegen der manuellen Zubereitung dieser Lösung im Labor ist dieser Vorgang nicht automatisierbar. Dem Anlagenfahrer muß daher die Aufforderung zur manuellen Zugabe von Oxalsäure angezeigt werden. Nach deren Ausführung folgt eine Quittierung und die nächste Operation wird ausgeführt.

Dazu wurde eine *Zugabe-Entnahme-Grundoperation* erstellt, die sowohl für die Operation der „Zugabe“ von z. B. Additiven (Katalysatoren usw.) als auch der „Entnahme“ von Proben mit anschließender Quittierung dient. Denn in beiden Fällen gibt es eine gleiche Prozedur der Form:

PROC *Zugabe_Entnahme* (Text$, Status)

Für die Zugabe von Oxalsäure lautet diese Anweisung:

PROC Zugabe_Entnahme (Menge (3) + kg Wasser zugeben, Status)

Menge (3) steht für den an dritter Stelle im Rezept genannten Einsatzstoff und Menge (hier Oxalsäure 2,4 kg). Status ist ein Rückgabewert, der darüber Auskunft gibt, ob der Prozeß ordnungsgemäß abgeschlossen worden ist. Es bedeutet hier die Quittierung des Operateurs mit J/N (Ja/Nein).

Für die Entnahme einer Probe lautet die Anweisung:

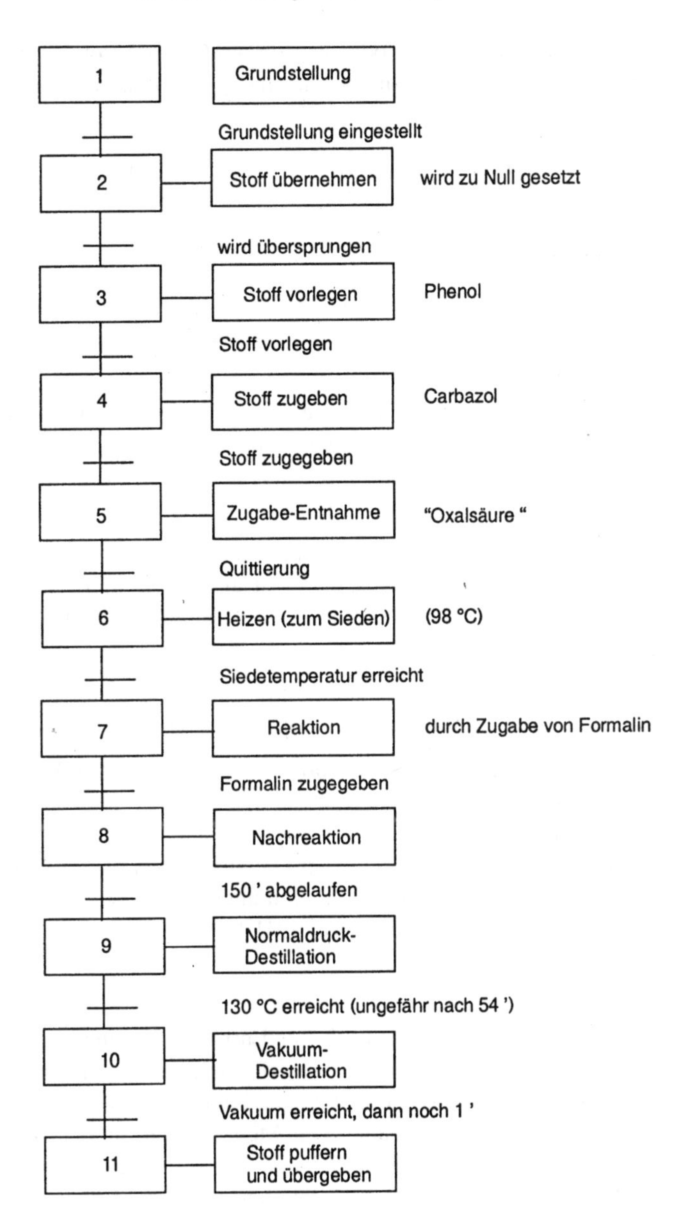

Bild 7.9 Teilgrundrezept „Cokondensation"

PROC Zugabe_Entnahme („Probe für FZ!", Status)

FZ: „Farbzahl"

Status ist wieder eine Quittierung und bedeutet für Probe gut = J, Probe nicht gut = N.

Ist es für die weitere Behandlung oder aber für das Chargenprotokoll wichtig, die exakte „Farbzahl“ zu wissen, wird noch eine Dialog-Prozedur der Form:

DIAL (Frage$, Wert$)

Dialog-Prozedur: Frage in Textform; Antwort in „Wort$“.

ausgegeben.

Im Klartext heißt das z. B.:

DIAL („FZ der Probe = * * * * ?“, Antwort $)

Wert ist eine Zahl oder Text und wird vom Operateur über die Bedientastatur eingegeben und bestätigt.

Die Prozedur: PROC Zugabe_Entnahme (Test$, Status) ist der Name eines Programm-Moduls, das mehr oder weniger komplexe Programmabläufe kontrolliert. Neben einen Dialog mit Text und Quittierung (wie angezeigt) kann ein solches Modul noch Befehle für Ventilsteuerungen usw. enthalten.

Denn beim „Zugeben“ von Additiven oder „Entnehmen“ von Proben muß der Rührkesselreaktor evtl. auf Normaldruck gebracht und der Rührer angehalten werden. Dazu werden dann solche Grundfunktionen wie „Rühren“, „Entlüften“, „Begasen“, „Evakuieren“ aktiviert und deaktiviert.

Weil sich also die Zugabe- und Entnahme-Prozeduren gleichen, kann man sie alle in einer einzigen „Zugabe_Entnahme-Grundoperation“ zusammenfassen.

Die hier verwendete Sprachform mit Sprachelementen PROC (Operation, Parameter, Parameter) oder DIAL (Frage, Wert) usw. steht im sachlichen Zusammenhang mit den Standardisierungsarbeiten des GMA-Ausschusses „CAE-PLS“ [Kempny u. a. (1990)], hier jedoch mit dem Ziel, der Definition einer neutralen Sprache an der Schnittstelle zwischen der verbalen Beschreibung des Verfahrens im Ur-Rezept und der Beschreibung im Grundrezept. Der NAMUR-Arbeitskreis 1.2 befaßt sich ebenfalls mit dem Thema.

Bei vielen Anwendern sind in unterschiedlichen Abteilungen der Produktentwicklung unterschiedliche Technologen mit der Entwicklung eines Produktes betraut. Bei fehlender Formalisierung ist die vom Produktentwickler zum Ersteller von Grundrezepten fließende Information in vielen Punkten unvollständig, mißverständlich oder fehlerhaft. Dies bewirkt unnötigen Mehraufwand auf beiden Seiten, bei der sowieso schon implementierungsintensivsten Phase der gesamten Projektabwicklung. Um eine Lösung mit weniger Nachteilen zu finden, haben sich interessierte Anwender damit beschäftigt, eine herstellerneutrale Schnittstellensprache ähnlich dem sogenannten Funktionsbausteintext (FBT, function block text) zu entwickeln. Dieser basiert auf dem „strukturierten Text“ nach IEC SC65A/WG1. Hier jedoch ist der „Funktionsbausteintext“ anders gedacht als dort beschrieben.

Setzt man nun die Zerlegung des Verfahrensabschnittes Cokondensation in leittechnische Grundoperationen fort, so sind da noch das Zugeben der rezeptabhängigen Mengen an Phenol und Carbazol zu beschreiben. Obwohl diese Vorgänge sicher mit der gleichen Technischen Funktion „Dosieren“ im wesentlichen ausgeführt werden, wird man diese Operationen im Betriebsalltag nicht als Dosieren bezeichnen, sondern als ein Zuteilen, Zugeben, Vorlegen, Füllen, Ablassen. Denn immer schließt dieser Vorgang des Dosierens über die eigentliche MSR-Aufgabe hinaus auch das Fördern des Dosierstromes mit ein. Das können Dosierpumpen, Dosierbandwaagen, aber auch das einfache Ablassen mit Schwerkraft aus einer Meßvorlage sein. Bei Feststoffen gar kommen noch Zellenrad-, Vibrations-, Schneckendosierer, pneumatische Förderung usw. hinzu (siehe auch [Strohmann (1991)]. Immer findet das in der betriebseigenen Sprache ihren Ausdruck, und erst an den Parametern ist der eigentliche Zweck zu erkennen.

Im Falle des Phenols wollen wir die Grundoperation als ein „Vorlegen“ bezeichnen und im Falle des Carbazols als ein „Zugeben“, während das manuelle Zugeben der Oxalsäure, wie vorhin gezeigt, eine „Zugabe_Entnahme“ war. Unabhängig vom betriebsinternen Sprachgebrauch wird man jedoch zumindest für die ersten beiden Grundoperationen eine gleiche standardisierbare Grundstruktur wählen, nicht nur für die Grundoperation, sondern, was wichtiger ist, auch für das Steuerprogramm der Steueroperation, um damit den Software-Aufwand zu minimieren, eine beliebige Wiederverwendbarkeit zu erreichen und damit auch eine einfache Validierung der Software zu ermöglichen.

Die nächste technologische Operation wäre, das Gemisch zum „Sieden zu erhitzen“. Ein anderer, gern gebrauchter betriebsinterner Ausdruck ist, vom „Kochen“ zu sprechen. Um aber auch hier wieder zu einer vereinheitlichten Grundoperation für mehrere ähnliche Vorgänge zu kommen, sprechen wir im Sprachgebrauch einer Funktionsbausteintext-Sprache von einem „Heizen“ im Sinne von Aufheizen auf -, im Gegensatz zur Grundfunktion Temperieren. Die vollständige Operation im obigen Sinne würde lauten:

- PROC Heizen (Soll_Temp, Zone, Status)

Heizen leitet automatisch nach Erreichen der Solltemperatur in den Temperatur-Halte-Modus über.

Wenn Heizen aktiviert wird, wird automatisch „Kühlen“ durch „H_Status“ verriegelt. Zone bedeutet hierbei eine „Fahrweise“ des Heizens, wonach je nach Füllungsgrad des Behälters oder des verwendeten Heizmediums mit nur einer Heizzone (Z 1) oder mit allen drei Heizzonen (Z 3) der Mantelbeheizung geheizt wird. Im Ur-Rezept stünde jetzt für die verbale Beschreibung „bis zum Sieden erhitzen“

- PROC Heizen (98, 3, H-Status)

und hätte die Bedeutung:

98°C, mit allen 3 Heizzonen, dabei „Kühlen“ verriegeln.

Innerhalb von 90 min wird nun mit 98,6 kg, 38%iger Formalinlösung versetzt und danach 150 min lang bei Siedehitze gerührt.

Für den Nicht-Chemiker ist hierbei nicht so einfach zu erkennen, daß es sich dabei um eine Feed-Batch-Reaktion mit anschließender Nachreaktion von 150 min handelt. Der Ausdruck „mit Formalinlösung *versetzen*“ besagt dem Fachmann, daß es sich hierbei um ein langsames Zulaufen der Formalinlösung handelt, und zwar mit 40% der Gesamtmenge in 50% der Dosierzeit von 90 min, und dann weiter mit 60% der Gesamtmenge in den restlichen 50% der Dosierzeit.

Zur Beschreibung dieses Vorganges in einer leittechnischen Grundoperation, insbesondere zur Darstellung der Verknüpfungen von Prozeßgrößen und der Herleitung von Werten für die Stellgrößen empfiehlt sich die Zerlegung dieser technologischen Operation (Verfahrensschritt) in einem VAP-Detail gemäß Abschnitt 6.2 und den Bildern 6.5 a, b und 6.8. Daraus ergeben sich Angaben zu:

- den Apparaten, die während des Verfahrensschrittes belegt sind, das sind in diesem Beispiel der
  - Formalintank, die
  - Förderpumpe, im Tanklager, der
  - Rührwerksbehälter mit
  - Brüdenkondensator, die
  - Kondensat-Zirkulationspumpe, und das
  - Abgassystem 2
- die notwendigen MSR-Stellen, das sind der
  - Dosierzähler FQS, der
  - Durchflußregler FIC, der
  - Reaktortemperatur-Regler TIC01, der
  - Brüdentemperatur-Regler TIC02
- die Stellung wichtiger binärer Stellglieder bei Beginn und Ende des Verfahrensschrittes

	zu Beginn:	zum Ende:
– Dampfabsperrventil	Auf	Zu
– Entlüftungsventil nach Abgassystem 2	Auf	bleibt
– Entlüftungsventil nach Abgassystem 1	Zu	Zu
– Kühlwasserventil	Zu	Zu
– Kondensat-Zirkulationspumpe	Ein	Aus
– Kondensatventil	Auf	Zu
– Kühlwasserventil	Zu	Zu

- wichtige Bedingungen zu Beginn des Verfahrensschrittes
  - Entlüftung auf Abgassystem 2 schalten
  - Temperieren des Kondensators auf ≥ 80°C
  - Temperieren des Reaktorinhaltes auf ≥ 98°C
  - Rühren des Reaktorinhaltes
- evtl. bereits bekannte Details zu einzelnen Operationen innerhalb des Verfahrensschrittes,
  - Fördern vom Formalin-Tank zum Reaktor
  - Dosieren 1. Rate 60% von m in 45 min
  - Dosieren 2. Rate 40% von m in 45 min
- die mittlere Dauer des Verfahrensschrittes
  - 90 min
- dem Abbruchkriterium des Verfahrensschrittes

- 98,6 kg Formalinlösung eingeleitet

Mit dieser Methode haben sich gleichzeitig auch bereits die Grundfunktionen mit ihren Parametern für diese Grundoperation „Reaktion“ ergeben.

Es sind dies:

- Rühren, Drehzahl, Drehrichtung
- Temperieren, Adresse, Sollwert
- Dosieren, Stoff, Menge, Fluß
- Fördern von ... nach ...
- Entlüften nach ...
- Kondensieren, Adresse, Sollwert

Die nächste Grundoperation besteht eigentlich nur aus einer Nachrührzeit von 150 min bei weiterem „Kochen“ bei Siedetemperatur. Man kann diese Operation auch als Ende-Zustand PE (siehe Abschnitt Steuerungskonzepte) der Grundoperation Reaktion betrachten. Dies zu entscheiden, ist Aufgabe von interdiszipliaren Fachgesprächen.

Bei den noch folgenden beiden technologischen Operationen gibt es keine Schwierigkeiten. Es ergeben sich die Grundoperationen

- Normaldruck-Destillation
- Vakuum-Destillation

Ihre Parameter sind Zeit (54 min), Temperatur (130°C) Druck (Vakuum).

Bild 7.9 zeigt das Teilgrundrezept „Cokondensation“.

7.5.3 Darstellung einer leittechnischen Grundoperation

Analog zum Funktionsplan des Teilgrundrezeptes „Cokondensation“ kann auch der Funktionsplan einer leittechnischen Grundoperation als Feinstruktur eines Schrittes der höheren Ebene – hier der Teilgrundrezept-Ebene – aufgefaßt werden. Die im Bild 7.10 dargestellte Grundoperation „Reaktion“ durch Feed-Batch-Zulauf von Formalin beginnt mit dem vom Technologen vor Beginn eines Verfahrensschrittes (gemäß Phase 1: Einleitung, Anfang PA) geforderten Bereitstellung bestimmter Werte von Prozeßgrößen wie:

- Rühren,
- Entlüftung auf Abgassystem 2
- Temperieren Brüdenkondensator W2 auf ≥ 80°C
- Temperieren Reaktor R1 auf ≥ 98°C.

Erst nach Vorliegen dieser Bedingungen darf unter Parallel-Verzweigung mit den Schritten zur Durchführung des für diese Grundoperation formulierten Ziels (PS) begonnen werden, das in der Dosierung von Formalin und dem u. a. gleichzeitigen Halten der Reaktortemperatur auf 98°C und der Brüdentemperatur auf 80°C besteht. Während des Überganges der Grundoperation von PA nach PS wird für ausgewählte Prozeßgrößen (das wäre im wesentlichen die Reaktionstemperatur, das Rühren und die Dosiermenge und -geschwindigkeit) das Einhalten der in PV formulierten Be-

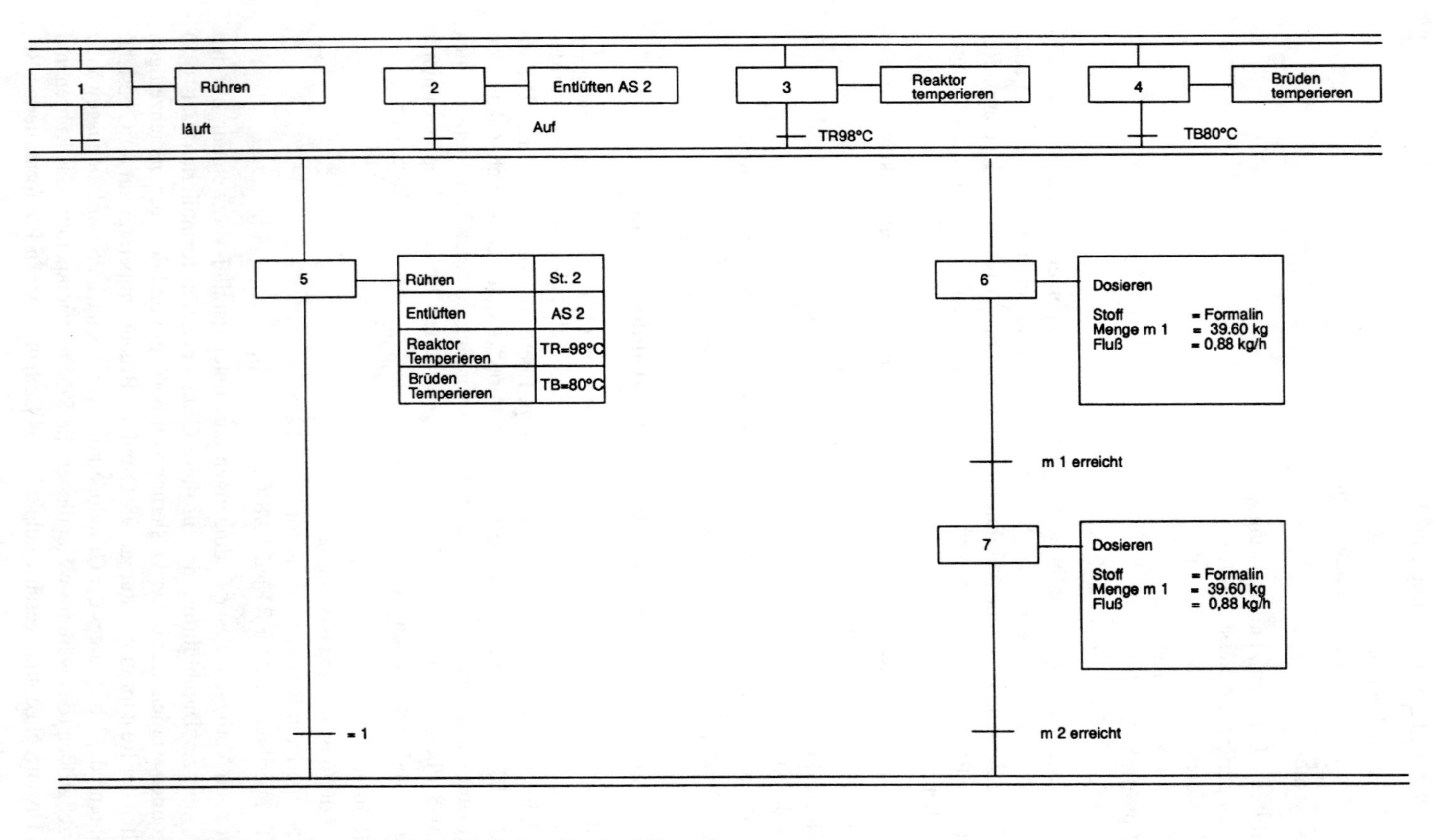

Bild 7.10 Leittechnische Grundoperation Feed Batch „Reaktion" mit Formalin

dingungen überwacht (hier nicht gezeigt). Denn, werden während des Überganges von PA nach PS die geforderten Bedingungen verletzt, werden Aktivitäten ausgelöst, die das Sollverhalten der Grundoperation wiederherstellen, oder es kommt zum Abbruch (siehe hierzu Kapitel Steuerungskonzepte).

Der Endzustand PE und damit das Abbruchkriterium der Grundoperation ist erreicht, wenn die im Rezept vorgegebene Menge Formalin zudosiert wurde.

Die Grundoperation endet im Funktionsplan mit der Ablaufsammlung (Parallel-Zusammenführung) von zwei gleichzeitigen Abläufen. Die Aktionen im Funktionsplan entsprechen Aufrufen von Grundfunktionen, wobei neben den Bezeichnungen der Grundfunktionen die Parameter angegeben sind. Mengenangaben beziehen sich dabei auf den Normansatz, Temperaturen stellen absolute Werte dar und Angaben von Produktionsanlagen mit Rührkesseln von einigen Kubikmetern (Bild 7.10).

Nach dem gleichen Muster der Strukturierung dieser Grundoperation lassen sich auch die Grundoperationen zur Beschreibung der „Sulfonierungs-Reaktion" und mit kleinen Änderungen die Grundoperation zur „Neutralisations-Reaktion" beschreiben. Im Falle der Sulfonierungs-Reaktion ist das Abbruchkriterium die vollständige Zugabe von H_2SO_4 und im Falle der Neutralisations-Reaktion die Einstellung von pH8. In diesem Fall kommt noch eine Grundfunktion „Ab- und Umpumpen" und eine Grundfunktion „pH-Wert einstellen" hinzu. Im übrigen jedoch bestehen diese Grundoperationen alle aus Aufrufen der immer gleichen Grundfunktionen:

- Rühren,
- Temperieren,
- Entlüften,
- Dosieren (in mehreren Raten),

so daß es eine große Chance auf Standardisierung dieser Grundoperationen gibt. Tatsächlich sind zur vollständigen, hier nicht gezeigten Beschreibung der ersten drei Verfahrensabschnitte (die Feststoff-Trennung wird kontinuierlich ausgeführt) nur 21 Grundoperationen erforderlich, wovon 14 Grundoperationen (8 die mit Dosierungen befaßt und 6 die mit Transfers befaßt sind) völlig gleich strukturiert und nur mit unterschiedlichen Parametern versehen sind.

7.5.4 Grundoperationen „Puffern und Übergeben" sowie „Übernehmen"

Nach Meinung des NAMUR AK 2.3 in dem NAMUR-Arbeitspapier NA 46 sollten die leittechnischen Grundoperationen „Puffern" und „Übergeben" sowie „Übernehmen" zur Erhaltung der Freiheitsgrade bei der Teilanlagenbelegung am Ende bzw. Anfang jedes Teil-Grundrezeptes stehen. In den Bildern 7.11 und 7.12 sind Vorschläge dargestellt, wie diese Grundoperationen aussehen könnten.

Bei der Grundoperation „Puffern und Übergeben" im Bild 7.11 ist die Grundfunktion „Stoff puffern" als Platzhalter für z. B. „Rühren" (evtl. mit geringer Drehzahl) und „Temperieren" (auf konstante Temperatur) zu verstehen. Bei der nachfolgenden Ablaufverzweigung (Alternativ-Verzweigung) findet ein Ablauf zum Schritt 2 dann

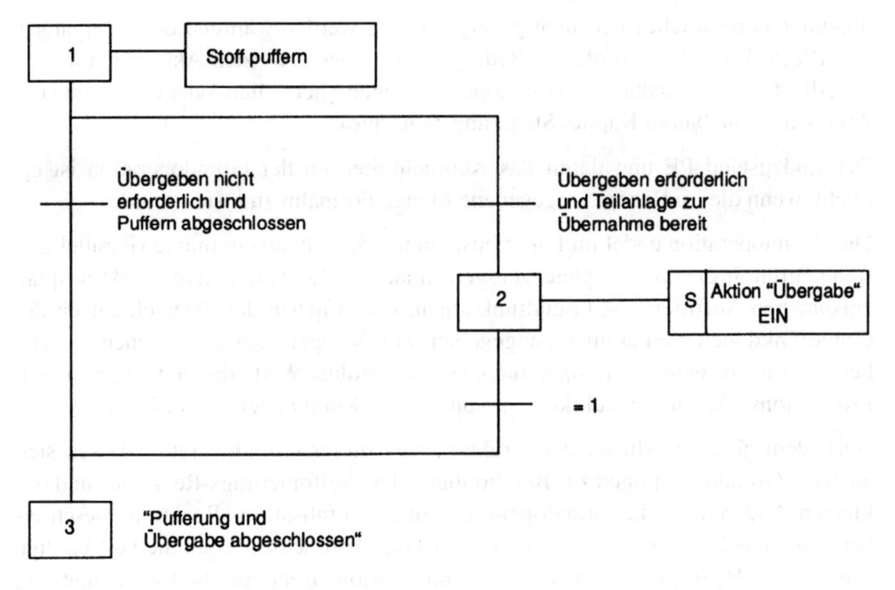

Bild 7.11 Grundoperation „Puffern und Übergeben“

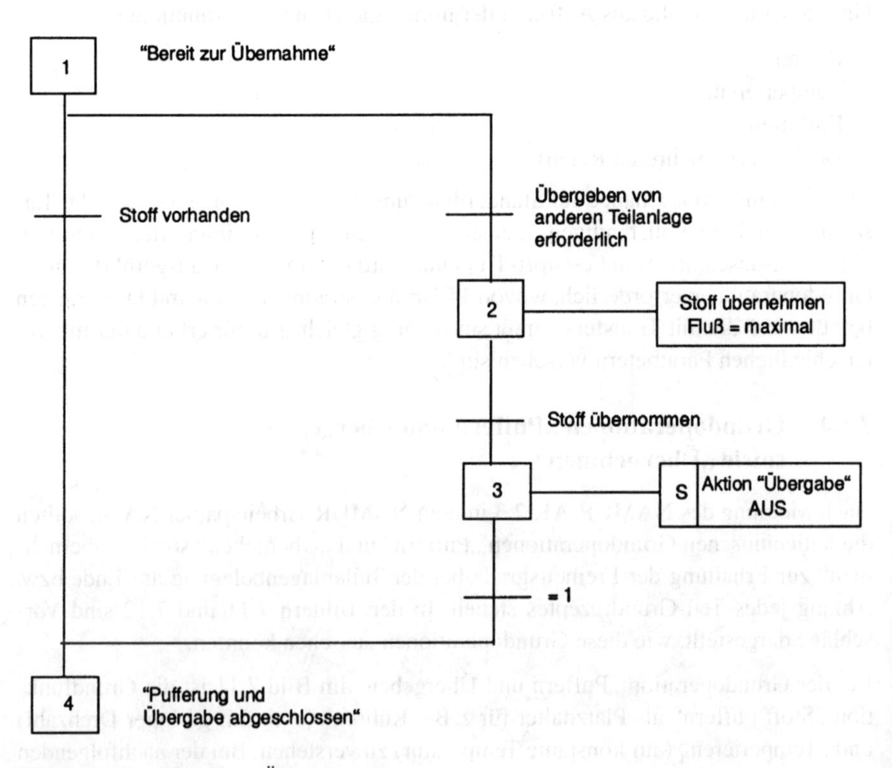

Bild 7.12 Grundoperation „Übernehmen“

statt, wenn aufgrund der Teilanlagenbelegung eine Übergabe des Stoffes zu einer anderen Teilanlage erforderlich und diese auch zur Übernahme bereit ist. Dabei verbirgt sich hinter der Aktion „Übergabe" ein umfassender Steuerungsablauf.

Die Grundfunktion „Übergabe" ist hier deshalb als gespeicherte Aktion dargestellt, damit sie auch dann weiter ausgeführt wird, wenn durch Setzen des nächsten Schrittes im Grundrezept der zum aktuellen Teilgrundrezept gehörende Schritt zurückgesetzt wird. Aufgrund der Speicherung der Aktion muß sie in der Grundoperation „Übernehmen" in Bild 7.12 ausdrücklich aufgehoben werden. Die Grundfunktion „Übergabe" kann z. B. aus Ablassen bei gleichzeitigem Rühren (bis Stand L_{min} unterschritten) bestehen. Natürlich ist eine Teilanlage, bei der die Grundfunktion „Übergabe" zur Ausführung kommt, erst dann wieder für das nächste Produkt bereit, wenn die Aktion auch aufgehoben worden ist.

Die Transitionen in den Ablaufverzweigungen machen auch deutlich, daß es beim Abarbeiten der Rezepte auch Ablaufsynchronisationen über Teilanlagen und damit über Teilrezepte hinweg geben muß. Dies ist Aufgabe der Anlagensteuerung (Bild 7.13).

7.6 Struktur des Steuerrezeptes

Ein Steuerrezept wird aus einem Grundrezept nach Maßgabe der Produktionsanforderung, der Teilanlagenzuweisung und nach Umrechnung auf Ansatzgröße (Stückelung der Kampagne in Chargen) festgelegt. Es ist somit eine auf die zu produzierende Charge bezogene Konkretisierung des Grundrezeptes (Bild 7.14).

Im Bild 7.15 sind die Informationen zum Steuerrezept für die Produktion einer Charge der vorgegebenen Produktionsanforderung dargestellt. Aus der Terminfeinplanung und Teilanlagenbelegungsplanung resultieren die Angaben zu geplantem Starttermin, Laufzeit und Teilanlagenzuweisung.

Bei den Einsatzstoffen und Produkten ist neben den Eigenschaften aus dem Grundrezept und den entsprechend der Chargengröße aktualisierten Mengenangaben auch die Herkunft der Einsatzstoffe bzw. Abgabe der Produkte, jeweils mit Lagerort, angegeben. Lagerorte für Herkunft und Abgabe sind dabei z. B. Tank, Behälter, Container, Silo, Tankzug und Kesselwagen. Bei der Herkunft von Einsatzstoffen sind außerdem Packmittel (Fässer, Säcke, BigBags usw.), die ggf. über einen Bereitstellungsauftrag für jede Charge zusammengestellt werden, gebräuchlich. Im Zusammenhang mit Packmittel ist es auch nicht ungewöhnlich, daß für die Einsatzstoffe konkrete Partie- und Chargenbezeichnungen vorgegeben werden, weil z. B. die Dosiermenge aus dem Wirkstoffgehalt dieser Einsatzstoffcharge berechnet worden ist. Für die Abgabe der Produkte kommen auch Abfülleinrichtungen (evtl. sogar ambulant) zum Abfüllen in Packmittel in Frage.

Für das Aktualisieren der Mengenangaben können neben der Chargengröße auch veränderliche Einsatzstoffeigenschaften bedeutsam sein. Im Grundrezept sind die

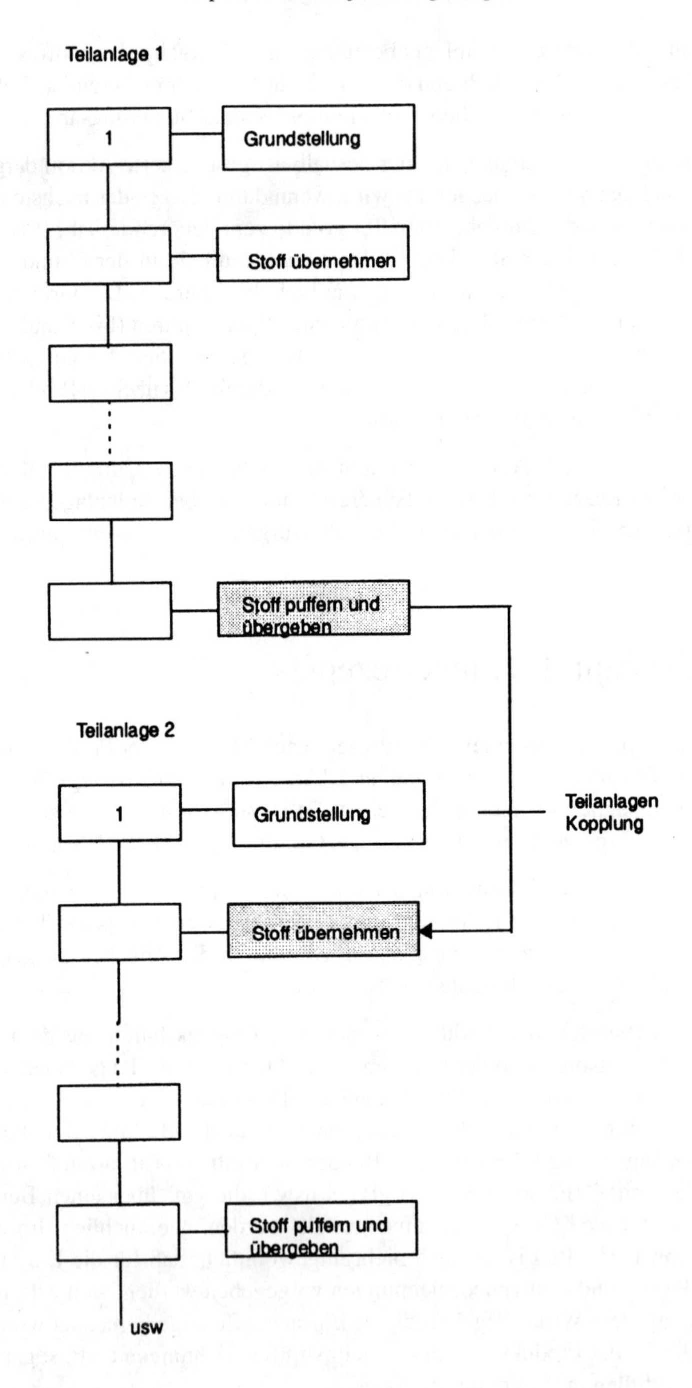

Bild 7.13 Anschlußsynchronisation beim Teilanlagenwechsel, ermöglicht durch die Grundoperationen „Stoffpuffern und übergeben“

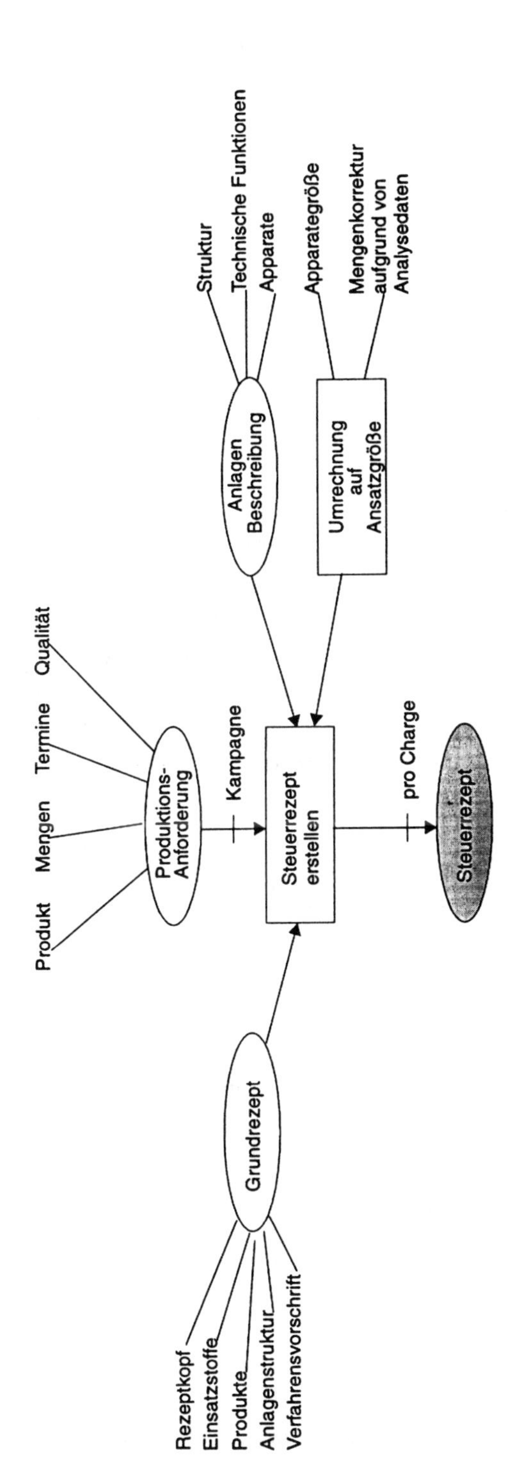

Bild 7.14 Eingangsdaten für ein Steuerrezept

Steuerrezeptkopf			
Chargenbezeichnung	32		
Produktionsanforderung	CCCCC		
Grundrezept	Verflüssigungsmittel VMB		
Beschreibung	Herstellung eines Verflüssigungsmittels für mineralische Bindemittel auf Basis wasserlöslicher Kondensationsprodukte		
Version	1.0		
	1.2.93 / Schmidt		
Variante	12		
Status	freigegeben		
Erstbearbeitung	20.1.93 / Müller		
Ansatzmenge	2000 kg		
Geplanter Starttermin	27.8.93, 22:40		
Laufzeit	21 Std.		
Zugewiesene Teilanlage	Cokondensation	Reaktionskessel R1	
	Sulfonierung	Reaktionskessel R1	
	Neutralisation	Reaktionskessel R5	
	Filtration	Trennanlage B1/D1	

Einsatzstoffe	Eigenschaften	Herkunft	Menge
Phenol		Tank X	260,4 kg
Carbazol	76 %	Behälter Y	174 kg
Oxalsäure		Gebinde 123	4,8 kg
Wasser			1706 kg
Formalinlösung	38 %	Tank F	197,2 kg
Schwefelsäure		Tank S	194,2 kg
Natronlauge	40 %	Tank N	451,8 kg (bis pH 8)

Produkte	Eigenschaften	Abgabe	Menge
Harz	Erst.Punkt: 64 °C		451,8 kg
sulfonsaures Cokondensat		R5	646 kg
wäßrige Lösung	28 % Feststoff	B1/D1	2778 kg
ausgefallener Feststoff		Container	778 kg
Verflüssigungsmittel VMB	pH8	Faßabfüllung	2000 kg

Bild 7.15 Information zum Steuerrezept

erwarteten Einsatzstoffeigenschaften (z. B. Gehalt) angegeben, mit denen dann durch Vergleich mit den Eigenschaften der vorhandenen Einsatzstoffe bei der Steuerrezeptbildung eine Mengenanpassung vorgenommen werden kann (Bild 7.14).

7.6.1 Darstellung der Verfahrensvorschrift im Steuerrezept

Bild 7.16 zeigt die Verfahrensvorschrift als Folge von Verfahrensabschnitten zum Steuerrezept „Verflüssigungsmittel VMB" mit der aktuellen Teilanlagenzuordnung. Die Teilsteuerrezepte „Cokondensation" und „Sulfonierung" werden auf der Teilanlage Reaktionskessel R1 realisiert und bei beiden anderen Teilsteuerrezepte auf den Teilanlagen Reaktionskessel R5 und Trennanlage B1/D1.

Beim Zuordnen der Teilanlagen müssen die im Teilgrundrezept niedergelegten Anforderungen, z. B. die aufgeführten Grundfunktionen mit ihren Parametern durch die

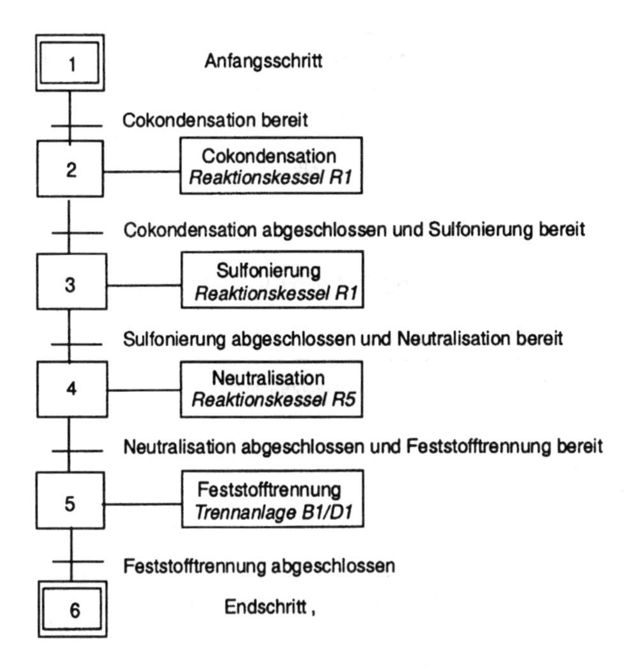

Bild 7.16 Verfahrensvorschrift zum Steuerrezept mit Teilanlagenzuordnung

Fähigkeiten der Teilanlagen, z. B. hinsichtlich der verfügbaren Technischen Funktionen mit ihren Parameterbereichen, abgedeckt sein. Um nun nicht bei jedem Generieren von Teilsteuerrezepten eine Gegenprüfung machen zu müssen, ob alle Grundfunktionen des Teilgrundrezeptes auch durch entsprechende Technische Funktionen der Teilanlage abgedeckt werden, ist es sinnvoll, eine ergänzende Liste möglicher Teilanlagenzuordnungen zu führen. Diese Liste ist insbesondere auch für die Terminfein- und Teilanlagenbelegungsplanung notwendig, damit beim Optimieren der Plantafel (Gantt-Diagramm) nicht für alle kalkulierten Kombinationen eine Gegenprüfung auf Funktionsebene notwendig ist.

Bei jeder Grundrezeptänderung ist diese ergänzende Liste möglicher Teilanlagenzuordnungen natürlich zu aktualisieren.

7.6.2 Darstellung eines Teilsteuerrezeptes

Beim Generieren von Teilsteuerrezepten für eine bestimmte Teilanlage werden die Transitionen im Funktionsplan durch symbolische Bezeichnungen der entsprechenden Prozeßereignisse dieser Teilanlage ersetzt, im Bild 7.17 z. B. (Ausgangsstellung R1; Übernahme_R1). Dort wo der entsprechende Prozeßzustandsübergang (P_{K+1}) einen direkten Bezug zur MSR-(PLT-)Stelle besitzt, ist es nach der Vorstellung des NAMUR AK 2.3 sinnvoll, das Meßgerät, das den Schwellwert oder Schaltoperation liefert, nach DIN 19227-1 zu kennzeichnen (FQRS3, TIC 21, ...), oder besser noch: man schreibt die Prozeßvariable (pi, ti), die den Schaltzustand charakterisiert, direkt an, hier gezeigt am Beispiel des Teilsteuerrezeptes Sulfonierung.

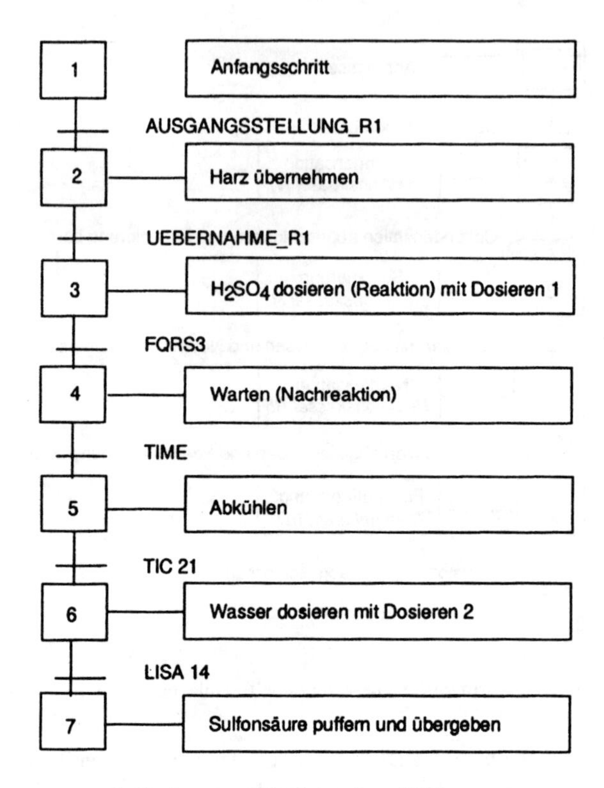

Bild 7.17 Teilsteuerrezept Sulfonierung auf Reaktionskessel R 1

7.6.3 Darstellung einer Steueroperation (Phase)

Eine Steueroperation ist eine produktions- und anlagenbezogene Umsetzung einer leittechnischen Grundoperation. Die in Bild 7.18 dargestellte Steueroperation „H_2SO_4 dosieren (Sulfonierungs-Reaktion unter Zugabe von H_2SO_4) in Teilanlage Reaktionskessel R1" ist aus der entsprechenden leittechnischen Grundoperation des Abschnittes 7.5.3 entstanden (ähnlich der Grundoperation „Formalin dosieren"), in dem jetzt die Grundfunktionen in Steuerfunktionen der Teilanlage umgesetzt und die Transitionen mit den Bezeichnungen versehen sind. Jede der im Aktionsteil der Schritte aufgeführten Steuerfunktionen enthält die symbolische Bezeichnung der aufzurufenden Technischen Funktion (z. B. Dosieren 1 für das Dosieren mit der Dosierstation 1 der gewählten Teilanlage Reaktionskessel R1) und die ggf. dazugehörenden Parameter. Die Bezeichnung der Parameter werden beim Umsetzen durch die anlagenspezifischen Kennzeichen, Adressen ersetzt (z. B. FQRS3 und FIC3 beim Dosieren 1). Die aktuellen Werte der Parameter ergeben sich insbesondere bei den Dosiermengen aus den Informationen hinsichtlich der zu produzierenden Mengen in der Produktionsanforderung und durch Umrechnung auf Chargengröße bzw. Dosierrate.

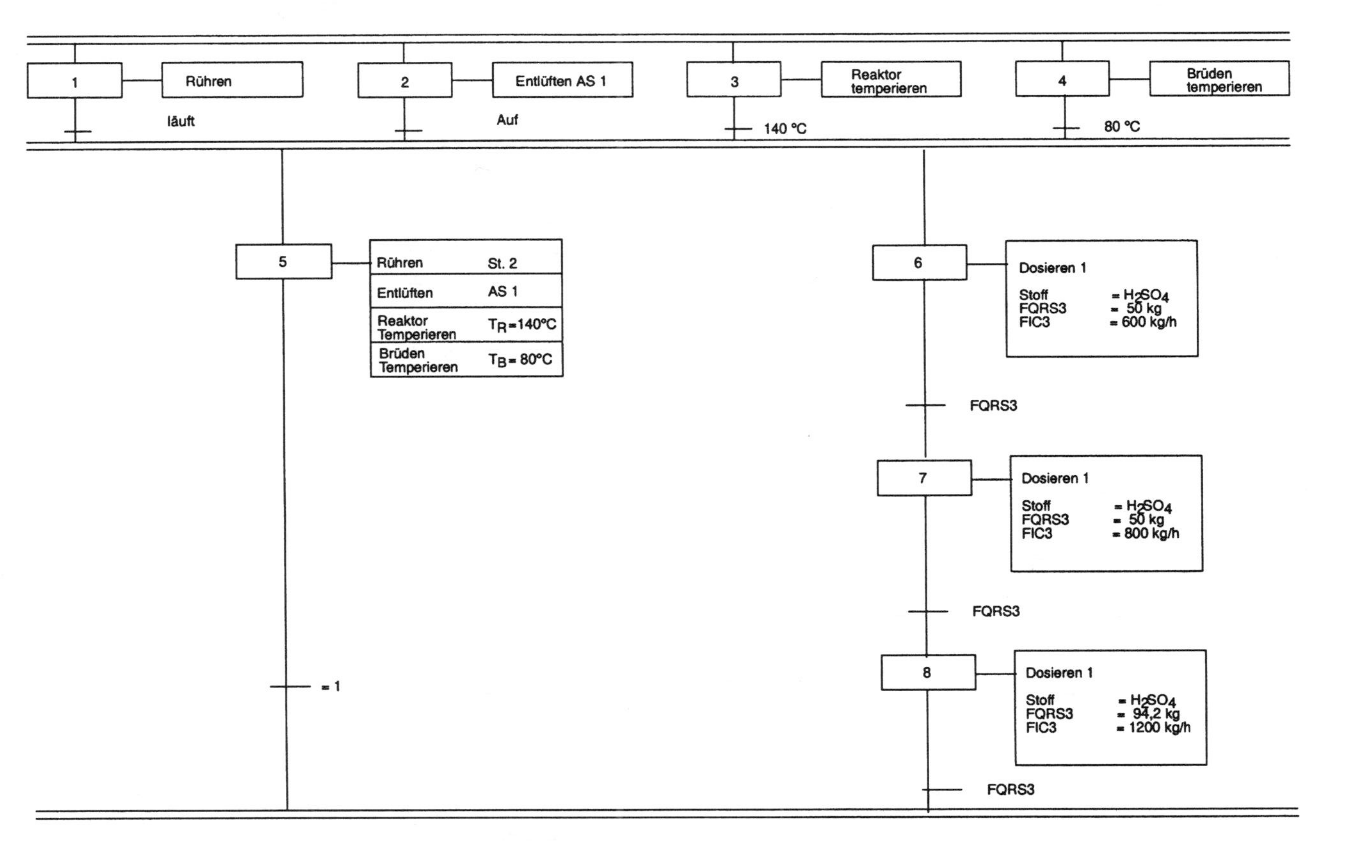

Bild 7.18 Steueroperation „H_2SO_4 dosieren“ (Sulfonierungs-Reaktion) mit Dosieren 1 in Teilanlage Reaktionskessel

Das Beispiel der „Dosierung H_2SO_4“ zeigt die gleiche Struktur wie die Grundoperation „Dosierung Formalin“ und damit eine Möglichkeit zur Standardisierung von Grundoperationen und der Schaffung von immer wieder verwendbaren Steuerungs-Modulen.

7.6.4 Darstellung einer in alle Einzelheiten formulierten Codierung einer Steueroperation

Die Darstellung der „H_2SO_4-Dosierung“ in Bild 7.18 kann nur zu einer groben Übersicht der Struktur einer Steueroperation dienen. Zur vollständigen Beschreibung einer Steueroperation gehören die im vorhergehenden Kapitel in Tabelle 6.1 aufgeführten Festlegungen der Schrittfolgen für den ungestörten und gestörten Ablauf einer Steueroperation, die Angabe von Parametern und auch die Festlegung von umfangreichen Kommunikationen für die Meldung des Beginns und Endes einer Steueroperation, der Darstellung des aktuellen Zustandes der Steueroperation, der Meldung von Störungen, Bereitstellung von Chargendaten, Aufforderungen zu Eingriffen durch den Operateur usw.

Diese Aufgabe kann jedoch nur vom Steuerungsfachmann oder Programmierungsfachmann geleistet werden.

Im nachfolgenden Beispiel wird ein vollständiger Steuerungsablauf für die Steueroperation „H_2SO_4 Dosieren“ gezeigt, die vom Softwarehaus HMS Planung & Automation GmbH, Düsseldorf, für ein größeres Projekt auf einem Kent Rechner K90–P4000 ICS der Firma ABB-Kent-Taylor erstellt wurde.

Der Steuerungsablauf ist in PROSEL (Process and Sequential Language), einer Programmiersprache, die von KENT INSTRUMENTS [Wade u. a. (1971)] entwickelt wurde, geschrieben. Die Schreibart von PROSEL entspricht einer problemorientierten Sprache.

In der PROSEL-Sprache werden die Namen aus der englischen Terminologie direkt als Instruktion verwendet, wie: OPEN, CLOSE, WAIT, START, STOP usw. Insgesamt verfügt der Benutzer über 64 verschiedene PROSEL-Instruktionen, die in sechs Gruppen aufgeteilt sind:

1. Führungsinstruktionen
2. Ein/Ausgangs-Instruktionen
3. Timer-Instruktionen
4. Merker-(Flag-)Instruktionen
5. Regler-Instruktionen
6. Melde-Instruktionen

Eine Instruktion entspricht einer Steueranweisung nach DIN 19237 mit Operationsteil und Operandenteil.

Der erste Schritt zu einem PROSEL-Programm ist, den Prozeßablauf in Sequenzen zu unterteilen. Eine Grundoperation bzw. eine Steueroperation ist eine Sequenz. Die Steueroperation in diesem Beispiel hat die Sequenz-Nr. 3, Teilrezepturschritt S2. Unter dieser Nummer wird sie im PROSEL-Programm geführt. Sodann wird jede

Sequenz in eine Anzahl von „Phasen“ unterteilt. Eine Phase entspricht einem Schritt nach DIN 19237, wobei jede Phase aus einer Reihe von PROSEL-Befehlen besteht.

Eine Teilanlage wird durch einen Sequenzblock gesteuert, der auf die jeweils auszuführende Sequenz zeigt. Der Sequenzblock enthält ferner Informationen darüber, ob die Teilanlage aktiv, nicht aktiv angehalten, gestört oder beendet ist. Um unterschiedliche Rezepte auf einer Teilanlage zu fahren, hat der Sequenzblock eine Zeile, in die durch das PROSEL-Executive das gewünschte Rezept bzw. eine sogenannte Rezeptliste (Parameter Liste B) eingeschrieben wird. Jede Parameterliste wird somit zum Rezept für ein spezielles Produkt, jedoch immer nur grundoperationenbezogen. Sie enthält diejenigen Parameter (Menge, Reaktionszeit, Sollwert usw.), die für das Produkt charakteristisch ist (siehe Tabelle 7.1). Vor Beginn der Herstellung eines

Tabelle 7.1 Rezeptparameter der Steueroperation „Dosieren H_2SO_4“

```
CHAIN 1 LINK 3   :  S2: H2SO4

REZEPTUR-PARAMETER FUER REZEPT NA-74  LISTE 3    SLOTS Ø   TO 31
GRUNDOPERATION 3
16-AUG-93   15 42


SLOT  TEXT                                                VALUE

Ø    TYP (NA/CA/NC/RF)                               (A) NC
2    REAKTOR INNENDRUCK: UNTERE WARNGRENZE (BAR)     (V) -.5ØØØØ
4    REAKTOR INNENDRUCK: OBERE  WARNGRENZE (BAR)     (V)  1.ØØØØ
6    BRUEDENKONDENS.: SOLLWERT KW-VORLAUF (GRAD)     (V)  65.ØØØ
1Ø   BRUEDENKONDENS.: SOLLW. DAMPF-RGLVTL    (%)     (V)  5Ø.ØØØ
12   DOSIERUNG START: MINDEST-INNEN-TEMP. (GRAD)     (V)  15Ø.ØØ
14   WAEHREND DOS.:   SOLLWERT INNENTEMP. (GRAD)     (V)  16Ø.ØØ
16   H2SO4 DOSIEREN:  GESAMT-MENGE SOLLW.   (LTR)    (V)  154Ø.Ø   siehe ***
2Ø   H2SO4 DOSIEREN:  DOSIER-RATE 1        (M3/H)    (V)  .6ØØØ1
22   H2SO4 DOSIEREN:  SOLL-MENGE F. RATE 1 (LTR)     (V)  5ØØ.ØØ
24   H2SO4 DOSIEREN:  DOSIER-RATE 2        (M3/H)    (V)  .8ØØ11
26   H2SO4 DOSIEREN:  SOLL-MENGE F. RATE 2 (LTR)     (V)  5ØØ.ØØ
3Ø   H2SO4 DOSIEREN:  DOSIER-RATE 3        (M3/H)    (V)  1.2ØØØ


*** REZEPTABHÄNGIG:
    NA-74: 154Ø  LTR
    NC-54: 155Ø
    CA-44: 154Ø
    RF-8Ø: 163Ø

REZEPT LISTE BEENDET
```

verlangten Produktes wird einer Steueroperation die Parameterliste zugeordnet (siehe nächster Abschnitt). Die Reihenfolge der nacheinander in einem Teilrezept auszuführenden Steueroperationen ist in einem CHAIN (Kette) festgehalten und entsprechend der gewünschten Reihenfolge mit einer LINK-Nr. versehen. Ein

CHAIN (Kette) entspricht damit einem Teilsteuerrezept. Die CHAIN-Information wird in der PROSEL-Directory Liste geführt.

Am Ende einer Steueroperation wird durch die Führungsinstruktion NEXTOP durch den RECIPE-Lader die nächste Steuerungsoperation in den Laufbereich des Sequenzblockes der entsprechenden Teilanlage eingeschrieben zusammen mit der zugehörigen B-Liste (der Rezeptparameter). Diese Methode erlaubt es, Steuerungsprogramme als wiederverwendbare Module zu standardisieren, die indirekt adressiert werden können und nur formale Parameter enthalten, die erst bei der Zuordnung zu einer Teilanlage aus der B-Liste (Rezept-Liste) des zugehörigen Sequenzblockes mit den aktuellen Parametern und mit den aktuellen Adressen aus der Adress-(A-)Liste versorgt werden.

Beispiel:

Steueroperation „Zugeben H_2SO_4".

In Tabelle 7.2 ist die Steueroperation zunächst global beschrieben. Sie gliedert sich in eine allgemeine Beschreibung der laufenden Nummer des eingesetzten Rechnersystems, der Beschreibung der Anlage und den Produktnamen. Dann folgt Name des Erstellers für das Steuerprogramm und Angabe zu Revisionen. Weiter folgt die Sequenz-Nummer (in der Bibliothek) und Name der Steueroperation (Grundoperation) evtl. mit Angabe des Schrittes (S2) im Teilsteuerrezept (S: für Sulfonierung). Die nächste Zeile zeigt die erlaubten Reaktoren für diese Steueroperation, die verwendeten Listen und die innerhalb der Sequenz, dieser Steueroperation, verwendeten Subsequenzen. Diese Subsequenzen beschreiben in diesem Beispiel die Grundfunktionen:

- Rühren
- Temperieren Reaktor
- Temperieren Brüdenkondensator
- Dosieren
- Entlüften

Vom Ersteller wurden jedoch nur die wesentlichen Grundfunktionen: HEIZEN, RÜHREN, DOSIEREN explizit dargestellt, denn diese Funktionen bilden genau die Technische Funktion, die der Apparat haben muß, um diese Steueroperation (Grundoperation) auf diesem Apparat auszuführen.

Transitionen mit „Aktionen Ok" entsprechen der Erfüllung der geforderten Prozeßzustände bzw. Erreichen der Prozeßvariablen, die Transitionen mit „Ok Quittiert" entsprechen der Quittierung durch den Operateur. Dann ist noch dargestellt, daß in Phase 300 der „Abbruch" und in Phase 320 das „NOT-AUS" der Steueroperation beschrieben ist.

Die Phase 0 in Tabelle 7.3 beginnt zunächst mit einer allgemeinen Informationsdarstellung der aktuellen Steueroperation „S2: H_2SO_4", was bedeutet, der 2te (zweite) Schritt in der Sulfonierungs-Teilsteuerrezeptur ist „H_2SO_4 dosieren".

Dann erfolgt die Kontrolle, ob gemäß der Apparateanforderung im Grundrezept die Grundoperation bzw. Steueroperation auf diesem Reaktor ablaufen kann, bzw. ob

Tabelle 7.2 Übersicht der Steueroperation „Dosieren H_2SO_4“

```
;**************************************************
; PETROCHEM AG ICS:      LÖSUNGSMITTEL-ANLAGE      *
; ------------------------------------------------ *
; HMS PLANUNG & AUTOMATION GMBH               1991 *
;**************************************************
;
; REVISION D: QØ3.SD JUL-92 HMS *UPD6*
; REVISION C: QØ3.SC JUL-91 HMS *UPD4*
; REVISION B: QØ3.SB APR-91 HMS *UPD2*
; REVISION A: QØ3.SA MRZ-91 HMS
.PROSEL QØ3
.UNITP  PD3

.SEQ Ø3
;----------------------------------------------------
;
; GRUNDOPERATION 3: S1: "ZUGEBEN H2SO4"
;
; ERLAUBTE REAKTOREN: R1, R2, R3
;
; DICTIONARIES:         1Ø1, 1Ø3, 137
; PARAMETERLISTEN:      ALIST     (APPARATELISTE)
;                       BLIST     (REZEPTLISTE)
;                       CLIST 4Ø1 (GLOBALE LISTE)
;
; SUBSEQUENZEN:         2,3,5,1Ø,12
;----------------------------------------------------
; ASSEMBLIERUNG MIT:    HMSDØ8
;                       R2ØDEF
;                       SBD:PUT
;----------------------------------------------------
;
; AKTIONEN:
;
;    HEIZEN,RUEHREN,DOSIEREN
;
; TRANSITION:
;
; AKTIONEN OK ODER OK QUITTIERT
;----------------------------------------------------

ENDE = #3ØØ ;ABBRUCH PHASEN NR.
NOTAUS=#32Ø ;NOTAUS  PHASEN NR.
```

der gewählte Reaktor illegal ist. Wird dies noch vom Operateur bestätigt, wird die Sequenz der Steueroperation abgebrochen (Phase 1).

In Phase 2 wird nun der Text „Zugabe H_2SO_4“ mit Zeitangabe zum Chargenprotokoll gesendet. Des weiteren werden jetzt die Grundfunktionen Entlüften, Druck-Test Brüdenkondensator, Rühren, Ablassen aktiviert bzw. deaktiviert und die entsprechenden Sollwerte für die zu Beginn der Steueroperationen geforderten Prozeßgrößen (PA) gesetzt und die Regler auf Automatik genommen. In Phase 14 wird gefragt, ob die zu Beginn der Steueroperation geforderten Prozeßgrößen (Zustand PA) (Mindest-Innentemperatur) bereits vorliegen. Ansonsten bleiben die Operationen (OA)

Tabelle 7.3 Codierung der Steueroperation „Dosieren H_2SO_4“

```
.SECTST
.SECTION SØØ

PHASE Ø
        STGMES DCSØ,$DIC[1Ø3,Ø] ;"S2: H2SO4"
        CKITM  PLA[Ø],1,2,3     ;REAKTOR-TYP OK?
        SKIP   2                ;NEIN
        CLTIM  5                ;JA
        BRANCH P2               ;WEITER
        SCONT
        WARMES DCCØ,1
               $DIC[1Ø1,1]      ;"ILLEGAL: QUIT"

PHASE 1
        CKCONT
        EXIT
        COMMENT DCCØ,1
                $DIC[137,7]     ;"SEQ.ABGEBROCHEN"
        STOP
        SPARE
P2:
PHASE 2
        EXECUTE BATLOG
        SNDØITM,CURSUM,8,31Ø3.  ;ZUGABE H2SO4

        EXECUTE ABGAS1,DEAZ     ;ABGASSYTEM 1  EIN
        GOTO ENDE
        EXECUTE DRK.BRUEDENKONDENS.INIT
        GOTO ENDE
        EXECUTE $CU,DEAZ,RXK1ØV ;BODENABLASS ZU
        GOTO ENDE
        EXECUTE $EIN,DEAZ,RRX   ;RUEHRER EIN
        GOTO ENDE
        MOVVAR PLB[14],CRXTC2   ;SETZE SOLLW INNENTMP
        SPARE
        CKSTUS CRXTC2           ;FUEHRUNGSKREIS AUTO?
        SKIP 1                  ;LOKAL
        BRANCH P14              ;AUTO, FOLGEKR. AUCH!
                                ;HAND
        MOVVAR CRXTC3,CRXTC3    ;SW-MANTEL GUELTIG?
        MOVVAR PLB[12],CRXTC3   ;NEIN,SW-MANTEL=INNEN
        SPARE                   ;JA
        LAUTO CRXTC3            ;MANTELTEMP AUTO (SLV)
        SPARE
PHASE 13
PHASE 13
        LAUTO CRXTC2            ;I-TMP.FUEHRUNGSREGLER
        SPARE
```

solange in einer Schleife, bis PA erfüllt ist bzw. die geforderten Werte der Prozeßgrößen erreicht wurden.

Nun wird in Phase 16 die eigentliche H_2SO_4-Dosierung initiiert. Dies muß vom Operateur erst bestätigt werden. Dann werden in Phase 17 die Variablen für die Ge-

```
P14:
PHASE 14
        COMVAR MRXTC2,PLB[12]   ;MINDEST-INNENTMP OK?
        SPARE                   ;UNGUELTIG
        SKIP 1                  ;<
        NEXTSECT                ;>=OK
        OPACT1 DCCØ,4
               $DIC[1Ø3,Ø4.]    ;TC3:
               MRXTC2
               $DIC[1Ø3,Ø2.]    ;SOLL:
               CRXTC2
               $DIC[1Ø3,Ø5.]    ;GRD. Q:WEITER
PHASE 15
        COMVAR MRXTC2,PLB[12]   ;MINDEST-INNENTMP OK?
        SPARE                   ;UNGUELTIG
        SKIP 1                  ;<
        SKIP 2                  ;>=OK
        CKCONT                  ;QUIT?
        EXIT                    ;NEIN
        CLCONT                  ;OK ODER QUIT
        NEXTSECT

.SECTEND
```

samtmenge, der 1. Dosierrate der 1. Teilmenge und der 2. Dosierrate aus der Parameterliste (B-Liste) geholt usw., und die 3. Teilmenge aus der Gesamtmenge und der 1 + 2 Menge errechnet. Das Ganze muß wiederum vom Operateur auf seine Richtigkeit geprüft und bestätigt werden.

In Phase 23a werden dann die Sollwerte für den FQRS3 und den FIC 3 für die 1. Rate gesetzt, die Pumpe von Behälter 983 dem Schwefelsäure-Tank eingeschaltet und das Absperrventil AV B983 am Schwefelsäure-Behälter geöffnet. Ferner wird das Ergebnis der Berechnung der Dosierraten zum Chargenprotokoll gesendet.

Von Phase 40–110 werden nun die drei Dosierraten nacheinander zugegeben. Dabei wird laufend nach den Grenzen für die nächste Dosierrate und der Endabschaltung gefragt und schlußendlich das Absperrventil geschlossen.

Danach werden ab Phase 152–154 der Durchfluß-Sollwert zu Null gesetzt, die Behälterpumpe ausgeschaltet, die tatsächlichen Dosiermengen und Dosierzeit erfaßt und zum Chargenprotokoll gesendet.

```
.SECTION SØ1

PHASE 16
        EXECUTE H2SO4.INIT.DOSIERUNG
        GOTO ENDE                ;ABBRUCH
        EXIT                     ;OK QUITTIERT,PRUEFE!!
                                 ;OK
        MOVVAR PLB[16],CSRFQS    ;SOLL (L) GESAMT-MENGE
        SPARE
                                 ;BELEGEN DOSIERUNG:
        LAUTO  CSRXFC            ;AUTO DURCHFLUSS
        SPARE

PHASE 17    ;SETZE GLOBALE VARIABLEN FUER ANZEIGE:
            ;(KOPIE VON REZEPT-B-LISTE)

        MOVVAR PLB[16],VSFQS     ;GESAMTMENGE
        SPARE
        MOVVAR PLB[2Ø],VSFC1     ;1.DOSIERRATE
        SPARE
        MOVVAR PLB[22],VSFQS1    ;1.TEILMENGE
        SPARE
        MOVVAR PLB[24],VSFC2     ;2.DOSIERRATE
        SPARE
PHASE 2Ø
        MOVVAR PLB[26],VSFQS2    ;2.TEILMENGE
        SPARE
        MOVVAR PLB[3Ø],VSFC3     ;3.DOSIERRATE
        SPARE
P2ØA:   ADDVAR VSFQS1,VSFQS2,VWS1 ;MENGE 1+2
        SPARE
        SUBVAR VSFQS,VWS1,VSFQS3  ;3.TEILMENGE
        SPARE

        OPACT1 DCCØ,1
               $DIC[1Ø3,7]       ;BESTAETIGEN. QUIT
PHASE 21
        CKCONT
        EXIT
        ADDVAR VSFQS1,VSFQS2,VWS1 ;MENGE 1+2
        SPARE
        SUBVAR VSFQS,VWS1,VSFQS3  ;3.TEILMENGE
        SPARE
```

```
PHASE 22
        OPACT1 DCCØ,1
               $DIC[112,7]       ;A:START B:ABBRUCH
PHASE 23
        CKABC
        BRANCH P23A ;A:START
        SKIP   2    ;B:ENDE
        BRANCH P2ØA ;C:WDH
        BRANCH P2ØA ;Q:WDH
                                 ;FREIGABE DOSIERUNG:
        LMAN   CSRXFC            ;HAND DURCHFLUSS
        SPARE
        GOTO ENDE
P23A:
        ADDVAR VSFQS1,VSFQS2,VWS1 ;MENGE 1+2
        SPARE
        SUBVAR VSFQS,VWS1,VSFQS3  ;3.TEILMENGE
        SPARE
        MOVVAR VSFC1,CSRXFC      ;SOLL (M3/H) DOS.RATE 1
        SPARE
        MOVVAR VSFQS,CSRFQS      ;SOLL (L) GESAMT-MENGE
        SPARE
        EXECUTE $AUF,DEAZ,B983KV ;AV B983 AUF
        GOTO ENDE
        EXECUTE $EIN,DEAZ,EP113B;PUMPE VOM B983 EIN
        GOTO ENDE
        SCONT
        COMMENT DCCX,4
                $DIC[112,1.]     ;IST:
                MSRFQS
                $DIC[112,2.]     ;SOLL:
                CSRFQS
                $DIC[112,3.]     ;L. Q:ENDE
        CFLAG SFLAG1,SFLAG2      ;INIT PROTOKOLL MERKER
        DELAYS MEAZ              ;KURZ WARTEN
        INIT  MSRFQS             ;INTEG MENGE=Ø
        SPARE
        LAUTO  CSRFQS            ;AUTO INTEG.MENGE
        SPARE
        ADDITM 2Ø,PLA[Ø],IWS3    ;START DW FUER PROT
        STASK  PROT,IWS3         ;START-MELDUNG
        SPARE
        CLTIM  3                 ;INIT DEAZ-TIMER
        CLTIM  5                 ;INIT ZEITDAUER-DOS
        EXECUTE BATLOG
        SNDØITM,CURSUM,2Ø,3      ;EINE LEERZEILE
                                 ;SENDE SOLL
        EXECUTE BATLOG
        SND1VAR,CURSUM,2Ø,5ØØ.,CSRFQS
        NEXTSECT

.SECTEND
```

```
.SECTION S02
;--------------------------------------------------------
;DOSIERUNG LAEUFT
;--------------------------------------------------------
PHASE 40
        CKFLAG SFLAG2               ;2.GRENZE ERREICHT?
        BRANCH P42                  ;0:NEIN
                                    ;1:JA
P41:
PHASE 41                            ;2.GRENZE ERREICHT!
        SUBVAR CSRFQS,VAB3,VWS1     ;BER. VORABSCHALTUNG
        SPARE
        COMVAR MSRFQS,VWS1          ;ERREICHT?
        SPARE                       ;UNGUELTIG,NEIN
        SKIP   1                    ;< NEIN
        BRANCH P50                  ;>= JA
                                    ;ZWISCHEN 2.GRENZE U.
                                    ;VORABSCHALTUNG:
        CKCONT                      ;QUIT?
        EXIT                        ;NEIN
        BRANCH P51                  ;JA,ENDE
P42:
PHASE 42                            ;NOCH NICHT 2.GRENZE!
        CKCONT                      ;QUIT?
        SKIP   1                    ;NEIN
        BRANCH P51                  ;JA,ENDE
        CKFLAG SFLAG1               ;1.GRENZE ERREICHT?
        BRANCH P110                 ;NEIN,->PRUEFE 1.
        BRANCH P100                 ;JA, PRUEFE 2.

P50:                                ;ZWISCHEN VORABSCH.
PHASE 50                            ;UND SW=MW

        CKOPEN SRXFSV               ;AV NOCH AUF?
        BRANCH P51                  ;NEIN,ENDE
        COMVAR MSRFQS,CSRFQS        ;GRENZE ERREICHT?
        SPARE                       ;UNGUELTIG,NEIN
        SKIP 1                      ;< NEIN
        BRANCH P51                  ;>= JA
        CKCONT                      ;QUIT?
        EXIT                        ;NEIN
P51:
PHASE 51
        CLOSE SRXFSV                ;AV ZU
        LMAN   CSRFQS               ;INTEG.MENGE HAND
        SPARE
        EXECUTE TIMUP,5,VRXTIM      ;BERECHNE ZEIT

        NEXTSECT
```

```
P1ØØ:
PHASE 1ØØ  ;1.GRENZE ERREICHT, PRUEFE 2. GRENZE

        ADDVAR VSFQS1,VSFQS2,VWS1 ;2.GRENZE
        SPARE
        COMVAR MSRFQS,VWS1       ;2.GRENZE ERREICHT?
        SPARE                    ;UNGUELTIG,NEIN
        BRANCH P42               ;< NEIN
                                 ;>= JA
        MOVVAR CSRXFC,VSFC2      ;MERKE LETZTEN FLOW
        SPARE
        MOVVAR VSFC3,CSRXFC      ;SETZE NEUEN FLOW
        SPARE
        SFLAG  SFLAG2            ;MERKE ERREICHT.
        SUBVAR MSRFQS,VSFQS1,VSFQS2 ;BER.2.GRENZE
        SPARE
        EXECUTE BATLOG
        SND2VAR,CURSUM,2Ø,18Ø2.,VSFQS2,VSFC2
        BRANCH P41

P11Ø:
PHASE 11Ø

        COMVAR MSRFQS,VSFQS1     ;1.GRENZE ERREICHT?
        SPARE                    ;UNGUELTIG,NEIN
        BRANCH P42               ;< NEIN
        MOVVAR CSRXFC,VSFC1      ;MERKE LETZTEN FLOW
        SPARE
        MOVVAR VSFC2,CSRXFC      ;SETZE NEUEN FLOW
        SPARE
        SFLAG   SFLAG1           ;GRENZE 1 ERREICHT
        MOVVAR MSRFQS,VSFQS1     ;MERKE GRENZE 1
        SPARE
        EXECUTE BATLOG
        SND2VAR,CURSUM,2Ø,18Ø1.,VSFQS1,VSFC1
        BRANCH P42

.SECTEND
```

In Phase 160 wird die Ressource Schwefelsäure-Tank wieder für die anderen Reaktoren freigegeben. Der Durchfluß wird auf Hand gesetzt, die Regelventile geschlossen und nochmals geprüft, ob die Behälterpumpe tatsächlich ausgeschaltet und das Absperrventil geschlossen ist.

In Phase 300 wird die Dosier-Sequenz angehalten und in Phase 301 die Instruktion NEXTOP initiiert. Die Abbruch-Phase 300 und die Notaus-Phase 320 werden zurückgesetzt.

```
.SECTION SØ3
;------------------------------------------------------
; DOSIERUNG BEENDET
;------------------------------------------------------

PHASE 152                               ;DURCHFL BLEIBT AUTO!!
        MOVVAR CSRXFC,VSFC3             ;MERKE LETZTEN DURCHFL.
        SPARE
        MOVVAR [Ø.Ø],CSRXFC             ;DURCHFL SOLL Ø
        SPARE
        CLOSE EP113B,B983KV,SRXFSV ;PUMPE,AV'S ZU
PHASE 153
        ADDITM 3Ø,PLA[Ø],IWS3           ;DATENWORT FUER PROT
        STASK PROT,IWS3                 ;DOS. BEENDET MELDUNG
        SPARE
                                        ;FALLS INTEG.INVALID:
        MOVVAR [Ø.],VSFQS               ;INIT GESAMTMENGE
        SPARE
        MOVVAR MSRFQS,VSFQS             ;MERKE GESAMTMENGE
        SPARE
PHASE 154
        ADDVAR VSFQS1,VSFQS2,VWS1 ;1.+2.GRENZE
        SPARE
        SUBVAR VSFQS,VWS1,VSFQS3 ;3.TEILMENGE
        SPARE
        COMVAR [Ø.Ø],VSFQS3             ;ZUENDE DOS?
        SKIP 3                          ;UNGUELTIG, NEIN
        SKIP 1                          ;< JA
        SKIP 1                          ;>= NEIN
        EXECUTE BATLOG
        SND2VAR,CURSUM,2Ø,18Ø3,VSFQS3,VSFC3
                                    ;SENDE IST/ZEIT
        EXECUTE BATLOG
        SND2VAR,CURSUM,2Ø,18Ø4.,VSFQS,VRXTIM
PHASE 16Ø
        LMAN CNRXFC                     ;FREIGABE NAPHTHA-DOS
        SPARE
        LMAN CSRXFC                     ;DURCHFL. HAND
        SPARE
PHASE 161
PHASE 161
        SETREG CSRXFC,[Ø.Ø]             ;DURCHFL RGLVTL Ø%
        SPARE
        SETREG CNRXFC,[Ø.Ø]             ;DURCHFL RGLVTL Ø%
        SPARE
        EXECUTE $AUS,DEAZ,EP113B;PUMPE AUS?
        GOTO ENDE
        EXECUTE $ZU,DEAZ,B983KV ;AV ZU?
        SPARE

        SPARE
```

Die Grundfunktionen Rühren, Brüdenkondensation, Entlüften, Temperieren bleiben erhalten. Sie werden von der nächsten Steueroperation zu Beginn verändert, abgeschaltet oder bleiben erhalten. Das hat den Vorteil, daß beim Übergang von einer Steueroperation zu einer anderen keine Zeit verlorengeht bzw. keine unnötigen Schalthandlungen vorgenommen bzw. wiederholt werden.

```
P3ØØ:                                   ;ENDE AKTIONEN ***
PHASE 3ØØ

        OPACT1 DCCØ,1
               $DIC[1Ø1,2]              ;A:WEITER B:ENDE

PHASE 3Ø1
        CKABC
        SKIP   3                        ;A:WEITER
        BRANCH P3Ø2                     ;B:ENDE
        BRANCH P3ØØ                     ;C:WDH
        SPARE                           ;Q:WEITER
        SPARE
        NEXTOP                          ;WEITER
        BRANCH P3ØØ                     ;FEHLER, GEHT NICHT
P3Ø2:
PHASE 3Ø2
        COMMENT DCCØ,1
                $DIC[137,8]             ;SEQ.BEENDET


                                        ;NOTAUS AKTIONEN ****
PHASE 32Ø
        CLCONT
        EXECUTE EBATCH
        SPARE
        SPARE

.SECTEND
.SEQEND
.PEND
.EOT
```

Beim Erarbeiten eines PROSEL-Steuerungsprogrammes muß man sich zunächst eine Reihe von Ablaufdiagrammen erarbeiten, in denen das Steuerungsproblem in eine Anzahl von Folgen unterteilt wird. Dazu sind zwei Programmabläufe nach DIN 6601 dargestellt. Es handelt sich einmal um die Darstellung der Initisierung der Grundfunktionen (Bild 7.19) und einmal um die Dosierung von H_2SO_4 und der Grenzwertbildung für die einzelnen Teilmengen (Bild 7.20).

7.7 Darstellung einer Programmstruktur zur Anlagensteuerung

Bild 7.21 zeigt ein Beispiel einer möglichen Programmstruktur zum Erstellen und Verwalten von Grundrezepten, zur Konkretisierung als Steuerrezepte und ihre Zuweisung zu konkreten Apparaten bzw. Teilanlagen nach dem Beispiel zur Herstellung eines Verflüssigungsmittels VMB, realisiert durch PROSEL-Programme des ICS Batch Control Package Release 5, Copyright 1989 by Kent Process Control Limited, nach einem Entwurf des Softwarehauses HMS Planung & Automation GmbH, Düsseldorf.

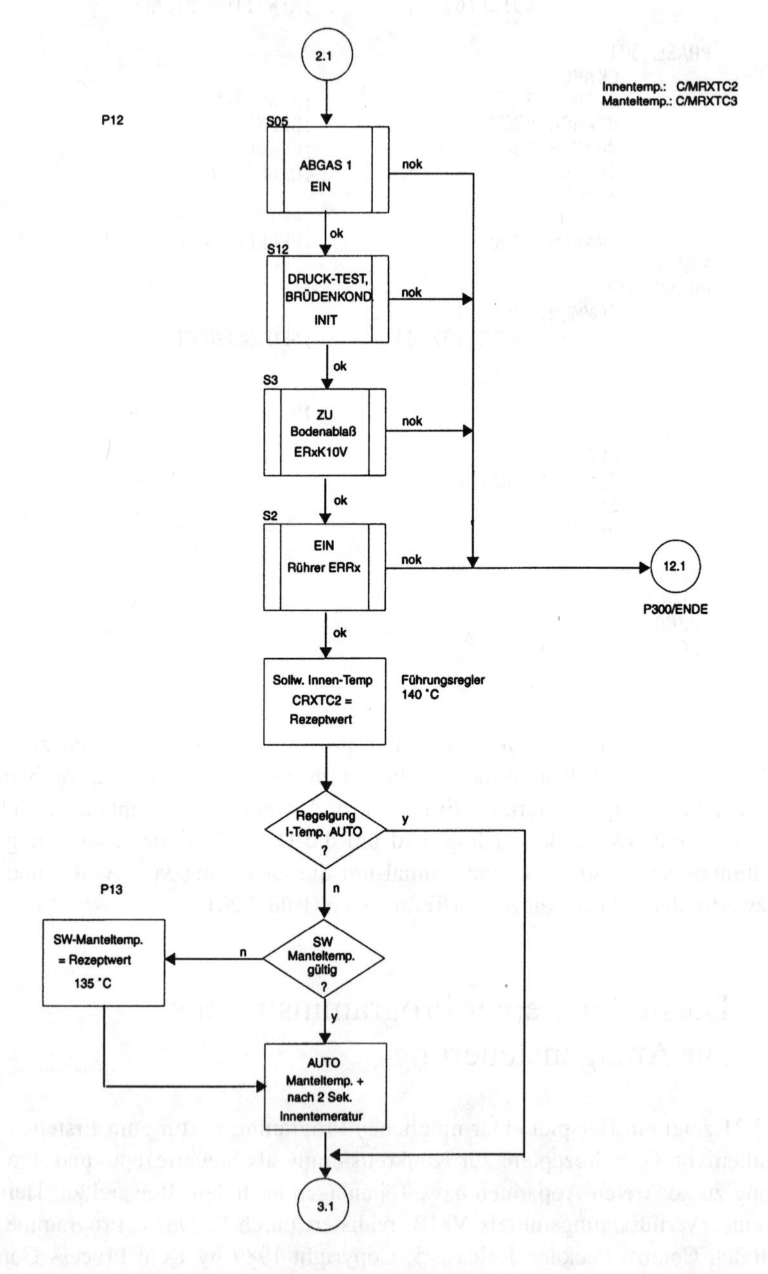

Bild 7.19 Programmablauf nach DIN 6601 der Initiierung der Grundfunktionen bzw. Steuerfunktionen der Steueroperation „H_2SO_4 Dosieren“

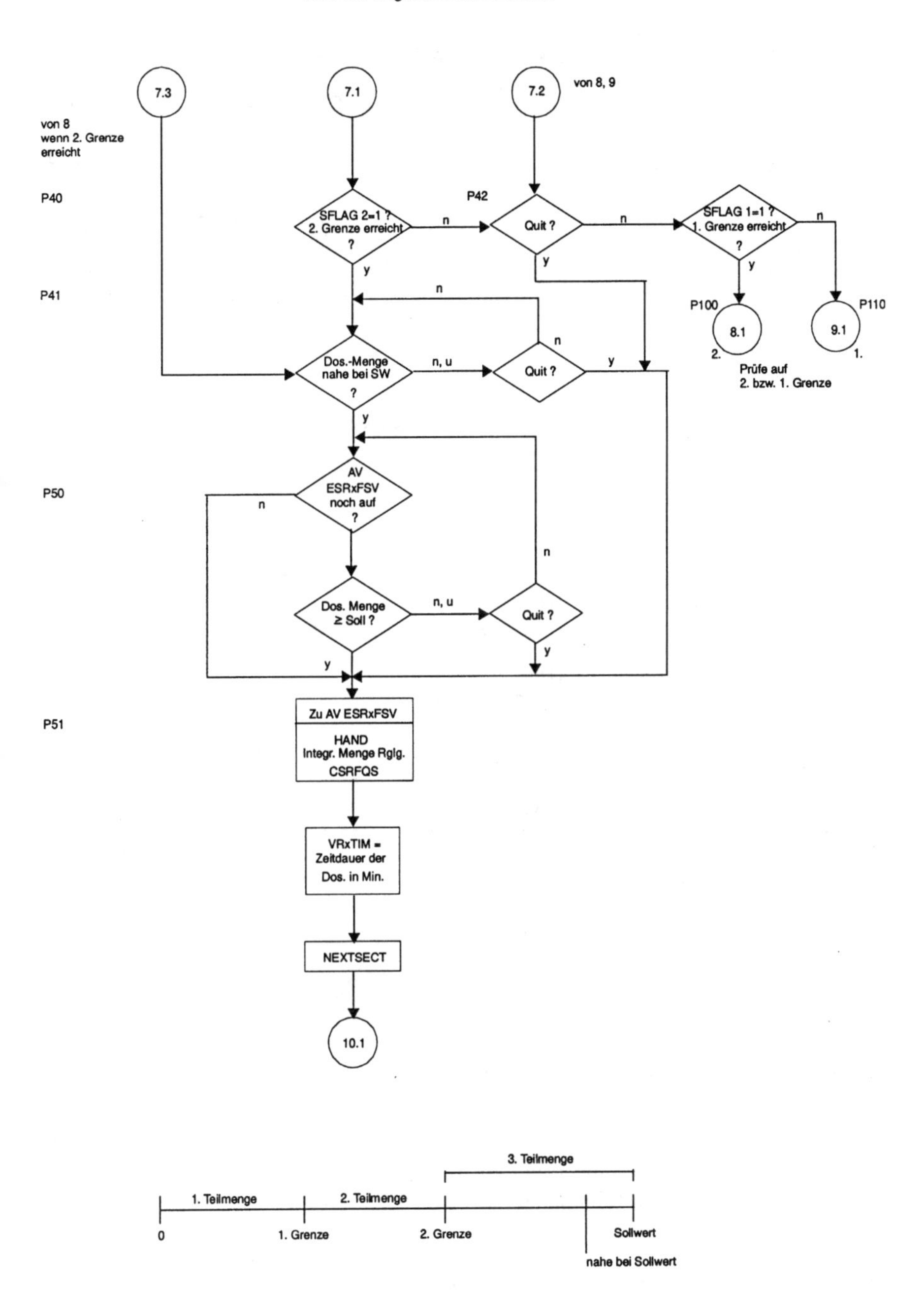

Bild 7.20 Programmablauf nach DIN 6601 der Dosierung der Teilmengen H_2SO_4 und der Grenzwertbildung der einzelnen Teilmengen

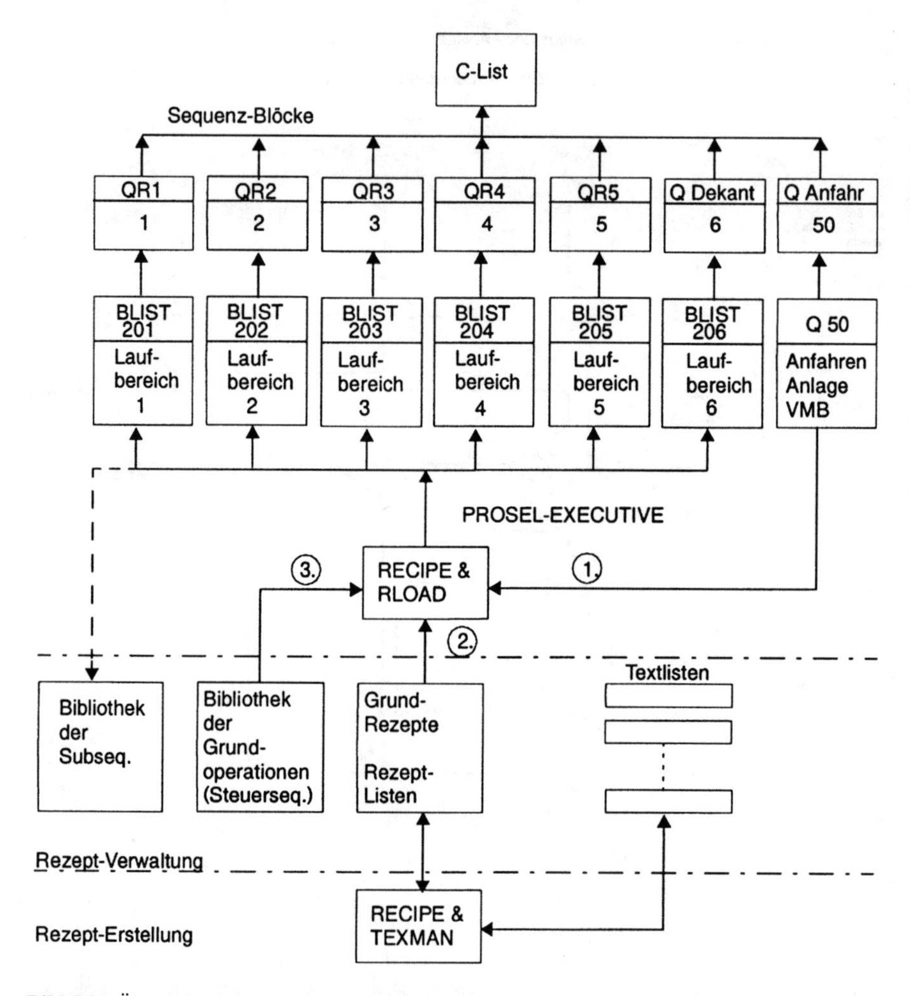

Bild 7.21 Übersicht über PROSEL Programmstruktur (nach HMS Planung & Automation GmbH)

In der obersten Zeile von Bild 7.21 befindet sich in der Mitte ein Kasten, der mit „C-Liste" bezeichnet ist. Eine C-Liste ist eine globale Liste, zuständig für alle Teilanlagen, die für ein bestimmtes Produkt eine Produktionsstraße bilden, und dient der Anlagensteuerung zur Synchronisation bzw. Kopplung von Teilanlagen. In ihr werden Daten, die zwischen den Teilanlagen ausgetauscht werden müssen (Merker, Flags, Anweisungen), eingetragen.

In der nächsten Zeile darunter befinden sich sieben Kästen, die mit der C-Liste verbunden sind, gekennzeichnet mit Q-R1 bis Q-R5, Q-Dekant und Q-Anfahr. Es handelt sich um „Sequenzblöcke", die die Teilanlagen bzw. die auf ihnen ablaufenden

Teil-Steuerrezepte verwalten. R1 bis R5 steht darum für Reaktor 1 bis 5, Dekant für Dekanter und Anfahr für die eigentliche Anlagensteuerung.

Zugehörig zu den einzelnen Sequenzblöcken zählen die in der Zeile darunter befindlichen Kästen, die wiederum Listen darstellen, gekennzeichnet mit „B-List" und „Laufbereich". In die B-Liste eines Sequenzblockes werden die sogenannten „Rezeptlisten", d. h. die Parameterlisten der einzelnen Steueroperationen (Grundoperationen) eingetragen (siehe Tabelle 7.1). In die Laufbereiche werden die zugehörigen PROSEL-Sequenzprogramme bzw. das Steuerungsprogramm einer Steueroperation geladen (siehe Tabelle 7.3).

Geladen werden die Rezeptlisten in die B-Listen und die Sequenzen in die Laufbereiche der Sequenzblöcke durch den in der nächsten Zeile darunter dargestellten Kasten „RECIPE & RLOAD". Das kann auf zwei Wegen geschehen, manuell oder in Automatik.

Beim automatischen Laden wird die „Rezept laden Task" durch die Instruktion NEXTOP innerhalb der gerade aktuellen Steueroperation angestoßen, die nächste Parameterliste (Rezeptliste) in der „Kette" des Teilsteuerrezeptes in die B-Liste des Sequenzblockes der zugehörigen Teilanlage und die Ketteninformation in die PROSEL Directory-Liste geladen. Wenn dies ausgeführt ist, wird die dazu passende Steuersequenz (Grundoperation) an den Laufbereich „angehängt". Die Steuersequenzen starten sofort mit der ersten Phase (nach PROSEL Notation ist das immer die Phase 0) bzw. erstem Schritt in der Steueroperation.

Die allererste Rezeptliste wird jedoch durch die Anlagensteuerung (Sequenz Q50) in die B-Liste des entsprechenden Sequenzblockes oder auch gleichzeitig in mehrere Sequenzblöcke eingetragen, wenn es sich z. B. um den gleichzeitigen Start mehrerer Teilanlagen handelt.

Eine Teilanlagensteuerung wird dadurch beendet, daß die letzte Rezeptliste in der Kette keine Instruktion NEXTOP mehr ausgibt. Dies muß beim Ermitteln der Grundoperationen (siehe vorhergehende Abschnitte) und bei der Erstellung der Steueroperationen berücksichtigt werden. Dies kann z. B. in einer Grundoperation „Puffern und Übergeben", wie vom NAMUR AK 2.3 vorgeschlagen, vorgesehen werden (siehe Abschnitt 7.5.4).

Zwei wesentliche Elemente, mit denen diese Methode bis hierher arbeitet, sind die Rezeptliste (die Parameterliste einer Steueroperation) und die Kette (Chain), die bestimmt, an welcher Stelle in einer Teilsteuerrezeptur die Rezeptliste geführt wird. Eine Kette ist in unserem Sinne ein Teilgrundrezept. Mehrere Ketten bilden ein Grundrezept.

Grundrezepte und Teilgrundrezepte werden durch Ketten von Rezeptlisten bei der Rezepterstellung durch den in der letzten Zeile von Bild 7.21 gezeigten Kasten „RECIPE & TEXTMANager" erstellt. Dazu sind zunächst Rezeptlisten zu generieren. Sie entstehen aus sogenannten „Textlisten". Für jede Grundoperation muß genau eine Textliste (Definitionsliste) erstellt werden. Textlisten tragen als Kennzeichnung den Namen der Grundoperation. Sie bilden ein Skelett von vordefinierten normalen Parametern, in das vom Rezeptersteller die aktuellen Rezeptparameter für diese Grundoperation und für ein bestimmtes Produkt bei der Rezepterstellung eingetragen werden müssen. Es entstehen so die Rezeptlisten, die in der Rezeptbibliothek hinterlegt werden. Sequenzen bzw. Teilgrundrezepte werden jetzt durch Generieren von Ketten definiert. Im Dialog über den Bildschirm werden vom Rezeptersteller die Stellung der Rezeptlisten innerhalb einer Kette erfragt. Danach werden die Ketten (Teilgrundrezepte und Grundrezepte) in der Rezeptbibliothek hinterlegt und stehen zum Aufruf durch das Ladeprogramm RECIPE & RLOAD bereit.

Mit dieser vorgestellten Programmstruktur ist es sehr einfach möglich, eine Steueroperation auch als Einzeloperation (Adhoc Unitop) sozusagen im Teilautomatikbetrieb zu betreiben. Das kommt im Chargenprozeß sehr häufig vor, wenn z. B. eine spezielle Technische Einrichtung (z. B. einen Destillationsaufsatz) an nur einer oder wenigen Teilanlagen vorhanden ist, die Verfahrensvorschrift eine solche Technologische Operation (z. B. Destillieren) vorschreibt, das Produkt aber aus dispositiven Gründen in einer anderen Teilanlage produziert wurde und jetzt nur zu diesem Zweck auf der anderen Teilanlage bearbeitet werden muß. Diese Methode ist allerdings auch beim Test eines neuen Produktes sehr hilfreich.

Zum Fahren von Einzeloperationen wird der Rezeptlader über die „START TASK" Bedienfunktion an der Operator-Bedien-Station aufgerufen. Im Dialog wird der Operator dann zunächst nach der gewünschten Teilanlage gefragt, wobei eine 1:1-Relation zwischen Teilanlagen und Sequenzblöcken (wie w. o. gezeigt) angenommen wird. Wenn die selektierte Teilanlage noch aktiv ist, wird der Operator entsprechend informiert. Bevor er fortfährt, muß die Teilanlage deaktiviert werden, d. h. die vorhergehende Sequenz angehalten werden. Als nächstes wird die Eingabe der gewünschten Grundoperation (der Operator denkt nur an Grundoperationen) per Namen oder Nummer verlangt. Deren zugehörige Textliste (siehe Bild 7.21) bzw. GO-Definitionsliste wird herangezogen, um nach Initialisierung den Operator aufzufordern, die einzelnen Parameter einzugeben (wie bei der Rezepterstellung), die entsprechend auf die B-Liste des Sequenzblockes kopiert werden. Am Ende wird die entsprechende Steuersequenz dieser Grundoperation bzw. die entsprechende Steueroperation dem Sequenzblock automatisch zugeordnet und in Phase 0 gestartet.

Zugegeben, mit dieser Programmstruktur ist ein Konfigurieren kaum, wenn überhaupt möglich. Es muß alles programmiert werden. Andererseits bietet diese „freie" Programmierarbeit eine ungeahnte und fast unbegrenzte Flexibilität, wie sie bis jetzt in Chargenprozessen immer noch wünschenswert ist.

Von Nachteil ist nur, daß alles noch im Dialog über die Bedientastatur und Bildschirm programmiert werden muß und eine moderne grafische Erstellung, Konfigurierung und Parametrisierung nicht möglich ist.

7.8 Anforderung an die Strukturierung für die Anlagensteuerung

In Bild 7.22 sind zwei parallele Produktionsstraßen zur Herstellung des Verflüssigungsmittels VMB dargestellt. R4 und R5 sind die Teilanlagen 2 (Neutralisation) der jeweiligen Straßen A und B, die beide gemeinsam auf den kontinuierlich arbeitenden Dekanter D1 gehen, der über den Pufferbehälter B1 von den diskontinuierlichen Teilprozessen entkoppelt ist.

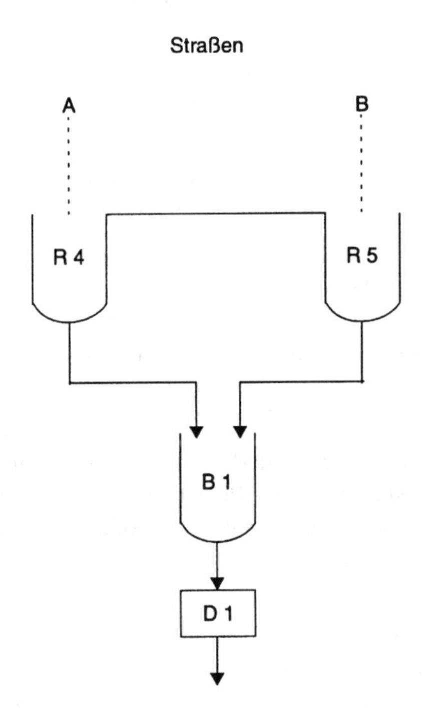

Bild 7.22 Technologisches Schema

Die beiden Neutralisationsprozesse R4, R5 bewirken, daß nach z. B. vier Zeiteinheiten (diese Definition ergibt sich aus dem Chargenzyklus) 5 Mengeneinheiten (diese Mengen ergeben sich aus der Teilanlagengröße) des Cokondensationsproduktes neutralisiert werden können.

Das Produkt wird in den Pufferbehälter B1 mit einem maximalen Fassungsvermögen von zehn Mengeneinheiten abgelassen. Von dort aus gelangt es zum kontinuierlichen Trennprozeß D1, der in einer Zeiteinheit zwei Mengeneinheiten an Produkt verarbeitet.

Die beiden Teilanlagen R4, R5 können im Zustand „Bereit“, „Warten“, „Neutralisieren“ sein, und die Teilanlage B1/D1 enthält n Mengeneinheiten Material. Der Konflikt zwischen den Zuständen „Bereit“ und „Warten“, in beiden Teilanlagen, bestimmen die Steuerungsmöglichkeiten, die darin bestehen, die Neutralisationsprozesse zu starten und danach wiederum die Möglichkeit zum Start oder zur Verzögerung des Starts zu haben.

Die Verfahrensvorschrift fordert, daß die Anlagensteuerung die Neutralisationsprozesse so steuert, daß das Produkt unmittelbar nach Neutralisationsende in den Pufferbehälter B1 abgelassen werden kann. Zielgröße ist der Durchsatz. Dazu muß bei Neutralisationsende im Pufferbehälter genügend freies Puffervolumen vorhanden sein. Anderenfalls müßte das Produkt im Neutralisationsbehälter bleiben und es könnte Salz auskristallisieren. Wo hingegen beim Verbleib des Produktes im Zustand „Cokondensation“ in der Teilanlage R1, R2, R3, also ein Verfahrensabschnitt vor der Neutralisation, nichts passieren würde, jedoch der Durchsatz verringert würde.

Diese Restriktionen sind durch entsprechende Formulierung von Nebenbedingungen in der Anlagensteuerung zu berücksichtigen.

Weitere Prozeßbedingungen, die entsprechend zu berücksichtigen sind, beschreiben einen Zustand, in der der Pufferbehälter restlos voll ist und beide Neutralisationsprozesse laufen oder bei der beide Prozesse gleichzeitig gestartet werden. Beides führt mit Sicherheit zu Wartezeiten im Neutralisationsprozeß nach Ende der Neutralisation.

Eine weitere Bedingung muß davon ausgehen, daß der kontinuierliche Trennprozeß der Engpaß der Anlage ist und daß deshalb die Steuerstrategie der Anlagensteuerung für eine maximale Auslastung dieses Prozesses sorgen muß. Das kann z. B. dadurch erreicht werden, daß nach dem Anfahren der Anlage ständig ausreichend Produkt zur Trennung im Pufferbehälter vorliegt.

Weitere, von der Anlagensteuerung zu berücksichtigende Bedingungen verbieten zu langes Warten der einzelnen Neutralisationsprozesse. Es ist z. B. verboten, daß der Start des Neutralisationsprozesses in R4 weiter verzögert wird, wenn der Neutralisationsprozeß in R5 schon x Zeiteinheiten läuft und umgekehrt.

Für die hier dargestellten Probleme gibt es sicher mehrere Lösungen. Im vorliegenden Fall erfolgt nach Hanisch in [Hanisch (1992)] die Auswahl so, daß der Füllstand im Pufferbehälter nie den maximalen Wert erreicht, so daß auch im Fall geringfügiger Störungen das neutralisierte Produkt abgelassen werden kann. Bild 7.23 gibt den von Hanisch mit Hilfe von zeitbewertenden Petri-Netzen modellierten Füllstandsverlauf im Pufferbehälter wieder.

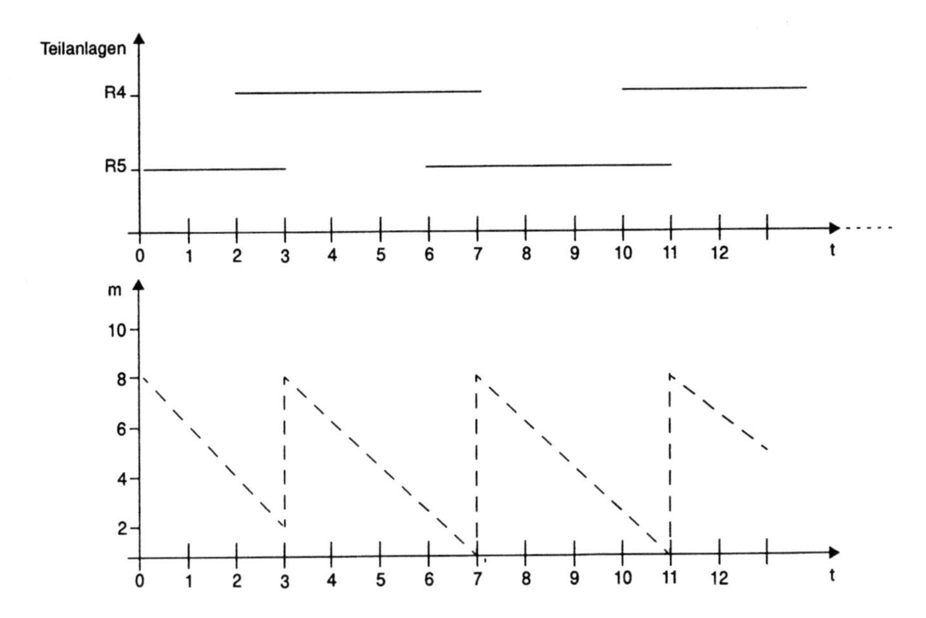

Bild 7.23 Füllstandsverlauf im Pufferbehälter B 1 nach [Hanisch (1992)]

Literatur zu Kapitel 7

[DIN IEC 1131–3 (1992)]: DIN IEC 1131, Teil 3: Speicherprogrammierbare Steuerungen; Programmiersprachen; Identisch mit IEC 65 B (CO) 85. Entwurf Beuth-Verlag, Berlin, 1992

[Europäische Patentschrift (1984)]: Europäische Patentschrift: Verflüssigungsmittel für mineralische Bindemittel. Veröffentlichungsnummer 90434, Veröffentlichungstag 10.10.84

[Hanisch (1992)]: Hanisch, H.-M.: Berechnung optimaler diskreter Koordinierungssteuerungen auf der Grundlage zeitbewerteter Petri-Netze. Automatisierungstechnische Praxis 40 (1992), Heft 10, S. 384–390

[Kempny u. a. (1990)]: Kempny, M.-P.; Maier, U.: Herstellerneutrale Konfigurierung von Prozeßleitsystemen. Automatisierungstechnische Praxis 32 (1990) Heft 11, S. 529–536

[Strohrmann (1991]: Strohrmann, G.: Automatisierungstechnik Band II, 2. Auflage, Oldenbourg-Verlag München/Wien 1991

[Wade u. a. (1971]: Wade, A. I. M.; Noble, J. S.: PROSEL – eine neue Programmiersprache für die Prozeßsteuerung. Computer Praxis 1971, Heft 2, S. 26–30

Bild 7.23 [illegible] (1992)

[illegible]

[illegible] Berlin 1992
[illegible] Verlag Technik [illegible]
[illegible] Automatisierungstechnische Praxis [illegible] Heft 10, S. 492-500
[illegible] Siemens-Automatisierung [illegible] Heft 11, S. 575-576
[illegible] Automatisierungstechnik Band [illegible] Auflage [illegible]
[illegible] PROSIT [illegible] Computer Praxis 1971, Heft 2, S. 26-30

Kapitel 8: Validierung von Systemen zur Automatisierung von Chargenprozessen

Unter Validierung wird die systematische Anwendung von Methoden verstanden, die der Bestimmung des ordnungsgemäßen Funktionierens, der Zuverlässigkeit und der Dauerhaftigkeit eines Systems dienen (Bild 8.1). Das Ergebnis ist der (am Ende

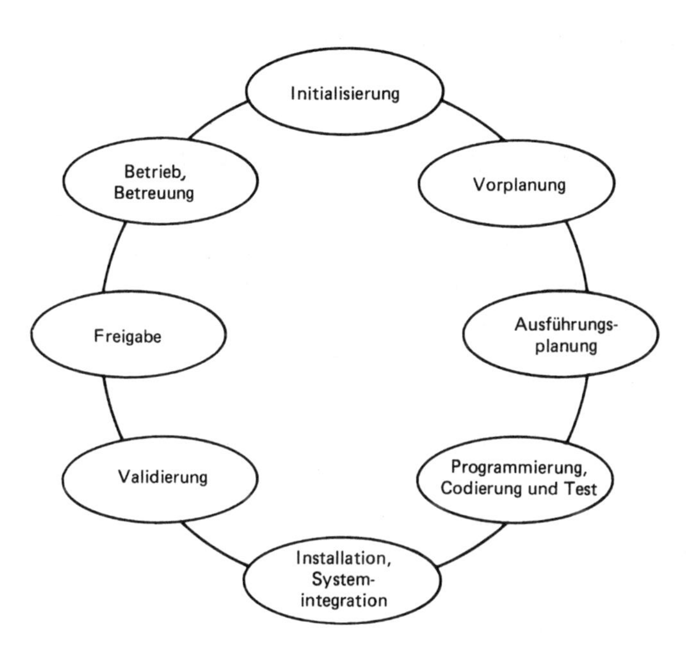

Bild 8.1 Lebenslauf von Automatisierungsanwendungen

eines Entwicklungsprozesses durchgeführte) dokumentierte Nachweis, daß das System die Anforderungen der Benutzer und der Entwickler erfüllt. Betrachtet werden dabei Gesamtsysteme, also z. B. verfahrenstechnische Anlagen mit deren Automatisierungseinrichtungen. Ferner ist der ganze Lebenslauf dieser Systeme zu berücksichtigen (Bild 8.2).

Hier soll der Schwerpunkt auf den Automatisierungseinrichtungen liegen, die heute fast ausschließlich aus softwaregesteuerter Hardware besteht. Die Validierung davon ist dann ein Prozeß, dessen Ergebnis der Nachweis der herstellungsbedingten Qualitätsmerkmale und des spezifikationsgerechten Funktionierens ist. Validierung umfaßt somit die Qualitätssicherungsmaßnahmen im Herstellungsprozeß als auch Betriebsergebnisse. Wird die Validierung nach einem Standard durchgeführt, kann das System diesbezüglich zertifiziert werden.

Bild 8.2 Qualitätsnachweis beinhaltet Verifizierung und Validierung

- Zielsetzung:
  Beweisführung zur Zufriedenheit des Anwenders und der kontrollierenden Behörde
- Verifizierung:
  – Dokumentation der Tests und Inspektionen der Software, ob in jeder Phase des Entwicklungsprozesses die Anforderungen dieser Phase erfüllt sind.
- Validierung:
  – Der am Ende eines Software-Entwicklungsprozesses geführte dokumentierte Nachweis, daß das Softwareprodukt die Anforderungen der Benutzer und Entwickler erfüllt. D. h., es wird der dokumentierte Nachweis geführt, daß das Automatisierungssystem mit den gestellten Anforderungen funktioniert und dies sehr wahrscheinlich auch in Zunkunft tun wird.

Für die Validierung von Automatisierungssystemen wird die Tatsache genutzt, daß es sich vorwiegend um Rechnersysteme handelt. Für den Einsatz von Rechnersystemen in medizinischen, pharmazeutischen und lebensmittelrelevanten Bereichen wurde von Weinberg ein Standard angegeben, der von der Food and Drug Administration des United States Public Health Services anerkannt wird [Weinberg (1990)]. Dieser Standard wird auch in Deutschland zur Validierung eingesetzt. Er besteht aus einem Satz Fragen, die beantwortet werden müssen und deren Antwort durch Unterlagen belegt werden. Zur praktischen Hilfe verwendet man Validierungsrichtlinien, wie z. B. in Bild 8.3 gezeigt.

Bild 8.3 Konzept zur Validierung von Automatisierungssystemen

- Validierungsrichtlinie:
  – Anwendungsbereich der Richtlinie
  – Benennung der Verantwortlichen
  – Arten der Validierung
  – Anlässe für eine Validierung
  – Definition verschiedener Softwaretypen
  – Pläne und Checklisten
  – Liste der erforderlichen Dokumente für alle Phasen des Lebenslaufs
  – Freigabeverfahren für die Automatisierungsanwendungen

Die Validierung von Rechnersystemen trennt nicht zwischen Hardware und Software. Vielmehr wird die Software geprüft weil die Prüfung von Software immer auf der Grundlage einer Hardware vonstatten geht. Man unterscheidet prospektive und retrospektive Validierung. Im ersten Fall ist das System zum Zeitpunkt der Validierung noch nicht in produktivem Einsatz, im zweiten Fall handelt es sich um die Validierung von Altsystemen, bei denen nicht mehr alle Nachweise erbracht werden können. Dieser zweite Fall ist als Untermenge des ersten zu sehen; hier wird deshalb nur die prospektive Validierung angegeben.

Basis der Validierung ist die Dokumentation des Herstellungsprozesses des Systems, die während des gesamten Lebenslaufs des Systems und auch noch danach für eine bestimmte Zeit aufzubewahren ist. Zur Dokumentation des Herstellungsprozesses gehören in erster Linie folgende Unterlagen:

- Projekthintergrund und Randbedingungen,
- Lastenheft,
- Pflichtenheft,
- Benutzerhandbuch,
- Systemhandbuch,
- Unterlagen zur Implementierung,
- Dokumentation der Systemstruktur,
- Programm-Quellcode,
- Versionsführung und Freigabebescheinigungen,
- Software-Historie,
- Änderungen am System,
- Verwaltungsinformationen sowie
- Projekttagebuch.

Zur Validierung ist dann ein Validierungsplan zu erstellen (Bild 8.4). Er sollte folgendes beinhalten:

- Es sind die für die gesamte Validierung verantwortlichen Personen, die Benutzer des Systems und die für die Pflege des Systems zuständigen Personen namentlich festzulegen.
- Alle Funktionen des Systems, deren Qualitätsmerkmale geprüft werden sollen, sowie die hierfür geplanten Aktivitäten und Verantwortlichen sind zu benennen.
- Ein Testplan ist zu erstellen, der neben den Testaktivitäten und Randbedingungen auch die Testziele und Bewertungsmaßstäbe wiedergibt.
- Die Tests werden durchgeführt, und die Ergebnisse werden dokumentiert.

Es ist bekannt, daß modularisierte Systeme wesentlich leichter dokumentierbar und prüfbar sind. Somit läßt sich aus der Forderung der Validierbarkeit eines Systems die Forderung der einfachen Strukturierung und der Modularisierung der Software ableiten. Auch reduziert sich der Prüfaufwand, wenn Module mehrfach verwendet werden.

Die in diesem Buch beschriebenen Methoden zur Automatisierung von Chargenprozessen haben als gemeinsames Ziel, die Prozesse überschaubar und beherrschbar und reproduzierbar zu gestalten. Die Lösungsvorschläge basieren auf der funktionalen Modularisierung und der Beschreibung wiederverwendbarer Software-Module. Man kann so weit gehen zu sagen, daß geeignet gestaltete Automatisierungseinrichtungen für Chargenprozesse optimale Voraussetzungen zur Validierung mitbringen.

Bild 8.4 Validierungsplan

1. Allgemeines
   1. Abgrenzung und Einordnung des zu validierenden Automatisierungssystems
      1. Erstvalidierung oder Revalidierung
      2. prospektiv oder retrospektiv
      3. Sicherheitsaspekte
   2. Verantwortliche und Termine für die Validierung
      1. Erstellung, Wartung, Versionspflege
      2. Implementierung
      3. Systempflege, Mitarbeiterschulung
      4. Freigabe
      5. Lebenslauf
   3. Überblick über die zu validierenden Funktionen
      1. Aktivitäten
      2. Verantwortliche

2. Testplan
   1. Verantwortlichkeiten
      1. Verantwortliche für Testplanerstellung sowie Auswahl der Testfälle, Testdurchführung, Testbeurteilung
      2. Definition der Testziele (z. B. mit Normalwerten und Extremwerten, Fehlerbearbeitung, Prüfung der Anwenderschnittstellen usw.)
   2. Vorgehensweise bei der Testdurchführung
      1. Beschreibung der eingesetzten Testmethoden
      2. Angaben zu Art und Umfang der Testdaten
      3. Benötigte Testumgebung (Zielrechner, Betriebssystem, Testhilfen …)
   3. Vorgehensweise bei der Auswertung und Beurteilung der Tests sowie Formulierung von Akzeptanzkriterien
   4. Aufzubewahrende Unterlagen

Literatur zu Kapitel 8

[Weinberg (1990)]: Weinberg, S.: System Validation Standards. Weinberg Associates, Inc., Boothwyn, USA, 1990

Anhang

Begriffe

Glossary

Vorbemerkung

Begriffe und Definitionen zum Thema „Rezeptfahrweise" wurden erstmals als Ergebnis der Arbeiten früherer NAMUR-Arbeitskreise von [Uhlig (1987)] zusammengefaßt und veröffentlicht und haben sich unter dem Begriff „NAMUR-Grundoperationenkonzept" eingebürgert. Diese Arbeit ließ jedoch noch einige Punkte offen, die durch die in 1992 herausgegebene NAMUR-Empfehlung NE 33 ausgefüllt wurden. Dadurch wurden die verwendeten Begriffe und Konzepte zum Thema Rezeptfahrweise weiter vereinheitlicht und werden nun auch in die internationalen Standardisierungsbestrebungen von EBF (European Batch Control Forum), ISA-SP88 und IEC, eingebracht werden.

Immer noch widersprechen sich jedoch die Begriffswelten in einzelnen Teilbereichen. Das folgende Begriffsregister kann und will weiteren Vereinheitlichungen und Standardisierungsbestrebungen nicht vorgreifen. Das Register enthält stichpunktartig nur die für das Verständnis der Rezeptfahrweise wichtigsten Begriffe und ihre Bedeutung, soweit sie in der NE 33 oder nach DIN definiert wurden, und erhebt keinen Anspruch auf Vollständigkeit.

Es wird versucht, für jeden Begriff die Bedeutung dieses Begriffes im Angelsächsischen wiederzugeben. Dabei weichen die Übersetzungen nach NAMUR NE 33 und ISA-SP88 häufig voneinander ab, so daß es erforderlich wurde, beide Übersetzungen bzw. eine allgemeine Übersetzung ins Angelsächsische zu übernehmen. Es bedeuten:

SP88: Übersetzung nach den Arbeiten der ISA-SP88 Draft 9

NE33: Übersetzung nach der NAMUR NE33, engl. „Requirements to be met by systems for recipe-based operations"

allg.: Übersetzung nach allgemein in der angelsächsischen Literatur gebräuchlichen Begriffen

Ad-hoc-Operation

allg.: Ad-hoc-Operation

Eine Ad-hoc-Operation ist im Sinne der technologischen Ausrichtung der Anlagenfahrer der Aufruf einer einzelnen leittechnischen Grundoperation (realisiert im PLS als Steueroperation), um eine einzelne technologische Operation (Destillieren, Zugabe von Einsatzstoffen, Nachdosierung) außerhalb eines vollständigen Rezeptes durchzuführen.

Ablaufsteuerung

SP88: Process Management

allg.: Sequential Control

Vorgang der zielgerichteten Beeinflussung des technologischen Ablaufs jeweils eines sequentiellen Prozesses durch die Realisierung der vorgegebenen Folge von Steueroperationen (nach Helms).

Apparateanforderung

SP88: Equipment Requirements

Die Apparateanforderung im Rezept ist eine Vorschrift über die zu verwendenden Apparate (Reaktor, Trockner, Filter), der erforderlichen Technischen Einrichtungen (Destillationsaufsatz, Heiz-Kühl-Schlangen, Rührertyp), der Kapazitäten (Heizen, Kühlen, Rühren), Größe des Apparates, Material, Temperatur- und Druckstufen usw.

Anlage, verfahrenstechnische

SP88: Process Cell

NE33: Process Cell

Gesamtheit aller notwendigen sowie in Reserve stehenden Einrichtungen und Bauten für die Durchführung eines Verfahrens (nach DIN 28004).

Anlagenkomplex

SP88: Area

NE33: Production Area

Ein Anlagenkomplex besteht aus mehreren gleichrangigen oder miteinander wirkenden verfahrenstechnischen Anlagen mit den dazugehörigen Nebenanlagen (nach DIN 28004). Organisatorisch ist ein Anlagenkomplex meist ein Betrieb mit einem Betriebsleiter.

Anlageteil

SP88: Equipment

NE33: Device

Ein Anlageteil ist ein technisches Ausrüstungsteil – wie Maschine, Apparat, Gerät – einer verfahrenstechnischen Anlage (nach DIN 28004) Passive Teile wie Kessel und Rohre sind ebenfalls Anlageteile.

Anlage mit festem Stoffweg

SP88: Single Path Structure Batch Process

NE33: Process Cell with Fixed Path

Anlage mit festem Stoffweg ist eine Gruppe von Teilanlagen, welche das Produkt chargenweise nacheinander (sequentiell) durchläuft.

Es kann eine einzelne Teilanlage (Einstufig), z. B. ein Reaktor, oder verschiedene Teilanlagen (Mehrstufig) in Reihe sein. Verschiedene Chargen können zur gleichen Zeit unterwegs sein.

Anlage mit variablen Stoffweg

SP88: Multiple-Path-Structure Batch Process

NE33: Process-Cell with Variable Path

Anlage mit variablen Stoffwegen, besteht aus mehreren Anlagen mit festem Stoffweg in parallel ohne Verbindung untereinander. Jedoch werden Einsatzstoffquellen und Fertigproduktläger gemeinsam genutzt.

Anlage mit variablem Stoffweg und unterschiedlichen Verbindungen (Pfade) untereinander

SP88: Network Structure

NE33: Process-Cell with Variable Path

Anlage mit variablen Stoffwegen, zwischen denen zu unterschiedlichen Zeiten unterschiedliche Verbindungen (Pfade) bestehen können. Die Verbindungen sind wiederum variabel. Sie werden entweder geschaltet am Beginn einer Charge oder während die Charge produziert wird. Es können wiederum mehrere Chargen zur gleichen Zeit unterwegs sind. Diese Chargen nutzen auch wieder Einsatzstoffquellen und Fertigproduktlager gemeinsam.

Anlagensteuerung

SP88: Process-Management

Anlagensteuerung ist der Vorgang der zeitlichen Koordinierung der Teilanlagensteuerungen der einzelnen Teilanlagen durch gezielte Freigabe von Verfahrensschritten (leittechn. Grundoperationen, Steueroperationen) mit den Zielen der Minimierung von Chargenzykluszeit und der Vermeidung von Wartezeiten [ähnlich Helms].

Ansatz

SP88: Batch

Ansatz wird je nach Landsmannschaft anstelle von Charge benutzt (siehe dort).

Automatisierungsgrad

Der Automatisierungsgrad im Sinne einer Rezeptfahrweise gibt an, welchen Anteil der Prozeßführungsaufgaben vom Aktor bis zur Produktionsanforderung von den einzelnen Ebenen selbsttätig abgewickelt werden.

Batch

SP88: Batch wird einmal je nach Landsmannschaft anstelle von Charge oder Ansatz benutzt und hat im Angelsächsischen die Bedeutung:

1. einer apparateabhängigen Menge eines Produktes
2. eines Prozesses, der ein Produkt in bestimmten (diskreten) Mengen herstellt.

Befehlsart

SP88: Mode

Jede Funktionseinheit zur Prozeßführung besitzt die folgenden Befehlsmodi:

Automatik: Die übergeordnete Funktionseinheit ist Befehlsgeber, daß heißt, Befehle werden nur von der übergeordneten Funktionseinheit angenommen.

Semi-Automatik: Halbautomatik-Fahrweise z.B. eines Rezeptes. Der Anlagenfahrer ruft die einzelnen oder eine einzelne technologische(n) Operation(en) des Rezeptes (leittechn. Grundoperation, Steueroperation) auf. Die Grundoperationssteuerung ist Befehlsgeber für die untergeordneten Funktionseinheiten.

Hand: Der Anlagenfahrer ist Befehlsgeber, daß heißt, die Funktionseinheit nimmt Befehle nur vom Anlagenfahrer an.

Betrieb

SP88: Area

Kleinste organisatorische Einheit eines Chemiewerkes, dem ein Betriebsleiter, meist ein Chemiker, vorsteht.

Betriebsmittel

NE33: Operation Resource

Betriebsmittel sind Teilanlagen (einschließlich Transporteinrichtungen und Reinigungseinrichtungen), Einsatzstoffe, Produkte.

Betriebszustand

SP88: State

Abhängig von den jeweiligen Störbedingungen einer Grundoperation (Steueroperation), Grundfunktion (Steuerfunktion) wird aus dem Normalablauf einer GO oder GF (LAUF) der HALT-Zustand der GO oder GF angefahren, aus dem heraus eine Fortsetzung der Produktion möglich ist. ENDE bedeutet den Abbruch oder normalen Abschluß und AUS die Deaktivierung und Einstellung eines Grundzustandes.

Charge

SP88: Batch

Apparateabhängige Menge eines Produktes, welche in einem definierten Produktionsablauf diskontinuierlich (chargenweise) hergestellt wird.

Chargenprotokoll

SP88: Batch Journal

NE33: Batch Report

Ein Chargenprotokoll dokumentiert die Herstellung einer Charge und enthält ausgewählte Rezept-Daten, Ist-Daten und Ereignisse.

Chargenprozeß

SP88: Batch Process

NE33: Batch Process

Diskontinuierlich ablaufender Prozeß, bei dem nach einer vorgegebenen Vorschrift (Rezept) das gewünschte Produkt in einer zeitsequentiellen Folge von verfahrenstechnischen Teilaufgaben portionsweise (d. h. in Chargen) hergestellt wird.

Chargenzyklus

SP88: Batchcycle

Die chargenweise Verarbeitung von Chargen vom Ansatz bis zum Endprodukt wird als Chargenzyklus bezeichnet.

Chemisch-Technische Grundoperation

NE33: Unit Operation

In dieser bezeichnet der Begriff Grundoperation eine typische, in vielen Produktionen stattfindende Stoffveränderung (technisch bzw. physikalisch) oder -umwandlung (chemisch).

Beispiele:

Lösen, Destillieren oder bestimmte Reaktionstypen wie Hydrieren, Sulfonieren.

Diskontinuierlicher Prozeß

SP88: Discrete Manufacturing Process

Chargenbetrieb im Zyklus Füllen, Verarbeiten, Verweilen, Entleeren mit unproduktiven Totzeiten; schubweiser Stofffluß; Zufuhr und Abfuhr zu diskreten Zeitpunkten; der Prozeß verläuft instationär (nach Vauck, Müller).

Einproduktanlage

SP88: Single Product Batch Process

NE33: Single Product Process-Cell

In einer Einproduktanlage wird mit jeder Charge das gleiche Produkt hergestellt. Auf einer Einproduktanlage sind Variationen (angelsächsisch „grades") der Verfahrensvorschrift und der Parameter möglich (z. B. wegen unterschiedlicher Einsatzstoffe oder Umgebungsbedingungen).

Einsatzstoffliste

SP88: Formula

NE33: Formula

Vorschrift über die einzusetzenden Stoffe. Die Mengenangaben beziehen sich auf einen Normenansatz.

Einstranganlage

SP88: Single Path Batch Process

NE33: Single Stream Process-Cell

In einer Einstranganlage (besser Einzelstranganlage) werden beim Herstellen einer Charge die Teilanlagen in fester Reihenfolge genutzt.

Einzelgerätesteuerung

SP88: Control Module Functionality

Die Einzelgerätesteuerung dient der Ansteuerung eines Aktors, der Aufnahme von Meßwerten von einem Sensor und der gerätetechnischen Steuerung des zugeordneten Aktor-/Sensorsystems. Jedem Aktor- oder Sensorsystem ist genau eine seinem Typ entsprechende Einzelgerätesteuerung zugeordnet (nach Epple in Polke).

Fahranweisung

NE33: Working Recipe

Beim Fahren von nicht automatisierten Anlagen nach Rezepten heißt das Steuerrezept Fahranweisung.

Fahrweisen

NE33: Mode of Operation

Unterschiedliche, sich bezüglich des gleichzeitigen Ablaufs gegenseitig ausschließende Technische Funktionen derselben Technischen Einrichtung werden als Fahrweisen dieser Technischen Einrichtung bezeichnet, z. B. Temperieren:

- Heizen mit Dampf auf Sollwert mit Rampe
- Heizen mit Dampf auf Sollwert ohne Rampe

Grundfunktion

SP88: Phase

NE33: Base Function

Eine Grundfunktion ist eine Funktion, die durch Technische Funktionen einer oder mehrerer Teilanlagen realisiert wird. Sie können in verschiedenen Teilanlagen auf verschiedene Weise realisiert sein. Beispiel: Führen von Umgebungsbedingungen wie „Temperieren", Durchmischen von Stoffen wie „Rühren", Ein- und Austragen von Stoffen (in abgemessenen Mengen) wie „Dosieren".

Grundfunktionssteuerung

SP88: Equipment Module Functionality

Die Grundfunktionssteuerung steuert eine ganze Gruppe von koordiniert arbeitenden Einzelfunktionen z. B. „Zugeben", „Temperieren", „Ab- und Umpumpen", „Rühren" usw. Dazu gibt sie Anweisungen an die ihr zugeordneten Einzelsteuerungen und koordiniert deren Eingriff in den Prozeß. Jeder Technischen Einrichtung (Technischen Funktion) einer Teilanlage ist genau eine ihrem Typ entsprechende Grundfunktionssteuerung zugeordnet. Die Umsetzung sämtlicher Fahrweisen einer Grundfunktion erfolgt also durch eine Grundfunktionssteuerung und die ihr zugeordneten Einzelgerätesteuerungen (nach Epple, Kopec, Schmidt).

Grundoperation

SP88: Operation

NE33: Basis Operation

Apparateneutrale verfahrensrelevante technologische Operation, welche innerhalb einer Teilanlage ausgeführt werden kann.

Grundoperationsteuerung

SP88: Operation Supervision

Technologisch anschauliche Wiedergabe der Steuerung eines Verfahrensschritts ähnlicher technologischer Operationen wie Destillieren, Reagieren, Lösen, Füllen usw., gekennzeichnet durch einen definierten Beginn und Ende, indem der Wert einer wesentlichen Prozeßgröße zielgerichtet so geändert wird, daß er einen gewünschten Bereich erreicht, unter Berücksichtigung auch von gestörten Abläufen. Das steuerungstechnische Abbild ist die Steueroperation.

Grundrezept

NE33: Basis Recipe

Das Grundrezept ist eine Konkretisierung des Ur-Rezeptes im Hinblick auf einen bestimmten Maßstab (z. B. Labor, Technikum, Großanlage) und eine bestimmte Arbeitsweise, jedoch ohne Apparatebezug. Es beinhaltet alle Informationen des Ur-Rezeptes (Verfahrensabschnitte chemisch-technische Grundoperationen, Stoffeigenschaften und Mengenverhältnisse) und darüber hinaus Handlungsanweisungen zu den Verfahrensabschnitten. Die Handlungsanweisung ist eine ereignisgesteuerte Verknüpfung von Aktionen. Die Aktionen werden durch Grundfunktionen bzw. Steueranweisungen beschrieben. Eine mögliche Beschreibungsform der Handlungsanweisung ist der Funktionsplan. Bei diskontinuierlich geführten Verfahrensabschnitten kann die Handlungsanweisung statt dessen aus leittechnischen Grundoperationen aufgebaut werden, die dann mit Hilfe von Grundfunktionen beschrieben werden.

Ein Grundrezept besteht aus Rezeptkopf, Einsatzstoffliste, Apparateanforderungen und Verfahrensvorschriften.

Kampagne

SP88: Campagn

Die Kampagne ist sowohl ein Mengen- als auch ein Zeitbegriff.

Die Kampagne bezeichnet die Gesamtmenge eines Produktionsauftrages, der in einem bestimmten Zeitraum auf einer bestimmten Anlage in Chargen gefertigt wird.

Die Kampagne bezeichnet aber auch den Zeitraum, in dem die Produktion eines Produktes erfolgt.

Leittechnische Grundoperation

SP88: Operation

NE33: Conduct Operation

Diese versteht unter einer Grundoperation eine wiederverwendbare Arbeitsfolge. Zur Herstellung verschiedener Produkte mit ähnlicher Herstellungstechnologie (ähnliche Verfahren, Stoffe, Reaktionen, ähnliches Gefährdungspotential usw.) kann eine Anzahl leittechnischer Grundoperationen aufgebaut werden, deren geeignete Kombination die Rezepte für die einzelnen Produkte ergibt.

Mehrproduktanlage

SP88: Multi Product Batch Process

NE33: Multiple Product Process-Cell

In einer Mehrproduktanlage können unterschiedliche Produkte hergestellt werden. Man kann zwei Fälle unterscheiden:

1. Alle Produkte werden nach der gleichen Verfahrensvorschrift mit unterschiedlichen Parametern (angelsächsisch „grades") hergestellt, und
2. die Produkte werden nach unterschiedlichen Verfahrensvorschriften hergestellt.

Mehrstranganlage

SP88: Multiple Path Batch Process

NE33: Multiple Stream Process-Cell

Eine Mehrstranganlage besteht aus parallelen Einzelsträngen, zwischen denen kein Produkttransfer vorgesehen ist. Dagegen werden Einsatzquellen und Fertigproduktlager von den Einzelsträngen gemeinsam genutzt.

Mehrstrang-Mehrweganlage

SP88: Network Structured Batch Process

NE33: Multiple Stream Multiple Process-Cell

Eine Mehrstrang-Mehrweganlage besteht aus Einzelsträngen, zwischen denen Produktaustausch vorgesehen ist. Einsatzstoffquellen und Fertigproduktlager werden gemeinsam genutzt.

Nebenläufige Produktion

NE33: Concurrent Production

Eine nebenläufige Produktion liegt vor, wenn Teilanlagen eines Rezepts zur gleichen Zeit in unterschiedlichen Teilanlagen ablaufen. Für die Rezeptbearbeitung sind Synchronisationsmechanismen (siehe Anlagensteuerung) erforderlich.

Parallele Produktion

NE33: Parallel Production

Eine parallele Produktion liegt vor, wenn die Herstellung der Gesamtmenge einer Charge z. B. aus Kapazitätsgründen auf mehrere Teilanlagen aufgeteilt und gegebenenfalls später wieder zusammengeführt wird. Bei paralleler Produktion arbeiten zur gleichen Zeit mehrere Teilanlagen nach Teilsteuerrezepten, die aus dem gleichen Teilgrundrezept entstanden sind.

Partie

SP88:

NE33: Lot

Eine Partie ist eine abgrenzbare und identifizierbare Produktmenge einheitlicher Qualität. Im Fall einer diskontinuierlich geführten Produktion kann eine Partie eine oder mehrere Chargen umfassen.

Phase

SP88: entspricht Operation

Heute noch gebräuchlicher Ausdruck für das steuerungstechnische und anlagenspezifische Abbild der Grundoperation. Besteht aus Phasenname, Steuer-(Ablauf-)Teil, Parameter, Kommunikationsteil (siehe auch Steueroperation).

Produktionsanforderung

SP88: Production Plan

NE33: Production Order

Eine Produktionsanforderung umfaßt Vorgaben über Produktion, Menge, Sollqualität und Termin. Die Bearbeitung einer Produktionsanforderung führt in der Regel zur Produktion einer Partie (Kampagne).

Produktionsmeldung

SP88: Product Information

NE33: Production Report

Eine Produktionsmeldung enthält zu einer Partie gehörende Istdaten aus dem Herstellungsprozeß. Beispiel: Produzierte Menge.

Prozeß

allg. Process

Die Gesamtheit von aufeinander einwirkenden Vorgängen in einem System, durch die Materie, Energie oder Information umgeformt, transportiert oder gespeichert wird.

Ressource

SP88: Resources

Unter einer Ressource versteht man im allgemeinen die Bezeichnung eines Einsatzstoffes und seine notwendige Menge. Außer Einsatzstoffen sind auch z. B. Rüstteile, Energie, Personalbedarf, Reinigungsmittel und Teilanlagen als Ressourcen möglich. Bei Teilanlagen oder Apparaten unterscheidet man nach einer gemeinsam genutzten (shared use) Ressource oder nach einer ausschließlich genutzten (exclusive use) Ressource.

Rezept

SP88: Recipe

NE33: Recipe

Das Rezept ist eine Vorschrift zur Herstellung eines Produkts nach einem Verfahren. Es beschreibt, was man zum Durchführen des Verfahrens benötigt und tun muß. Es besteht aus einer Vorschrift über die zu verwendenden Einsatzstoffe, einer Vorschrift über die zu verwendenden Apparate und einer Vorschrift über die einzuhaltenden Arbeitsvorgänge. Es ist zur Identifikation mit einem Rezeptkopf versehen. In einer Produktliste werden sowohl das erzeugte Produkt als auch die anfallenden Nebenprodukte aufgeführt.

Rezeptkopf

SP88: Header

NE33: Recipe Header

Der Rezeptkopf dient der Identifikation und Verwaltung eines Rezeptes. Er besteht aus dem Namen, einer Rezept-Nummer, einer Produkt-Nummer, Name des Rezepterstellers, Kennzeichen der Version(en), Erstellungs- und Änderungsdaten.

Steueranweisung

SP88: Instruction

Nach DIN 19237 kleinste selbständige Einheit des Programms von Ablaufsteuerungen, die eine Arbeitsvorschrift darstellt, bestehend aus *Operationsteil* – der Teil der Steueranweisung, der die auszuführende Operation beschreibt, z. B. „Öffne", „Schließe", „Stoppe", „Setze" – und *Operandenteil* – der Teil der Steueranweisung, der die für die Ausführung der Operation notwendigen Daten enthält (Adresse und Parameter), z. B. Adresse „Heizungsregeler", Parameter „200°C".

Steuerfunktion

SP88: Phase

NE33: Control Function

Eine Steuerfunktion ist eine produktions- und anlagenbezogene Umsetzung einer Grundfunktion. Dabei wird die Grundfunktion ergänzt um Informationen aus der Produktionsanforderung (z. B. aktuelle Mengenangaben) und um die konkrete Technische Funktion der ausgewählten Teilanlage. Die Steuerfunktion dient damit dem Aufruf der Technischen Funktion.

Steueroperation

SP88: Operation

NE33: Control Operation

Eine Steueroperation ist eine produktions- und anlagenbezogene Umsetzung einer leittechnischen Grundoperation (siehe auch Phase).

Steuerrezept

SP88: Control Recipe

NE33: Control Recipe

Ein Steuerrezept wird aus einem Grundrezept nach Maßgabe der Produktionsanforderung und Anlagenzuweisung (Apparateanforderung) festgelegt. Ein Steuerrezept enthält daher zusätzlich zu den Informationen des Grundrezeptes die Liste der zugewiesenen Betriebsmittel sowie die aktuellen Mengenangaben für die Einsatzstoffe und Produkte. Außerdem ist die Verfahrensvorschrift dadurch konkretisiert, daß jede Grundfunktion und Grundoperation durch eine entsprechende anlagenbezogene Steuerfunktion bzw. Steueroperation ersetzt ist.

Steuerschritt

allg.: Control Step

Nach DIN 19237 ist der Schritt die kleinste funktionelle Einheit des Programms von Ablaufsteuerungen, bestehend aus einer oder mehreren Steueranweisungen. Die Organisation von Steuerschritten innerhalb einer Steueroperation und/oder Steuerfunktion muß sequentiell und parallel möglich sein.

Beispiel: Warten, bis Analogwert > Grenzwert, dann Ventil schließen und Text ausdrucken.

Technische Einrichtung

SP88: Equipment Module

NE33: Equipment Module

Mehrere Anlageteile können zu einer Technischen Einrichtung zusammengefaßt werden. Das ist dann sinnvoll, wenn diese Anlageteile zusammenwirkend eine oder mehrere Grundfunktionen wie Dosieren, Temperieren usw. realisieren. Jedes Anlageteil sollte nur zu einer Technischen Einrichtung gehören.

Technische Funktion

SP88: Equipment Function

NE33: Technical Function

Die Realisierung einer Grundfunktion in einer Teilanlage heißt Technische Funktion. Dieser Begriff umfaßt folgende Aspekte:

- den verfahrenstechnischen Zweck (Grundfunktionen)
- die beteiligten Anlageteile (Technische Einrichtung) sowie
- das Verhalten (Steuerprogramm oder Betriebsanweisung).

Teilanlage

SP88: Unit

NE33: Unit

Eine Teilanlage ist ein Teil einer verfahrenstechnischen Anlage, die zumindest zeitweise selbständig betrieben werden kann (nach DIN 28004).

Teilanlagensteuerung

SP88: Unit Supervision

Die Aufgabe der Teilanlagensteuerung ist die Steuerung der sequentiellen Abläufe der technologischen Operationen (Grundoperationensteuerungen) in den Teilanlagen. Jede Teilanlage ist als Funktionseinheit genau einer Teilanlagensteuerung fest zugeordnet. Wird eine Teilanlage zur Durchführung mehrerer Produkte (z. B. Universal-Rührkessel) benutzt, dann müssen die entsprechenden Teilanlagensteuerungen (Steuerungsprogramme der jeweiligen Teilanlagensteuerung) je nach betrieblicher Anforderung geladen werden. Die Steuerung jeder Teilanlage ist eine selbständige Aufgabe, die weitgehend unabhängig von der Führung der anderen Teilanlagen gelöst wird. Die Teilanlagensteuerungen der einzelnen Teilanlagen sind im Sinne der Führung der Gesamtanlage insgesamt jedoch zu koordinieren. Dies geschieht durch die Anlagensteuerung (siehe dort).

Teilrezept

SP88: Unit Recipe

NE33: Partial Recipe

Ein Teilrezept ist ein Teil eines Rezeptes, das einen Verfahrensabschnitt beschreibt, der im allgemeinen selbständig auf einer Teilanlage abläuft. Gemäß den Rezeptarten gibt es ein Teilgrundrezept und ein Teilsteuerrezept. Beim Ur-Rezept spricht man im allgemeinen nicht von Teil-Urrezepten, da ein Ur-Rezept im wesentlichen nur den Syntheseweg beschreibt und zu diesem Zeitpunkt die Aufteilung in Teilrezepte nicht klar ist.

Ur-Rezept

SP88: General Recipe

NE33: Source Recipe

Ein Ur-Rezept definiert das Ziel und den Aufbau eines Verfahrens. Das Ziel wird festgelegt, indem die Ausgangsstoffe und die Endprodukte angegeben werden. Der Aufbau ist durch die Zwischenprodukte und die Verfahrensabschnitte mit ihren Ein- und Ausgängen und die verbindenden Stoff- und Energieströme gegeben. Das Ur-Rezept enthält folgende Informationen:

- Stoffe (Einsatzstoffe, Zwischenprodukte und Erzeugnisse) mit Spezifikation und Eigenschaften sowie
- Verfahrensabschnitte mit Angabe der jeweiligen chemisch-technischen Grundoperation, ggf. mit Angabe der charakteristischen Prozeßbedingungen, mit Mengenverhältnissen der Einsatzstoffe und der Erzeugnisse.

Verfahren

SP88: (Procedure) Process

NE33: Process

Ein Verfahren ist ein Ablauf von chemischen, physikalischen oder biologischen Vorgängen zur Gewinnung, Herstellung oder Beseitigung von Stoffen oder Produkten (nach DIN 28004). Im üblichen Sprachgebrauch ist ein Verfahren eine Vorgehensweise zum Erreichen eines Ziels. Die Verfahrensindustrie bedient sich chemischer, physikalischer und biologischer Kenntnisse und Methoden mit dem Ziel der Gewinnung, Herstellung, Umwandlung oder Beseitigung von Stoffen.

Verfahrensabschnitt

SP88: Process Stage

NE33: Process Stage

Ein Verfahrensabschnitt ist ein Teil eines Verfahrens, der in sich überwiegend geschlossen ist. Er umfaßt nach DIN 28004 eine oder mehrere Grundoperationen bzw. chemisch-technische Grundoperationen nach der NE33.

Verfahrensschritt

SP88: Process Operation

allg.: Process Step

Ein Verfahrensschritt ist nach [Helms] ein Teil des Chargenprozesses, in dem der Wert einer wesentlichen Prozeßgröße zielgerichtet so verändert wird, daß er einen gewünschten Bereich erreicht.

Verfahrensvorschrift

SPF88: Procedure

NE33: Procedure

Die Verfahrensvorschrift ist die Herstellvorschrift in einem Rezept. Sie gibt an, wie bestimmte Prozeßeigenschaften innerhalb eines Verfahrensschrittes bzw. des Prozeßablaufes eingestellt werden müssen, um insgesamt den gewünschten Gesamtablauf zu erzielen.

Werk

SP88: Site

NE33: Plant

Ein Werk ist eine örtliche Zusammenfassung aller Anlagenkomplexe mit der dazugehörigen Infrastruktur.

Sachregister

Wichtige Hinweise bei der Suche nach Begriffen liefern auch das Inhaltsverzeichnis und der Anhang ab Seite 335.

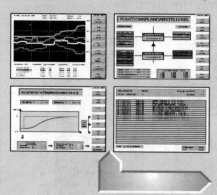

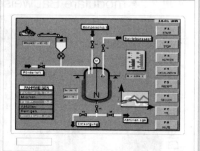

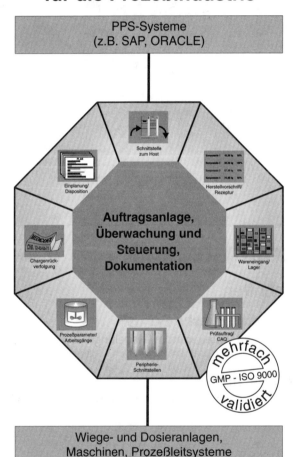